现代物理基础丛书 72

原子核结构

张锡珍　张焕乔　著

科学出版社

北　京

内 容 简 介

本书首先讲述了原子核的集体模型和壳模型的基本理论. 对于液滴模型, Bohr 哈密顿量及相关内容, 球形和变形势中的单粒子态及其性质, 壳修正和对修正等内容作了深入的物理讨论并对所涉及的数学公式都作了详细推导. 着重讨论了核力的基本特征, 介绍了常用的唯象核力并基于介子交换理论导出了介子交换势. 特别对于原子核的高自旋态近年来的发展, 远离稳定线原子核的结构等领域的近期进展都给出了深入讨论. 本书采用 skyrme 有效相互作用在 HF+RPA(及 HFB+QRPA)框架下对原子核基态和激发态给出了自洽描述, 特别是对于张量力的效应作了深入讨论.

本书适合核物理专业高年级学生和研究生学习原子核结构使用, 也可作为从事核物理领域的研究人员和教师的参考书.

图书在版编目(CIP)数据

原子核结构/张锡珍,张焕乔著. —北京：科学出版社, 2015.9
(现代物理基础丛书；72)
ISBN 978-7-03-045918-3

Ⅰ. ①原⋯ Ⅱ. ①张⋯ ②张⋯ Ⅲ. ①核结构–研究 Ⅳ. ①O571.21

中国版本图书馆 CIP 数据核字(2015) 第 238455 号

责任编辑: 钱　俊　刘信力 / 责任校对: 彭　涛
责任印制: 吴兆东 / 封面设计: 陈　敬

科学出版社 出版
北京东黄城根北街 16 号
邮政编码: 100717
http://www.sciencep.com

北京九州迅驰传媒文化有限公司印刷
科学出版社发行　各地新华书店经销
*
2015 年 10 月第　一　版　开本: 720 × 1000 1/16
2024 年 4 月第七次印刷　印张: 19
字数: 370 000
定价: 98.00 元
(如有印装质量问题, 我社负责调换)

目 录

第 1 章 引 言

1911 年, 卢瑟福用 α 粒子轰击金属薄膜, 发现有少量的大角度散射事件, 这揭示出原子中存在一个体积很小 (它的半径为原子半径的 $10^{-4} \sim 10^{-5}$) 但却集中了几乎全部原子质量和正电荷的核心, 即原子核. 原子中的电子绕原子核做圆周轨道运动, 此即卢瑟福的原子模型. 按照经典电动力学, 电子沿圆周轨道运动而有加速度, 因而辐射能量, 所以卢瑟福的原子模型是不稳定的, 但实际上原子是稳定的. 历史上这种矛盾在推动量子力学的创立过程中起了重要作用.

1932 年, 实验上证实了中子的存在, 人们随即就提出了原子核是由带正电的质子和不带电的中子 (质子和中子统称为核子) 组成的, 它们被束缚在一个很小的体积内, 并从此开始了对于原子核结构的研究. 因为核子的半径是费米的量级, 而原子核的半径也是费米的量级, 所以核子在原子核中是紧密排列的, 这也是人们最初提出原子核液滴模型的理由, 即假定原子核是一个均匀带电的不可压缩液滴.

表征原子核性质的一个重要物理量是它的质量数 (核子数)

$$A = N + Z$$

式中, N 和 Z 分别为原子核的中子数和质子数. 实验上观测到的原子核的总质量 (或总结合能) 随质量数 A 的变化规律可以用原子核的液滴模型来解释. 原子核液滴模型的另一重大成功是对在 1938 年底实验上发现的原子核的裂变现象给出了成功的理论解释.

尽管原子核的液滴模型在许多方面取得了巨大成功, 但许多实验数据是液滴模型无法解释的. 实验发现, 与原子的性质随原子中电子数目的变化类似, 原子核的性质随中子数和质子数的变化都存在幻数. 这意味着原子核中的一个核子在其他核子提供的平均场中沿着不同的轨道运动. 借助带有很强的自旋轨道耦合项的球形简谐振子势成功地解释了原子核中质子和中子的幻数, 并能解释原子核基态的自旋, 宇称, 以及一些原子核的激发态到基态的电磁跃迁实验数据, 此即原子核的壳模型. G. Mayer 和 J. H. D. Jensen 因在 1949 年创立此模型而获得 1963 年度的诺贝尔物理学奖.

尽管壳模型在许多方面取得了重大成功, 但对于许多较重的原子核, 实验发现从激发态到基态的电磁跃迁强度比壳模型给出的大一个到两个量级以上. A. Bohr 和 B. R. Mottelson 在 20 世纪 50 年代初提出了原子核的集体模型, 他们将实验室系中原子核四极表面振动哈密顿量变换为在本体系中的振动和绕本体系对称轴的转动以及振动与转动的耦合. 此模型成功地解释了形变原子核的转动谱和实验上观测的很强的电磁跃迁, 为此 A. Bohr 和 B. R. Mottelson 与 L. J. Rainwater 一起分享了 1975 年度的诺贝尔物理学奖.

原子核的壳模型和集体模型有极为不同的物理图像, 但它们都有各自的成功之处. 从它们的建立开始人们就试图将这两种模型统一起来 (如 A. Bohr 和 B. R. Mottelson 提出的统一模型), 其核心的观点是原子核的势场变化与原子核的密度变化是一致的, 单粒子运动与集体运动的耦合表现为单粒子自由度与它产生的势场的耦合. 现在原子核的微观理论已经可以基于核子之间的有效相互作用 (如 Skyrme 相互作用) 对原子核的基态、单粒子激发和原子核的集体激发, 特别是原子核的集体振动激发给以自洽的统一微观描述, 而对于原子核的集体转动的微观描述则还要借助一些半经典的论证.

近年来, 远离 β 稳定线原子核的性质和超重元素的合成方面的实验研究取得了重要进展, 这为研究原子核在极端条件下的结构提供了可能.

自由中子的质量为 M_n, $M_n c^2 \sim 939.5731 \mathrm{MeV}$, 自由质子的质量为 M_p, $M_p c^2 \sim 938.2796 \mathrm{MeV}$, 电子的质量为 m_e, $m_e c^2 \sim 0.5 \mathrm{MeV}$. 所以自由中子是不稳定的, 它可通过弱相互作用衰变为自由质子和自由电子, 即

$$N \longrightarrow P + e^- + \bar{\nu}_e$$

自由中子的寿命约为 15min. 在原子核中, 中子能否衰变为质子和电子, 除了考虑中子、质子和电子的质量外, 还要考虑中子和质子所处轨道的结合能.

原子核的核子之间有强相互作用, 带电核子之间有电磁相互作用, 中子与质子的相互转化则为弱相互作用. 原子核本身是一个同时存在各种基本相互作用的大的实验室.

第2章   原子核的集体运动

2.1   液 滴 模 型

1. 原子核的质量公式

对于给定的中子数和质子数, 原子核的总质量为

$$M(N, Z) = Nm_{\mathrm{n}} + Zm_{\mathrm{p}} + \frac{1}{c^2}B(N, Z) \tag{2.1}$$

式中, $B(N, Z)$ 称为该原子核的总结合能

$$B(N, Z) = a_V A + a_s A^{(2/3)} + a_c \frac{Z^2}{A^{1/3}} + a_I I^2 A - \delta(A) \tag{2.2}$$

参数 a_V, a_s, a_c, a_I 可通过符合测量得到的原子核的质量随 A 的变化来确定 (图 2.1). 此结合能公式可以用假定原子核是均匀带电不可压缩的液滴来给予解释. 液滴的半径 $R = r_0 A^{\frac{1}{3}}$, $r_0 = 1.2\mathrm{fm}$.

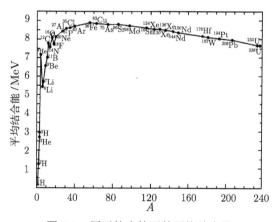

图 2.1   原子核中核子的平均结合能

第一项 $a_V A$ 是体积能 (对于很大的原子核, $A \propto V$), $a_V \approx -15.68\mathrm{MeV}$. 这表明原子核内部的密度 ρ 是常数, 原子核的电子散射实验给出在原子核内部 $\rho \approx 0.17\mathrm{fm}^{-3}$ 且与 A 无关, 而在原子核的边界上密度迅速下降为零 (图 2.2).

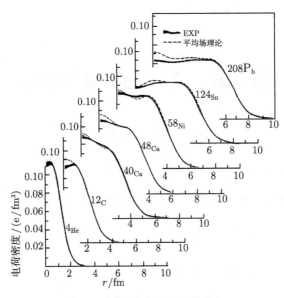

图 2.2　原子核中质子密度分布

第二项 $a_s A^{\frac{2}{3}}$ 是表面能. 对于处在原子核表面的核子, 与处于原子核内部的核子相比动能会增加而位能减小, 所以产生表面张力 (令表面张力系数为 σ_s, 则由 $S = 4\pi R^2 = 4\pi r_0^2 A^{\frac{2}{3}}$ 给出 $4\pi r_0^2 \sigma_s = a_s$).

$$a_s \approx 18.56\mathrm{MeV}, \quad \sigma_s \approx \frac{a_s}{4\pi r_0^2} \approx 1.03\mathrm{MeV/fm}^2$$

第三项 $a_c Z^2 A^{-\frac{1}{3}}$ 是库仑相互作用能, $a_c \approx 0.71$. 此值也可以假定原子核是半径为 $R_c = r_c A^{\frac{1}{3}}$ 的球形均匀带电液滴, 得到

$$E_c = \frac{1}{2} \int \rho \phi \mathrm{d}V = \frac{3}{5} \frac{(Ze)^2}{R_c} = \frac{3}{5} \frac{e^2}{\hbar c} \frac{\hbar c}{r_c} \frac{Z^2}{A^{\frac{1}{3}}}$$

由 $r_c = 1.25$, $\hbar c \approx 197$, $\dfrac{e^2}{\hbar c} = \dfrac{1}{137}$, 得到 $a_c \approx 0.717$(见例题 2.1).

第四项 $a_I I^2 A$ 是对称能, $a_I \approx 28.1\mathrm{MeV}$. 如果将液滴模型推广为中子流体和质子流体的双流体模型, 则对称能项与原子核的巨电偶极共振的能量相联系.

第五项 $-\delta(A)$ 是对能 (图 2.3)

$$\delta(A) = \begin{cases} 12\mathrm{MeV}/A^{\frac{1}{2}} & \text{(even-even)} \\ 0 & \text{(odd } A) \\ -12\mathrm{MeV}/A^{\frac{1}{2}} & \text{(odd-odd)} \end{cases}$$

这表明原子核中同类核子结合成对时原子核的能量最低.

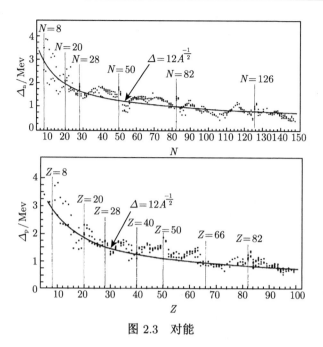

图 2.3 对能

对于原子核的给定质量数 A, 经验的结合能公式可视为 $x = \dfrac{|N - Z|}{A}$ 的函数, 即

$$B(N, Z) = a_V A + a_s A^{(2/3)} + \frac{1}{4} a_c A^{5/3} (1 - x)^2 + a_I A x^2 - \delta(A)$$

则 $\dfrac{\partial B}{\partial N}|_{A\text{fixed}} = 0$ 给出原子核的稳定条件, 即对于给定的 A, $x = \dfrac{1}{1 + \dfrac{4a_I}{a_c A^{2/3}}}$ 时原子核的能量最低. 当 A 很小时 (轻核), x 的值很小, 即 $N \approx Z$ 时原子核稳定. 对于重核, 稳定原子核的中子数总大于质子数, 满足这种条件的原子核在 (N, Z) 平面处于一条线上, 此线称为原子核的 β 稳定线 (图 2.4). 在此图中还给出了原子核中子的分离能和质子的分离能分别等于零的中子滴线 $\left(\dfrac{\partial B(N, Z)}{\partial N}|_{Z\text{fixed}} = 0\right)$ 和质子滴线 $\left(\dfrac{\partial B(N, Z)}{\partial Z}|_{N\text{fixed}} = 0\right)$ 的位置.

历史上用液滴模型成功地解释了原子核的裂变并讨论了原子核的表面振动. 但原子核不是通常意义上的液滴, 因为原子核中的质子和中子都是费米子, 高密度时动能很大, 我们可以用自由费米气体模型来近似描述原子核的性质. 假定自由核子限制在体积为 $V = L^3$ 的方盒子中, 有

$$\psi = \frac{1}{\sqrt{V}} e^{i \vec{k} \cdot \vec{X}} \chi_{ms} \xi_{mt}$$

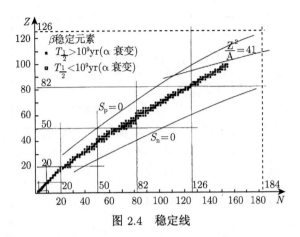

图 2.4　稳定线

则周期性边界条件

$$\psi(x,y,z) = \psi(x+L,y,z) = \psi(x,y+L,z) = \psi(x,y,z+L)$$

给出

$$k_x = \frac{2\pi}{L}n_x, \quad k_y = \frac{2\pi}{L}n_y, \quad k_z = \frac{2\pi}{L}n_z$$

式中, $n_x, n_y, n_z = 0, \pm 1, \pm 2, \cdots$

则有

$$\mathrm{d}n = 4\left(\frac{1}{2\pi}\right)^3 V\mathrm{d}^3 k \quad (\text{因子 4 来自于自旋和同位旋})$$

$$\rho_\mathrm{n} = \frac{N}{V} = 2\left(\frac{1}{2\pi}\right)^3 \int \mathrm{d}^3 k = \frac{(k_f^\mathrm{n})^3}{3\pi^2}$$

由此可以得到

$$k_\mathrm{f}^{(\mathrm{n})} = (3\pi^2 \rho_\mathrm{n})^{\frac{1}{3}}$$
$$k_\mathrm{f}^{(\mathrm{p})} = (3\pi^2 \rho_\mathrm{p})^{\frac{1}{3}}$$

如果 $N = Z = A/2$, 则

$$k_\mathrm{f} = \left(\frac{3\pi^2}{2}\rho\right)^{\frac{1}{3}} \tag{2.3}$$

取 $\rho \approx 0.17$, 则 $k_\mathrm{f} \approx 1.36 \mathrm{fm}^{-1}$.

费米动能

$$\varepsilon_\mathrm{f} = \frac{(\hbar k_\mathrm{f})^2}{2M} = \frac{(\hbar c)^2}{2Mc^2}k_\mathrm{f}^2 \approx 37\mathrm{MeV} \tag{2.4}$$

原子核的总动能

$$E_{\text{kin}} = \frac{3}{5} A \varepsilon_{\text{f}}$$

如果 $N \neq Z$, 则

$$k_{\text{f}}^{\text{n}} = k_{\text{f}} \left(\frac{2N}{A} \right)^{\frac{1}{3}}$$

$$k_{\text{f}}^{\text{p}} = k_{\text{f}} \left(\frac{2Z}{A} \right)^{\frac{1}{3}}$$

$$\varepsilon_{\text{f}}^{\text{n}} = \varepsilon_{\text{f}} \left(\frac{2N}{A} \right)^{\frac{2}{3}}$$

$$\varepsilon_{\text{f}}^{\text{p}} = \varepsilon_{\text{f}} \left(\frac{2Z}{A} \right)^{\frac{2}{3}}$$

可得原子核的总动能

$$E_{\text{kin}} = \frac{3}{5} (N \varepsilon_{\text{f}}^{\text{n}} + Z \varepsilon_{\text{f}}^{\text{p}}) = \frac{3}{10} A \varepsilon_{\text{f}} \left[\left(\frac{2N}{A} \right)^{\frac{5}{3}} + \left(\frac{2Z}{A} \right)^{\frac{5}{3}} \right]$$

$$= \frac{3}{10} A \varepsilon_{\text{f}} [(1+I)^{\frac{5}{3}} + (1-I)^{\frac{5}{3}}] \approx \frac{3}{5} A \varepsilon_{\text{f}} + \frac{1}{3} A \varepsilon_{\text{f}} I^2$$

因为 $\frac{\varepsilon_{\text{f}}}{3} \approx 12\text{MeV}$, 即动能项只贡献对称能系数的一半, 对称能系数的另一半必须由相互作用势能给出. 假定原子核中单粒子势有形式 $V = V_0 + \frac{1}{2} t_z \frac{N-Z}{A} V_1$, 中子和质子同位旋的第三分量分别为 $t_z = \pm \frac{1}{2}$. 因为我们考虑的是二体相互作用势, 原子核的总势能是单粒子势能总和的一半, 所以势能项对于对称能系数的贡献为 $\frac{1}{8} V_1 I^2$, 取 $V_1 = 100\text{MeV}$, 则此项对于单核子对称能的贡献约为 12.5MeV. 核物质的对称能如何随密度变化在天体物理中有重要意义, 它是当前核物理的前沿研究课题之一.

实验表明原子核内部密度是常数, 这表明原子核中核子之间的相互作用具有饱和性, 即核子之间相互作用的力程比原子核的尺寸小许多, 一个核子只与它相邻的核子发生相互作用且彼此相互吸引, 导致原子核的结合能正比于 ρ. 当密度很大时, 费米动能正比于 $\rho^{\frac{2}{3}}$, 它不足以平衡正比于 ρ 的吸引势能. 由此可知两核子相离很近时, 它们之间还必须有很强的排斥力. 所以核力的定性特征必须是短程力, 且远程吸引而近程有排斥心.

在原子核的结合能公式中, 第一项正比于体积, 不依赖于原子核的形变. 因液滴的表面积球形时最小, 而库仑能则球形时最大, 所以随着原子核的变形将出现第

二、第三项的竞争. 对于偏离球形的小变形, 将出现围绕球形的表面振荡. 对于大形变的情况, 随着形变参数的变化将会出现一个势垒, 一旦激发能高于势垒 (如用中子轰击原子核), 液滴可分为两块, 即原子核发生裂变.

2. 原子核的表面能、库仑能和质量参数随原子核形变的变化

原子核表面形状可由函数

$$R(\theta,\phi) = R_0\left[1 + \sum_{\lambda\mu}\alpha_{\lambda\mu}^* Y_{\lambda\mu}(\theta,\phi)\right]$$

$$= R_0\left[1 + \alpha_0 Y_{00} + \sum_{\mu}\alpha_{1\mu}^* Y_{1\mu} + \sum_{\lambda\geqslant 2,\mu}\alpha_{\lambda\mu}^* Y_{\lambda\mu}(\theta,\phi)\right]$$

描述, 因为 α_0 可以包括在体积守恒的条件内, $\alpha_{1\mu}$ 由质心条件 $\int_V \vec{r}\,\mathrm{d}V = 0$ 可以除去, 所以

$$R(\theta,\phi) = R_0\left[1 + \sum_{\lambda\geqslant 2,\mu}\alpha_{\lambda\mu}^* Y_{\lambda\mu}(\theta,\phi)\right] \tag{2.5}$$

液滴的体积守恒给出

$$\int\mathrm{d}\Omega\int_0^{R(\theta,\phi)} r^2\mathrm{d}r = \frac{1}{3}\int\mathrm{d}\Omega R^3(\theta,\phi)$$

$$\approx \frac{4\pi}{3}R_0^3 + R_0^3\sum_{\lambda\geqslant 2,\mu}|\alpha_{\lambda\mu}|^2 = \frac{4\pi}{3}R_0^3\left(1 + \frac{3}{4\pi}\sum_{\lambda\geqslant 2,\mu}|\alpha_{\lambda\mu}|^2\right)$$

$$= \frac{4\pi}{3}(\overset{0}{R}_0)^3$$

所以

$$R_0 = \overset{0}{R}_0\left(1 - \frac{1}{4\pi}\sum_{\lambda\geqslant 2,\mu}|\alpha_{\lambda\mu}|^2\right) \tag{2.6}$$

1) 表面能的计算

封闭曲面面积公式

$$S = \int\mathrm{d}\Omega R^2[1 + (\vec{\nabla}R)^2]^{\frac{1}{2}} \tag{2.7}$$

精确到 δR 的二阶时

$$S = \int\mathrm{d}\Omega\left[R^2 + \frac{1}{2}R_0^2(\vec{\nabla}R)^2\right]$$

$$= \int \mathrm{d}\Omega \left[R_0^2 + (\delta R)^2 + 2R_0\delta R - \frac{1}{2}R_0^2\delta R(\overrightarrow{\nabla})^2\delta R \right]$$

借助公式

$$\overrightarrow{\nabla}^2 = \frac{1}{r}\frac{\partial^2}{\partial r^2}(r) - \frac{\overrightarrow{L}^2}{r^2}$$

则有

$$(\overrightarrow{\nabla})^2 R = -R_0^{-1}\sum_{\lambda\geqslant 2,\mu}\lambda(\lambda+1)\alpha_{\lambda\mu}^* \mathrm{Y}_{\lambda\mu}(\theta,\phi)$$

所以

$$S = 4\pi R_0^2 \sum_{\lambda\geqslant 2,\mu}\left\{1 + \left[1 + \frac{1}{2}\lambda(\lambda+1)\right]\right\}\frac{1}{4\pi}|\alpha_{\lambda\mu}|^2$$

$$= 4\pi(\overset{0}{R_0})^2\left(1 - 2\frac{1}{4\pi}\sum_{\lambda\geqslant 2,\mu}|\alpha_{\lambda\mu}|^2\right)\sum_{\lambda\geqslant 2,\mu}\left\{1 + \left[1 + \frac{1}{2}\lambda(\lambda+1)\right]\right\}|\alpha_{\lambda\mu}|^2$$

$$= 4\pi(\overset{0}{R_0})^2 + (\overset{0}{R_0})^2\sum_{\lambda\geqslant 2,\mu}\left[-1 + \frac{1}{2}\lambda(\lambda+1)\right]|\alpha_{\lambda\mu}|^2$$

$$= 4\pi(\overset{0}{R_0})^2 + \frac{1}{2}(\overset{0}{R_0})^2\sum_{\lambda\geqslant 2,\mu}(\lambda-1)(\lambda+2)|\alpha_{\lambda\mu}|^2$$

与球形相比, 表面积的增加量为

$$\delta S = \frac{1}{2}(\overset{0}{R_0})^2\sum_{\lambda\geqslant 2,\mu}(\lambda-1)(\lambda+2)|\alpha_{\lambda\mu}|^2$$

由此可以得到原子核的表面能

$$V = \sigma_{\mathrm{s}}\Delta S = \frac{1}{2}\sum_{\lambda\geqslant 2,\mu}C_\lambda|\alpha_{\lambda\mu}|^2 \tag{2.8}$$

$$C_\lambda = \sigma_{\mathrm{s}}(\overset{0}{R_0})^2(\lambda-1)(\lambda+2) \tag{2.9}$$

对于轴对称原子核, 有

$$R(\theta) = R_0\left(1 + \sum_{\lambda\geqslant 2}\alpha_\lambda \mathrm{Y}_{\lambda 0}(\theta)\right)$$

2) 库仑能的计算

$$E_{\mathrm{c}} = \frac{1}{2}\int \rho(\overrightarrow{r})\Phi(\overrightarrow{r})\mathrm{d}\overrightarrow{r} \tag{2.10}$$

式中, $\Phi(r, \theta, \phi)$ 是静电势, 它满足泊松方程

$$\overrightarrow{\nabla}^2 \Phi = -4\pi\rho$$

它的解为

$$\Phi(\overrightarrow{r}) = \int \frac{\rho(\overrightarrow{r}')}{|\overrightarrow{r} - \overrightarrow{r}'|} \mathrm{d}\overrightarrow{r}'$$

对于均匀带电不可压缩液滴

$$\rho(r, \theta, \phi) = \rho_0 F(r - R(\theta, \phi))$$

密度 ρ_0 是与原子核的形变无关的常数,

$$F(x) = \begin{cases} 1 & (x < 0) \\ 0 & (x > 0) \end{cases}$$

是阶梯函数.

令 $\rho(r, \theta, \phi) = \rho_{\mathrm{sph}}(r) + \delta\rho(\overrightarrow{r})$, 其中

$$\rho_{\mathrm{sph}}(r) = \rho_0 F(r - R_0)$$

精确到 $\alpha_{\lambda\mu}$ 的二阶小量

$$\delta\rho(\overrightarrow{r}) = \rho_0(R - R_0)\delta(r - R_0) - \frac{1}{2}\rho_0(R - R_0)^2\delta'(r - R_0)$$

由叠加原理可知

$$\Phi = \Phi_{\mathrm{sph}} + \delta\Phi$$

由例题 2.1 可以得到

$$\Phi_{\mathrm{sph}} = \begin{cases} -\dfrac{4\pi\rho_0}{3}\dfrac{r^2}{2} + \dfrac{3}{2}\dfrac{4\pi\rho_0 R_0^2}{3} & (r < R_0) \\ \dfrac{4\pi R_0^3 \rho_0}{3r} & (r > R_0) \end{cases}$$

精确到 $\alpha_{\lambda\mu}$ 的一阶小量

$$\delta\Phi = \int \frac{\delta\rho(\overrightarrow{r}')}{|\overrightarrow{r} - \overrightarrow{r}'|} \mathrm{d}\overrightarrow{r}'$$

$$= \rho_0 \int \frac{R' - R_0\delta(r' - R_0)}{|\overrightarrow{r} - \overrightarrow{r}'|} \mathrm{d}\overrightarrow{r}'$$

利用公式

$$\frac{1}{|\overrightarrow{r_1} - \overrightarrow{r_2}|} = \frac{1}{r_>} \sum_{\ell=0}^{\infty} \left(\frac{r_<}{r_>}\right)^{\ell} \mathrm{P}_{\ell}(\cos\Theta)$$

$$\mathrm{P}_{\ell}(\cos\Theta) = \frac{4\pi}{2\ell+1} \sum_{m=-\ell}^{\ell} \mathrm{Y}_{\ell m}^*(\hat{r}_1) \mathrm{Y}_{\ell m}(\hat{r}_2)$$

得到

$$\delta\Phi = \rho_0 \frac{4\pi R_0^2}{3} \sum_{\lambda \geqslant 2,\mu} \alpha_{\lambda\mu}^* Y_{\lambda\mu} \frac{3}{2\lambda+1} \begin{cases} \dfrac{r^{\lambda}}{R_0^{\lambda}} & (r < R_0) \\[2mm] \dfrac{R_0^{\lambda+1}}{r^{\lambda+1}} & (r > R_0) \end{cases}$$

$$\begin{aligned} E_{\mathrm{c}} &= \frac{1}{2} \int \rho(\overrightarrow{r}) \Phi(\overrightarrow{r}) \mathrm{d}\overrightarrow{r} \\ &= \frac{1}{2} \int \Phi_{\mathrm{sph}}(r) \rho_{\mathrm{sph}}(r) \mathrm{d}\overrightarrow{r} \\ &\quad + \int \Phi_{\mathrm{sph}}(r) \delta\rho(\overrightarrow{r}) \mathrm{d}\overrightarrow{r} \\ &\quad + \frac{1}{2} \int \delta\Phi(\overrightarrow{r}) \delta\rho(\overrightarrow{r}) \mathrm{d}\overrightarrow{r} \\ &= (1) + (2) + (3) \end{aligned}$$

式中

$$(1) = \frac{1}{2} \int \Phi_{\mathrm{sph}}(r) \rho_{\mathrm{sph}}(r) \mathrm{d}\overrightarrow{r} = \frac{1}{2}\rho_0 \int \Phi_{\mathrm{sph}}(r) F(r-R_0) r^2 \mathrm{d}r \mathrm{d}\Omega = \frac{3}{5}\left(\frac{4\pi\rho_0}{3}\right)^2 R_0^5$$

$$(2) = \int \Phi_{\mathrm{sph}}(r) \delta\rho(\overrightarrow{r}) \mathrm{d}\overrightarrow{r} = -\frac{1}{2}\rho_0 \int [\Phi_{\mathrm{sph}}(r) \frac{1}{2}(R-R_0)^2 \delta'(r-R_0)] r^2 \mathrm{d}r \mathrm{d}\Omega$$

$$= -\frac{1}{2}\rho_0 R_0^2 \sum_{\lambda \geqslant 2,\mu} |\alpha_{\lambda\mu}|^2 \int \delta'(r-R_0) \Phi_{\mathrm{sph}}(r) r^2 \mathrm{d}r$$

$$= \frac{1}{2}\rho_0 R_0^2 \sum_{\lambda \geqslant 2,\mu} |\alpha_{\lambda\mu}|^2 \int \delta(r-R_0) \frac{\mathrm{d}}{\mathrm{d}r}(\Phi_{\mathrm{sph}}(r) r^2) \mathrm{d}r$$

$$= \frac{1}{2}\rho_0 R_0^2 \sum_{\lambda \geqslant 2,\mu} |\alpha_{\lambda\mu}|^2 \frac{4\pi\rho_0}{3} R_0^3$$

$$= \left(\frac{4\pi\rho_0}{3}\right)^2 R_0^5 \frac{3}{2} \frac{1}{4\pi} \sum_{\lambda \geqslant 2,\mu} |\alpha_{\lambda\mu}|^2$$

$$(3) = \frac{1}{2} \int \delta\Phi(\overrightarrow{r}) \delta\rho(\overrightarrow{r}) \mathrm{d}\overrightarrow{r}$$

$$= \rho_0 \int \delta\Phi(\overrightarrow{r}) (R-R_0) \delta(r-R_0) r^2 \mathrm{d}r \mathrm{d}\Omega$$

$$= \frac{1}{2}\rho_0 \int \rho_0 \frac{4\pi R_0^2}{3} \sum_{\lambda \geqslant 2,\mu} \alpha^*_{\lambda\mu} Y_{\lambda\mu} \frac{3}{2\lambda+1} \frac{r^\lambda}{R_0^\lambda} (R - R_0)\delta(r - R_0) r^2 \mathrm{d}r\mathrm{d}\Omega$$

$$= \frac{1}{2}\rho_0 \int \rho_0 \frac{4\pi R_0^2}{3} \sum_{\lambda \geqslant 2,\mu} \frac{3}{2\lambda+1} |\alpha_{\lambda\mu}|^2 R_0^3$$

$$= \left(\frac{4\pi\rho_0}{3}\right)^2 R_0^5 \frac{1}{4\pi} \sum_{\lambda \geqslant 2,\mu} \frac{9}{2(2\lambda+1)} |\alpha_{\lambda\mu}|^2$$

$$(1)+(2)+(3) = \frac{3}{5}\left(\frac{4\pi\rho_0}{3}\right)^2 R_0^5 \left[1 + \frac{5}{2}\frac{1}{4\pi}\sum_{\lambda \geqslant 2,\mu} |\alpha_{\lambda\mu}|^2 + \frac{15}{2}\frac{1}{4\pi}\sum_{\lambda \geqslant 2,\mu}\frac{1}{(2\lambda+1)}|\alpha_{\lambda\mu}|^2\right]$$

$$= \frac{3}{5}\left(\frac{4\pi\rho_0}{3}\right)^2 R_0^5 \left[1 + \frac{1}{4\pi}\sum_{\lambda \geqslant 2,\mu}\frac{5(\lambda+2)}{2\lambda+1}|\alpha_{\lambda\mu}|^2\right]$$

由体积守恒

$$R_0 = (\overset{0}{R_0})\left(1 - \frac{1}{4\pi}\sum_{\lambda \geqslant 2,\mu}|\alpha_{\lambda\mu}|^2\right)$$

最终得到

$$E_{\mathrm{c}} = \frac{\rho_0^2}{2}(4\pi)^2\frac{2(\overset{0}{R_0})^5}{15}\left[1 + \frac{1}{4\pi}\sum_{\lambda \geqslant 2,\mu}\frac{5(\lambda+2)}{2\lambda+1}|\alpha_{\lambda\mu}|^2\right]\left(1 - \frac{1}{4\pi}\sum_{\lambda \geqslant 2,\mu}|\alpha_{\lambda\mu}|^2\right)^5$$

$$\approx \frac{3}{5}\frac{(Ze)^2}{(\overset{0}{R_0})}\left[1 - \frac{1}{4\pi}\sum_{\lambda \geqslant 2,\mu}\frac{5(\lambda-1)}{2\lambda+1}|\alpha_{\lambda\mu}|^2\right] \tag{2.11}$$

3) 原子核质量参数的计算

由原子核表面形状的多极展开式 (2.5) 我们有

$$\dot{R}(\theta,\phi) = \sum_{\lambda \geqslant 2,\mu} \dot{\alpha}_{\lambda\mu} Y^*_{\lambda\mu}(\theta,\phi)$$

$$T = \frac{1}{2}\sum_{\lambda \geqslant 2,\mu} D_\lambda |\dot{\alpha}_{\lambda\mu}|^2 \tag{2.12}$$

假定原子核是无旋液滴, 令液滴中的速度场为 $\vec{V}$, 则有

$$\vec{\nabla} \times \vec{V} = 0$$

所以存在标量势 ϕ 满足

$$\vec{V} = -\vec{\nabla}\phi$$

在不可压缩流体内部连续性方程为

$$\vec{\nabla} \cdot \vec{V} = 0 \quad \text{(密度为常数)}$$

所以速度场的标量势 ϕ 满足拉普拉斯方程

$$\nabla^2 \phi = 0$$

此方程的通解为

$$\phi = \sum_{\lambda\mu} c_{\lambda\mu} r^\lambda Y_{\lambda\mu}^*$$

边界条件: 在液滴表面 $V_r = \dot{R}$.

由此可得

$$-\lambda c_{\lambda\mu} R_0^{\lambda-1} = R_0 \dot{\alpha}_{\lambda\mu}$$

也即

$$c_{\lambda\mu} = -\frac{1}{\lambda} R_0^{2-\lambda} \dot{\alpha}_{\lambda\mu}$$

原子核的动能

$$\begin{aligned}
T &= \frac{1}{2} M\rho_0 \int \vec{V}^2 \mathrm{d}\tau = \frac{1}{2} M\rho_0 \int (\vec{\nabla} \cdot \phi)^2 \mathrm{d}\tau \\
&= \frac{1}{2} M\rho_0 \int \vec{\nabla} \cdot (\phi \vec{\nabla} \cdot \phi) \mathrm{d}\tau = \frac{1}{2} M\rho_0 \int R_0^2 \left(\phi \frac{\partial \phi}{\partial r} \right)_{r=R_0} \mathrm{d}\Omega \\
&= \frac{1}{2} M\rho_0 \sum_{\lambda \geqslant 2,\mu} \lambda R_0^{2\lambda+1} |c_{\lambda\mu}|^2 = \frac{1}{2} M\rho_0 \sum_{\lambda \geqslant 2,\mu} \frac{1}{\lambda} R_0^5 |\dot{\alpha}_{\lambda\mu}|^2
\end{aligned}$$

在无旋运动的假定下最终得到质量参数为

$$D_\lambda = \frac{1}{\lambda} M\rho_0 R_0^5 = \frac{3}{4\pi} \frac{1}{\lambda} A M R_0^2 \tag{2.13}$$

4) 原子核的表面振荡

视 $\alpha_{\lambda\mu}$ 为广义坐标, $\dot{\alpha}_{\lambda\mu}$ 为广义速度, 则体系的拉格朗日量为

$$L = T - V = \frac{1}{2} \sum_{\lambda\mu} D_\lambda |\dot{\alpha}_{\lambda\mu}|^2 - \frac{1}{2} \sum_{\lambda\mu} C_\lambda |\alpha_{\lambda\mu}|^2 \tag{2.14}$$

D_λ 的表达式见式 (2.13),

$$C_\lambda = \sigma_s R_0^2 (\lambda-1)(\lambda+2) - \frac{1}{2} \frac{3(\lambda-1)(Ze)^2}{2\pi(2\lambda+1)R_0}$$

式中, $R_0 = \overset{0}{R}_0$ 是球形液滴的半径, C_λ 的第一项是表面能的贡献, 第二项是库仑能的贡献.

拉格朗日方程为

$$\frac{\mathrm{d}}{\mathrm{d}t}\left(\frac{\partial L}{\partial \dot{\alpha}_{\lambda\mu}}\right) - \frac{\partial L}{\partial \alpha_{\lambda\mu}} = 0$$

假定 $C_\lambda > 0$, 我们得到原子核的表面振荡方程

$$\ddot{\alpha}_{\lambda\mu} + \omega_\lambda^2 \alpha_{\lambda\mu} = 0$$
$$\omega_\lambda = \sqrt{\frac{C_\lambda}{D_\lambda}}$$

定义正则动量

$$\pi_{\lambda\mu} = \frac{\partial L}{\partial \dot{\alpha}_{\lambda\mu}}$$

则系统的哈密顿量

$$H = \frac{1}{2}\sum_{\lambda\mu}\frac{|\pi_{\lambda\mu}|^2}{D_\lambda} + \frac{1}{2}\sum_{\lambda\mu}C_\lambda|\alpha_{\lambda\mu}|^2$$

利用正则量子化条件

$$[\alpha_{\lambda\mu}, \pi_{\lambda'\mu'}] = \mathrm{i}\hbar\delta_{\lambda\lambda'}\delta_{\mu\mu'}$$

并令

$$\alpha_{\lambda\mu} = \left(\frac{\hbar}{2D_\lambda\omega_\lambda}\right)^{\frac{1}{2}}[B_{\lambda\mu}^+ + (-1)^\mu B_{\lambda-\mu}]$$
$$\pi_{\lambda\mu} = \mathrm{i}\left(\frac{\hbar D_\lambda\omega_\lambda}{2}\right)^{\frac{1}{2}}[(-1)^\mu B_{\lambda-\mu}^+ - B_{\lambda\mu}]$$

我们得到

$$[B_{\lambda\mu}, B_{\lambda'\mu'}^+] = \delta_{\lambda\lambda'}\delta_{\mu\mu'}$$
$$H = \sum_{\lambda\mu}\hbar\omega_\lambda\left(B_{\lambda\mu}^+ B_{\lambda\mu} + \frac{1}{2}\right)$$

原子核振动态

$$|\lambda\mu\rangle = B_{\lambda\mu}^+|0\rangle$$

原子核的 2^+ 态可理解为原子核的四极表面振动.

电四极跃迁算符 $(\lambda = 2)$

$$Q_{\lambda\mu} = \int \rho(\vec{r}) r^\lambda Y_{\lambda\mu}(\theta, \phi) \mathrm{d}\vec{r} = \rho_p \int Y_{\lambda\mu}(\theta, \phi) \mathrm{d}\Omega \int_0^{R(\theta,\phi)} r^{\lambda+2} \mathrm{d}r$$

$$= \rho_p \frac{R_0^{\lambda+3}}{\lambda+3} \int Y_{\lambda\mu}(\theta, \phi)[1 + \alpha_{\lambda\mu}^* Y_{\lambda\mu}(\theta, \phi)]^{\lambda+3} \mathrm{d}\Omega \approx \frac{3e}{4\pi} Z R_0^\lambda \alpha_{\lambda\mu}$$

电四极跃迁强度

$$B(E\lambda, I_\mathrm{i} \to I_\mathrm{f}) = \frac{1}{2I_\mathrm{i}+1} |\langle I_\mathrm{f}||Q_\lambda||I_\mathrm{i}\rangle|^2$$

公式推导:

对初态磁量子数求平均, 对末态磁量子数求和

$$\frac{1}{2I_\mathrm{i}+1} \sum_{M_\mathrm{f}, M_\mathrm{i}, \mu} |\langle I_\mathrm{f} M_\mathrm{f}|Q_{\lambda\mu}|I_\mathrm{i} M_\mathrm{i}\rangle|^2$$

$$= \frac{1}{2I_\mathrm{i}+1} \sum_{M_\mathrm{f}} \frac{1}{2I_\mathrm{f}+1} \sum_{M_\mathrm{i}, \mu} C_{I_\mathrm{i} M_\mathrm{i} \lambda\mu}^{I_\mathrm{f} M_\mathrm{f}} C_{I_\mathrm{i} M_\mathrm{i} \lambda\mu}^{I_\mathrm{f} M_\mathrm{f}} |\langle I_\mathrm{f}||Q_\lambda||I_\mathrm{i}\rangle|^2$$

$$= \frac{1}{2I_\mathrm{i}+1} \sum_{M_\mathrm{f}} \frac{1}{2I_\mathrm{f}+1} |\langle I_\mathrm{f}||Q_\lambda||I_\mathrm{i}\rangle|^2$$

$$= \frac{1}{2I_\mathrm{i}+1} |\langle I_\mathrm{f}||Q_\lambda||I_\mathrm{i}\rangle|^2$$

对于电四极跃迁可得到

$$B(E2, 2^+ \to 0^+) = \left(\frac{3e}{4\pi} Z R_0^2\right)^2 \frac{\hbar}{2D_2 \omega_2}$$

借助

$$\alpha_{\lambda\mu} = \left(\frac{\hbar}{2D_\lambda \omega_\lambda}\right)^{\frac{1}{2}} [B_{\lambda\mu}^+ + (-1)^\mu B_{\lambda-\mu}]$$

$$Q_{2\mu} = \frac{3e}{4\pi} Z R_0^2 \alpha_{2\mu} = \frac{3e}{4\pi} Z R_0^2 \left(\frac{\hbar}{2D_2 \omega_2}\right)^{\frac{1}{2}} [B_{2\mu}^+ + (-1)^\mu B_{2-\mu}]$$

由

$$\langle 00|B_{20}|20\rangle = 1 = C_{2020}^{00} \langle 0||B_2||2\rangle = \frac{1}{\sqrt{5}} \langle 0||B_2||2\rangle$$

可得到

$$\langle 0||B_2||2\rangle = \sqrt{5}$$

所以

$$B(E2, 2^+ \to 0^+) = \left(\frac{3e}{4\pi} Z R_0^2\right)^2 \frac{\hbar}{2D_2 \omega_2}$$

5) 原子核的裂变

1938 年在实验上发现了原子核的裂变, 并很快用液滴模型成功地作出了理论解释. 原子核的裂变模式是大振幅运动, 如果用多极展开的方式描述裂变过程所涉及的形状, 通常需要很多个多极形变参数 (约 18 个). 描述原子核的裂变的最方便的方式是抓住裂变过程的主要自由度, 通常用三个参数: 一个是两碎块质心之间的距离, 一个是在两碎块之间形成的脖子的粗细, 一个是两碎块的质量不对称性.

裂变位能可表示为

$$V(\alpha) = [E_s(\alpha) - 1] + 2x[E_c(\alpha) - 1] \tag{2.15}$$

式中, $E_s(\alpha)$ 以球形核的表面能 $E_s(0)$ 为单位; $E_c(\alpha)$ 以球形核的库仑能 $\dfrac{3}{5}\dfrac{(Ze)^2}{R_0}$ 为单位; α 是描述裂变过程的一组参数; x 称为可裂变性 (fissility) 参数, 可以得到

$$x = \frac{E_c(0)}{2E_s(0)} = \frac{Z^2}{A}\left(\frac{Z^2}{A}\right)^{-1}_{\text{crit}}$$

由

$$C_\lambda = C_\lambda^{\text{surf}} + C_\lambda^{\text{coul}}$$
$$= \frac{1}{4\pi}(\lambda-1)(\lambda+2)a_{\text{surf}}A^{\frac{2}{3}} - \frac{3}{2\pi}\frac{\lambda-1}{2\lambda+1}\frac{e^2}{r_0}Z^2A^{-\frac{1}{3}}$$

对于 $\lambda = 2, C_2 = 0,$ 可得

$$\left(\frac{Z^2}{A}\right)_{\text{crit}} = \frac{10}{3}\frac{a_{\text{surf}}r_0}{e^2} \approx 49$$

$C_2 = 0,$ 对于四极形变不稳定, 所以当 $x = 1$ 时球形核对于四极形变不稳定. $\left(\alpha = \dfrac{e^2}{\hbar c} = \dfrac{1}{137}\right)$

对于 $x < 1$ 的情况, 液滴模型会给出原子核的基态是球形, 随着形变的增大, 原子核的能量达到最大值然后减小, 此能量为最大值时相应的形变称为原子核的鞍点形变. 当原子核的形变比鞍点形变小时, 原子核将围绕基态球形作简谐振荡, 一旦原子核的形变超过鞍点形变原子核将发生裂变. 原子核分裂成两块的形变点称为原子核裂变的断点. 原子核在鞍点时的能量减去基态能量称为裂变势垒. 图 2.5 和图 2.6 给出原子核 ^{240}Pu 理论计算得到的裂变势垒和裂变过程可能释放的能量 (图中曲线包括壳修正能量). 图 2.7 给出裂变参数 x 为不同值时原子核鞍点的形状.

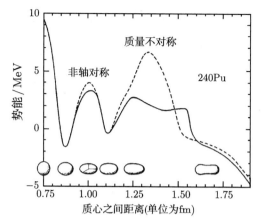

图 2.5 原子核 $^{240}_{94}$Pu 的裂变势垒

计算包括了壳修正能. 图中虚线是只考虑了轴对称和质量对称的自由度,

实线包括了非轴对称和质量不对称的自由度

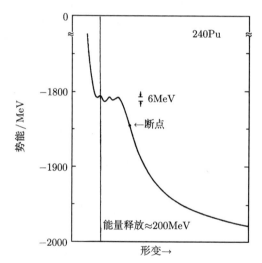

图 2.6 原子核 $^{240}_{94}$Pu 的裂变能

裂变势垒约为 6MeV, 断点的总能量比原子核的基态约低 35MeV

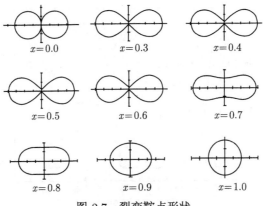

图 2.7 裂变鞍点形状

2.2 角动量理论简介

角动量 $\vec{j}$ 的三个分量满足 $[j_x, j_y] = \mathrm{i}j_z$ 及循环关系.

因为 $\vec{j}^{\,2}$ 和 j_z 彼此对易, 所以它们有共同本征函数 $|jm\rangle$, 本征值分别为 $j(j+1)$ 和 $m, m = -j, \cdots, j$, 这时不同 m 的本征态 $|jm\rangle$ 之间的相位是任意的.

在 j_z 的矩阵元是对角的表象中

$$\langle jm|j_z|jm\rangle = m$$

$$\langle jm \pm 1|j_x \pm ij_y|jm\rangle = \sqrt{(j \mp m)(j \pm m + 1)}$$

非对角矩阵元只确定不同 m 的态之间的相对相位, 仍有一总体相位未被确定. 相位约定 $R_y(\pi)T = 1$ 给出 j_x 的矩阵元为实数, j_y 的矩阵元为纯虚数. 这时总体相位可以取 ± 1, 如果要求 $j_x \pm ij_y$ 的矩阵元为正值, 则相位完全确定 (Gordon 和 shortly 选取).

两个角动量的耦合和 Clebsch-Gorden(C-G) 系数如下:

$$\vec{J} = \vec{j}_1 + \vec{j}_2$$

$$J = |j_1 - j_2|, \cdots, j_1 + j_2$$

$$|JM\rangle = \sum_{m_1, m_2} C_{j_1 m_1 j_2 m_2}^{JM} |j_1 m_1\rangle |j_2 m_2\rangle$$

其中, $C_{j_1 m_1 j_2 m_2}^{JM}$ 称为 C-G 系数, 它有下列性质:

$$\sum_{m_1,m_2} C^{JM}_{j_1m_1j_2m_2} C^{J'M'}_{j_1m_1j_2m_2} = \delta_{JJ'}\delta_{MM'} \tag{2.16}$$

$$\sum_{J,M} C^{JM}_{j_1m_1j_2m_2} C^{JM}_{j_1m_1'j_2m_2'} = \delta_{m_1m_1'}\delta_{m_2m_2'} \tag{2.17}$$

$$C^{j_3m_3}_{j_1m_1j_2m_2} = (-1)^{j_1+j_2-j_3} C^{j_3-m_3}_{j_1-m_1j_2-m_2} = (-1)^{j_1+j_2-j_3} C^{j_3m_3}_{j_2m_2j_1m_1}$$

$$= (-1)^{j_1-m_1} \sqrt{\frac{2j_3+1}{2j_2+1}} C^{j_2-m_2}_{j_1m_1j_3-m_3}$$

$$= (-1)^{j_2-m_2} \sqrt{\frac{2j_3+1}{2j_1+1}} C^{j_1-m_1}_{j_3-m_3j_2m_2} \tag{2.18}$$

表 2.1~ 表 2.3 分别给出 $j_2 = \dfrac{1}{2}, 1, 2$ 的 C-G 系数的解析表达式.

表 2.1 $\quad C^{jm}_{j_1m_1\frac{1}{2}m_2}$

j	$m_2 = +\dfrac{1}{2}$	$m_2 = -\dfrac{1}{2}$
$j_1 + \dfrac{1}{2}$	$\left(\dfrac{j_1+m+\frac{1}{2}}{2j_1+1}\right)^{\frac{1}{2}}$	$\left(\dfrac{j_1-m+\frac{1}{2}}{2j_1+1}\right)^{\frac{1}{2}}$
$j_1 - \dfrac{1}{2}$	$-\left(\dfrac{j_1-m+\frac{1}{2}}{2j_1+1}\right)^{\frac{1}{2}}$	$\left(\dfrac{j_1+m+\frac{1}{2}}{2j_1+1}\right)^{\frac{1}{2}}$

表 2.2 $\quad C^{jm}_{j_1m_11m_2}$

j	$m_2 = +1$	$m_2 = 0$	$m_2 = -1$
$j_1 + 1$	$\left[\dfrac{(j_1+m)(j_1+m+1)}{(2j_1+1)(2j_1+2)}\right]^{\frac{1}{2}}$	$\left[\dfrac{(j_1-m+1)(j_1+m+1)}{(2j_1+1)(j_1+1)}\right]^{\frac{1}{2}}$	$\left[\dfrac{(j_1-m)(j_1-m+1)}{(2j_1+1)(2j_1+2)}\right]^{\frac{1}{2}}$
j_1	$-\left[\dfrac{(j_1+m)(j_1-m+1)}{2j_1(j_1+1)}\right]^{\frac{1}{2}}$	$\dfrac{m}{[j_1(j_1+1)]^{\frac{1}{2}}}$	$\left[\dfrac{(j_1-m)(j_1+m+1)}{2j_1(j_1+1)}\right]^{\frac{1}{2}}$
$j_1 - 1$	$\left[\dfrac{(j_1-m)(j_1-m+1)}{2j_1(2j_1+1)}\right]^{\frac{1}{2}}$	$-\left[\dfrac{(j_1+m)(j_1-m)}{j_1(2j_1+1)}\right]^{\frac{1}{2}}$	$\left[\dfrac{(j_1+m)(j_1+m+1)}{2j_1(2j_1+1)}\right]^{\frac{1}{2}}$

常用的 $3j$- 符号与 C-G 系数有如下关系:

$$\begin{pmatrix} j_1 & j_2 & j_3 \\ m_1 & m_2 & -m_3 \end{pmatrix} = (-1)^{j_1-j_2+m_3} \frac{1}{\sqrt{2j_3+1}} C^{j_3m_3}_{j_1m_1j_2m_2}$$

表 2.3　$C^{jm}_{j_1 m_1 2 m_2}$

j	$m_2=+2$	$m_2=1$
j_1+2	$\left[\dfrac{(j_1+m-1)(j_1+m)(j_1+m+1)(j_1+m+2)}{(2j_1+1)(2j_1+2)(2j_1+3)(2j_1+4)}\right]^{\frac{1}{2}}$	$\left[\dfrac{(j_1-m+2)(j_1+m+2)(j_1+m+1)(j_1+m)}{(2j_1+1)(j_1+1)(2j_1+3)(j_1+2)}\right]^{\frac{1}{2}}$
j_1+1	$-\left[\dfrac{(j_1+m-1)(j_1+m)(j_1+m+1)(j_1-m+2)}{2j_1(j_1+1)(j_1+2)(2j_1+1)}\right]^{\frac{1}{2}}$	$-(j_1-2m+2)\left[\dfrac{(j_1+m)(j_1+m+1)}{2j_1(j_1+1)(j_1+2)(2j_1+1)}\right]^{\frac{1}{2}}$
j_1	$\left[\dfrac{3(j_1+m-1)(j_1+m)(j_1-m+1)(j_1-m+2)}{(2j_1-1)2j_1(j_1+1)(2j_1+3)}\right]^{\frac{1}{2}}$	$(1-2m)\left[\dfrac{3(j_1-m+1)(j_1+m)}{(2j_1-1)2j_1(j_1+1)(2j_1+3)}\right]^{\frac{1}{2}}$
j_1-1	$-\left[\dfrac{(j+m-1)(j_1-m)(j_1-m+1)(j-m+2)}{2j_1(j_1-1)(j_1+1)(2j_1+1)}\right]^{\frac{1}{2}}$	$(j_1+2m-1)\left[\dfrac{(j_1-m)(j_1-m+1)}{(j_1-1)j_1(2j_1+1)(2j_1+2)}\right]^{\frac{1}{2}}$
j_1-2	$\left[\dfrac{(j_1-m-1)(j_1-m)(j_1-m+1)(j_1-m+2)}{(2j_1-2)(2j_1-1)2j_1(2j_1+1)}\right]^{\frac{1}{2}}$	$-\left[\dfrac{(j_1-m-1)(j_1-m)(j_1-m+1)(j_1+m-1)}{(j_1-1)(2j_1-1)j_1(2j_1+1)}\right]^{\frac{1}{2}}$

j	$m_2=0$	$m_2=-1$
j_1+2	$\left[\dfrac{3(j_1-m+2)(j_1-m+1)(j_1+m+1)(j_1+m+2)}{(2j_1+1)(2j_1+2)(2j_1+3)(j_1+2)}\right]^{\frac{1}{2}}$	$\left[\dfrac{(j_1-m+2)(j_1-m+1)(j_1-m)(j_1+m+2)}{(2j_1+1)(j_1+1)(2j_1+3)(j_1+2)}\right]^{\frac{1}{2}}$
j_1+1	$m\left[\dfrac{3(j_1-m+1)(j_1+m+1)}{j_1(j_1+1)(j_1+2)(2j_1+1)}\right]^{\frac{1}{2}}$	$(j_1+2m+2)\left[\dfrac{(j_1-m)(j_1-m+1)}{2j_1(j_1+1)(j_1+2)(2j_1+1)}\right]^{\frac{1}{2}}$
j_1	$\dfrac{3m^2-j_1(j_1+1)}{[(2j_1-1)j_1(j_1+1)(2j_1+3)]^{\frac{1}{2}}}$	$(2m+1)\left[\dfrac{3(j_1+m+1)(j_1-m)}{(2j_1-1)2j_1(j_1+1)(2j_1+3)}\right]^{\frac{1}{2}}$
j_1-1	$-m\left[\dfrac{3(j+m)(j_1-m)}{j_1(j_1-1)(j_1+1)(2j_1+1)}\right]^{\frac{1}{2}}$	$-(j_1-2m-1)\left[\dfrac{(j_1+m)(j_1+m+1)}{(j_1-1)j_1(2j_1+1)(2j_1+2)}\right]^{\frac{1}{2}}$
j_1-2	$\left[\dfrac{3(j_1-m-1)(j_1-m)(j_1+m)(j_1+m-1)}{(2j_1-2)(2j_1-1)j_1(2j_1+1)}\right]^{\frac{1}{2}}$	$-\left[\dfrac{(j_1-m-1)(j_1+m)(j_1+m+1)(j_1+m-1)}{(j_1-1)(2j_1-1)2j_1(2j_1+1)}\right]^{\frac{1}{2}}$

续表

j	$m_2 = -2$
j_1+2	$\left[\dfrac{(j_1-m-1)(j_1-m+1)(j_1-m)(j_1-m+2)}{(2j_1+1)(2j_1+2)(2j_1+3)(2j_1+4)}\right]^{\frac{1}{2}}$
j_1+1	$\left[\dfrac{(j_1-m-1)(j_1-m+1)(j_1-m)(j_1+m+2)}{2j_1(j_1+1)(j_1+2)(2j_1+1)}\right]^{\frac{1}{2}}$
j_1	$\left[\dfrac{3(j_1-m-1)(j_1+m+1)(j_1-m)(j_1+m+2)}{(2j_1-1)2j_1(j_1+1)(2j_1+3)}\right]^{\frac{1}{2}}$
j_1-1	$\left[\dfrac{(j_1-m-1)(j_1+m+1)(j_1+m)(j_1+m+2)}{2j_1(j_1-1)(j_1+1)(2j_1+1)}\right]^{\frac{1}{2}}$
$j-2$	$\left[\dfrac{((j_1+m-1)(j_1+m+1)(j_1+m)(j_1+m+2)}{(2j_1-2)(2j_1-1)2j_1(2j_1+1)}\right]^{\frac{1}{2}}$

三个角动量的耦合和 $6j$- 符号如下:

$$\vec{j}_1 + \vec{j}_2 = \vec{J}_{12}, \vec{J}_{12} + \vec{j}_3 = \vec{J}$$
$$\vec{j}_2 + \vec{j}_3 = \vec{J}_{23}, \vec{j}_1 + \vec{J}_{23} = \vec{J}$$

$$|(j_1 j_2) J_{12}, j_3; JM\rangle = \sum_{J_{23}} \langle j_1, (j_2 j_3) J_{23}, J | (j_1 j_2) J_{12}, j_3; J\rangle |j_1, (j_2 j_3) J_{23}; JM\rangle \quad (2.19)$$

$$\langle j_1, (j_2 j_3) J_{23}, J | (j_1 j_2) J_{12}, j_3; J\rangle$$
$$= (-1)^{j_1 + j_2 + j_3 + J} \sqrt{(2J_{12} + 1)(2J_{23} + 1)} \begin{Bmatrix} j_1 & j_2 & J_{12} \\ j_3 & J & J_{23} \end{Bmatrix} \quad (2.20)$$

$6j$- 符号有以下性质: 任意两列交换或者任意两列的上下宗量交换, $6j$- 符号的值不变.

当 $6j$- 符号的一个宗量为零时

$$\begin{Bmatrix} j_1 & j_2 & j_3 \\ j_2 & j_1 & 0 \end{Bmatrix} = (-1)^{j_1 + j_2 + j_3} \frac{1}{\sqrt{(2j_1 + 1)(2j_2 + 1)}} \quad (2.21)$$

$6j$- 符号与 Racah 系数有以下关系:

$$\begin{Bmatrix} j_1 & j_2 & j_3 \\ j_4 & j_5 & j_6 \end{Bmatrix} = (-1)^{j_1 + j_2 + j_4 + j_5} W(j_1 j_2 j_5 j_4; j_3 j_6) \quad (2.22)$$

四个角动量的耦合和 $9j$- 符号如下:

$$\vec{j}_1 + \vec{j}_2 = \vec{J}_{12}, \quad \vec{j}_3 + \vec{j}_4 = \vec{J}_{34}$$
$$\vec{J}_{12} + \vec{J}_{34} = \vec{J}$$
$$\vec{j}_1 + \vec{j}_3 = \vec{J}_{13}, \quad \vec{j}_2 + \vec{j}_4 = \vec{J}_{24}$$
$$\vec{J}_{13} + \vec{J}_{24} = \vec{J}$$

$$|(j_1 j_2) J_{12}, (j_3 j_4) J_{34}; JM\rangle$$
$$= \langle (j_1 j_3) J_{13}, (j_2 j_4) J_{24}; J | (j_1 j_2) J_{12}, (j_3 j_4) J_{34}; J\rangle |(j_1 j_3) J_{13}, (j_2 j_4) J_{24}; JM\rangle$$
$$\quad (2.23)$$

$$\langle (j_1 j_2) J_{12}, (j_3 j_4) J_{34}; J | (j_1 j_3) J_{13}, (j_2 j_4) J_{24}; J\rangle$$
$$= \sqrt{(2J_{12} + 1)(2J_{34} + 1)(2J_{13} + 1)(2J_{24} + 1)} \begin{Bmatrix} j_1 & j_2 & J_{12} \\ j_3 & j_4 & J_{34} \\ J_{13} & J_{24} & J \end{Bmatrix} \quad (2.24)$$

$9j$- 符号有下列对称性: 对于任何列的偶置换或者行的偶置换, $9j$- 符号不变; 对于任何列的奇置换或者行的奇置换, $9j$- 符号给出额外因子 $(-1)^{\sum j}$, 这里 $\sum j$ 是九个角动量的总和. $9j$- 符号的行列互换其值不变.

当 $9j$- 符号的一个角动量为零时, 则可以约化为 $6j$- 符号:

$$\begin{Bmatrix} j_1 & j_2 & j_3 \\ j_4 & j_5 & j_3 \\ j_6 & j_6 & 0 \end{Bmatrix} = (-1)^{j_2+j_3+j_4+j_6} \frac{1}{\sqrt{(2j_3+1)(2j_6+1)}} \begin{Bmatrix} j_1 & j_2 & j_3 \\ j_5 & j_4 & j_6 \end{Bmatrix} \quad (2.25)$$

2.3 欧拉角和 D 函数

由 K-系 $(\hat{e}_x, \hat{e}_y, \hat{e}_z)$ 出发, 绕 K-系的 $\hat{e}_z$ 轴转角度 ϕ 成为 K''-系 $(\hat{e}_{x''}, \hat{e}_{y''}, \hat{e}_{z''})$, 再绕 K''-系的 $\hat{e}_{y''}$ 轴转角度 θ 成为 K'''-系 $(\hat{e}_{x'''}, \hat{e}_{y'''}, \hat{e}_{z'''})$, 然后再绕 K'''-系的 $\hat{e}_{z'''}$ 轴转角度 ψ 变成 K'-系 $(\hat{e}_{x'}, \hat{e}_{y'}, \hat{e}_{z'})$.

欧拉角 (图 2-8) ϕ, θ, ψ 总体记为 Ω. 欧拉角指定了从 K-系 $(\hat{e}_x, \hat{e}_y, \hat{e}_z)$ 到 K'-系 $(\hat{e}_{x'}, \hat{e}_{y'}, \hat{e}_{z'})$ 的坐标系的转动. K-系 $(\hat{e}_x, \hat{e}_y, \hat{e}_z)$ 也称实验室系 (在空间固定不动), K'-系 $(\hat{e}_{x'} \equiv \hat{e}_1, \hat{e}_{y'} \equiv \hat{e}_2, \hat{e}_{z'} \equiv \hat{e}_3)$ 称为本体系 (或称为内禀系).

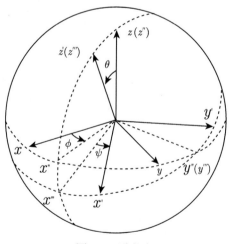

图 2.8　欧拉角

从 K-系变到 K'-系时坐标轴的欧拉角转动也可以用一个单一的空间转动 $\vec{\chi}$ 来实现. 令矢量 $\vec{\chi}$ 的球坐标 (在 K-系) 为 $(\chi, \theta_\chi, \phi_\chi)$, 则可以得到它们与三个欧拉角的关系为

$$\cos\frac{\chi}{2} = \cos\frac{\theta}{2}\cos\frac{\phi+\psi}{2}$$

$$\sin\frac{\chi}{2}\sin\theta_\chi = \sin\frac{\theta}{2}$$

$$\phi_\chi = \frac{\phi-\psi}{2} + \frac{\pi}{2}$$

对于三个欧拉角 ϕ,θ,ψ 的转动, 容易得到坐标轴和空间矢量的变换如下:
基矢 (坐标轴) 的变换

$$\begin{pmatrix} \widehat{e}_{x''} \\ \widehat{e}_{y''} \\ \widehat{e}_{z''} \end{pmatrix} = \begin{pmatrix} \cos\phi & \sin\phi & 0 \\ -\sin\phi & \cos\phi & 0 \\ 0 & 0 & 1 \end{pmatrix} \begin{pmatrix} \widehat{e}_x \\ \widehat{e}_y \\ \widehat{e}_z \end{pmatrix}$$

对于矢量 $\vec{I}$, 有

$$\begin{pmatrix} I_{x''} \\ I_{y''} \\ I_{z''} \end{pmatrix} = \begin{pmatrix} \cos\phi & \sin\phi & 0 \\ -\sin\phi & \cos\phi & 0 \\ 0 & 0 & 1 \end{pmatrix} \begin{pmatrix} I_x \\ I_y \\ I_z \end{pmatrix}$$

$$\begin{pmatrix} \widehat{e}_{x'''} \\ \widehat{e}_{y'''} \\ \widehat{e}_{z'''} \end{pmatrix} = \begin{pmatrix} \cos\theta & 0 & -\sin\theta \\ 0 & 1 & 0 \\ \sin\theta & 0 & \cos\theta \end{pmatrix} \begin{pmatrix} \widehat{e}_{x''} \\ \widehat{e}_{y''} \\ \widehat{e}_{z''} \end{pmatrix}$$

$$\begin{pmatrix} \widehat{e}_1 \\ \widehat{e}_2 \\ \widehat{e}_3 \end{pmatrix} = \begin{pmatrix} \cos\psi & \sin\psi & 0 \\ -\sin\psi & \cos\psi & 0 \\ 0 & 0 & 1 \end{pmatrix} \begin{pmatrix} \widehat{e}_{x'''} \\ \widehat{e}_{y'''} \\ \widehat{e}_{z'''} \end{pmatrix}$$

或反过来

$$\begin{pmatrix} \widehat{e}_{x'''} \\ \widehat{e}_{y'''} \\ \widehat{e}_{z'''} \end{pmatrix} = \begin{pmatrix} \cos\psi & -\sin\psi & 0 \\ \sin\psi & \cos\psi & 0 \\ 0 & 0 & 1 \end{pmatrix} \begin{pmatrix} \widehat{e}_1 \\ \widehat{e}_2 \\ \widehat{e}_3 \end{pmatrix}$$

$$\begin{pmatrix} \widehat{e}_{x''} \\ \widehat{e}_{y''} \\ \widehat{e}_{z''} \end{pmatrix} = \begin{pmatrix} \cos\theta & 0 & \sin\theta \\ 0 & 1 & 0 \\ -\sin\theta & 0 & \cos\theta \end{pmatrix} \begin{pmatrix} \widehat{e}_{x'''} \\ \widehat{e}_{y'''} \\ \widehat{e}_{z'''} \end{pmatrix}$$

$$\begin{pmatrix} I_{x'''} \\ I_{y'''} \\ I_{z'''} \end{pmatrix} = \begin{pmatrix} \cos\theta & 0 & -\sin\theta \\ 0 & 1 & 0 \\ \sin\theta & 0 & \cos\theta \end{pmatrix} \begin{pmatrix} I_{x''} \\ I_{y''} \\ I_{z''} \end{pmatrix}$$

假定在 δt 时间内, 三个欧拉角分别有改变 $\delta\phi, \delta\theta, \delta\psi$, 则 $\delta\overrightarrow{\chi} = \delta\phi\widehat{e}_z + \delta\theta\widehat{e}_{y''} + \delta\psi\widehat{e}_{z'''}$, 其中

$$\widehat{e}_{z'''} = \widehat{e}_3$$

$$\widehat{e}_{y''} = \widehat{e}_{y'''} = \sin\psi\widehat{e}_1 + \cos\psi\widehat{e}_2$$

$$\widehat{e}_{x'''} = \cos\psi\widehat{e}_1 - \sin\psi\widehat{e}_2$$

$$\widehat{e}_z = \widehat{e}_{z''} = -\sin\theta\widehat{e}_{x'''} + \cos\theta\widehat{e}_{z'''}$$

$$= -\sin\theta(\cos\psi\widehat{e}_1 - \sin\psi\widehat{e}_2) + \cos\theta\widehat{e}_3$$

$$= -\sin\theta\cos\psi\widehat{e}_1 + \sin\theta\sin\psi\widehat{e}_2 + \cos\theta\widehat{e}_3$$

$$\delta\overrightarrow{\chi} = \delta\phi\widehat{e}_z + \delta\theta\widehat{e}_{y''} + \delta\psi\widehat{e}_{z'''}$$

$$= \delta\phi(-\sin\theta\cos\psi\widehat{e}_1 + \sin\theta\sin\psi\widehat{e}_2 + \cos\theta\widehat{e}_3)$$

$$+ \delta\theta(\sin\psi\widehat{e}_1 + \cos\psi\widehat{e}_2) + \delta\psi\widehat{e}_3$$

$$= \widehat{e}_1(-\delta\phi\sin\theta\cos\psi + \delta\theta\sin\psi)$$

$$+ \widehat{e}_2(\delta\phi\sin\theta\sin\psi + \delta\theta\cos\psi) + \widehat{e}_3(\delta\phi\cos\theta + \delta\psi)$$

我们得到

$$\overrightarrow{\omega} = \frac{\delta\overrightarrow{\chi}}{\delta t} = \omega_1\widehat{e}_1 + \omega_2\widehat{e}_2 + \omega_3\widehat{e}_3 \tag{2.26}$$

式中

$$\omega_1 = -\sin\theta\cos\psi\dot{\phi} + \sin\psi\dot{\theta}$$

$$\omega_2 = \sin\theta\sin\psi\dot{\phi} + \cos\psi\dot{\theta}$$

$$\omega_3 = \cos\theta\dot{\phi} + \dot{\psi}$$

它们分别是绕三个本体轴转动的角速度.

由量子力学的角动量算符与相应的转动角的关系可以得到

$$I_3 = -\mathrm{i}\frac{\partial}{\partial\psi}$$

$$I_z = -\mathrm{i}\frac{\partial}{\partial\phi}$$

$$I_{y''} = -\mathrm{i}\frac{\partial}{\partial\theta}$$

下面我们给出在实验室系中角动量算符借助欧拉角的表达式:

$$\overrightarrow{I} = I_x\widehat{e}_x + I_y\widehat{e}_y + I_z\widehat{e}_z$$

$$I_z = -\mathrm{i}\frac{\partial}{\partial\phi}$$

$$\begin{pmatrix} I_{x''} \\ I_{y''} \\ I_{z''} \end{pmatrix} = \begin{pmatrix} \cos\phi & \sin\phi & 0 \\ -\sin\phi & \cos\phi & 0 \\ 0 & 0 & 1 \end{pmatrix} \begin{pmatrix} I_x \\ I_y \\ I_z \end{pmatrix}$$

$$I_{x''} = \cos\phi I_x + \sin\phi I_y$$

$$I_{y''} = -\sin\phi I_x + \cos\phi I_y = -\mathrm{i}\frac{\partial}{\partial\theta}$$

$$I_{z''} = I_z = -\mathrm{i}\frac{\partial}{\partial\phi}$$

$$\begin{pmatrix} I_{x'''} \\ I_{y'''} \\ I_{z'''} \end{pmatrix} = \begin{pmatrix} \cos\theta & 0 & -\sin\theta \\ 0 & 1 & 0 \\ \sin\theta & 0 & \cos\theta \end{pmatrix} \begin{pmatrix} I_{x''} \\ I_{y''} \\ I_{z''} \end{pmatrix}$$

由 $I_{z'''} = -\sin\theta I_{x''} + \cos\theta I_{z''} = I_3 = -\mathrm{i}\dfrac{\partial}{\partial\psi}$ 可得

$$\sin\theta(\cos\phi I_x + \sin\phi I_y) + \cos\theta I_z = -\mathrm{i}\frac{\partial}{\partial\psi}$$

所以得到 I_x, I_y 满足的联立方程组:

$$\cos\phi I_x + \sin\phi I_y = -\cot\theta I_z + \frac{1}{\sin\theta}\left(-\mathrm{i}\frac{\partial}{\partial\psi}\right)$$

$$-\sin\phi I_x + \cos\phi I_y = -\mathrm{i}\frac{\partial}{\partial\theta}$$

可以得到角动量在实验室系三个坐标轴上的投影:

$$I_x = -\mathrm{i}\left\{ -\cot\theta\cos\phi\frac{\partial}{\partial\phi} - \sin\phi\frac{\partial}{\partial\theta} + \frac{\cos\phi}{\sin\theta}\frac{\partial}{\partial\psi} \right\}$$

$$I_y = -\mathrm{i}\left\{ -\cot\theta\sin\phi\frac{\partial}{\partial\phi} + \cos\phi\frac{\partial}{\partial\theta} + \frac{\sin\phi}{\sin\theta}\frac{\partial}{\partial\psi} \right\}$$

$$I_z = -\mathrm{i}\frac{\partial}{\partial\phi} \tag{2.27}$$

能够验证它们满足 (见例题 2.2) $[I_x, I_y] = \mathrm{i}I_z$ 及循环关系, 且有

$$I_x^2 + I_y^2 + I_z^2 = -\left\{ \frac{1}{\sin^2\theta}\frac{\partial^2}{\partial\phi^2} - \frac{2\cos\theta}{\sin^2\theta}\frac{\partial^2}{\partial\phi\partial\psi} + \frac{1}{\sin^2\theta}\frac{\partial^2}{\partial\psi^2} + \frac{1}{\sin\theta}\frac{\partial}{\partial\theta}\left(\frac{1}{\sin\theta}\frac{\partial}{\partial\theta}\right) \right\}$$

下面给出角动量算符在本体系中的表达式:

$$\vec{I} = I_1\hat{e}_1 + I_2\hat{e}_2 + I_3\hat{e}_3$$

$$I_3 = -\mathrm{i}\frac{\partial}{\partial\psi}$$

$$\begin{pmatrix} I_{x'''} \\ I_{y'''} \\ I_{z'''} \end{pmatrix} = \begin{pmatrix} \cos\psi & -\sin\psi & 0 \\ \sin\psi & \cos\psi & 0 \\ 0 & 0 & 1 \end{pmatrix} \begin{pmatrix} I_1 \\ I_2 \\ -\mathrm{i}\dfrac{\partial}{\partial\psi} \end{pmatrix}$$

得 $I_{z'''} = -\mathrm{i}\dfrac{\partial}{\partial\psi}$，又因 $I_{y'''} = I_{y''} = -\mathrm{i}\dfrac{\partial}{\partial\theta}$，可得：

(1) $-\mathrm{i}\dfrac{\partial}{\partial\theta} = I_1 \sin\psi + I_2 \cos\psi$

$$I_{x'''} = I_1 \cos\psi - I_2 \sin\psi$$

$$\begin{pmatrix} I_{x'''} \\ I_{y'''} \\ I_{z'''} \end{pmatrix} = \begin{pmatrix} \cos\theta & 0 & -\sin\theta \\ 0 & 1 & 0 \\ \sin\theta & 0 & \cos\theta \end{pmatrix} \begin{pmatrix} I_{x''} \\ I_{y''} \\ I_{z''} \end{pmatrix}$$

$$I_{x'''} = I_{x''} \cos\theta - I_{z''} \sin\theta$$

$$I_{z'''} = I_{x''} \sin\theta + I_{z''} \cos\theta = -\mathrm{i}\dfrac{\partial}{\partial\psi}$$

$$I_{x''} = \dfrac{1}{\sin\theta}\left(-\mathrm{i}\dfrac{\partial}{\partial\psi} - I_{z''}\cos\theta\right)$$

$$I_{z''} = -\mathrm{i}\dfrac{\partial}{\partial\phi}$$

(2) $I_1 \cos\psi - I_2 \sin\psi = \dfrac{\cos\theta}{\sin\theta}\left(-\mathrm{i}\dfrac{\partial}{\partial\psi} - I_{z''}\cos\theta\right) - I_{z''}\sin\theta$

$\qquad\qquad\qquad\quad = \cot\theta\left(-\mathrm{i}\dfrac{\partial}{\partial\psi}\right) - \dfrac{1}{\sin\theta}\left(-\mathrm{i}\dfrac{\partial}{\partial\phi}\right)$

解 I_1, I_2 的联立方程 (1) 和 (2) 可以得到角动量在本体系三个坐标轴上的投影：

$$I_1 = -\mathrm{i}\left(-\dfrac{\cos\psi}{\sin\theta}\dfrac{\partial}{\partial\phi} + \sin\psi\dfrac{\partial}{\partial\theta} + \cot\theta\cos\psi\dfrac{\partial}{\partial\psi}\right)$$

$$I_2 = -\mathrm{i}\left(\dfrac{\sin\psi}{\sin\theta}\dfrac{\partial}{\partial\phi} + \cos\psi\dfrac{\partial}{\partial\theta} - \cot\theta\sin\psi\dfrac{\partial}{\partial\psi}\right)$$

$$I_3 = -\mathrm{i}\dfrac{\partial}{\partial\psi} \tag{2.28}$$

容易验证 (见例题 2.2)

$$[I_\alpha, I_\beta] = -\mathrm{i}\epsilon_{\alpha\beta\gamma}I_\gamma, \quad (\alpha, \beta, \gamma = 1, 2, 3)$$

$$\vec{I}^2 = I_1^2 + I_2^2 + I_3^2$$

$$= -\left[\dfrac{1}{\sin^2\theta}\dfrac{\partial^2}{\partial\phi^2} - \dfrac{2\cos\theta}{\sin^2\theta}\dfrac{\partial^2}{\partial\phi\partial\psi} + \dfrac{1}{\sin^2\theta}\dfrac{\partial^2}{\partial\psi^2} + \dfrac{1}{\sin\theta}\dfrac{\partial}{\partial\theta}\left(\dfrac{1}{\sin\theta}\dfrac{\partial}{\partial\theta}\right)\right]$$

如果 K-系绕 z 轴转动角度 $\delta\phi$ 成为 K'-系. 假定在 K-系中波函数为 $\Psi(\phi)$, 则在 K'-系中此波函数为

$$
\begin{aligned}
\Psi(\phi - \delta\phi) &= \Psi(\phi) - \delta\phi\frac{\partial\Psi}{\partial\phi} + \frac{1}{2}(\delta\phi)^2\frac{\partial^2\Psi}{\partial\phi^2} + \cdots \\
&= \left\{ 1 + (-\mathrm{i}\delta\phi)\left(-\mathrm{i}\frac{\partial}{\partial\phi}\right) + \frac{1}{2}(-\mathrm{i}\delta\phi)^2\left(-\mathrm{i}\frac{\partial}{\partial\phi}\right)^2 + \cdots \right\}\Psi(\phi) \\
&= \mathrm{e}^{-\mathrm{i}\delta\phi I_z}\Psi(\phi)
\end{aligned}
$$

式中, $I_z = -\mathrm{i}\dfrac{\partial}{\partial\phi}$. 所以

$$
\begin{aligned}
|IM\rangle_{K''} &= \mathrm{e}^{-\mathrm{i}\phi I_z}|IM\rangle_K \\
|IM\rangle_{K'''} &= \mathrm{e}^{-\mathrm{i}\theta I_{y''}}|IM\rangle_{K''} \\
|IM\rangle_{K'} &= \mathrm{e}^{-\mathrm{i}\psi I_{z'''}}|IM\rangle_{K'''} \\
|IM\rangle_{K'} &= \mathrm{e}^{-\mathrm{i}\psi I_{z'''}}\mathrm{e}^{-\mathrm{i}\theta I_{y''}}\mathrm{e}^{-\mathrm{i}\phi I_z}|IM\rangle_K = R(\phi,\theta,\psi)|IM\rangle_K
\end{aligned}
$$

其中, $R(\phi,\theta,\psi)$ 称转动算符. 令 $|A\rangle_{K'} = R|A\rangle_K$, 则对于算符 T 可以得到 $T(K') = RT(K)R^+$, 其中

$$
R(\phi,\theta,\psi) = \mathrm{e}^{-\mathrm{i}\psi I_{z'''}}\mathrm{e}^{-\mathrm{i}\theta I_{y''}}\mathrm{e}^{-\mathrm{i}\phi I_z}
$$

在实验室系中, R 的表达式为

$$
\begin{aligned}
&\mathrm{e}^{-\mathrm{i}\phi I_z} \\
&\mathrm{e}^{-\mathrm{i}\theta I_{y''}} = \mathrm{e}^{-\mathrm{i}\phi I_z}\mathrm{e}^{-\mathrm{i}\theta I_y}\mathrm{e}^{\mathrm{i}\phi I_z}, \quad \left(\mathrm{e}^{-\mathrm{i}\theta I_{y''}}\right)^+ = \mathrm{e}^{-\mathrm{i}\phi I_z}\mathrm{e}^{\mathrm{i}\theta I_y}\mathrm{e}^{\mathrm{i}\phi I_z} \\
&\mathrm{e}^{-\mathrm{i}\psi I_{z'''}} = \mathrm{e}^{-\mathrm{i}\theta I_{y''}}\mathrm{e}^{-\mathrm{i}\psi I_{z''}}\left(\mathrm{e}^{-\mathrm{i}\theta I_{y''}}\right)^+ \\
&\qquad\quad = \mathrm{e}^{-\mathrm{i}\phi I_z}\mathrm{e}^{-\mathrm{i}\theta I_y}\mathrm{e}^{\mathrm{i}\phi I_z}\mathrm{e}^{-\mathrm{i}\psi I_z}\mathrm{e}^{\mathrm{i}\phi I_z}\mathrm{e}^{-\mathrm{i}\phi I_z}\mathrm{e}^{\mathrm{i}\theta I_y}\mathrm{e}^{\mathrm{i}\phi I_z} \\
&\qquad\quad = \mathrm{e}^{-\mathrm{i}\phi I_z}\mathrm{e}^{-\mathrm{i}\theta I_y}\mathrm{e}^{-\mathrm{i}\psi I_z}\mathrm{e}^{\mathrm{i}\theta I_y}\mathrm{e}^{\mathrm{i}\phi I_z}
\end{aligned}
$$

我们得到

$$
\begin{aligned}
R &= \mathrm{e}^{-\mathrm{i}\psi I_{z'''}}\mathrm{e}^{-\mathrm{i}\theta I_{y''}}\mathrm{e}^{-\mathrm{i}\phi I_z} = \mathrm{e}^{-\mathrm{i}\phi I_z}\mathrm{e}^{-\mathrm{i}\theta I_y}\mathrm{e}^{-\mathrm{i}\psi I_z}\mathrm{e}^{\mathrm{i}\theta I_y}\mathrm{e}^{\mathrm{i}\phi I_z}\mathrm{e}^{-\mathrm{i}\phi I_z}\mathrm{e}^{-\mathrm{i}\theta I_y}\mathrm{e}^{\mathrm{i}\phi I_z}\mathrm{e}^{-\mathrm{i}\phi I_z} \\
&= \mathrm{e}^{-\mathrm{i}\phi I_z}\mathrm{e}^{-\mathrm{i}\theta I_y}\mathrm{e}^{-\mathrm{i}\psi I_z}
\end{aligned}
$$

即

$$
R(\Omega) = \mathrm{e}^{-\mathrm{i}\phi I_z}\mathrm{e}^{-\mathrm{i}\theta I_y}\mathrm{e}^{-\mathrm{i}\psi I_z} \quad (I_z, I_y \text{ 是 } K\text{-系中的算符}) \tag{2.29}
$$

$$
R^+(\Omega) = \mathrm{e}^{\mathrm{i}\psi I_z}\mathrm{e}^{\mathrm{i}\theta I_y}\mathrm{e}^{\mathrm{i}\phi I_z}
$$

定义

$$D^I_{MM'}(\Omega) = \langle IM|R(\Omega)|IM'\rangle^* = \langle IM'|R^+(\Omega)|IM\rangle$$
$$= e^{iM\phi}d^I_{MM'}(\theta)e^{iM'\psi}$$

其中

$$d^I_{MM'}(\theta) = \langle IM'|e^{i\theta I_y}|IM\rangle$$

因为 I_y 是纯虚数, 所以有关系式

$$d^I_{MM'}(\theta) = (-1)^{M-M'}d_{M'M}(\theta)$$
$$= (-1)^{M-M'}d^I_{-M-M'}(\theta)$$
$$= d_{M'M}(-\theta)$$

由

$$|IM'\rangle_{K'} = \sum_M |IM\rangle_K < IM|R(\Omega)|IM'\rangle$$

则

$$\sum_{M'} D^I_{M_1M'}(\Omega)|IM'\rangle_{K'} = \sum_{M'}\sum_M |IM\rangle_K \langle IM|R(\Omega)|IM'\rangle_{K'}\langle IM'|R^+(\Omega)|IM_1\rangle$$
$$= \sum_M |IM\rangle_K \langle IM|IM_1\rangle = |IM_1\rangle_K$$

我们得到重要关系式

$$|IM\rangle_K = \sum_{M'} D^I_{MM'}(\Omega)|IM'\rangle_{K'} \tag{2.30}$$

式中, M 是角动量算符 $\vec{I}$ 在实验室系 (K-系) $\hat{e}_z$ 轴上的投影; M' 是角动量 $\vec{I}$ 在本体系 (K'-系) $\hat{e}_3$ 轴上的投影; Ω 是 K'-系相对于 K-系的取向.

K-系相对于 K'-系的取向为

$$\Omega^{-1} = (\phi, \theta, \psi)^{-1} = (-\psi, -\theta, -\phi) = (\pi - \psi, \theta, -\pi - \phi)$$

由此可得到

$$D^I_{MM'}(\Omega^{-1}) = (D^I_{M'M})^*(\Omega)$$
$$\sum_M (D^I_{MM_1})^*(\Omega)D^I_{MM_2}(\Omega) = \delta_{M_1M_2}$$
$$\sum_M (D^I_{M_1M})^*(\Omega)D^I_{M_2M}(\Omega) = \delta_{M_1M_2} \tag{2.31}$$

$$\int_0^\pi \sin\theta d\theta \int_0^{2\pi} d\phi \int_0^{2\pi} d\psi (D_{M_1 M_1'}^{I_1})^* D_{M_2 M_2'}^{I_2} = \frac{8\pi^2}{2I_1 + 1} \delta_{I_1 I_2} \delta_{M_1 M_2} \delta_{M_1' M_2'}$$

$$\sum_{M_1 M_2} C_{I_1 M_1 I_2 M_2}^{IM} D_{M_1 M_1'}^{I_1} D_{M_2 M_2'}^{I_2} = C_{I_1 M_1' I_2 M_2'}^{IM'} D_{MM'}^{I}$$

$$D_{M_1 M_1'}^{I_1} D_{M_2 M_2'}^{I_2} = \sum_{I=|I_1-I_2|}^{I=I_1+I_2} C_{I_1 M_1 I_2 M_2}^{I M_1 + M_2} C_{I_1 M_1' I_2 M_2'}^{I M_1' + M_2'} D_{M_1+M_2, M_1'+M_2'}^{I} \tag{2.32}$$

特殊情况:

$$D_{M0}^I = \left(\frac{4\pi}{2I+1}\right)^{\frac{1}{2}} Y_{IM}(\theta, \phi)$$

$$D_{0M}^I = \left(\frac{4\pi}{2I+1}\right)^{\frac{1}{2}} Y_{IM}(\theta, \psi)$$

$$D_{00}^I = \left(\frac{4\pi}{2I+1}\right)^{\frac{1}{2}} Y_{I0}(\theta) = P_I(\cos\theta)$$

除了参照系 K-系和 K'-系之外, 再取 K_1-系, 它相对于 K-系的取向为 Ω_1, 相对于 K'-系的取向为 Ω_1', 则有关系式

$$R(\Omega_1) = R(\Omega)R(\Omega_1')$$

由此我们有

$$D_{MM'}^I(\Omega_1) = \sum_{M_1} D_{MM_1}^I(\Omega) D_{M_1 M'}^I(\Omega_1') \tag{2.33}$$

令 $M' = 0$, 则可以得到

$$Y_{IM}(\theta, \phi) = \sum_{M'} D_{MM'}^I(\Omega) Y_{IM'}(\theta', \phi') \tag{2.34}$$

此式即球谐函数从本体系到实验室系的变换公式.

令 $M = M' = 0$, 则可以得到球谐函数的加法公式:

$$P_I(\cos(\theta_{12})) = \frac{4\pi}{2I+1} \sum_M Y_{IM}^*(\theta_1, \phi_1) Y_{IM}(\theta_2, \phi_2) \tag{2.35}$$

当 $\theta_{12} = 0$ 时, 得到

$$\sum_M Y_{IM}^*(\theta, \phi) Y_{IM}(\theta, \phi) = \frac{2I+1}{4\pi} \tag{2.36}$$

$$d_{M'M}^I(\pi) = \langle IM'|e^{-i\pi I_y}|IM\rangle = (-1)^{I-M} \delta_{M,-M'}$$

2.4 球张量 $T_{\lambda\mu}$ 和 Wigner-Eckart 定理

定义 λ 阶球张量 $T_{\lambda\mu}$:

$$T_{\lambda\mu}|\alpha, I=0\rangle = N|\alpha, I=\lambda, M=\mu\rangle \quad (N \text{ 是归一化常数})$$

式中, $|\alpha, I=0\rangle$ 是归一化的角动量为零的态; $|\alpha, I=\lambda, M=\mu\rangle$ 是角动量在轴上的投影分别为 λ 和 μ 的态.

当将球张量 $T_{\lambda\mu}$ 作用在 $I \neq 0$ 的态上时, 在 K-系中有关系式

$$\sum_{\mu M_1} C^{I_2 M_2}_{I_1 M_1 \lambda\mu} T_{\lambda\mu}(K)|I_1 M_1\rangle_K = N|I_2 M_2\rangle_K \tag{2.37}$$

在 K'-系中有关系式

$$\sum_{\mu M_1} C^{I_2 M_2}_{I_1 M_1 \lambda\mu} T_{\lambda\mu}(K')|I_1 M_1\rangle_{K'} = N|I_2 M_2\rangle_{K'} \tag{2.38}$$

则能够证明

$$T_{\lambda\mu}(K) = \sum_{\mu'} D^{\lambda}_{\mu\mu'}(\Omega) T_{\lambda\mu'}(K') \tag{2.39}$$

式中, $T_{\lambda\mu}(K)$ 和 $T_{\lambda\mu'}(K')$ 分别是 K-系和 K'-系中的 λ 阶球张量.

证明:

借助关系式 (2.30) 可以将式 (2.37) 变换为

$$\sum_{\mu M_1} C^{I_2 M_2}_{I_1 M_1 \lambda\mu} T_{\lambda\mu}(K) \sum_{K_1} D^{I_1}_{M_1 K_1}|I_1 K_1\rangle_{K'}$$

$$= N|I_2 M_2\rangle_K = N \sum_{K_2} D^{I_2}_{M_2 K_2}|I_2 K_2\rangle_{K'}$$

$$= \sum_{K_2} D^{I_2}_{M_2 K_2} \sum_{\mu M_1} C^{I_2 K_2}_{I_1 M_1 \lambda\mu} T_{\lambda\mu}(K')|I_1 M_1\rangle_{K'}$$

利用关系式

$$\sum_{M_1 M_2} C^{IM}_{I_1 M_1 I_2 M_2} D^{I_1}_{M_1 M_1'} D^{I_2}_{M_2 M_2'} = C^{IM'}_{I_1 M_1' I_2 M_2'} D^{I}_{MM'}$$

可以得到

$$\sum_{\mu M_1} C^{I_2 M_2}_{I_1 M_1 \lambda\mu} T_{\lambda\mu}(K)|I_1 M_1\rangle_K = \sum_{\mu M_1} C^{I_2 M_2}_{I_1 M_1 \lambda\mu} \sum_{\alpha} D^{\lambda}_{\mu\alpha} T_{\lambda\alpha}(K') \sum_{\beta} D^{I_1}_{M_1 \beta}|I_1 \beta\rangle_{K'}$$

所以有

$$T_{\lambda\mu}(K) = \sum_{\mu'} D_{\mu\mu'}^{\lambda} T_{\lambda\mu'}(K') \tag{2.40}$$

下面讨论球张量 $T_{\lambda\mu}$ 在空间转动下的变换.

式 (2.40) 表示对于实验室系中的球张量 $T_{\lambda\mu}$ 下式成立:

$$R^{-1}(\Omega) T_{\lambda\mu} R(\Omega) = \sum_{\mu'} D_{\mu\mu'}^{\lambda} T_{\lambda\mu'} \tag{2.41}$$

对于无穷小转动 $\vec{\chi}$, 有

$$R(\vec{\chi}) = \mathrm{e}^{-\mathrm{i}\vec{\chi}\cdot\vec{I}} \approx 1 - \mathrm{i}\vec{\chi}\cdot\vec{I}$$

式 (2.41) 的左边 $= (1 + \mathrm{i}\vec{\chi}\cdot\vec{I})T_{\lambda\mu}(1 - \mathrm{i}\vec{\chi}\cdot\vec{I}) = T_{\lambda\mu} + \mathrm{i}\vec{\chi}\cdot[\vec{I}, T_{\lambda\mu}]$

式 (2.41) 的右边 $= \sum_{\mu'}\langle\lambda\mu'|(1 + \mathrm{i}\vec{\chi}\cdot\vec{I})|\lambda\mu\rangle T_{\lambda\mu'}$

$$= T_{\lambda\mu} + \mathrm{i}\vec{\chi}\cdot\sum_{\mu'}\langle\lambda\mu'|\vec{I}|\lambda\mu\rangle T_{\lambda\mu'}$$

则可得到

$$[\vec{I}, T_{\lambda\mu}] = \sum_{\mu'}\langle\lambda\mu'|\vec{I}|\lambda\mu\rangle T_{\lambda\mu'}$$

也即

$$[I_x \pm \mathrm{i}I_y, T_{\lambda\mu}] = [(\lambda \mp \mu)(\lambda \pm \mu + 1)]^{\frac{1}{2}} T_{\lambda\mu\pm 1}$$
$$[I_z, T_{\lambda\mu}] = \mu T_{\lambda\mu} \tag{2.42}$$

对于角动量矢量, 可以定义一阶球张量:

$$I_{\pm 1} = \mp\frac{1}{\sqrt{2}}(I_x \pm \mathrm{i}I_y)$$
$$I_0 = I_z$$

有关系式

$$[I_\mu, T_{\lambda\mu'}] = [\lambda(\lambda+1)]^{\frac{1}{2}} C_{\lambda\mu'1\mu}^{\lambda\mu+\mu'} T_{\lambda\mu+\mu'} \tag{2.43}$$

式 (2.43) 也可以视为球张量的定义, 即满足此关系的 $T_{\lambda\mu}$ 称为 λ 阶球张量.

下面给出几个球对于矢量 $\vec{V}$ 可以定义一阶球张量:

$$V_{11} = -\frac{1}{\sqrt{2}}(V_x + \mathrm{i}V_y)$$
$$V_{10} = V_z$$
$$V_{1-1} = \frac{1}{\sqrt{2}}(V_x - \mathrm{i}V_y)$$

球谐函数 $Y_{\ell m}(\theta,\phi)$ 是 ℓ 阶球张量, 对于固定的 ν 值, $D^\lambda_{\mu\nu}$ 可视为球张量 $T_{\lambda\mu}$, 即 $D^\lambda_{\mu\nu}$ 满足

$$[I_\mu, D^\lambda_{\mu'\nu}(\Omega)] = [\lambda(\lambda+1)]^{\frac{1}{2}} C^{\lambda\mu+\mu'}_{\lambda\mu'1\mu} D^\lambda_{\mu+\mu'\nu}(\Omega) \tag{2.44}$$

令 $T_{\lambda\mu} = I_{1\mu}$, 可以得到在实验室系中角动量的对易关系:

$$[I_\mu, I_{\mu'}] = \sqrt{2} C^{1\mu+\mu'}_{1\mu'1\mu} I_{\mu+\mu'}$$

或者 $[I_x, I_y] = \mathrm{i} I_z$ 及循环关系. 与前面直接用 I_x, I_y, I_z 的表达式得到的结果相同.

由关系式

$$\sum_{\mu M_1} C^{I_2 M_2}_{I_1 M_1 \lambda\mu} T_{\lambda\mu} |I_1 M_1\rangle = N |I_2 M_2\rangle$$

则

$$\sum_{\mu M_1} C^{I_2 M_2}_{I_1 M_1 \lambda\mu} \langle I'_2 M'_2 | T_{\lambda\mu} | I_1 M_1\rangle = N \delta_{I_2 I'_2} \delta_{M_2 M'_2}$$

两边作用 $\displaystyle\sum_{I'_2 M'_2} C^{I'_2 M'_2}_{I_1 M_1 \lambda\mu}$, 可得

$$\langle I_2 M_2 | T_{\lambda\mu} | I_1 M_1\rangle = N C^{I_2 M_2}_{I_1 M_1 \lambda\mu}$$

其中, N 与磁量子数无关, 此式也可以表示为

$$\langle I_2 M_2 | T_{\lambda\mu} | I_1 M_1\rangle = \frac{1}{\sqrt{2I_2+1}} C^{I_2 M_2}_{I_1 M_1 \lambda\mu} \langle I_2 \| T_\lambda \| I_1\rangle \tag{2.45}$$

此即 Wigner-Eckart 定理, $\langle I_2 \| T_\lambda \| I_1\rangle$ 称为约化矩阵元.

在内禀系中也可以定义一阶球张量:

$$I'_{\pm 1} = \mp \frac{1}{\sqrt{2}} (I'_1 \pm \mathrm{i} I'_2)$$

$$I'_0 = I'_3$$

式中, I'_1, I'_2, I'_3 分别是角动量 $\vec{I}$ 在本体系三个主轴上的分量, 则有关系式

$$I_\mu = \sum_\nu D^1_{\mu\nu} I'_\nu(\Omega) = \sum_\nu I'_\nu D^1_{\mu\nu}(\Omega)$$

$$I'_\nu = \sum_\mu (D^1_{\mu\nu})^+(\Omega) I_\mu = \sum_\mu I_\mu (D^1_{\mu\nu})^+(\Omega)$$

I_μ 和 $(D^1_{\mu\nu})^+$ 并不对易, 借助关系式 (2.44) 可以证明对它们的乘积求和以后对易. 由关系式 (2.44) 及 I_μ 之间的对易关系能够得到

$$[I'_\nu, I_\mu] = 0$$

$$[I'_\nu, I'_{\nu'}] = \sqrt{2} C^{1\nu+\nu'}_{1\nu 1\nu'} I'_{\nu+\nu'}$$

$$[I'_\nu, D^\lambda_{\mu\nu'}(\Omega)] = (-1)^\nu \sqrt{\lambda(\lambda+1)} C^{\lambda\nu'-\nu}_{\lambda\nu'1-\nu} D^\lambda_{\mu\nu'-\nu}(\Omega)$$

其中, 第一式很容易理解, 因为 I'_ν 是内秉系中的量, 它与本体系在空间的取向无关, 所以与 I_μ 对易. 由第二和第三式有

$$[I'_i, I'_j] = -\mathrm{i}\epsilon_{ijk}I'_k \tag{2.46}$$

$$[I'_1 \pm \mathrm{i}I'_2, D^\lambda_{\mu\nu}(\Omega)] = \sqrt{(\lambda \pm \nu)(\lambda \mp \nu + 1)}D^\lambda_{\mu\nu\mp 1}(\Omega) \tag{2.47}$$

2.5 Bohr 哈密顿量

对于原子核的四极形变

$$R(\theta, \phi) = R_0\left[1 + \sum_\mu \alpha^*_{2\mu}\mathrm{Y}_{2\mu}(\theta, \phi)\right]$$

由 $R(\theta, \phi)^* = R(\theta, \phi)$ 可得

$$\alpha^*_{2\mu} = (-1)^\mu\alpha_{2-\mu} \quad (\alpha_{2\mu} = a_{2\mu} + \mathrm{i}b_{2\mu})$$

所以 $\alpha_{2\mu}$ 中只有五个独立变数 (如独立变数可取为 $a_{20}, a_{21}, b_{21}, a_{22}, b_{22}$). 在实验室系为 $\alpha_{2\mu}$, 在本体系为 $\alpha'_{2\mu}$, 则有关系式

$$\alpha_{2\mu} = \sum_\mu D^2_{\mu\nu}(\Omega)\alpha'_{2\nu}$$

右边五个独立变数为三个欧拉角 ϕ, θ, ψ, 以及 $\alpha'_{20} = \beta\cos\gamma, \alpha'_{22} = \alpha'_{2-2} = \dfrac{1}{\sqrt{2}}\beta\sin\gamma$ $(b'_{21} = a'_{21} = b'_{22} = 0)$, 容易证明 β, γ 是转动不变量, 因为

$$(\alpha_2\alpha_2)_0 = \frac{1}{\sqrt{5}}\beta^2$$

$$(\alpha_2\alpha_2\alpha_2)_0 = -\sqrt{\frac{2}{35}}\beta^3\cos 3\gamma \tag{2.48}$$

是由 $\alpha_{2\mu}$ 构成的两个仅有的独立转动不变量. 由此式 (2.48) 可看出

$$\beta > 0, \quad 0 \leqslant \gamma \leqslant \frac{\pi}{3}$$

描述了原子核所有可能的不同四极形变. 我们可以等价地选取区间

$$\beta > 0, \quad 0 \geqslant \gamma \geqslant -\frac{\pi}{3}$$

此种选取称为 Lund 约定.

在本体系中, 原子核的四极形变为

$$
R(\theta, \phi) = R_0 \left[1 + \beta \cos\gamma Y_{20} + \frac{1}{\sqrt{2}} \beta \sin\gamma (Y_{22} + Y_{2-2}) \right]
$$
$$
= R_0 \left\{ 1 + \beta \sqrt{\frac{5}{16\pi}} [\cos\gamma(3\cos^2\theta - 1) + \sqrt{3}\sin\gamma\sin^2\theta\cos 2\phi] \right\} \quad (2.49)
$$

由此可得

$$
\delta R_3 = \delta R(\theta = 0) = R_0 \sqrt{\frac{5}{4\pi}} \beta \cos\gamma
$$
$$
\delta R_1 = \delta R\left(\theta = \frac{\pi}{2}, \phi = 0\right) = R_0 \sqrt{\frac{5}{4\pi}} \beta \left(-\frac{1}{2}\cos\gamma + \frac{\sqrt{3}}{2}\sin\gamma \right)
$$
$$
= R_0 \sqrt{\frac{5}{4\pi}} \beta \cos\left(\gamma - \frac{2\pi}{3}\right)
$$
$$
\delta R_2 = \delta R\left(\theta = \frac{\pi}{2}, \phi = \frac{\pi}{2}\right) = R_0 \sqrt{\frac{5}{4\pi}} \beta \left(-\frac{1}{2}\cos\gamma - \frac{\sqrt{3}}{2}\sin\gamma \right)
$$
$$
= R_0 \sqrt{\frac{5}{4\pi}} \beta \cos\left(\gamma + \frac{2\pi}{3}\right)
$$

可用一般形式表示为

$$
\delta R_\kappa = R_0 \sqrt{\frac{5}{4\pi}} \beta \cos\left(\gamma - \frac{2\pi}{3}\kappa\right) \quad (\kappa = 1, 2, 3) \quad (2.50)
$$

容易看出, 只有在形变很小时式 (2.50) 才描述椭球形变.

由 $D^I_{MM'}$ 函数的定义

$$
D^I_{MM'}(\Omega) = \langle IM' | e^{i\vec{\chi}(t)\cdot\vec{I}} | IM \rangle
$$

及

$$
\alpha_{2\mu}(t) = \sum_\nu D^2_{\mu\nu} \alpha'_{2\nu}(t) = \sum_\nu \langle 2\mu' | e^{i\vec{\chi}(t)\cdot\vec{I}} | 2\mu \rangle \alpha'_{2\nu}(t)
$$

可以得到

$$
\dot{\alpha}_{2\mu} = D^2_{\mu 0}\dot{\alpha}'_{20} + (D^2_{\mu 2} + D^2_{\mu -2})\dot{a}'_{22} + \sum_{j=1}^3 \omega_j \frac{\partial}{\partial\chi_j}[D^2_{\mu 0}\alpha'_{20} + (D^2_{\mu 2} + D^2_{\mu -2})\alpha'_{22}]
$$
$$
\tag{2.51}
$$

式中, $\omega_i = \dfrac{\mathrm{d}\chi_i}{\mathrm{d}t}$. 由 $I_i = -\mathrm{i}\dfrac{\partial}{\partial\chi_i}$, 则有

$$
\frac{\partial}{\partial\chi_j} D^2_{\mu.\nu} = \mathrm{i} I_j D^2_{\mu.\nu}
$$

其中, I_j 是角动量在本体系三个主轴上的投影.

利用公式 (见式 (2.47))

$$I_3 D_{\mu\nu}^\lambda = \nu D_{\mu\nu}^\lambda$$
$$(I_1 \pm \mathrm{i}I_2) D_{\mu\nu}^\lambda = \sqrt{(\lambda \pm \nu)(\lambda \mp \nu + 1)} D_{\mu\nu\mp 1}^\lambda$$

有

$$I_1 D_{\mu 0}^2 = \frac{1}{2}(I_+ + I_-) D_{\mu 0}^2 = \frac{\sqrt{6}}{2}(D_{\mu-1}^2 + D_{\mu 1}^2)$$

$$I_2 D_{\mu 0}^2 = \frac{-\mathrm{i}}{2}(I_+ - I_-) D_{\mu 0}^2 = \frac{-\mathrm{i}\sqrt{6}}{2}(D_{\mu-1}^2 - D_{\mu 1}^2)$$

$$I_1 D_{\mu 2}^2 = \frac{1}{2}(I_+ + I_-) D_{\mu 2}^2 = D_{\mu 1}^2$$

$$I_1 D_{\mu-2}^2 = \frac{1}{2}(I_+ + I_-) D_{\mu-2}^2 = D_{\mu-1}^2$$

$$I_1(D_{\mu 2}^2 + D_{\mu-2}^2) = (D_{\mu-1}^2 + D_{\mu 1}^2)$$

$$I_2 D_{\mu 2}^2 = \frac{-\mathrm{i}}{2}(I_+ - I_-) D_{\mu 2}^2 = -\mathrm{i}D_{\mu 1}^2$$

$$I_2 D_{\mu-2}^2 = \frac{-\mathrm{i}}{2}(I_+ - I_-) D_{\mu-2}^2 = \mathrm{i}D_{\mu-1}^2$$

$$I_2(D_{\mu 2}^2 + D_{\mu-2}^2) = \mathrm{i}(D_{\mu-1}^2 - D_{\mu 1}^2)$$

$$I_3(D_{\mu 2}^2 + D_{\mu-2}^2) = 2(D_{\mu 2}^2 - D_{\mu-2}^2)$$

所以

$$\sum \omega_j \frac{\partial}{\partial \chi_j}[D_{\mu 0}^2 \alpha_{20}' + (D_{\mu 2}^2 + D_{\mu-2}^2)\alpha_{22}']$$

$$= \mathrm{i}(\omega_1 I_1 + \omega_2 I_2 + \omega_3 I_3)D_{\mu 0}^2 \alpha_{20}' + \mathrm{i}(\omega_1 I_1 + \omega_2 I_2 + \omega_3 I_3)(D_{\mu 2}^2 + D_{\mu-2}^2)\alpha_{22}'$$

$$= \mathrm{i}\left\{\omega_1 \frac{\sqrt{6}}{2}(D_{\mu-1}^2 + D_{\mu 1}^2)\alpha_{20}' + \omega_2\left[\frac{-\mathrm{i}\sqrt{6}}{2}(D_{\mu-1}^2 - D_{\mu 1}^2)\right]\alpha_{20}'\right\}$$

$$+ \mathrm{i}\left\{\omega_1(D_{\mu-1}^2 + D_{\mu 1}^2)\alpha_{22}' + \omega_2[\mathrm{i}(D_{\mu-1}^2 - D_{\mu 1}^2)]\alpha_{22}' + \omega_3(D_{\mu 2}^2 - D_{\mu-2}^2)\alpha_{22}'\right\}$$

$$= \left[\mathrm{i}\omega_1(D_{\mu-1}^2 + D_{\mu 1}^2)\left(\alpha_{22}' + \frac{\sqrt{6}}{2}\alpha_{20}'\right) - \omega_2(D_{\mu-1}^2 - D_{\mu 1}^2)\left(\alpha_{22}' - \frac{\sqrt{6}}{2}\alpha_{20}'\right)\right.$$

$$+ \mathrm{i}\omega_3(D_{\mu 2}^2 - D_{\mu-2}^2)\alpha_{22}'\bigg]$$

由此我们得到

$$\dot{\alpha}_{2\mu} = D_{\mu0}^2 \dot{\alpha'}_{20} + (D_{\mu2}^2 + D_{\mu-2}^2)\dot{a'}_{22}$$

$$+ \left[i\omega_1(D_{\mu-1}^2 + D_{\mu1}^2)\left(\alpha'_{22} + \frac{\sqrt{6}}{2}\alpha'_{20}\right) - \omega_2\left(D_{\mu-1}^2 - D_{\mu1}^2\right)\left(\alpha'_{22} - \frac{\sqrt{6}}{2}\alpha'_{20}\right) \right.$$

$$\left. + i\omega_3(D_{\mu2}^2 - D_{\mu-2}^2)\alpha'_{22} \right]$$

则原子核在实验室系中的动能可变换到本体系:

$$T = \frac{1}{2}D\sum_\mu |\dot{\alpha}_{2\mu}|^2 = T_{\text{rot}} + T_{\text{vib}}$$

式中

$$T_{\text{vib}} = \frac{1}{2}D[(\dot{\alpha'}_{20})^2 + (\dot{\alpha'}_{22})^2] = \frac{1}{2}D[(\dot{\beta})^2 + \beta^2(\dot{\gamma})^2]$$

$$T_{\text{rot}} = \frac{1}{2}D\left[2\omega_1^2\left(\alpha'_{22} + \frac{\sqrt{6}}{2}\alpha'_{20}\right)^2 + 2\omega_2^2\left(\alpha'_{22} - \frac{\sqrt{6}}{2}\alpha'_{20}\right)^2 + 8\omega_3^2\alpha'^2_{22} \right]$$

$$= \frac{1}{2}\sum_{\kappa=1}^3 \Im_\kappa \omega_\kappa^2$$

$$\Im_\kappa = 4D\beta^2 \sin^2\left(\gamma - \frac{2\pi}{3}\kappa\right) \quad (\kappa = 1, 2, 3)$$

令 $D = \frac{3}{8\pi}AMR_0^2$,$\Im_\kappa = \Im_\kappa^{\text{irr}}$ 是无旋液滴转动惯量,ω_κ 是角速度在本体系三个轴上的投影.

由此我们可以得到经典哈密顿量:

$$H = \frac{1}{2}\sum_{\kappa=1}^3 \Im_\kappa \omega_\kappa^2 + \frac{1}{2}D[(\dot{\beta})^2 + \beta^2(\dot{\gamma})^2] + V(\beta, \gamma)$$

体系在笛卡儿坐标下的动能 $\frac{1}{2}\sum_i(\dot{x}_i^2)$ 在曲线坐标下可以表示为

$$T = \frac{1}{2}\sum_{i,j} g_{ij}\dot{\xi}_i\dot{\xi}_j \tag{2.52}$$

则相应的量子化哈密顿量为 (见例题 2.2)

$$H_{kin} = -\frac{1}{2}\sum_{i,j} \Delta^{-\frac{1}{2}} \frac{\partial}{\partial\xi_i} \Delta^{\frac{1}{2}} g_{ij}^{-1} \frac{\partial}{\partial\xi_j} \tag{2.53}$$

式中, Δ 是矩阵 g_{ij} 的行列式; g_{ij}^{-1} 是 g_{ij} 的逆矩阵.

利用下列关系式:

$$J_\kappa = 4D\beta^2 \sin^2\left(\gamma - \frac{2\pi}{3}\kappa\right)$$

$$g = \begin{pmatrix} D & 0 & 0 & 0 & 0 \\ 0 & D\beta^2 & 0 & 0 & 0 \\ 0 & 0 & \Im_1 & 0 & 0 \\ 0 & 0 & 0 & \Im_2 & 0 \\ 0 & 0 & 0 & 0 & \Im_3 \end{pmatrix}$$

$$\Delta = D^2\beta^2\Im_1\Im_2\Im_3$$

$$g^{-1} = \begin{pmatrix} \dfrac{1}{D} & 0 & 0 & 0 & 0 \\ 0 & \dfrac{1}{D\beta^2} & 0 & 0 & 0 \\ 0 & 0 & \dfrac{1}{\Im_1} & 0 & 0 \\ 0 & 0 & 0 & \dfrac{1}{\Im_2} & 0 \\ 0 & 0 & 0 & 0 & \dfrac{1}{\Im_3} \end{pmatrix}$$

$$\sin\left(\gamma - \frac{2\pi}{3}\right)\sin\left(\gamma - \frac{4\pi}{3}\right)\sin\gamma = -\frac{1}{4}\sin 3\gamma$$

则可以将上面的经典哈密顿量按这种方式量子化, 最终得到量子化的 Bohr 哈密顿量

$$H_{\mathrm{qt}} = \frac{1}{2D_2}\left[\beta^{-4}\frac{\partial}{\partial\beta}(\beta^4\frac{\partial}{\partial\beta}) + \frac{1}{\beta^2\sin 3\gamma}\frac{\partial}{\partial\gamma}(\sin 3\gamma\frac{\partial}{\partial\gamma})\right]$$
$$+ \frac{1}{2}\sum_{\alpha=1}^{3}\frac{I_\alpha^2}{\Im_\alpha} + V(\beta,\gamma)$$

即原子核的运动可以分解为原子核绕本体轴的集体转动和在本体坐标系中的 β,γ 振动以及转动和振动的耦合, 因为转动惯量 $\Im_\kappa$ 与 β,γ 有关.

2.6　刚体转动和陀螺

$$T = \sum \frac{1}{2}m(\vec{V} + \vec{\omega}\times\vec{r})^2$$
$$= \frac{1}{2}M_{\mathrm{t}}\vec{V}^2 + \sum m\vec{V}\cdot(\vec{\omega}\times\vec{r}) + \frac{1}{2}\sum m(\vec{\omega}\times\vec{r})^2$$

刚体以角速度 $\vec{\omega}$ 转动. 式中, 第一项 $\frac{1}{2}M_t\vec{V}^2$ 是刚体的总体平动能量; 第二项 $\sum m\vec{V} \cdot (\vec{\omega} \times \vec{r}) = \vec{V} \times \vec{\omega} \cdot \sum m\vec{r} = 0$ (在质心系), $\sum m\vec{V} \cdot (\vec{\omega} \times \vec{r}) = \sum \vec{\omega} \cdot (\vec{r} \times m\vec{V})$; 第三项是刚体的转动能:

$$T^{\text{rot}} = \frac{1}{2}\Im_1^{\text{rig}}\omega_1^2 + \frac{1}{2}\Im_2\omega_2^2 + \frac{1}{2}\Im_3\omega_3^2$$

$\vec{\omega}$ 在本体系三个轴上的分量分别为 $\omega_1, \omega_2, \omega_3$, 它们是广义速度. $\Im_1^{\text{rig}}, \Im_2^{\text{rig}}, \Im_3^{\text{rig}}$ 是刚体转动惯量 (在本体系中转动惯量张量是对角的), $\Im_\kappa^{\text{rig}} = \frac{2}{5}mAR_0^2\left[1 - \sqrt{\frac{5}{4\pi}}\beta\cos\left(\gamma - \frac{2\pi}{3}\kappa\right)\right]$ (见例题 2.3).

容易看出刚体转动惯量对 β 和 γ 的依赖关系与无旋液滴模型的依赖关系完全不同.

定义广义动量

$$I_\alpha = \frac{\partial T}{\partial \omega_\alpha} = \Im_\alpha\omega_\alpha$$

则陀螺的哈密顿量为

$$H_{\text{rot}} = \sum_{\alpha=1}^{3} I_\alpha\omega_\alpha - T = \frac{1}{2}\sum_{\alpha=1}^{3}\frac{I_\alpha^2}{\Im_\alpha^{\text{rig}}}$$

式中, I_1、I_2、I_3 是陀螺的角动量在本体轴上的投影. 对于轴对称陀螺:

$$\Im_1 = \Im_2 = \Im_0$$

则

$$H_{\text{rot}} = \frac{I_1^2 + I_2^2}{2\Im_0} + \frac{I_3^2}{2\Im_3} = \frac{\vec{I}^2}{2\Im_0} + \left(\frac{1}{2\Im_3} - \frac{1}{2\Im_0}\right)I_3^2 \quad (\text{对无旋液滴 } \Im_3 = 0)$$

令体系在绝热近似下的总哈密顿量为

$$H = H_{\text{intr.}}(q,p) + H_{\text{rot}}(P_\omega)$$

体系的总波函数为

$$\Psi = \varphi(q,p)\Phi(P_\omega)$$

这时 I_3 是守恒量, 不存在绕对称轴的集体转动 ($I_3 = j_3$, j_3 是内禀角动量).

例如, 对于二维转动, 集体转动波函数为 $\Phi(\psi) = \frac{1}{\sqrt{2\pi}}e^{iM\psi}$, 其中 M 是角动量

在转动轴上的投影. 如果绕内秉系的对称轴 (令它为三轴) 转动 $\delta\psi$, 则集体转动波函数改变 $\mathrm{e}^{\mathrm{i}I_3\delta\psi}$, 内秉系的波函数改变 $\mathrm{e}^{-\mathrm{i}j_3\delta\psi}$, 体系的总波函数改变 $\mathrm{e}^{\mathrm{i}(I_3-j_3)\delta\psi}$, 所以 $I_3 = j_3$ 体系波函数不变.

对于轴对称转子 $\vec{I}^2, I_3 、 I_z 、 H_{\mathrm{rot}}$ 彼此对易, 我们可用 $\left(\dfrac{2I+1}{8\pi^2}\right)^{\frac{1}{2}} D^I_{MK}(\Omega)$ 来表征集体转动态见图 2.9. 因为此时内秉形状还可能存在的唯一对称性是绕垂直于对称轴的任意轴转动 π 角 (如可取 $R_1(\pi)$, 它的本征值 $r = \pm 1$, 称为旋称), 这里我们取 $R_2(\pi)$. 此对称性是内秉形状的对称性, 它没有包含在集体转动自由度之中.

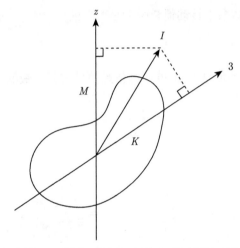

图 2.9　描述三维空间中转动的角动量量子数

对于坐标系的任意转动 R, 令 R_e 表示作用于集体变数 Ω 上, 而 R_i 表示作用于内秉变数 q 上, 则一定有关系式

$$R_e = R_i$$

或者

$$R_e R_i^{-1} = 1$$

对于 $K = 0$ 的转动带, 有

$$R_i \Phi_{r,K=0} = r\Phi_{r,K=0}$$

其中, $\Phi_{r,K=0}$ 是 $K = 0$ 的内秉态波函数.

$$R_e D^I_{M0}(\Omega) = (-1)^I D^I_{M0}(\Omega)$$

所以

$$r = (-1)^I$$

当 $r = 1$ 时, $I = 0, 2, 4, \cdots$; 当 $r = -1$ 时, $I = 1, 3, 5, \cdots$.

对于 $K \neq 0$ 的转动带, $r = \pm 1$ 是简并的. 转动带的波函数为

$$|IMK\rangle = \frac{1}{\sqrt{2}}(1 + R_e R_i^{-1}) \Phi_K D_{MK}^I(\Omega)$$

$$= \left(\frac{2I+1}{16\pi^2}\right)^{\frac{1}{2}} \left[\Phi_K D_{MK}^I(\Omega) + \Phi_{\widetilde{K}}(-1)^{I+K} D_{M-K}^I(\Omega)\right]$$

式中 $\Phi_{\widetilde{K}} = R_2^{-1}(\pi)\Phi_K$ (时间反演态相位约定 $TR_2(\pi) = 1$); $R_e D_{MK}^I(\Omega) = (-1)^{I+K}$ $D_{M-K}^I(\Omega)$.

体系的能量为

$$E_K = \frac{\hbar^2}{2J_0}I(I+1) + \hbar^2 K^2 \left(\frac{1}{2J_3} - \frac{1}{2J_0}\right)$$

因为对于 $\pm K$ 能量简并, 我们只取 $K > 0$ 就够了.

$$I = K, K+1, K+2, \cdots$$

如果内秉形状除四极形变外还包含八极形变 Y_{30}, 这时原子核仍具有轴对称性, 且对于包含对称轴平面的反射变换 S 原子核的内秉形状不变. 容易看出

$$S = PR_2^{-1}(\pi)$$

所以

$$P = SR_2(\pi)$$

其中, 算符 S 作用于内秉变数; $R(\pi)$ 作用于集体变数 $(R = R_e)$.

对于 $K = 0$ 的内秉态, 有

$$S\Phi_{s,K=0}(q) = s\Phi_{s,K=0}(q)$$

$$ST\Phi_{s,K=0}(q) = \Phi_{s,K=0}(q)$$

此式决定内秉态波函数的相位, 则有

$$\pi = s(-1)^I$$

所以对于 $K = 0$ 的转动带波函数为

$$\Psi_{s,K=0,IM} = (2\pi)^{-\frac{1}{2}} \Phi_{s,K=0}(q) Y_{IM}(\theta, \phi) \begin{cases} 1 & (\pi = +1) \\ i & (\pi = -1) \end{cases}$$

$$I^\pi = 0^+, 1^-, 2^+, \cdots$$

$$I^\pi = 0^-, 1^+, 2^-, \cdots$$

出现宇称双重带.

对于 $K \neq 0$ 的态, 有

$$S\Phi_K = \Phi_{\widetilde{K}} = T\Phi_K$$

转动带的波函数为

$$
\begin{aligned}
\Psi_{\pi KIM} &= \left(\frac{2I+1}{16\pi^2}\right)^{\frac{1}{2}} \mathrm{e}^{\mathrm{i}\alpha}[1+\pi S R_e(\pi)]\Phi_K D^I_{MK} \\
&= \left(\frac{2I+1}{16\pi^2}\right)^{\frac{1}{2}}
\begin{cases}
\Phi_K D^I_{MK} + (-1)^{I+K}\Phi_{\widetilde{K}} D^I_{M-K} & (\pi=+1) \\
\mathrm{i}[\Phi_K D^I_{MK} - (-1)^{I+K}\Phi_{\widetilde{K}} D^I_{M-K}] & (\pi=-1)
\end{cases}
\end{aligned}
$$

对于给定的 $K > 0$, 出现 $I \geqslant K$ 的转动带, 且两种宇称的值都出现.

对于非轴对称陀螺, 令 $\alpha_\kappa = \dfrac{1}{2\mathfrak{I}_\kappa}$, 则有

$$
\begin{aligned}
H_{\mathrm{rot}} &= \alpha_1 I_1^2 + \alpha_2 I_2^2 + \alpha_3 I_3^2 \\
&= \left[\frac{1}{2}(\alpha_1+\alpha_2)(\overrightarrow{I}^2 - I_3^2) + \alpha_3 I_3^2\right] + \frac{1}{4}(\alpha_1-\alpha_2)(I_+^2 + I_-^2)
\end{aligned} \tag{2.54}
$$

式中, $I_\pm = I_1 \pm \mathrm{i}I_2$. 容易看出 $\overrightarrow{I}^2$、I_z、H_{rot} 彼此对易, 所以量子态 $|IM\rangle$ 有确定的能量, 这里 M 是角动量 $\overrightarrow{I}$ 在实验室系 z 轴上的投影. 又因为 H_{rot} 具有点群 D_2 对称性 (在 $R_1(\pi), R_2(\pi), R_3(\pi)$ 作用下不变), $R_i(\pi)$ 的本征值为 $\gamma_i = \pm 1$, 可以得到 D_2 群的特征标为

$$
(\gamma_1, \gamma_2, \gamma_3) =
\begin{pmatrix}
1 & 1 & 1 \\
-1 & -1 & 1 \\
1 & -1 & -1 \\
-1 & 1 & -1
\end{pmatrix}
$$

所以哈密顿量 (2.54) 的本征态需要用量子数 IM 和 D_2 点群的独立特征标 $\gamma_2\gamma_3$ 标记, 本征函数可以展开为

$$
|\gamma_2\gamma_3 IM\rangle = \sum_{\substack{K=0,2,\cdots(\gamma_3=1) \\ K=1,3,\cdots(\gamma_3=-1)}} g_{\gamma_2\gamma_3 IK}(\beta,\gamma)\chi_{\gamma_2\gamma_3,IMK}(\Omega)
$$

式中, K 是角动量 $\overrightarrow{I}$ 在内秉系三轴上的投影, 而

$$
\chi_{\gamma_2\gamma_3,IMK}(\Omega) = \left(\frac{2I+1}{16\pi^2}\right)^{\frac{1}{2}}[D^I_{MK}(\Omega) + \gamma_2(-1)^{I+K}D^I_{M-K}(\Omega)]\frac{1}{\sqrt{1+\delta_{K0}}} \tag{2.55}
$$

是对指定的量子数 $\gamma_2\gamma_3 IM$ 将哈密顿量 (2.54) 对角化的基矢.

由 $D^I_{MK}(\Omega)$ 函数的性质容易得到

$$R_3(\pi)D^I_{MK}(\Omega) = \mathrm{e}^{-\mathrm{i}\pi I_3}D^I_{MK}(\Omega) = (-1)^K D^I_{MK}(\Omega)$$

$$R_2(\pi)D^I_{MK}(\Omega) = \mathrm{e}^{-\mathrm{i}\pi I_2}D^I_{MK}(\Omega) = (-1)^{I+K} D^I_{MK}(\Omega)$$

$$R_1(\pi)|IMK\rangle = \mathrm{e}^{-\mathrm{i}\pi I_2}\mathrm{e}^{-\mathrm{i}\pi I_3}D^I_{MK}(\Omega) = (-1)^I D^I_{MK}(\Omega)$$

作为例子, 我们讨论角动量 $I = 2$ 态.

容易看出对称性是 $(\gamma_1, \gamma_2, \gamma_3) = (1, 1, 1)$ 的态有两个, 因为由式 (2.55) 可知这时独立基矢有两个:

$$\chi_{112M0}(\Omega) = \left(\frac{5}{8\pi^2}\right)^{\frac{1}{2}} D^2_{M0}(\Omega), \quad \chi_{112M2}(\Omega) = \left(\frac{5}{16\pi^2}\right)^{\frac{1}{2}} [D^I_{M2}(\Omega) + D^I_{M-2}(\Omega)]$$

对称性为 $(\gamma_1, \gamma_2, \gamma_3) = (-1, -1, 1)$ 的基矢只有一个:

$$\chi_{-112M2}(\Omega) = \left(\frac{5}{16\pi^2}\right)^{\frac{1}{2}} [D^I_{M2}(\Omega) - D^I_{M-2}(\Omega)]$$

对称性为 $(\gamma_1, \gamma_2, \gamma_3) = (1, -1, -1)$ 的基矢有一个:

$$\chi_{-1-12M1}(\Omega) = \left(\frac{5}{16\pi^2}\right)^{\frac{1}{2}} [D^I_{M1}(\Omega) - D^I_{M-1}(\Omega)]$$

对称性为 $(\gamma_1, \gamma_2, \gamma_3) = (-1, 1, -1)$ 的基矢有一个:

$$\chi_{1-12M1}(\Omega) = \left(\frac{5}{16\pi^2}\right)^{\frac{1}{2}} [D^I_{M1}(\Omega) + D^I_{M-1}(\Omega)]$$

可以得到对任意角动量 I 的态其结果为

$$I = \begin{cases} 0, 2^2, 3, 4^3, 5^2, \cdots \\ 1, 2, 3^2, 4^2, 5^3, \cdots \end{cases}, \quad (\gamma_1, \gamma_2, \gamma_3) = \begin{cases} (1, 1, 1) \\ (1, -1, -1)(-1, 1, -1)(-1, -1, 1) \end{cases}$$

可看出简并度为 $2I + 1$.

必须指出, 上面的讨论并没有涉及内秉形状的对称性 (只假定它是时间反演不变的). 如果内秉形状 (内秉哈密顿量) 也具有 D_2 对称性, 如三轴不等的椭球, 则由 $R_e(\pi) = R_i(\pi)$ 可知, 对于指定内秉量子数 γ_κ, 转动谱只包含与内秉态的对称性相同的态. 如果内秉形状破坏了 D_2 对称性, 则转动谱包含所有对称性的态.

下面介绍原子核的电四极矩和电四极跃迁.

在本体系中, 电多极跃迁算符为

$$\widehat{M}(E\lambda\mu) = \sum_i (er^\lambda Y_{\lambda\mu})_i$$

对于轴对称原子核, 定义电四极矩 (内禀电四极矩)

$$eQ_0 = \langle K|\rho_e[2x_3^2 - (x_2^2 + x_1^2)]|K\rangle$$
$$= \left(\frac{16\pi}{5}\right)^{\frac{1}{2}} \langle K|\widehat{M}(E20)|K\rangle$$

例如, 如果原子核为均匀带电荷 Ze 的轴对称椭球, 则原子核的内禀电四极矩为 (见例题 2.5)

$$eQ_0 = eZ\frac{6}{5}\sqrt{\frac{5}{4\pi}}R_0^2\beta$$

在实验室系中, 电四极跃迁算符为

$$\widehat{M}(E2\mu) = D_{\mu 0}^2 \widehat{M}(E20)$$

带头为 K 的转动带波函数为

$$|IMK\rangle = \left(\frac{2I+1}{16\pi^2}\right)^{\frac{1}{2}} [D_{MK}^I(\Omega)|K\rangle + (-1)^{I+K}D_{M-K}^I(\Omega)|\widetilde{K}\rangle]$$

可得实验室系中轴对称原子核的电四极矩为

$$Q_{\text{Lab.}} = \langle IIK|\widehat{M}(E2\mu)|IIK\rangle = C_{II20}^{II}C_{IK20}^{IK}Q_0$$
$$= \frac{3K^2 - I(I+1)}{(I+1)(2I+3)}Q_0 \tag{2.56}$$

对于原子核的基态通常有 $I = K$, 所以

$$Q_{\text{Lab.}} = \frac{I}{I+1}\frac{2I-1}{2I+3}Q_0$$

容易看出, 若 $I = 0$ 或 $I = \frac{1}{2}$, 有 $Q_{\text{Lab.}} = 0$ (内禀四极矩 Q_0 可以很大, 但实验上观测不到).

同一转动带 (K 固定) 中不同转动态之间的电四极跃迁强度为

$$B(E2; KI_1 \to KI_2) = \frac{1}{2I_1 + 1} \sum_{M_1 M_2 \mu} |\langle I_2 M_2 K|\widehat{M}(E2\mu)|I_1 M_1 K\rangle|^2$$

可以得到

$$B(E2; KI_1 \to KI_2) = \frac{5}{16\pi}e^2 Q_0^2 (C_{I_1 K20}^{I_2 K})^2 \tag{2.57}$$

公式推导如下:

借助关系式

$$\langle \widetilde{K}|\widehat{M}(E20)|\widetilde{K}\rangle = -c\langle K|\widehat{M}(E20)|K\rangle = \langle K|\widehat{M}(E20)|K\rangle \quad (\text{对于电跃迁算符 } c = -1)$$

$$\mathrm{d}\Omega = \sin\theta\mathrm{d}\theta\mathrm{d}\phi\mathrm{d}\psi$$

则跃迁矩阵元为

$$\langle I_2 M_2 K|\widehat{M}(E2\mu)|I_1 M_1 K\rangle$$

$$= \left(\frac{2I_2+1}{16\pi^2}\right)^{\frac{1}{2}} \left(\frac{2I_1+1}{16\pi^2}\right)^{\frac{1}{2}} \Big[\int \mathrm{d}\Omega D_{M_2 K}^{I_2*} D_{\mu 0}^2 D_{M_1 K}^{I_1} \langle K|\widehat{M}(E20)|K\rangle$$

$$+ (-1)^{I_1+I_2+2K} \int \mathrm{d}\Omega D_{M_2 -K}^{I_2*} D_{\mu 0}^2 D_{M_1 -K}^{I_1} \langle \widetilde{K}|\widehat{M}(E20)|\widetilde{K}\rangle \Big]$$

$$= \left(\frac{2I_2+1}{16\pi^2}\right)^{\frac{1}{2}} \left(\frac{2I_1+1}{16\pi^2}\right)^{\frac{1}{2}} \Big[\int \mathrm{d}\Omega D_{M_2 K}^{I_2*} \sum_I C_{I_1 M_1 2\mu}^{IM} C_{I_1 K 20}^{IK} D_{MK}^{I} \langle K|\widehat{M}(E20)|K\rangle$$

$$+ (-1)^{I_1+I_2+2K} \int \mathrm{d}\Omega D_{M_2 -K}^{I_2*} \sum_I C_{I_1 M_1 2\mu}^{IM} C_{I_1 -K 20}^{I-K} D_{M-K}^{I} \langle K|\widehat{M}(E20)|K\rangle \Big]$$

$$= \left(\frac{2I_2+1}{16\pi^2}\right)^{\frac{1}{2}} \left(\frac{2I_1+1}{16\pi^2}\right)^{\frac{1}{2}} \langle K|\widehat{M}(E20)|K\rangle$$

$$\times \left\{ \frac{8\pi^2}{2I_2+1} C_{I_1 M_1 2\mu}^{I_2 M_2} [C_{I_1 K 20}^{IK} + (-1)^{I_1+I_2+2K} C_{I_1 -K 20}^{I_2 -K}] \right\}$$

$$= \left(\frac{2I_1+1}{2I_2+1}\right)^{\frac{1}{2}} C_{I_1 M_1 2\mu}^{I_2 M_2} C_{I_1 K 20}^{IK} \langle K|\widehat{M}(E20)|K\rangle$$

由此我们得到

$$B(E2; KI_1 \rightarrow KI_2)$$

$$= \frac{1}{2I_1+1} \sum_{M_2 M_1 \mu} |\langle I_2 M_2 K|\widehat{M}(E2\mu)|I_1 M_1 K\rangle|^2$$

$$= \frac{1}{2I_1+1} \left(\frac{2I_1+1}{2I_2+1}\right) \sum_{M_2 M_1 \mu} C_{I_1 M_1 2\mu}^{I_2 M_2} C_{I_1 M_1 2\mu}^{I_2 M_2} (C_{I_1 K 20}^{IK})^2 |\langle K|\widehat{M}(E20)|K\rangle|^2$$

$$= \frac{5}{16\pi} e^2 Q_0^2 (C_{I_1 K 20}^{I_2 K})^2$$

2.7 例 题

例题 2.1 原子核可视为均匀带电的半径为 R 的小球, 求它的库仑能.

解 1 $E_c = \frac{1}{8\pi} \int \vec{E}^2 \mathrm{d}V$, 积分区域是整个空间.

$$\vec{\nabla} \cdot \vec{E} = 4\pi\rho, \quad \rho = \frac{Ze}{\frac{4\pi}{3}R^3}$$

取体积 V 为半径为 r 的球体, 对上式左边运用高斯定理可得

$$|\vec{E}| = \begin{cases} \dfrac{Ze}{R^3}r & (r < R) \\[2mm] \dfrac{Ze}{r^2} & (r > R) \end{cases}$$

$$E_c = \frac{1}{8\pi}\int \vec{E}^2 \mathrm{d}V = \frac{4\pi}{8\pi}\left(\frac{Ze}{R^3}\right)^2 \int_0^R r^4 \mathrm{d}r + \frac{4\pi}{8\pi}(Ze)^2 \int_R^\infty \frac{\mathrm{d}r}{r^2}$$

$$= \frac{3}{5}\left(\frac{1}{6} + \frac{5}{6}\right)\frac{(Ze)^2}{R}$$

$$= \frac{3}{5}\frac{(Ze)^2}{R}$$

$$= \frac{3}{5}\frac{e^2}{\hbar c}\frac{\hbar c}{r_c}\frac{Z^2}{A^{\frac{1}{3}}}$$

$$= \frac{3}{5}\frac{1}{137}\frac{\hbar c}{r_c}\frac{Z^2}{A^{\frac{1}{3}}} \approx 0.7\frac{Z^2}{A^{\frac{1}{3}}}(\mathrm{MeV})$$

式中, $\dfrac{e^2}{\hbar c} = \dfrac{1}{137}$ 是普适常数; $\hbar c \approx 197(\mathrm{MeV \cdot fm})$.

解 2　$E_c = \dfrac{1}{8\pi}\int \vec{E}^2 \mathrm{d}V = \dfrac{1}{2}\int \rho\phi \mathrm{d}V = \dfrac{1}{2}\rho\int_{V_R}\phi \mathrm{d}V$, 其中 V_R 是半径为 R 的小球.

因在球外 $\phi(r) = \dfrac{Ze}{r}$, ϕ 应满足在边界上连续的条件, 可得在球内

$$\phi(r) = -\int E\mathrm{d}r + c = -\int \frac{Ze}{R^3}r\mathrm{d}r + c$$

$$= -\frac{Ze}{R^3}\frac{r^2}{2} + \frac{3}{2}\frac{Ze}{R}$$

(或由泊松方程 $\nabla^2\phi = -4\pi\rho$, 即由 $\left(\dfrac{\mathrm{d}^2}{\mathrm{d}r^2} + \dfrac{2}{r}\dfrac{\mathrm{d}}{\mathrm{d}r}\right)\phi = -4\pi\rho$ 也可得上式.)

$$E_c = \frac{1}{2}\rho\int_{V_R}\phi \mathrm{d}V = \frac{3}{2}\frac{Ze}{R^3}\int_0^R \left(-\frac{Ze}{R^3}\frac{r^2}{2} + \frac{3}{2}\frac{Ze}{R}\right)r^2\mathrm{d}r$$

$$= \frac{3}{2}\frac{Ze}{R^3}\left(-\frac{1}{10}\frac{Ze}{R^3}R^5 + \frac{1}{2}\frac{Ze}{R}R^3\right)$$

$$= \frac{3}{5}\frac{(Ze)^2}{R}$$

例题 2.2　从笛卡儿坐标 $x_1, x_2, \cdots, x_n$ 变换为曲线坐标 $q_1, q_2, \cdots, q_n$, 定义矩阵

$G = (g_{ij}) = \left(\dfrac{\partial x_\alpha}{\partial q_i} \dfrac{\partial x_\alpha}{\partial q_j} \right)$，逆矩阵为 $G^{-1} = (g_{ij}^{-1})$，行列式为 $|G| = J^2$，试证明：在笛

卡儿坐标中的动能算符 $\displaystyle\sum_{i=1}^{n} \dfrac{\partial^2}{\partial x_i \partial x_i}$ 用曲线坐标可以表示为 $\displaystyle\sum_{i,j=1}^{n} \dfrac{1}{J} \dfrac{\partial}{\partial q_i} \left(g_{ij}^{-1} J \dfrac{\partial}{\partial q_j} \right)$.

证明　先证式 (1)，再证式 (2)：

(1) $\dfrac{1}{|G|} \dfrac{\partial |G|}{\partial q_k} = g_{ji}^{-1} \dfrac{\partial g_{ij}}{\partial q_k} = -2 \dfrac{\partial x_i}{\partial q_k} \dfrac{\partial}{\partial q_j} \left(\dfrac{\partial q_j}{\partial x_i} \right)$;

(2) $\displaystyle\sum_{i=1}^{n} \dfrac{\partial^2}{\partial x_i \partial x_i} = \sum_{i,j=1}^{n} \dfrac{1}{J} \dfrac{\partial}{\partial q_i} \left(g_{ij}^{-1} J \dfrac{\partial}{\partial q_j} \right)$.

式 (1) 证明：

$$D = (D_{i\alpha}) = \left(\frac{\partial x_i}{\partial q_\alpha} \right), \quad J = |D|, \quad D^{-1} = (D_{i\alpha}^{-1}) = \left(\frac{\partial q_i}{\partial x_\alpha} \right)$$

$$G = \widetilde{D}D = (g_{ij}) = (\widetilde{D}_{i\alpha} D_{\alpha j}) = \left(\frac{\partial x_\alpha}{\partial q_i} \frac{\partial x_\alpha}{\partial q_j} \right)$$

$$G^{-1} = (\widetilde{D}D)^{-1} = D^{-1}\widetilde{D}^{-1} = (g_{ij}^{-1}) = (D_{i\alpha}^{-1} \widetilde{D}_{\alpha j}^{-1}) = \left(\frac{\partial q_i}{\partial x_\alpha} \frac{\partial q_j}{\partial x_\alpha} \right)$$

由行列式的性质

$$|G| = \frac{\partial |G|}{\partial g_{ij}} g_{ij}, \quad \frac{\partial |G|}{\partial g_{ij}} = |G| g_{ji}^{-1}$$

可以得到

$$\frac{\partial |G|}{\partial q_k} = \frac{\partial |G|}{\partial g_{ij}} \frac{\partial g_{ij}}{\partial q_k} = |G| g_{ji}^{-1} \frac{\partial g_{ij}}{\partial q_k} = |G| \mathrm{Tr} \left(G^{-1} \frac{\partial G}{\partial q_k} \right)$$

$$\frac{\partial ln|G|}{\partial q_k} = \mathrm{Tr} \left(G^{-1} \frac{\partial G}{\partial q_k} \right)$$

$$\frac{\partial ln|G|}{\partial q_k} = 2 \frac{\partial lnJ}{\partial q_k} = 2 D_{ji}^{-1} \frac{\partial D_{ij}}{\partial q_k} = 2 \frac{\partial q_j}{\partial x_i} \frac{\partial}{\partial q_k} \left(\frac{\partial x_i}{\partial q_j} \right) = 2 \frac{\partial q_j}{\partial x_i} \frac{\partial}{\partial q_j} \left(\frac{\partial x_i}{\partial q_k} \right)$$

$$= -2 \frac{\partial x_i}{\partial q_k} \frac{\partial}{\partial q_j} \left(\frac{\partial q_j}{\partial x_i} \right)$$

式 (2) 证明：

由式 (2) 左边

$$\frac{\partial}{\partial x_i} = \frac{\partial q_\alpha}{\partial x_i} \frac{\partial}{\partial q_\alpha}$$

$$\frac{\partial^2}{\partial x_i \partial x_i} = \frac{\partial q_\alpha}{\partial x_i} \frac{\partial}{\partial q_\alpha} \left(\frac{\partial q_\beta}{\partial x_i} \frac{\partial}{\partial q_\beta} \right) = \frac{\partial q_\alpha}{\partial x_i} \frac{\partial q_\beta}{\partial x_i} \frac{\partial^2}{\partial q_\alpha \partial q_\beta} + \frac{\partial q_\alpha}{\partial x_i} \frac{\partial}{\partial q_\alpha} \left(\frac{\partial q_\beta}{\partial x_i} \right) \frac{\partial}{\partial q_\beta}$$

$$= g_{\alpha\beta}^{-1} \frac{\partial^2}{\partial q_\alpha \partial q_\beta} + \frac{\partial}{\partial q_\alpha} (g_{\alpha\beta}^{-1}) \frac{\partial}{\partial q_\beta} - \frac{\partial q_\beta}{\partial x_i} \frac{\partial}{\partial q_\alpha} (\frac{\partial q_\alpha}{\partial x_i}) \frac{\partial}{\partial q_\beta}$$

由式 (2) 右边

$$\frac{1}{J}\frac{\partial}{\partial q_i}\left(g_{ij}^{-1}J\frac{\partial}{\partial q_j}\right) = g_{ij}^{-1}\frac{\partial^2}{\partial q_i\partial q_j} + \frac{\partial}{\partial q_i}(g_{ij}^{-1})\frac{\partial}{\partial q_j} + g_{ij}^{-1}\frac{\partial lnJ}{\partial q_i}\frac{\partial}{\partial q_j}$$

利用式 (1)

$$g_{ij}^{-1}\frac{\partial lnJ}{\partial q_i}\frac{\partial}{\partial q_j} = -g_{ij}^{-1}\frac{\partial x_\alpha}{\partial q_i}\frac{\partial}{\partial q_k}\left(\frac{\partial q_k}{\partial x_\alpha}\right)\frac{\partial}{\partial q_j} = -\frac{\partial q_j}{\partial x_\alpha}\frac{\partial}{\partial q_k}\left(\frac{\partial q_k}{\partial x_\alpha}\right)\frac{\partial}{\partial q_j}$$

所以式 (2) 得证.

例题 2.3　假定原子核是三轴不等的椭球, 表面方程为

$$\frac{x_1^2}{a^2} + \frac{x_2^2}{b^2} + \frac{x_3^2}{c^2} = 1$$

计算绕三个主轴的刚体转动惯量.

解

$$a = R_1 = R_0\left[1 + \sqrt{\frac{5}{4\pi}}\beta\cos\left(\gamma - \frac{2\pi}{3}\right)\right]$$

$$b = R_1 = R_0\left[1 + \sqrt{\frac{5}{4\pi}}\beta\cos\left(\gamma - \frac{4\pi}{3}\right)\right]$$

$$c = R_1 = R_0\left[1 + \sqrt{\frac{5}{4\pi}}\beta\cos\left(\gamma - \frac{6\pi}{3}\right)\right]$$

式中, $\frac{4\pi}{3}abc\rho = MA$, 其中, ρ 是原子核的质量密度, M 是一个核子的质量.

$$\Im_3 = \int(x_1^2 + x_2^2)\rho dx_1 dx_2 dx_3$$

$$\Im_1 = \int(x_2^2 + x_3^2)\rho dx_1 dx_2 dx_3$$

$$\Im_2 = \int(x_3^2 + x_1^2)\rho dx_1 dx_2 dx_3$$

作变换

$$x_1 = ax_1'$$

$$x_2 = bx_2'$$

$$x_3 = cx_3'$$

则原子核的表面方程为

$$(x_1')^2 + (x_2')^2 + (x_3')^2 = 1$$

由此得到

$$\Im_3 = \rho abc \int [a^2(x_1')^2 + b^2(x_2')^2] \mathrm{d}x_1' \mathrm{d}x_2' \mathrm{d}x_3'$$

$$= \frac{\rho}{a} bc \int (a^2 \sin^2\theta \cos^2\phi + b^2 \sin^2\theta \sin^2\phi) r^4 \mathrm{d}r \sin\theta \mathrm{d}\theta \mathrm{d}\phi$$

$$= \frac{1}{5} \rho abc \int \sin^2\theta \sin\theta \mathrm{d}\theta \int (a^2 \cos^2\phi + b^2 \sin^2\phi) \mathrm{d}\phi$$

$$= \frac{1}{5} \rho abc \frac{4\pi}{3}(a^2 + b^2)$$

$$= \frac{1}{5} MA(a^2 + b^2)$$

$$= \frac{1}{5} MAR_0^2 \left\{ \left[1 + \sqrt{\frac{5}{4\pi}}\beta\cos\left(\gamma - \frac{2\pi}{3}\right) \right]^2 + \left[1 + \sqrt{\frac{5}{4\pi}}\beta\cos\left(\gamma - \frac{4\pi}{3}\right) \right]^2 \right\}$$

$$= \frac{2}{5} MAR_0^2 \left(1 - \sqrt{\frac{5}{4\pi}}\beta\cos\gamma \right)$$

同样步骤可以得到

$$\Im_1 = \frac{2}{5} MAR_0^2 \left[1 - \sqrt{\frac{5}{4\pi}}\beta\cos\left(\gamma - \frac{2\pi}{3}\right) \right]$$

$$= \frac{1}{5} MA(b^2 + c^2)$$

$$\Im_2 = \frac{2}{5} MAR_0^2 \left[1 - \sqrt{\frac{5}{4\pi}}\beta\cos\left(\gamma - \frac{4\pi}{3}\right) \right]$$

$$= \frac{1}{5} MA(a^2 + c^2)$$

例题 2.4 假定原子核是保持表面方程为

$$F(x_1, x_2, x_3) = \frac{x_1^2}{R_1^2} + \frac{x_2^2}{R_2^2} + \frac{x_3^2}{R_3^2} = 1$$

的椭球形状不变的无旋流体, 试证明它的转动惯量与刚体转动惯量有关系: $\Im_1^{\mathrm{ir}} = \left(\frac{R_2^2 - R_3^2}{R_2^2 + R_3^2} \right)^2 \Im_1^{\mathrm{rig}}$, 及循环关系. 其中, $\Im_1^{\mathrm{ir}}$ 和 $\Im_1^{\mathrm{rig}}$ 分别是无旋流体和刚体转动惯量.

解 假定该原子核在空间的转动角速度为 $\vec{\omega}$, 令在实验室系中原子核内的速度场为 $\vec{V}$, 对于无旋流体有 $\vec{\nabla} \times \vec{V} = 0$, 即存在标量势 ϕ 使得 $\vec{V} = -\vec{\nabla}\phi$. 由不可压缩流体的连续性方程得到 $\vec{\nabla}^2\phi = 0$.

令在内秉系中原子核的速度场为 $\vec{V'}$, 则 $\vec{V} = \vec{V'} + \vec{\omega} \times \vec{r}$, 即

$$\vec{V'} = -\vec{\nabla}\phi - \vec{\omega} \times \vec{r}$$

原子核保持表面形状不变意味着在椭球表面 $V_n' = 0$, 所以要解的问题成为

$$\text{拉普拉斯方程} \nabla^2 \phi = 0 \quad (\text{边界条件: 在椭球表面 } V_n' = 0)$$

容易看出

$$\phi = \frac{R_2^2 - R_1^2}{R_1^2 + R_2^2} x_1 x_2 \omega_3 + \frac{R_3^2 - R_2^2}{R_2^2 + R_3^2} x_2 x_3 \omega_1 + \frac{R_1^2 - R_3^2}{R_3^2 + R_1^2} x_3 x_1 \omega_2$$

满足拉普拉斯方程. 下面我们检验此 ϕ 给出的速度场在椭球表面满足 $V_n' = 0$.

$$\vec{V} = -\vec{\nabla}\phi = -\left[\hat{e}_1 \frac{\partial \phi}{\partial x_1} + \hat{e}_2 \frac{\partial \phi}{\partial x_2} + \hat{e}_3 \frac{\partial \phi}{\partial x_3} \right]$$

$$= -\left[\hat{e}_1 \left(\frac{R_2^2 - R_1^2}{R_1^2 + R_2^2} x_2 \omega_3 + \frac{R_1^2 - R_3^2}{R_3^2 + R_1^2} x_3 \omega_2 \right) \right.$$

$$+ \hat{e}_2 \left(\frac{R_2^2 - R_1^2}{R_1^2 + R_2^2} x_1 \omega_3 + \frac{R_3^2 - R_2^2}{R_2^2 + R_3^2} x_3 \omega_1 \right)$$

$$\left. + \hat{e}_3 \left(\frac{R_3^2 - R_2^2}{R_2^2 + R_3^2} x_2 \omega_1 + \frac{R_1^2 - R_3^2}{R_3^2 + R_1^2} x_1 \omega_2 \right) \right]$$

$$- \vec{\omega} \times \vec{r} = -[\hat{e}_1(x_3 \omega_2 - x_2 \omega_3) + \hat{e}_2(x_1 \omega_3 - x_3 \omega_1) + \hat{e}_3(x_2 \omega_1 - x_1 \omega_2)]$$

$$\vec{n} = \vec{\nabla}F(x_1, x_2, x_3) = \hat{e}_1 \frac{\partial F}{\partial x_1} + \hat{e}_2 \frac{\partial F}{\partial x_2} + \hat{e}_3 \frac{\partial F}{\partial x_3}$$

$$= \hat{e}_1 \frac{2x_1}{R_1^2} + \hat{e}_2 \frac{2x_2}{R_2^2} + \hat{e}_3 \frac{2x_3}{R_3^2}$$

$$- V_n' = -\vec{V'} \cdot \vec{n} = \vec{\nabla}\phi \cdot \vec{n} + (\vec{\omega} \times \vec{r}) \cdot \vec{n}$$

$$\vec{\nabla}\phi \cdot \vec{n} = \left(\frac{R_2^2 - R_1^2}{R_1^2 + R_2^2} x_2 \omega_3 + \frac{R_1^2 - R_3^2}{R_3^2 + R_1^2} x_3 \omega_2 \right) \frac{x_1}{R_1^2}$$

$$+ \left(\frac{R_2^2 - R_1^2}{R_1^2 + R_2^2} x_1 \omega_3 + \frac{R_3^2 - R_2^2}{R_2^2 + R_3^2} x_3 \omega_1 \right) \frac{x_2}{R_2^2}$$

$$+ \left(\frac{R_3^2 - R_2^2}{R_2^2 + R_3^2} x_2 \omega_1 + \frac{R_1^2 - R_3^2}{R_3^2 + R_1^2} x_1 \omega_2 \right) \frac{x_3}{R_3^2}$$

$$= \frac{R_2^2 - R_1^2}{R_1^2 R_2^2} x_1 x_2 \omega_3 + \frac{R_1^2 - R_3^2}{R_3^2 R_1^2} x_3 x_1 \omega_2 + \frac{R_3^2 - R_2^2}{R_2^2 R_3^2} x_2 x_3 \omega_1$$

$$(\vec{\omega} \times \vec{r}) \cdot \vec{n} = \frac{R_1^2 - R_2^2}{R_1^2 R_2^2} x_1 x_2 \omega_3 + \frac{R_3^2 - R_1^2}{R_3^2 R_1^2} x_3 x_1 \omega_2 + \frac{R_2^2 - R_3^2}{R_2^2 R_3^2} x_2 x_3 \omega_1$$

两项抵消, 所以 $V_n' = 0$.

原子核的动能为

$$T = \frac{1}{2} M \rho_0 \int (\vec{\nabla} \phi)^2 \mathrm{d}\tau$$

$$= \frac{1}{2} M \rho_0 \int \left[\left(\frac{R_2^2 - R_1^2}{R_1^2 + R_2^2} x_2 \omega_3 + \frac{R_1^2 - R_3^2}{R_1^3 + R_1^2} x_3 \omega_2 \right)^2 \right.$$

$$+ \left(\frac{R_2^2 - R_1^2}{R_1^2 + R_2^2} x_1 \omega_3 + \frac{R_3^2 - R_2^2}{R_2^2 + R_3^2} x_3 \omega_1 \right)^2$$

$$+ \left. \left(\frac{R_3^2 - R_2^2}{R_2^2 + R_3^2} x_2 \omega_1 + \frac{R_1^2 - R_3^2}{R_3^2 + R_1^2} x_1 \omega_2 \right)^2 \right] \mathrm{d}\tau$$

$$= \frac{1}{2} \left[M \rho_0 \left(\frac{R_2^2 - R_1^2}{R_1^2 + R_2^2} \right)^2 \int (x_1^2 + x_2^2) \mathrm{d}\tau \right] \omega_3^2$$

$$+ \frac{1}{2} \left[M \rho_0 \left(\frac{R_3^2 - R_2^2}{R_3^2 + R_2^2} \right)^2 \int (x_3^2 + x_2^2) \mathrm{d}\tau \right] \omega_1^2$$

$$+ \frac{1}{2} \left[M \rho_0 \left(\frac{R_1^2 - R_3^2}{R_1^2 + R_3^2} \right)^2 \int (x_1^2 + x_3^2) \mathrm{d}\tau \right] \omega_2^2$$

$$= \frac{1}{2} (\Im_1^{\mathrm{ir}} \omega_1^2 + \Im_2^{\mathrm{ir}} \omega_2^2 + \Im_3^{\mathrm{ir}} \omega_3^2)$$

式中

$$\Im_1^{\mathrm{ir}} = \left(\frac{R_2^2 - R_3^2}{R_3^2 + R_2^2} \right)^2 \Im_1^{\mathrm{rig}}$$

$$\Im_2^{ir} = \left(\frac{R_3^2 - R_1^2}{R_1^2 + R_3^2} \right)^2 \Im_2^{\mathrm{rig}}$$

$$\Im_3^{\mathrm{ir}} = \left(\frac{R_2^2 - R_1^2}{R_1^2 + R_2^2} \right)^2 \Im_3^{\mathrm{rig}}$$

其中, $\Im_i^{\mathrm{rig}}$ 是刚体转动惯量:

$$\Im_1^{\mathrm{rig}} = M \rho_0 \int (x_3^2 + x_2^2) \mathrm{d}\tau = \frac{1}{5} A M (R_2^2 + R_3^2)$$

$$\Im_2^{\mathrm{rig}} = M \rho_0 \int (x_3^2 + x_1^2) \mathrm{d}\tau = \frac{1}{5} A M (R_1^2 + R_3^2)$$

$$\Im_3^{\mathrm{rig}} = M \rho_0 \int (x_1^2 + x_2^2) \mathrm{d}\tau = \frac{1}{5} A M (R_2^2 + R_1^2) \quad (\text{见例题 2.3})$$

例题 2.5 假定原子核为均匀带电荷为 Ze 的轴对称椭球, 三半轴长度分别为 a、a、b 求原子核的内禀电四极矩.

解   假定原子核的表面方程为

$$\frac{x_3^2}{b^2} + \frac{\rho_0^2}{a^2} = 1$$

$$eQ_0 = \rho_e \int [2x_3^2 - (x_1^2 + x_2^2)]\mathrm{d}\overrightarrow{r} = \rho_e \int_{-b}^{b} \mathrm{d}x_3 \int_0^{\rho_0} (2x_3^2 - \rho^2)2\pi\rho\mathrm{d}\rho$$

$$= \rho_e \frac{4\pi}{3} a^2 b \cdot \frac{2}{5}(b^2 - a^2) = eZ\frac{2}{5}(b^2 - a^2)$$

$$\delta R_\kappa = R_0 \sqrt{\frac{5}{4\pi}} \beta \cos\left(\gamma - \frac{2\pi}{3}\kappa\right) \quad (\kappa = 1, 2, 3)$$

$\gamma = 0$, 则

$$\delta R_1 = \delta R_2 = -\frac{1}{2} R_0 \sqrt{\frac{5}{4\pi}} \beta$$

$$\delta R_3 = R_0 \sqrt{\frac{5}{4\pi}} \beta$$

$$(b^2 - a^2) \approx 3\sqrt{\frac{5}{4\pi}} R_0^2 \beta$$

$$eQ_0 = eZ\frac{6}{5}\sqrt{\frac{5}{4\pi}} R_0^2 \beta$$

例题 2.6   角动量算符在实验室坐标系三个轴上的投影为 I_x、I_y、I_z, 在本体系三个轴上的投影为 I_1、I_2、I_3, 利用式 (2.27) 和式 (2.28) 试证明对易关系

$$[I_x, I_y] = \mathrm{i}I_z, \quad [I_y, I_z] = \mathrm{i}I_x, \quad [I_z, I_x] = \mathrm{i}I_y$$

及

$$[I_i, I_j] = -\mathrm{i}\epsilon_{ijk}I_k \quad (i, j, k = 1, 2, 3)$$

证明   在实验室系:

$$[I_z, I_x] = -\left[\frac{\partial}{\partial\phi}, -\cot\theta\cos\phi\frac{\partial}{\partial\phi} - \sin\phi\frac{\partial}{\partial\theta} + \frac{\cos\phi}{\sin\theta}\frac{\partial}{\partial\psi}\right]$$

$$= -\left(\cot\theta\sin\phi\frac{\partial}{\partial\phi} - \cos\phi\frac{\partial}{\partial\theta} - \frac{\sin\phi}{\sin\theta}\frac{\partial}{\partial\psi}\right) = \mathrm{i}I_y$$

$$[I_y, I_z] = -\left[-\cot\theta\sin\phi\frac{\partial}{\partial\phi} + \cos\phi\frac{\partial}{\partial\theta} + \frac{\sin\phi}{\sin\theta}\frac{\partial}{\partial\psi}, \frac{\partial}{\partial\phi}\right] = \mathrm{i}I_x$$

$$[I_x, I_y] = -\left[-\cot\theta\cos\phi\frac{\partial}{\partial\phi} - \sin\phi\frac{\partial}{\partial\theta} + \frac{\cos\phi}{\sin\theta}\frac{\partial}{\partial\psi},\right.$$

$$\left.-\cot\theta\sin\phi\frac{\partial}{\partial\phi} + \cos\phi\frac{\partial}{\partial\theta} + \frac{\sin\phi}{\sin\theta}\frac{\partial}{\partial\psi}\right]$$

$$
= -\{\cot^2\theta\}\left[\cos\phi\frac{\partial}{\partial\phi}, \sin\phi\frac{\partial}{\partial\phi}\right] - \cos\phi\left[\cot\theta\frac{\partial}{\partial\phi}, \cos\phi\frac{\partial}{\partial\theta}\right]
$$

$$
- \left[\cos\phi\frac{\partial}{\partial\phi}, \sin\phi\right]\frac{\cot\theta}{\sin\theta}\frac{\partial}{\partial\psi}
$$

$$
+ \left[\sin\phi\frac{\partial}{\partial\theta}, \cot\theta\sin\phi\frac{\partial}{\partial\phi}\right] - \left[\frac{\partial}{\partial\theta}, \frac{1}{\sin\theta}\right]\sin^2\phi\frac{\partial}{\partial\psi}
$$

$$
- \left[\cos\phi, \sin\phi\frac{\partial}{\partial\phi}\right]\frac{\cot\theta}{\sin\theta}\frac{\partial}{\partial\psi} + \left[\frac{1}{\sin\theta}, \frac{\partial}{\partial\theta}\right]\cos^2\phi\frac{\partial}{\partial\psi}
$$

$$
= -\left\{\cot^2\theta\frac{\partial}{\partial\phi} + \cos\phi\sin\phi\cot\theta\frac{\partial}{\partial\theta} + \cos^2\phi\frac{\mathrm{d}\cot\theta}{\mathrm{d}\theta}\frac{\partial}{\partial\phi} - \cos^2\phi\frac{\cot\theta}{\sin\theta}\frac{\partial}{\partial\psi}\right.
$$

$$
+ \sin^2\phi\frac{\mathrm{d}\cot\theta}{\mathrm{d}\theta}\frac{\partial}{\partial\phi} - \cos\phi\sin\phi\cot\theta\frac{\partial}{\partial\theta} + \sin^2\phi\frac{\cot\theta}{\sin\theta}\frac{\partial}{\partial\psi}
$$

$$
\left. + \cos^2\phi\frac{\cot\theta}{\sin\theta}\frac{\partial}{\partial\psi} - \sin^2\phi\frac{\cot\theta}{\sin\theta}\frac{\partial}{\partial\psi}\right\}
$$

$$
= -\left(\cot^2\theta + \frac{\mathrm{d}\cot\theta}{\mathrm{d}\theta}\right)\frac{\partial}{\partial\phi} = \mathrm{i}\left(-\mathrm{i}\frac{\partial}{\partial\phi}\right) = \mathrm{i}I_z
$$

在本体系:

$$
[I_1, I_2] = -\left[-\frac{\cos\psi}{\sin\theta}\frac{\partial}{\partial\phi} + \sin\psi\frac{\partial}{\partial\theta} + \cot\theta\cos\psi\frac{\partial}{\partial\psi},\right.
$$

$$
\left.\frac{\sin\psi}{\sin\theta}\frac{\partial}{\partial\phi} + \cos\psi\frac{\partial}{\partial\theta} - \cot\theta\sin\psi\frac{\partial}{\partial\psi}\right]
$$

$$
= -\left\{\left[-\frac{\cos\psi}{\sin\theta}\frac{\partial}{\partial\phi}, \cos\psi\frac{\partial}{\partial\theta}\right] + \left[-\frac{\cos\psi}{\sin\theta}\frac{\partial}{\partial\phi}, -\cot\theta\sin\psi\frac{\partial}{\partial\psi}\right]\right.
$$

$$
+ \left[\sin\psi\frac{\partial}{\partial\theta}, \frac{\sin\psi}{\sin\theta}\frac{\partial}{\partial\phi}\right] + \left[\sin\psi\frac{\partial}{\partial\theta}, -\cot\theta\sin\psi\frac{\partial}{\partial\psi}\right]
$$

$$
+ \left[\cot\theta\cos\psi\frac{\partial}{\partial\psi}, \frac{\sin\psi}{\sin\theta}\frac{\partial}{\partial\phi}\right] + \left[\cot\theta\cos\psi\frac{\partial}{\partial\psi}, \cos\psi\frac{\partial}{\partial\theta}\right]
$$

$$
\left. + \left[\cot\theta\cos\psi\frac{\partial}{\partial\psi}, -\cot\theta\sin\psi\frac{\partial}{\partial\psi}\right]\right\}
$$

$$
= -\left\{-\cos^2\psi\frac{\cot\theta}{\sin\theta}\frac{\partial}{\partial\phi} + \sin^2\psi\frac{\cot\theta}{\sin\theta}\frac{\partial}{\partial\phi} - \sin^2\psi\frac{\cot\theta}{\sin\theta}\frac{\partial}{\partial\phi}\right.
$$

$$
- \sin^2\psi\frac{\mathrm{d}\cot\theta}{\mathrm{d}\theta}\frac{\partial}{\partial\psi} + \cot\theta\sin\psi\cos\psi\frac{\partial}{\partial\theta}
$$

$$+ \frac{\cot\theta}{\sin\theta}\cos^2\psi\frac{\partial}{\partial\phi} - \cos^2\psi\frac{\mathrm{d}\cot\theta}{\mathrm{d}\theta}\frac{\partial}{\partial\psi} - \cot\theta\sin\psi\cos\psi\frac{\partial}{\partial\theta} - \cot^2\theta\frac{\partial}{\partial\psi}\biggr\}$$

$$= \left(\cot^2\theta + \frac{\mathrm{d}\cot\theta}{\mathrm{d}\theta}\right)\frac{\partial}{\partial\psi} = -\mathrm{i}I_3$$

$$[I_3, I_1] = -\left[\frac{\partial}{\partial\psi}, -\frac{\cos\psi}{\sin\theta}\frac{\partial}{\partial\phi} + \sin\psi\frac{\partial}{\partial\theta} + \cot\theta\cos\psi\frac{\partial}{\partial\psi}\right]$$

$$= -\left(\frac{\sin\psi}{\sin\theta}\frac{\partial}{\partial\phi} + \cos\psi\frac{\partial}{\partial\theta} - \cot\theta\sin\psi\frac{\partial}{\partial\psi}\right) = -\mathrm{i}I_2$$

第 3 章　原子核的壳模型

3.1　原子核的幻数和修正球对称简谐振子势

大量实验证据表明, 质子数 $Z = 2, 8, 20, 28, 50, 82$ 和中子数 $N = 2, 8, 20, 28, 50, 82, 126$ 的原子核特别稳定, 这些数目称为原子核的幻数. 例如:

(1) 原子核中核子的平均结合能作为质量数 A 的函数 (图 3.1), 可以看出, 对于幻数原子核, 实验值与液滴模型给出的平均值有较大偏离.

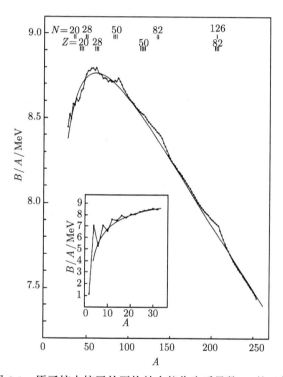

图 3.1　原子核中核子的平均结合能作为质量数 A 的函数

(2) 原子核的质量与平均值的偏离作为中子和质子数的函数 (图 3.2).

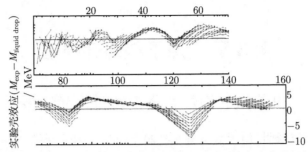

图 3.2　原子核的质量与平均值的偏离作为质子数和中子数的函数

(3) 原子核中质子和中子的分离能作为中子数和质子数的函数 (图 3.3 和图 3.4), 其中, 中子的分离能定义为

$$S_{\mathrm{n}}(N,Z) = B(N,Z) - B(N-1,Z) \quad (Z \text{ 是偶数}, N \text{ 是奇数})$$

质子的分离能定义为

$$S_{\mathrm{p}}(N,Z) = B(N,Z) - B(N,Z-1) \quad (Z \text{ 是奇数}, N \text{ 是偶数})$$

从图可以清楚地看出在幻数附近分离能出现突然跳跃.

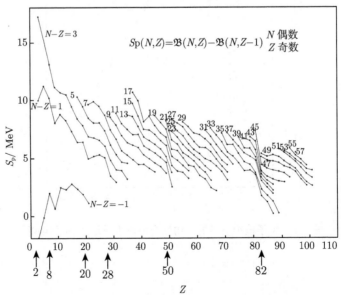

图 3.3　原子核中质子的分离能作为质子数的函数

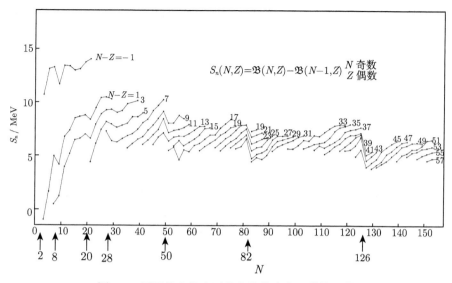

图 3.4 原子核中的中子分离能作为中子数的函数

(4) 同位素的丰度随 A 的变化 (图 3.5).

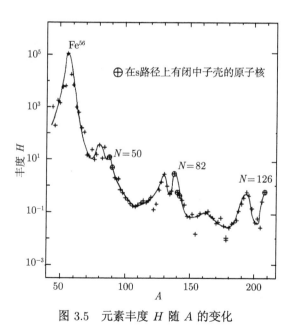

图 3.5 元素丰度 H 随 A 的变化

(5) 偶–偶原子核的第一个 2^+ 态的激发能作为中子数 N 的函数. 可以看出, 幻数原子核 2^+ 态的激发能大大高于非幻数原子核 (图 3.6).

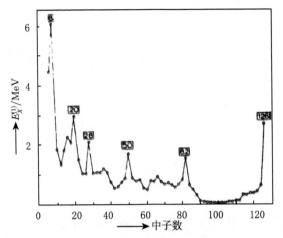

图 3.6　原子核第一个 2^+ 态的激发能随中子数 N 的变化

　　所有这些证据表明幻数原子核的结合能最大, 即原子核结合得最紧密.

　　我们知道, 化学元素氦、氖、氩、氪、氙、氡的化学性质特别稳定 (惰性气体), 这与原子中电子轨道的壳层结构相关. 原子中的这种壳层结构可以用电子在原子核的库仑场中的运动 (同时还要考虑原子中其他电子的屏蔽效应) 来解释. 为了解释原子核的幻数, 人们也试图用核子在平均势场中的运动来讨论. 可以解析求解的单粒子势有: 一种为球形无限深势阱, 另一种为各向同性简谐振子势. 为了以后的应用, 下面给出核子在球形简谐振子势中运动的解析解的主要结果.

3.1.1　简谐振子势

　　在球形简谐振子势中, 单粒子的哈密动量为

$$h = -\frac{\nabla^2}{2M} + \frac{1}{2}M\omega^2 r^2 \quad (\hbar = 1) \tag{3.1}$$

取球坐标, 有

$$\vec{\nabla}^2 = \frac{1}{r}\frac{\partial^2}{\partial r^2}(r) - \frac{\vec{\ell}^{\,2}}{r^2}$$

其中, $\vec{\ell} = -\mathrm{i}\vec{r} \times \vec{\nabla}$ 是角动量算符.

$$\ell_+ = \ell_x + \mathrm{i}\ell_y = \mathrm{e}^{\mathrm{i}\phi}\left(\frac{\partial}{\partial\theta} + \mathrm{i}\cot\theta\frac{\partial}{\partial\phi}\right)$$

$$\ell_- = \ell_x - \mathrm{i}\ell_y = \mathrm{e}^{-\mathrm{i}\phi}\left(-\frac{\partial}{\partial\theta} + \mathrm{i}\cot\theta\frac{\partial}{\partial\phi}\right)$$

$$\ell_z = -\mathrm{i}\frac{\partial}{\partial\phi}$$

$$\vec{\ell}^{\,2} = -\left[\frac{1}{\sin\theta}\frac{\partial}{\partial\theta}\left(\sin\theta\frac{\partial}{\partial\theta}\right) + \frac{1}{\sin^2\theta}\frac{\partial^2}{\partial\phi^2}\right]$$

令单粒子波函数为

$$\psi_{n\ell m}(r,\theta,\varphi) = R_{n\ell}(r)\mathrm{Y}_{\ell m}(\theta,\varphi)$$

其中

$$\vec{\ell}^{\,2}\mathrm{Y}_{\ell m}(\theta\phi) = \ell(\ell+1)\mathrm{Y}_{\ell m}(\theta\phi) \quad (\ell = 0,1,2,\cdots)$$

$$\ell_z\mathrm{Y}_{\ell m}(\theta\phi) = m\mathrm{Y}_{\ell m}(\theta\phi) \quad (m = -\ell,\cdots,\ell)$$

$\mathrm{Y}_{\ell m}(\theta\phi)$ 称为球谐函数, 它是 $\vec{\ell}^{\,2}$ 和 ℓ_z 的共同本征函数且有下列性质:

$$\mathrm{Y}_{\ell m}^*(\theta\phi) = (-1)^m\mathrm{Y}_{\ell-m}(\theta\phi)$$

对于空间反射变换, $\theta \to \pi - \theta; \phi \to \pi + \phi$, 则

$$\mathrm{Y}_{\ell m}(\pi - \theta, \pi + \phi) = (-1)^\ell\mathrm{Y}_{\ell m}(\theta\phi)$$

正交归一性:

$$\int \mathrm{Y}_{\ell m}^*(\theta\phi)\mathrm{Y}_{\ell'm'}(\theta\phi)\mathrm{d}\Omega = \delta_{\ell\ell'}\delta_{mm'}$$

完备性:

$$\sum_{\ell\geqslant 0,m=-\ell,\cdots,\ell} \mathrm{Y}_{\ell m}^*(\theta'\phi')\mathrm{Y}_{\ell m}(\theta\phi) = \delta(\cos\theta' - \cos\theta)\delta(\phi' - \phi)$$

所以任意函数 $F(\theta,\phi)$ 可用 $\mathrm{Y}_{\ell m}(\theta\phi)$ 展开.

这里给出几个最低阶的球谐函数表达式:

$$\mathrm{Y}_{00} = \frac{1}{\sqrt{4\pi}}$$

$$\mathrm{Y}_{10} = \sqrt{\frac{3}{4\pi}}\cos\theta$$

$$\mathrm{Y}_{11} = -\sqrt{\frac{3}{8\pi}}\sin\theta\mathrm{e}^{\mathrm{i}\phi}$$

$$\mathrm{Y}_{20} = \sqrt{\frac{5}{4\pi}}\left(\frac{3}{2}\cos^2\theta - \frac{1}{2}\right)$$

$$Y_{21} = -\sqrt{\frac{15}{8\pi}} \sin\theta \cos\theta e^{i\phi}$$

$$Y_{22} = \sqrt{\frac{15}{32\pi}} \sin^2\theta e^{i2\phi}$$

$$Y_{33} = -\frac{1}{4}\sqrt{\frac{35}{4\pi}} \sin^3\theta e^{i3\phi}$$

$$Y_{32} = \frac{1}{4}\sqrt{\frac{105}{2\pi}} \sin^2\theta \cos\theta e^{i2\phi}$$

$$Y_{31} = -\frac{1}{4}\sqrt{\frac{21}{4\pi}} \sin\theta(5\cos^2\theta - 1)e^{i\phi}$$

$$Y_{30} = \sqrt{\frac{7}{4\pi}} \left(\frac{5}{2}\cos^3\theta - \frac{3}{2}\cos\theta\right)$$

径向波函数 $R_{n\ell}(r)$ 满足方程

$$\frac{\mathrm{d}^2 R}{\mathrm{d}r^2} + \frac{2}{r}\frac{\mathrm{d}R}{\mathrm{d}r} + \left[\frac{2M}{\hbar^2}\left(\epsilon - \frac{1}{2}M\omega^2 r^2\right) - \frac{\ell(\ell+1)}{r^2}\right] R = 0 \tag{3.2}$$

令 $r' = \alpha r$, $\alpha = \sqrt{\frac{M\omega}{\hbar}}$, $\epsilon = \epsilon'\hbar\omega$, 则径向方程变为

$$\frac{\mathrm{d}^2 R}{\mathrm{d}r'^2} + \frac{2}{r'}\frac{\mathrm{d}R}{\mathrm{d}r'} + \left[(2\epsilon' - r'^2) - \frac{\ell(\ell+1)}{r'^2}\right] R = 0$$

假定此方程的解有形式 $R = r'^\ell e^{-\frac{r'^2}{2}} f$, 则

$$r'\frac{\mathrm{d}^2 f}{\mathrm{d}r'^2} + (2\ell + 2 - 2r'^2)\frac{\mathrm{d}f}{\mathrm{d}r'} + r'(2\epsilon' - 2\ell - 3)f = 0$$

令 $z = r'^2$, 则 f 满足标准的合流超几何方程

$$z\frac{\mathrm{d}^2 F}{\mathrm{d}z^2} + (c - z)\frac{\mathrm{d}F}{\mathrm{d}z} - aF = 0 \tag{3.3}$$

式中, $c = \ell + \frac{3}{2}$; $a = -\frac{1}{2}\left(\epsilon - \ell - \frac{3}{2}\right)$.

式 (3.3) 的 $z = 0$ 是正则奇点, $z = \infty$ 是非正则奇点. 假定

$$F(z) = \sum_k c_k z^k \tag{3.4}$$

则对于大的 k 有 $\frac{c_{k+1}}{c_k} = \frac{k+a}{(k+1)(k+c)} \to \frac{1}{k}$, 这表示对于 $z \geqslant 1$, 级数 (3.4) 发散, 所以要使级数 $F(z)$ 是有限的, 则必须要求 $k = n_r$ 时此级数截断, 即 $a = -n_r$. 此条件给出

$$\epsilon = \hbar\omega\left(2n_r + \ell + \frac{3}{2}\right) = \hbar\omega\left(N + \frac{3}{2}\right)$$

相应的多项式为拉盖尔多项式 $\mathrm{L}_{n_r}^{\ell+\frac{1}{2}}(z)$. 由此得到径向方程 (3.2) 的解为

$$R_{n_r\ell}(r) = N_{n_r\ell}(\alpha r)^\ell \exp\left(-\frac{1}{2}\alpha^2 r^2\right) \mathrm{L}_{n_r}^{\ell+\frac{1}{2}}(\alpha^2 r^2) \tag{3.5}$$

式中, $N_{n_r\ell} = \alpha^{\frac{3}{2}}\left[\dfrac{2^{\ell+2-n_r}(2\ell+2n_r+1)!!}{\sqrt{\pi}n_r![(2\ell+1)!!]^2}\right]^{\frac{1}{2}}$ 是归一化常数: $\displaystyle\int_0^\infty R_{n_r\ell}^2(r)r^2\mathrm{d}r = 1$.

由下面给出的拉盖尔多项式的性质可知, n_r 是径向波函数的节点数.

波函数 (3.5) 的相位是:

当 $r \to 0$ 时径向波函数从正的方向趋向于零, 而在无穷远处径向波函数的符号为 $(-1)^{n_r}$.

拉盖尔多项式 $\mathrm{L}_n^\sigma(x)$ 的性质:

$$\Gamma(n+1) = n\Gamma(n), \quad \Gamma\left(\frac{1}{2}\right) = \sqrt{\pi}$$

$$\mathrm{L}_n^\sigma(x) = \frac{\Gamma(\sigma+n+1)}{\Gamma(n+1)}\frac{\mathrm{e}^x}{x^\sigma}\frac{\mathrm{d}^n}{\mathrm{d}x^n}[x^{\sigma+n}\mathrm{e}^{-x}]$$

例如:

$$\mathrm{L}_0^\sigma(x) = \Gamma(\sigma+1)$$

$$\mathrm{L}_1^\sigma(x) = \Gamma(\sigma+2)[(\sigma+1)-x]$$

$$\mathrm{L}_2^\sigma(x) = \frac{\Gamma(\sigma+3)}{\Gamma(2)}[(\sigma+2)(\sigma+1)-2(\sigma+2)x+x^2]$$

$$= \Gamma(\sigma+3)[(\sigma+2)(\sigma+1)-2(\sigma+2)x+x^2]$$

$$\int_0^\infty x^\sigma \exp(-x)\mathrm{L}_m^\sigma(x)\mathrm{L}_n^\sigma(x)\mathrm{d}x = \delta_{mn}\frac{[\Gamma(\sigma+n+1)]^3}{\Gamma(n+1)}$$

$$\int_0^\infty x^p \exp(-x)\mathrm{L}_m^{p-\mu}(x)\mathrm{L}_n^{p-\nu}(x)\mathrm{d}x$$

$$= (-1)^{m+n}\Gamma(p+m-\mu+1)\Gamma(p+n-\nu+1)\mu!\nu!$$

$$\sum_\sigma \frac{\Gamma(p+\sigma+1)}{\sigma!(m-\sigma)!(n-\sigma)!(\sigma+\mu-m)!(\sigma+\nu-n)!}$$

当 $x \to \infty$ 时:

$$\mathrm{L}_n^\sigma(x) \to \frac{\Gamma(\sigma+n+1)}{\Gamma(n+1)}(-x)^n$$

单粒子态的归一化波函数为

$$|N\ell m\rangle = R_{n_r\ell}(r)\mathrm{Y}_{\ell m}(\theta\phi)$$

容易看出此态的宇称为

$$(-1)^\ell = (-1)^N$$

$$N = 2(n-1) + \ell = 2n_r + \ell$$

例如:

$N = 0, n = 1, \ell = 0$ 称为 1s 态, 归一化径向波函数为

$$R_{00}(r) = \left(\frac{4\alpha^3}{\sqrt{\pi}}\right)^{\frac{1}{2}} \mathrm{e}^{-\frac{1}{2}\alpha^2 r^2}$$

$$N = 1, n = 1, \ell = 1 称为 1p 态;$$

$$N = 2, n = 1, \ell = 2 称为 1d 态;$$

$$n = 2, \ell = 0 称为 2s 态.$$

为了计算大壳 N 的简并度, 我们需要下列求和公式:

$$\sum_1^n k = \frac{1}{2}n(n+1)$$

$$\sum_1^n k^2 = \frac{1}{6}n(n+1)(2n+1)$$

$$\sum_1^n k^3 = \left[\frac{1}{2}n(n+1)\right]^2 \tag{3.6}$$

这些求和公式容易借助 Euler-Maclaurin 公式来证明:

$$\begin{aligned}
\sum_{k=0}^n f(k) = {} & \frac{1}{h}\int_{x_0}^{x_n} f(x)\mathrm{d}x + \frac{1}{2}[f(x_0) + f(x_n)] \\
& + \frac{h}{12}[f'(x_n) - f'(x_0)] \\
& - \frac{h^3}{720}[f'''(x_n) - f'''(x_0)] \\
& + \frac{h^5}{30240}[f'''''(x_n) - f'''''(x_0)] - \cdots
\end{aligned}$$

式中, $x_k = x_0 + hk$; f'、f''' 和 f''''' 分别表示函数 f 的一阶、三阶和五阶微分.

例如, 令 $x_0 = 0, h = 1$, 则可以得到

$$\sum_0^n k = \int_0^n x\mathrm{d}x + \frac{1}{2}n = \frac{1}{2}n(n+1)$$

当 N 为偶数时:

$$\text{大壳 } N \text{ 的简并度} = \sum_{\ell=0,2,\cdots,N} (2\ell+1) = \sum_{\ell=0,2,\cdots,N} 1 + 4\sum_{\ell'=1}^{\frac{N}{2}} \ell'$$

$$= \left(\frac{N}{2}+1\right) + 4\cdot\frac{1}{2}\frac{N}{2}\left(\frac{N}{2}+1\right) = \left(\frac{N}{2}+1\right)(N+1)$$

$$= \frac{1}{2}(N+1)(N+2)$$

自旋贡献因子为 2.

N 为奇数时:

$$\text{大壳 } N \text{ 的简并度} = \sum_{\ell=1,3,\cdots,N} (2\ell+1) = \sum_{\ell'=0,2,\cdots,N-1} (2\ell+3)$$

$$= 3\cdot\left(\frac{N-1}{2}+1\right) + 4\cdot\frac{1}{2}\frac{N-1}{2}\left(\frac{N-1}{2}+1\right)$$

$$= \frac{N+1}{2}(N-1+3)$$

$$= \frac{1}{2}(N+1)(N+2)$$

自旋贡献因子为 2.

由此我们得到大壳 N 的简并度为 $(N+1)(N+2)$, 下面讨论球形简谐振子势参数 ω_0 的选取.

利用大壳 N 的简并度 $= (N+1)(N+2)$, 则

$$\sum_{N_i}^{N_{\max}} (N_i+1)(N_i+2) = \frac{1}{2}A \quad (\text{假定质子数和中子数相等})$$

所以 $N_{\max} \approx \left(\frac{3}{2}A\right)^{\frac{1}{3}}$.

$$\text{均匀液滴模型给出} \langle r^2\rangle_{\mathrm{av}} = \frac{4\pi\displaystyle\int_0^R r^4\mathrm{d}r}{4\pi\displaystyle\int_0^R r^2\mathrm{d}r} = \frac{3}{5}R^2$$

利用位力定理 $2\overline{T} = k\overline{V}$, 其中 $\overline{T}$ 和 $\overline{V}$ 分别是粒子的动能和势能在给定的量子态上的平均值, 则借助谐振子势 $(k=2)$ 的径向波函数有

$$\frac{1}{2}M\omega^2\langle r^2\rangle_i = \frac{1}{2}M\omega^2\int_0^\infty R_i^2(r)r^2 r^2\mathrm{d}r = \frac{1}{2}\hbar\omega\left(N_i+\frac{3}{2}\right)$$

式中, i 表示第 N_i 大壳中的任意量子态, 则有关系式

$$\langle r^2\rangle_i = \frac{\hbar^2}{m\hbar\omega}\left(N_i+\frac{3}{2}\right)$$

由此可得

$$\langle r^2 \rangle_{\mathrm{av}} = \frac{\displaystyle\sum_{N_i}^{N_{\max}} \frac{\hbar^2}{M\hbar\omega}\left(N_i + \frac{3}{2}\right)(N_i + 1)(N_i + 2)}{\displaystyle\sum_{N_i}^{N_{\max}}(N_i + 1)(N_i + 2)} \approx \frac{\hbar^2}{M\hbar\omega}\frac{3}{4}N_{\max}$$

要求两种模型给出的结果相等, 得到

$$\frac{3}{5}r_0^2 A^{\frac{2}{3}} \approx \frac{\hbar^2}{M\hbar\omega}\frac{3}{4}\left(\frac{3}{2}A\right)^{\frac{1}{3}}$$

由此可以得到

$$\hbar\omega(= \hbar\omega_0) \approx \frac{5}{4}\left(\frac{3}{2}\right)^{\frac{1}{3}}\frac{\hbar^2 c^2}{r_0^2 M c^2}A^{-\frac{1}{3}} \approx 41A^{-\frac{1}{3}}\,(\mathrm{MeV}) \tag{3.7}$$

对于 $N \neq Z$ 的原子核, 有 (见本章例题)

$$\hbar\omega_{0\mathrm{N}} = \hbar\omega_0\left(1 + \frac{1}{3}\frac{N-Z}{A}\right)$$

$$\hbar\omega_{0\mathrm{P}} = \hbar\omega_0\left(1 - \frac{1}{3}\frac{N-Z}{A}\right) \tag{3.8}$$

谐振子参数 $b = \sqrt{\dfrac{\hbar}{M\omega_0}} \approx 1.01A^{\frac{1}{6}}\,(\mathrm{fm})$.

　　$N = 0$, 简并度 $= 2$;

　　$N = 1$, 简并度 $= 6$;

　　$N = 2$, 简并度 $= 12$;

　　$N = 3$, 简并度 $= 20$;

　　$N = 4$, 简并度 $= 30$.

　　由此可知球形简谐振子势给出幻数为 $2, 8, 20, 40, 70, \cdots$, 很明显这与实验上观测到的原子核幻数不符!

3.1.2　强自旋-轨道耦合势与修正的球形简谐振子势

　　G. Mayer 和 J. H. D. Jensen 在球形简谐振子势之上增加了一项很强的自旋-轨道耦合势 (修正简谐振子势), 成功解释了实验上观测到的原子核幻数. 在修正的球形简谐振子势中, 单粒子哈密顿量通常表示为

$$h = -\frac{\hbar^2\nabla^2}{2M} + \frac{1}{2}M\omega^2 r^2 + v_{\ell s}\hbar\omega\,\vec{\ell}\cdot\vec{s} + v_{\ell\ell}\hbar\omega(\vec{\ell}^{\,2} - \langle\vec{\ell}^{\,2}\rangle_N) \tag{3.9}$$

或者等价地表示为

$$h = -\frac{\hbar^2 \nabla^2}{2M} + \frac{1}{2} M \omega^2 r^2 - \kappa \hbar \omega [2 \vec{\ell} \cdot \vec{s} + \mu(\vec{\ell}^2 - \langle \vec{\ell}^2 \rangle_N)] \tag{3.10}$$

式中, $\langle \vec{\ell}^2 \rangle_N = \frac{1}{2} N(N+3)$, 是轨道角动量的平方在大壳 N 中的平均值. $\vec{\ell}^2$ 项的作用使高 $\vec{\ell}$ 轨道的能量降低 (因为 $v_{\ell\ell} < 0$), 更类似于 Wood-Saxon 势中的单粒子能级.

公式 $\langle \vec{\ell}^2 \rangle_N = \dfrac{\sum\limits_{\ell} \ell(\ell+1)(2\ell+1)}{\sum\limits_{\ell}(2\ell+1)} = \langle \vec{\ell}^2 \rangle_N = \dfrac{1}{2} N(N+3)$ 的推导如下.

当 N 为偶数时:

$$\sum_{\ell=0,2,\cdots,N} (2\ell+1)$$

$$= \frac{1}{2}(N+1)(N+2)$$

$$\sum_{\ell=0,2,\cdots,N} \ell(\ell+1)(2\ell+1)$$

$$= \sum_{\ell=2,\cdots,N} \ell(\ell+1)(2\ell+1)$$

$$= \sum_{\ell'=1,\cdots,\frac{N}{2}} 2\ell'(2\ell'+1)(4\ell'+1)$$

$$= 16 \sum_{\ell'=1,\cdots,\frac{N}{2}} \ell'^3 + 12 \sum_{\ell'=1,\cdots,\frac{N}{2}} \ell'^2 + 2 \sum_{\ell'=1,\cdots,\frac{N}{2}} \ell'$$

$$= 16 \left[\frac{1}{2} \frac{N}{2} \left(\frac{N}{2} + 1 \right) \right]^2 + 12 \cdot \frac{1}{6} \frac{N}{2} \left(\frac{N}{2} + 1 \right)(N+1) + 2 \cdot \frac{1}{2} \frac{N}{2} \left(\frac{N}{2} + 1 \right)$$

$$= \frac{N}{2} \left(\frac{N}{2} + 1 \right) \left\{ 4 \frac{N}{2} \left(\frac{N}{2} + 1 \right) + 2(N+1) + 1 \right\}$$

$$= \frac{1}{4} N(N+2)\{N(N+2) + 2N + 3\} = \frac{1}{4} N(N+2)(N+1)(N+3)$$

我们得到

$$\langle \vec{\ell}^2 \rangle_N = \frac{\sum\limits_{\ell} \ell(\ell+1)(2\ell+1)}{\sum\limits_{\ell}(2\ell+1)} = \frac{\frac{1}{4} N(N+2)(N+1)(N+3)}{\frac{1}{2}(N+1)(N+2)} = \frac{1}{2} N(N+3)$$

当 N 为奇数时, 可得相同表达式.

由 h 的表达式可知 h、$\vec{\ell}^{\,2}$、$\vec{j}^{\,2}$、j_z 彼此对易, 但 ℓ_z 不是好量子数 ($[\vec{\ell} \cdot \vec{s}, \ell_z] = [\ell_x s_x + \ell_y s_y, \ell_z] = \mathrm{i}(\vec{\ell} \times \vec{s})_z \neq 0$, $[\vec{\ell} \cdot \vec{s}, s_z] = [\ell_x s_x + \ell_y s_y, s_z] = -\mathrm{i}(\vec{\ell} \times \vec{s})_z \neq 0$, 但是 $[\vec{\ell} \cdot \vec{s}, j_z] = 0$).

此哈密顿量的本征方程 $h\psi_i = \epsilon_i \psi_i$ 给出本征值为

$$\epsilon_{N\ell j} = \left(N + \frac{3}{2}\right)\hbar\omega - \kappa\hbar\omega\left\{j(j+1) - \ell(\ell+1) - \frac{3}{4} + \mu\left[\ell(\ell+1) - \frac{1}{2}N(N+3)\right]\right\} \tag{3.11}$$

常用的参数 κ, μ 在表 3.1 中给出. 由式 (3.11) 计算的单粒子能级可以再现原子核质子和中子的幻数 (图 3.7). 每一条单粒子轨道可用 $(n\ell j)$ 标记, 称为原子核的一个子壳. 单粒子态的归一化波函数为

表 3.1　κ, μ 值

区域	κ	μ
$N, Z < 50$	0.08	0.0
$50 < Z < 82$	0.0637	0.60
$82 < N < 126$	0.0637	0.42
$82 < Z < 126$	0.0577	0.65
$126 < N$	0.0635	0.326

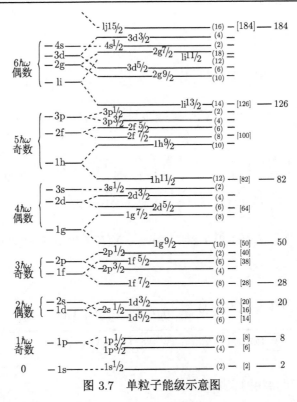

图 3.7　单粒子能级示意图

$$|N\ell jm\rangle = R_{n_r\ell}(r) \sum_{m_s} C^{jm}_{\ell m_\ell \frac{1}{2} m_s} Y_{\ell m_\ell}(\theta, \phi) \chi_{\frac{1}{2} m_s} = R_{n_r\ell}(r) \left[Y_\ell s = \frac{1}{2}\right]_{jm}$$

对于子壳 $j : m = -j, \cdots, j$, 即 $2j + 1$ 重简并.

3.1.3 赝自旋对称性

由图 3.7 可以看到, 大 N 壳中的高 $j = N + \frac{1}{2}$ 轨道因强自旋–轨道耦合劈裂而与 $N-1$ 壳的轨道成为一组, 它的宇称为 $(-1)^N$, 而与 $N-1$ 壳轨道的宇称 $(-1)^{N-1}$ 不同, 此高 j 轨道被称为"入侵态", 大 N 壳中除高 j 轨道以外的其他轨道称为正常宇称态. 对于正常宇称态, 单粒子势与简谐振子势的偏离 ($\vec{\ell}^2$ 项) 和强自旋–轨道耦合的联合效应使得 $\left(\ell_1, j_1 = \ell_1 + \frac{1}{2}\right)$ 轨道与 $\left(\ell_2 = \ell_1 + 2, j_2 = \ell_2 - \frac{1}{2}\right)$ 轨道近似简并, 如 $(s_{\frac{1}{2}}, d_{\frac{3}{2}})$ 和 $(d_{\frac{5}{2}}, g_{\frac{7}{2}})$ 等, 可以将这种近似简并的轨道视为 $\widetilde{\ell} = \ell_1 + 1$ 的赝自旋双重态, $\widetilde{\ell}$ 称为赝轨道角动量. 我们将会看到, 这种图像既可简化核子耦合机制的分析, 又可方便地讨论变形势场中的单粒子能级以及在高速转动情况下准粒子轨道的特征.

下面引入赝自旋表象:

定义螺旋度算符 $h = \vec{s} \cdot \hat{r}$, 其中 $\hat{r}$ 是沿粒子位置 $\vec{r}$ 方向的单位矢量. 由 $\{s_i, s_j\} = \frac{1}{2}\delta_{ij}, [s_i, s_j] = i\epsilon_{ijk}s_k$ 可得到 $(2h)^2 = 1$. 借助螺旋度算符 h, 从自旋表象 $\ell = j \pm \frac{1}{2}$ 到赝自旋表象 $\widetilde{\ell} = j \mp \frac{1}{2}$ 的变换矩阵可表示为

$$U = e^{i\pi h} = \cos\frac{\pi}{2} + i\left(\sin\frac{\pi}{2}\right)2h = 2ih$$

$$U^{-1} = e^{-i\pi h} = \cos\frac{\pi}{2} - i\left(\sin\frac{\pi}{2}\right)2h = -2ih$$

对于自旋表象的任一算符 F, 在赝自旋表象中有

$$\widetilde{F} = U^{-1}FU = F + 4h[F, h]$$

因为

$$
\begin{aligned}
4h[\vec{s}, h] &= 4\vec{s} \cdot \hat{r}[\vec{s}, \vec{s} \cdot \hat{r}] \\
&= 4s_\alpha \hat{r}_\alpha [s_i \hat{e}_i, s_\beta \hat{r}_\beta] = 4\hat{r}_\alpha \hat{r}_\beta \hat{e}_i s_\alpha (i\epsilon_{i\beta k} s_k) \\
&= 4\hat{r}_\alpha \hat{r}_\beta \hat{e}_i (i\epsilon_{i\beta k}) \frac{1}{2}(\{s_\alpha, s_k\} + [s_\alpha, s_k]) \\
&= 4\hat{r}_\alpha \hat{r}_\beta \hat{e}_i (i\epsilon_{i\beta k}) \frac{1}{2}(\delta_{\alpha k} + i\epsilon_{\alpha k j} s_j) \\
&= 2\hat{r}_\alpha \hat{r}_\beta \hat{e}_i (i\epsilon_{i\beta\alpha}) + 2\hat{r}_\alpha \hat{r}_\beta \hat{e}_i (i\epsilon_{i\beta k})(i\epsilon_{\alpha k j}) s_j \\
&= 2\hat{r}_\alpha \hat{r}_\beta \hat{e}_i (\delta_{\alpha i}\delta_{\beta j} - \delta_{\alpha\beta}\delta_{ij}) s_j = 2\hat{r}(\hat{r} \cdot \vec{s}) - 2\vec{s}
\end{aligned}
$$

由此我们有

$$\widetilde{\vec{s}} = -\vec{s} + 2\hat{r}(\hat{r} \cdot \vec{s}) \tag{3.12}$$

类似的推导可以得到

$$\widetilde{\vec{\ell}} = \vec{\ell} + 2\vec{s} - 2\hat{r}(\hat{r} \cdot \vec{s}) \tag{3.13}$$

容易看出

$$\begin{aligned}
\widetilde{\vec{j}} &= \vec{j} \\
(\widetilde{\vec{\ell}})^2 &= (\vec{\ell})^2 + 4\vec{\ell} \cdot \vec{s} + 2 \\
\widetilde{\vec{\ell}} \cdot \widetilde{\vec{s}} &= -\vec{\ell} \cdot \vec{s} - 1
\end{aligned} \tag{3.14}$$

在修正的简谐振子势中

$$\delta V = v_{\ell\ell} \hbar \omega_0 \vec{\ell}^{\,2} + v_{\ell s} \hbar \omega_0 \vec{\ell} \cdot \vec{s}$$

由此可以得到赝自旋和赝轨道角动量的耦合项为

$$\delta \widetilde{V}_{\widetilde{\ell}\widetilde{s}} = \widetilde{v}_{\ell s} \hbar \omega_0 \widetilde{\vec{\ell}} \cdot \widetilde{\vec{s}}$$

式中

$$\widetilde{v}_{\ell s} = 4 v_{\ell\ell} - v_{\ell s}$$

为了便于比较, 在表 3.2 中给出了 $\widetilde{v}_{\ell s}$ 和相应的 $v_{\ell s}, v_{\ell\ell}$ 的值. 很明显, 在赝自旋表象中, 赝自旋和赝轨道角动量的耦合很弱, 形成近似简并的赝自旋双重态.

表 3.2 $\widetilde{v}_{\ell s}$ 的值

区域	$-v_{\ell s}$	$-v_{\ell\ell}$	$-\widetilde{v}_{\ell s}$
$50 < Z < 82$	0.127	0.0382	0.026
$82 < N < 126$	0.127	0.0268	-0.019
$82 < Z < 126$	0.115	0.0375	0.035
$126 < N$	0.127	0.0206	-0.045

3.2 原子核基态的性质: 自旋, 宇称, 磁矩和四极矩

按单粒子能级图, 中子和质子都从最低轨道开始填起, 依次向上填, 中子和质子填完为止, 我们得到原子核的基态. 中子和质子最上面一个子壳都填满的原子核称为闭壳核. 原子核基态的自旋、磁矩和四极矩分别是所有填充轨道的角动量、磁矩和四极矩的和, 原子核基态的宇称是所有填充轨道宇称之积.

3.2.1 原子核基态的自旋和宇称

(1) 填满一个子壳的核子的总角动量为零.

$$\vec{J} = \sum \vec{j}_\alpha$$

$$|\Phi\rangle = \prod_{m=-j}^{m=j} a_{jm}^+|0\rangle$$

则有

$$J_z|\Phi\rangle = \sum_{m=-j}^{j} j_z(m)|\Phi\rangle = \sum_{-j}^{j} m|\Phi\rangle = 0$$

$$J_\pm|\Phi\rangle = \sum_{m=-j}^{j} j_\pm(m)|\Phi\rangle = 0$$

如 $j = \dfrac{3}{2}$:

$$|\Phi\rangle = a_{-\frac{3}{2}}^+ a_{-\frac{1}{2}}^+ a_{\frac{1}{2}}^+ a_{\frac{3}{2}}^+|0\rangle$$

$$J_+|\Phi\rangle = \left[j_+\left(\frac{3}{2}\right) + j_+\left(\frac{1}{2}\right) + j_+\left(-\frac{1}{2}\right) + j_+\left(-\frac{3}{2}\right) \right] a_{-\frac{3}{2}}^+ a_{-\frac{1}{2}}^+ a_{\frac{1}{2}}^+ a_{\frac{3}{2}}^+|0\rangle = 0 \quad (\text{因泡}$$

利原理及 $j_+\left(\dfrac{3}{2}\right) a_{\frac{3}{2}}^+|0\rangle = 0)$

由此可知闭壳核的自旋为零, 宇称为正 (因为每一个被填满的子壳有偶数个核子).

(2) 在闭壳核外的单粒子态 $|jm\rangle$ 上多一个粒子, 则 j、m 就是该原子核的自旋及其在 z 方向的投影, 此轨道的 $(-1)^\ell$ 是该原子核的宇称.

(3) 在闭壳核的单粒子态 $|jm\rangle$ 上缺一个核子, 则 j、$-m$ 就是原子核的自旋及其在 z 方向的投影, 此轨道的 $(-1)^\ell$ 是该原子核的宇称.

3.2.2 原子核基态的磁矩

单核子的磁矩算符为 $\left(\text{以 } \dfrac{e\hbar}{2M_\mathrm{p}C} \text{ 为单位} \right)$

$$\vec{\mu} = g_\ell\vec{\ell} + g_s\vec{s} = g_\ell\vec{j} + (g_s - g_\ell)\vec{s}$$

式中

$$g_\ell = \begin{cases} 1 & (\text{质子}) \\ 0 & (\text{中子}) \end{cases}$$

$$g_s = \begin{cases} 5.5856 & (\text{质子}) \\ -3.8263 & (\text{中子}) \end{cases}$$

原子核的磁矩 $\mu_{\text{sp}} = \langle jj|\mu_z|jj\rangle$.

对于任意矢量 $\vec{A}$, 由 Wigner-Eckart 定理可以得到

$$\langle jm'|\vec{A}|jm\rangle = \alpha\langle jm'|\vec{j}|jm\rangle$$

其中, α 与磁量子数无关, 所以

$$\begin{aligned}
\langle jm'|\vec{A}\cdot\vec{j}|jm\rangle &= \sum_{m''}\langle jm'|\vec{A}|jm''\rangle\langle jm''|\vec{j}|jm\rangle \\
&= \alpha\sum_{m''}\langle jm'|\vec{j}|jm''\rangle\langle jm''|\vec{j}|jm\rangle \\
&= \delta_{m'm}j(j+1)\alpha
\end{aligned}$$

由此我们得到 $\alpha\delta_{m'm} = \dfrac{\langle jm'|\vec{A}\cdot\vec{j}|jm\rangle}{j(j+1)}$, 也即 $\langle jm'|\vec{A}|jm\rangle = \dfrac{\langle jm''|\vec{A}\cdot\vec{j}|jm''\rangle}{j(j+1)}$ $\langle jm'|\vec{j}|jm\rangle$.

所以单粒子态磁矩的观测值为

$$\begin{aligned}
\mu_{\text{sp}} &= \langle jj|\mu_z|jj\rangle \\
&= \frac{\langle jj|\vec{\mu}\cdot\vec{j}|jj\rangle}{j(j+1)}\langle jj|j_z|jj\rangle \\
&= \frac{1}{(j+1)}[g_\ell j(j+1) + (g_s - g_\ell)\langle\vec{s}\cdot\vec{j}\rangle] \\
&= j\left[g_\ell \pm (g_s - g_\ell)\frac{1}{2\ell+1}\right] \quad \left(j = \ell \pm \frac{1}{2}\right)
\end{aligned}$$

$$\tag{3.15}$$

对于确定的 j, $\mu_{\text{sp}} = g_j j$, g_j 称为轨道 j 的有效 g 因子.

填满一个子壳的所有核子的总磁矩为零 (因总角动量为零).

纯单粒子态的磁矩计算值称为 Schmidt 值.

实验发现, 奇 A 原子核基态的磁矩靠近 Schmidt 线, 但有系统学偏离 (图 3.8 和图 3.9).

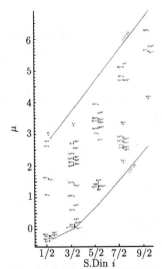

图 3.8　奇质子原子核的磁矩作为角动量的函数

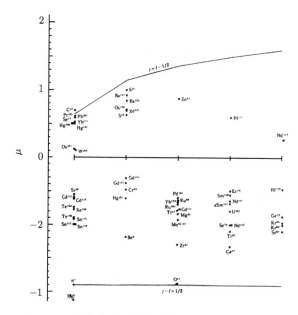

图 3.9 奇中子原子核的磁矩作为角动量的函数

3.2.3 原子核基态的四极矩

单核子态的电四极矩为

$$Q_s = \langle jj|\widehat{Q}|jj\rangle = -\frac{2j-1}{2(j+1)}\langle r^2\rangle \tag{3.16}$$

式中, $\langle r^2\rangle = \displaystyle\int R_{n\ell}^*(r)r^4 R_{n\ell}(r)\mathrm{d}r$.

式 (3.16) 推导如下.

对于 $j = \ell + \dfrac{1}{2}$ 的情况:

$$\left|\left(\ell\frac{1}{2}\right)j = \ell + \frac{1}{2}, m\right\rangle = \sum_{m_s} C_{\ell m_\ell \frac{1}{2} m_s}^{j=\ell+\frac{1}{2} m} Y_{\ell m_\ell}\chi_{m_s}$$

$$= \left(\frac{j+m}{2j}\right)^{\frac{1}{2}} Y_{\ell m - \frac{1}{2}}\chi_{\frac{1}{2}} + \left(\frac{j-m}{2j}\right)^{\frac{1}{2}} Y_{\ell m + \frac{1}{2}}\chi_{-\frac{1}{2}}$$

$$\left|\left(\ell\frac{1}{2}\right)j = \ell + \frac{1}{2}, j\right\rangle = Y_{\ell\ell}\chi_{\frac{1}{2}}$$

$$\left\langle\left(\ell\frac{1}{2}\right)j = \ell + \frac{1}{2}, j|Y_{20}|\left(\ell\frac{1}{2}\right)j = \ell + \frac{1}{2}, j\right\rangle = \int \mathrm{d}\Omega\, Y_{\ell\ell}^* Y_{20} Y_{\ell\ell}$$

借助公式

$$\mathrm{Y}_{\ell_1 m_1}\mathrm{Y}_{\ell_2 m_2} = \sum_{LM}\sqrt{\frac{(2\ell_1+1)(2\ell_2+1)}{4\pi(2L+1)}}C_{\ell_1 0\ell_2 0}^{L0}C_{\ell_1 m_1\ell_2 m_2}^{LM}\mathrm{Y}_{LM}$$

$$C_{\ell_1 0\ell_2 0}^{L0}\mathrm{Y}_{LM} = \sqrt{\frac{4\pi(2L+1)}{(2\ell_1+1)(2\ell_2+1)}}\sum_{m_1 m_2}C_{\ell_1 m_1\ell_2 m_2}^{LM}\mathrm{Y}_{\ell_1 m_1}\mathrm{Y}_{\ell_2 m_2}$$

则

$$\int \mathrm{Y}_{\ell_3 m_3}^*\mathrm{Y}_{\ell_1 m_1}\mathrm{Y}_{\ell_2 m_2}\mathrm{d}\Omega$$

$$= \int \mathrm{Y}_{\ell_3 m_3}^*\sum_{LM}\sqrt{\frac{(2\ell_1+1)(2\ell_2+1)}{4\pi(2L+1)}}C_{\ell_1 0\ell_2 0}^{L0}C_{\ell_1 m_1\ell_2 m_2}^{LM}\mathrm{Y}_{LM}\mathrm{d}\Omega$$

$$= \sqrt{\frac{(2\ell_1+1)(2\ell_2+1)}{4\pi(2\ell_3+1)}}C_{\ell_1 0\ell_2 0}^{\ell_3 0}C_{\ell_1 m_1\ell_2 m_2}^{\ell_3 m_3}$$

由此可得

$$\int \mathrm{d}\Omega\,\mathrm{Y}_{\ell\ell}^*\mathrm{Y}_{20}\mathrm{Y}_{\ell\ell} = \sqrt{\frac{5}{4\pi}}C_{\ell 0,20}^{\ell 0}C_{\ell\ell,20}^{\ell\ell}$$

借助公式

$$C_{jm20}^{jm} = \frac{3m^2-j(j+1)}{\sqrt{(2j-1)j(j+1)(2j+3)}}$$

$$C_{jj20}^{jj} = \frac{j(2j-1)}{\sqrt{(2j-1)j(j+1)(2j+3)}}$$

$$C_{\ell 020}^{\ell 0} = \frac{-\ell(\ell+1)}{\sqrt{(2\ell-1)\ell(\ell+1)(2\ell+3)}} = -\sqrt{\frac{\ell(\ell+1)}{(2\ell-1)(2\ell+3)}}$$

$$C_{\ell\ell20}^{\ell\ell} = \sqrt{\frac{\ell(2\ell-1)}{(\ell+1)(2\ell+3)}}$$

$$\int \mathrm{d}\Omega\,\mathrm{Y}_{\ell\ell}^*\mathrm{Y}_{20}\mathrm{Y}_{\ell\ell} = -\sqrt{\frac{5}{4\pi}}\frac{\ell}{2\ell+3} = -\sqrt{\frac{5}{16\pi}}\frac{2j-1}{2(j+1)}$$

所以当 $j = \ell + \dfrac{1}{2}$ 时：

$$Q_s = \langle jj|\widehat{Q}|jj\rangle = \sqrt{\frac{16\pi}{5}}\langle jj|r^2\mathrm{Y}_{20}|jj\rangle = -\frac{2j-1}{2(j+1)}\langle r^2\rangle$$

对于 $j = \ell - \frac{1}{2}$ 的情况:

$$\left| \left(\ell\frac{1}{2}\right) j = \ell - \frac{1}{2} m = j \right\rangle = -\sqrt{\frac{1}{2\ell+1}} Y_{\ell\ell-1}\chi_{\frac{1}{2}} + \sqrt{\frac{2\ell}{2\ell+1}} Y_{\ell\ell}\chi_{-\frac{1}{2}}$$

$$\int \mathrm{d}\Omega\, Y_{\ell\ell-1}^* Y_{20} Y_{\ell\ell-1} = \sqrt{\frac{5}{4\pi}} C_{\ell0,20}^{\ell0} C_{\ell-1,20}^{\ell\ell-1}$$

$$C_{\ell\ell-120}^{\ell\ell-1} = \frac{(2\ell-1)(\ell-3)}{\sqrt{(2\ell-1)\ell(\ell+1)(2\ell+3)}} = \frac{\sqrt{2\ell-1}(\ell-3)}{\sqrt{\ell(\ell+1)(2\ell+3)}}$$

$$C_{\ell020}^{\ell0} = \frac{-\ell(\ell+1)}{\sqrt{\{(2\ell-1)\ell(\ell+1)(2\ell+3)\}}} = -\sqrt{\frac{\ell(\ell+1)}{(2\ell-1)(2\ell+3)}}$$

$$C_{\ell\ell-120}^{\ell\ell-1} C_{\ell020}^{\ell0} = -\frac{\ell-3}{2\ell+3}$$

$$C_{\ell\ell20}^{\ell\ell} C_{\ell020}^{\ell0} = -\frac{\ell}{2\ell+3}$$

$$\left\langle \left(\ell\frac{1}{2}\right) j = \ell - \frac{1}{2}, j \middle| Y_{20} \middle| \left(\ell\frac{1}{2}\right) j = \ell - \frac{1}{2}, j \right\rangle$$

$$= \frac{1}{2\ell+1} \langle Y_{\ell\ell-1}|Y_{20}|Y_{\ell\ell-1}\rangle + \frac{2\ell}{2\ell+1} \langle Y_{\ell\ell}|Y_{20}|Y_{\ell\ell}\rangle$$

$$= \sqrt{\frac{5}{4\pi}} \left[\frac{\ell-3}{(2\ell+1)(2\ell+3)} + \frac{2\ell^2}{(2\ell+1)(2\ell+3)} \right] = \sqrt{\frac{5}{4\pi}} \frac{(\ell-1)(2\ell+3)}{(2\ell+1)(2\ell+3)}$$

$$= \sqrt{\frac{5}{4\pi}} \frac{\ell-1}{2\ell+1} = -\sqrt{\frac{5}{16\pi}} \frac{2j-1}{2(j+1)}$$

所以当 $j = \ell - \frac{1}{2}$ 时我们得到同样的结果:

$$Q_{\mathrm{s}} = \langle jj|\widehat{Q}|jj\rangle = \sqrt{\frac{16\pi}{5}} \langle jj|r^2 Y_{20}|jj\rangle = -\frac{2j-1}{2(j+1)} \langle r^2\rangle$$

单粒子态电四极矩公式的另一推导方法如下.

利用公式

$$\langle j\|\mathrm{i}^2 r^2 Y_2\|j\rangle = (-1)^{j+2-j}(\mathrm{i})^{\ell+2-\ell} \sqrt{\frac{5(2j+1)}{4\pi}} C_{j\frac{1}{2}20}^{j\frac{1}{2}} \langle r^2\rangle \quad (\text{见例题 } 3.2)$$

$$C_{j\frac{1}{2}20}^{j\frac{1}{2}} = \frac{3\left(\frac{1}{2}\right)^2 - j(j+1)}{\sqrt{(2j-1)j(j+1)(2j+3)}} = -\frac{(2j-1)(2j+3)}{4\sqrt{(2j-1)j(j+1)(2j+3)}}$$

则得到

$$
\begin{aligned}
Q_s &= \langle jj|\widehat{Q}|jj\rangle = \sqrt{\frac{16\pi}{5}}\langle jj|r^2 Y_{20}|jj\rangle \\
&= \sqrt{\frac{16\pi}{5}}\frac{1}{\sqrt{2j+1}}C^{jj}_{jj20}\langle j||r^2 Y_2||j\rangle \\
&= \sqrt{\frac{16\pi}{5}}\frac{1}{\sqrt{2j+1}}C^{jj}_{jj20}\sqrt{\frac{5(2j+1)}{4\pi}}C^{j\frac12}_{j\frac12 20}\langle r^2\rangle \\
&= 2C^{jj}_{jj20}C^{j\frac12}_{j\frac12 20}\langle r^2\rangle = -\frac{j(2j-1)(2j-1)(2j+3)}{2\{(2j-1)j(j+1)(2j+3)\}}\langle r^2\rangle \\
&= -\frac{(2j-1)}{2(j+1)}\langle r^2\rangle
\end{aligned}
$$

下面讨论 $|jm\rangle$ 单粒子态的电四极矩.

借助 Wigner-Eckart 定理:

$$
\langle jm|T_{\lambda\mu}|j'm'\rangle = \frac{1}{\sqrt{2j+1}}C^{jm}_{j'm'\lambda\mu}\langle j||T_\lambda||j'\rangle
$$

我们有

$$
\begin{aligned}
Q^m_j &= \langle jm|3z^2-r^2|jm\rangle = c\langle jm|3j^2_z - \vec{j}^{\,2}|jm\rangle \\
&= c[3m^2 - j(j+1)]
\end{aligned}
$$

由 $Q^j_j = c(2j^2-j) = Q_s$, 我们得到 $|jm\rangle$ 态的电四极矩:

$$
Q^m_j = \frac{Q_s}{(2j^2-j)}[3m^2 - j(j+1)]
$$

因为

$$
\begin{aligned}
\sum_{m=-j}^{j}3m^2 &= 6\sum_{m=\frac12}^{j}m^2 = 6\sum_{m'=1}^{N=j+\frac12}\left(m'^2 - m' + \frac14\right) \\
&= 6\left\{\frac16 N(N+1)(2N+1) - \frac12 N(N+1) + \frac14 N\right\} \\
&= N\left(2N^2 - \frac12\right) = 2N\left(N+\frac12\right)\left(N-\frac12\right) = j(j+1)(2j+1)
\end{aligned}
$$

所以

$$
\sum_{m=-j}^{j}[3m^2 - j(j+1)] = 0
$$

由此可以得到结论: 填满一个子壳的核子的总电四极矩为零.

原子核中 j 轨道的电四极矩算符可以用二次量子化表示为

$$\widehat{Q} = \frac{Q_{\rm s}}{(2j^2 - j)} \sum_m [3m^2 - j(j+1)] a_m^+ a_m \tag{3.17}$$

3.2.4 空穴态与粒子–空穴共轭

下面讨论空穴态的磁矩和四极矩.

1. 时间反演算符 T 的定义

对于任意态 $|A\rangle$, 它的时间反演态为

$$|A'\rangle = T|A\rangle = UK|A\rangle = U|A\rangle^*$$

式中, $U^+ = U^{-1}$ 是么正矩阵; K 表示取复共轭. 则有

$$\langle B'|A'\rangle = \langle KB|U^+U|KA\rangle = \langle B|A\rangle^* \tag{3.18}$$

对于任意算符 F, 它的时间反演算符 F' 为 $F' = TFT^{-1}$, 则有

$$\langle B'|F'|A'\rangle = \langle KB|U^+UF^*U^+U|KA\rangle$$
$$= \langle B|F|A\rangle^* = \langle A|F^+|B\rangle \tag{3.19}$$

由公式 $\langle jm'|R_y(\pi)|jm\rangle = d_{m'm}^j(\pi) = (-1)^{j-m}\delta_{m'-m}$ 可知, $R_y(\pi)$ 和 T 都使得态 $|jm\rangle$ 变成 $|j-m\rangle$ (可差一相位).

采用相位约定 $R_y(\pi)T = 1$, 利用公式

$$R_y^{-1}(\pi) = R_y(-\pi) = {\rm e}^{{\rm i}\pi \ell_y}$$

得到

$$T|jm\rangle = |\widetilde{jm}\rangle = R_y(\pi)^{-1}|jm\rangle = (-1)^{j+m}|j-m\rangle$$

例如, $j = \dfrac{1}{2}$:

$$R_y(\pi) = {\rm e}^{-{\rm i}\frac{\pi}{2}\sigma_y} = -{\rm i}\sigma_y$$
$$R_y^{-1}(\pi) = {\rm e}^{{\rm i}\frac{\pi}{2}\sigma_y} = {\rm i}\sigma_y = \begin{pmatrix} 0 & 1 \\ -1 & 0 \end{pmatrix}$$
$$R_y^{-1}(\pi)\left|\frac{1}{2}\,\frac{1}{2}\right\rangle = \begin{pmatrix} 0 & 1 \\ -1 & 0 \end{pmatrix}\begin{pmatrix} 1 \\ 0 \end{pmatrix}$$
$$= -\begin{pmatrix} 0 \\ 1 \end{pmatrix} = (-1)^{\frac{1}{2}+\frac{1}{2}}\left|\frac{1}{2}\,-\frac{1}{2}\right\rangle$$

2. 空穴算符

对于闭壳原子核, 在轨道 j 上填有 $(2j+1)$ 个粒子, 该组态通常记为 j^{2j+1}, 此组态的总角动量为零. 如果从此轨道上取走 $|j-m\rangle$ 态的粒子, 则组态为 j^{2j}, 我们称此组态为角动量为 j、角动量在 z 轴上的投影为 m 的空穴态. 态 $|n\ell j-m\rangle$ 称为态 $|n\ell jm\rangle$ 的共轭态.

我们取空穴态的相位 $b_{jm}^+ = a_{\widetilde{jm}} = (-1)^{j+m}a_{j-m}$, b_{jm}^+ 是空穴态的产生算符, 空穴态通常表示为

$$|j^{-1}m\rangle = b_{jm}^+|\widehat{0}\rangle = a_{\widetilde{jm}}|\widehat{0}\rangle$$

式中, $|\widehat{0}\rangle$ 对应的组态为 j^{2j+1}, 它称为费米真空.

空穴态之间的矩阵元:

$$\begin{aligned}
\langle j_2^{-1}m_2|F|j_1^{-1}m_1\rangle &= \langle\widehat{0}|b_{j_2m_2}Fb_{j_1m_1}^+|\widehat{0}\rangle = \langle\widehat{0}|a_{\widetilde{j_2m_2}}^+Fa_{\widetilde{j_1m_1}}|\widehat{0}\rangle \\
&= -\langle\widehat{0}|a_{\widetilde{j_1m_1}}Fa_{\widetilde{j_2m_2}}^+|\widehat{0}\rangle = -\langle\widetilde{j_1m_1}|F|\widetilde{j_2m_2}\rangle \\
&= -(\langle j_1m_1|^*|U^+FU|(j_2m_2)\rangle)^* = -\langle j_1m_1|(U^+FU)^*|j_2m_2\rangle^* \\
&= -\langle j_1m_1|(T^{-1}FT)|j_2m_2\rangle^* = -\langle j_2m_2|(T^{-1}FT)^+|j_1m_1\rangle \\
&= \langle j_2m_2|F_c|j_1m_1\rangle
\end{aligned}$$

$$(3.20)$$

式中, $F_c = -(T^{-1}FT)^+ = cF$, 称为算符 F 的粒子–空穴共轭算符.

对于单粒子算符:

当 F 为 $\vec{\ell}$、$\vec{s}$、$\vec{\mu}$ 时, 在时间反演变换下 $F \to -F$, 可以得到 $c = +1$, 称粒子–空穴共轭变换为偶.

当 F 为 $f(\vec{r})$、$f(\vec{r})\vec{\ell}\cdot\vec{s}$ 时, 在时间反演变换下 $F \to F$, 可以得到 $c = -1$, 称粒子–空穴共轭变换为奇.

任意单粒子算符总可以分解为奇的和偶的粒子–空穴共轭变换两部分.

3.2.5 空穴态的磁矩和四极矩

由式 (3.20) 我们得到结论: 单空穴态的磁矩等于此粒子态的磁矩; 单空穴态的四极矩等于此粒子态的四极矩反号.

这种性质容易借助图 3.10 和图 3.11 来理解. 因为磁矩是矢量, 多粒子态的磁矩等于各个单粒子态的磁矩矢量相加. 对于四极矩, 因为正电荷和负电荷给出的四极矩符号相反.

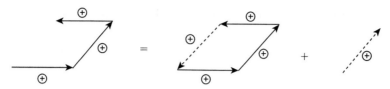

图 3.10 空穴态的磁矩

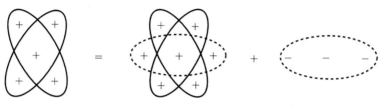

图 3.11 空穴态的四极矩

对于电磁跃迁算符, 我们有常用公式

$$\langle \widetilde{\mu}|F|\widetilde{\nu}\rangle = -c\langle\nu|F|\mu\rangle$$

3.3 单粒子态之间的电磁跃迁和 Weisskopf unit

电多极跃迁算符:

$$Q_{\lambda\mu} = \sum_i e_i r_i^\lambda \mathrm{Y}_{\lambda\mu}(\widehat{r}_i) \tag{3.21}$$

磁多极跃迁算符:

$$\widehat{M}(M\lambda,\mu) = [\lambda(2\lambda+1)]^{\frac{1}{2}} \sum_i \frac{e_i\hbar}{2M_ic} r_i^{\lambda-1}$$
$$\left[\left(g_s - \frac{2g_\ell}{\lambda+1}\right)(\mathrm{Y}_{\lambda-1}s) + \frac{2g_\ell}{\lambda+1}(\mathrm{Y}_{\lambda-1}j)\right]^i_{(\lambda-1,1)\lambda\mu} \tag{3.22}$$

单粒子态波函数:

$$|n\ell jm\rangle = R_{n\ell j}(r) \sum_{m_\ell m_s} C^{jm}_{\ell m_\ell \frac{1}{2}m_s} i^\ell \mathrm{Y}_{\ell m_\ell}(\theta,\phi)\chi_{\frac{1}{2}m_s} \tag{3.23}$$

它满足时间反演态的相位约定:

$$T|n\ell jm\rangle = \widetilde{|n\ell jm\rangle}(-1)^{j+m}|n\ell j - m\rangle$$

从初态到末态的电多极跃迁强度为 (跃迁概率对初态磁量子数求平均, 对末态磁量子数求和)

$$
\begin{aligned}
B(E\lambda, j_\mathrm{i} \to j_\mathrm{f}) &= \frac{1}{2j_\mathrm{i}+1} \sum_{m_\mathrm{i} m_\mathrm{f}} |\langle j_\mathrm{f} m_\mathrm{f}|Q_{\lambda\mu}|j_\mathrm{i} m_\mathrm{i}\rangle|^2 \\
&= \frac{1}{2j_\mathrm{i}+1} \sum_{m_\mathrm{i} m_\mathrm{f}} |\frac{1}{\sqrt{2j_\mathrm{f}+1}} C_{j_\mathrm{i} m_\mathrm{i} \lambda\mu}^{j_\mathrm{f} m_\mathrm{f}} \langle j_\mathrm{f}||Q_\lambda||j_\mathrm{i}\rangle|^2 \\
&= \frac{1}{2j_\mathrm{i}+1} \sum_{m_\mathrm{f}} \frac{1}{2j_\mathrm{f}+1} \sum_{m_\mathrm{i}} C_{j_\mathrm{i} m_\mathrm{i} \lambda\mu}^{j_\mathrm{f} m_\mathrm{f}} C_{j_\mathrm{i} m_\mathrm{i} \lambda\mu}^{j_\mathrm{f} m_\mathrm{f}} |\langle j_\mathrm{f}||Q_\lambda||j_\mathrm{i}\rangle|^2 \\
&= \frac{1}{2j_\mathrm{i}+1} |\langle j_\mathrm{f}||Q_\lambda||j_\mathrm{i}\rangle|^2
\end{aligned}
$$

从初态到末态的磁多极跃迁强度为

$$
\begin{aligned}
B(M\lambda, j_\mathrm{i} \to j_\mathrm{f}) &= \frac{1}{2j_\mathrm{i}+1} \sum_{m_\mathrm{i} m_\mathrm{f}} |\langle j_\mathrm{f} m_\mathrm{f}|\widehat{M}_{\lambda\mu}|j_\mathrm{i} m_\mathrm{i}\rangle|^2 \\
&= \frac{1}{2j_\mathrm{i}+1} \sum_{m_\mathrm{i} m_\mathrm{f}} |\frac{1}{\sqrt{2j_\mathrm{f}+1}} C_{j_\mathrm{i} m_\mathrm{i} \lambda\mu}^{j_\mathrm{f} m_\mathrm{f}} \langle j_\mathrm{f}||\widehat{M}_\lambda||j_\mathrm{i}\rangle|^2 \\
&= \frac{1}{2j_\mathrm{i}+1} \sum_{m_\mathrm{f}} \frac{1}{2j_\mathrm{f}+1} \sum_{m_\mathrm{i}} C_{j_\mathrm{i} m_\mathrm{i} \lambda\mu}^{j_\mathrm{f} m_\mathrm{f}} C_{j_\mathrm{i} m_\mathrm{i} \lambda\mu}^{j_\mathrm{f} m_\mathrm{f}} |\langle j_\mathrm{f}||\widehat{M}_\lambda||j_\mathrm{i}\rangle|^2 \\
&= \frac{1}{2j_\mathrm{i}+1} |\langle j_\mathrm{f}||\widehat{M}_\lambda||j_\mathrm{i}\rangle|^2
\end{aligned}
$$

为了使得约化矩阵元为实数, 需将 $Q_{\lambda\mu}$ 换成 $\mathrm{i}^\lambda Q_{\lambda\mu}$, 将 $\widehat{M}_{\lambda\mu}$ 换成 $\mathrm{i}^{\lambda 1} \widehat{M}_{\lambda\mu}$.

3.3.1　螺旋度表象

为了方便地计算电多极和磁多极算符的约化矩阵元, 我们定义螺旋度 (helicity) 表象: $\widehat{h} = \widehat{r} \cdot \vec{s}$ 称为螺旋度算符, $\widehat{r}$ 是沿粒子所处空间位置 $\vec{r}$ 方向的单位矢量. $\widehat{h}$ 的本征值为 $h = \pm\frac{1}{2}$, 即在螺旋度表象中粒子的自旋沿 $\widehat{r}$ 的投影为 $\pm\frac{1}{2}$.

粒子自旋的量子化轴 $\widehat{h}$ 可视为内秉系 (K'-系) 的 z 轴, K'-系相对于实验室系的取向为欧拉角 (ϕ, θ, ψ), 其中 ψ 是任意的. 所以我们有

$$
\chi_{\frac{1}{2} m_s} = \sum_h D_{m_s h}^{\frac{1}{2}}(\widehat{r}) \chi_h
$$

借助公式

$$
\mathrm{Y}_{\ell m_\ell}(\theta\phi) = \left(\frac{2\ell+1}{4\pi}\right)^{\frac{1}{2}} D_{m_\ell 0}^\ell(\widehat{r})
$$

则有

$$\sum_{m_\ell m_s} C^{jm}_{\ell m_\ell \frac{1}{2} m_s} Y_{\ell m_\ell}(\theta, \phi) \chi_{\frac{1}{2} m_s}$$

$$= \sum_{m_\ell m_s} C^{jm}_{\ell m_\ell \frac{1}{2} m_s} \left(\frac{2\ell + 1}{4\pi}\right)^{\frac{1}{2}} D^\ell_{m_\ell 0}(\widehat{r}) \sum_h D^{\frac{1}{2}}_{m_s h}(\widehat{r}) \chi_h$$

$$= \left(\frac{2\ell + 1}{4\pi}\right)^{\frac{1}{2}} \sum_{h=\pm\frac{1}{2}} C^{jh}_{\ell 0 \frac{1}{2} h} D^j_{mh}(\widehat{r}) \chi_h$$

$$= \left(\frac{2j + 1}{8\pi}\right)^{\frac{1}{2}} \sum_{h=\pm\frac{1}{2}} \left[\frac{2(2\ell + 1)}{2j + 1}\right]^{\frac{1}{2}} C^{jh}_{\ell 0 \frac{1}{2} h} D^j_{mh}(\widehat{r}) \chi_h$$

再利用

$$\left[\frac{2(2\ell + 1)}{2j + 1}\right]^{\frac{1}{2}} C^{jh}_{\ell 0 \frac{1}{2} h} = \begin{cases} 1, & \text{if} \quad \left(j = \ell + \dfrac{1}{2}, h = \pm\dfrac{1}{2}\right) \\ \mp 1, & \text{if} \quad \left(j = \ell - \dfrac{1}{2}, h = \pm\dfrac{1}{2}\right) \end{cases}$$

我们得到在螺旋度表象归一化单粒子波函数的表达式:

$$|n\ell jm\rangle_h = R_{n\ell j}(r) \mathrm{i}^\ell \left(\frac{2j + 1}{16\pi^2}\right)^{\frac{1}{2}} \left\{ (-1)^{j-\ell-\frac{1}{2}} D^j_{m\frac{1}{2}}(\widehat{r}) \chi_{h=\frac{1}{2}} + D^j_{m-\frac{1}{2}}(\widehat{r}) \chi_{h=-\frac{1}{2}} \right\}$$

$$(3.24)$$

这里角度部分的归一化是对欧拉角 (ϕ, θ, ψ) 的积分 $\int \sin\theta \mathrm{d}\theta \mathrm{d}\phi \mathrm{d}\psi$.

3.3.2 电多极和磁多极跃迁算符的约化矩阵元

利用螺旋度表象中波函数 (3.24) 容易计算电多极跃迁算符的矩阵元:

$$\langle n_\mathrm{f} \ell_\mathrm{f} j_\mathrm{f} m_\mathrm{f} | \mathrm{i}^\lambda r^\lambda Y_{\lambda\mu} | n_\mathrm{i} \ell_\mathrm{i} j_\mathrm{i} m_\mathrm{i} \rangle_h$$

$$= \mathrm{i}^{\ell_\mathrm{i} + \lambda - \ell_\mathrm{f}} \left(\frac{2j_\mathrm{f} + 1}{16\pi^2}\right)^{\frac{1}{2}} \left(\frac{2j_\mathrm{i} + 1}{16\pi^2}\right)^{\frac{1}{2}} \left(\frac{2\lambda + 1}{4\pi}\right)^{\frac{1}{2}} \langle j_\mathrm{f} | r^\lambda | j_\mathrm{i} \rangle$$

$$\times \int \mathrm{d}\Omega \left\{ (-1)^{j_\mathrm{i} + j_\mathrm{f} - \ell_\mathrm{i} - \ell_\mathrm{f} - 1} \left(D^{j_\mathrm{f}}_{m_\mathrm{f} \frac{1}{2}}(\widehat{r})\right)^* D^\lambda_{\mu 0}(\widehat{r}) D^{j_\mathrm{i}}_{m_\mathrm{i} \frac{1}{2}}(\widehat{r}) \right.$$

$$\left. + \left(D^{j_\mathrm{f}}_{m_\mathrm{f} - \frac{1}{2}}(\widehat{r})\right)^* D^\lambda_{\mu 0}(\widehat{r}) D^{j_\mathrm{i}}_{m_\mathrm{i} - \frac{1}{2}}(\widehat{r}) \right\}$$

$$= \mathrm{i}^{\ell_\mathrm{i} + \lambda - \ell_\mathrm{f}} \left(\frac{2j_\mathrm{f} + 1}{16\pi^2}\right)^{\frac{1}{2}} \left(\frac{2j_\mathrm{i} + 1}{16\pi^2}\right)^{\frac{1}{2}} \left(\frac{2\lambda + 1}{4\pi}\right)^{\frac{1}{2}} \langle j_\mathrm{f} | r^\lambda | j_\mathrm{i} \rangle$$

$$
\times \frac{8\pi^2}{2j_{\mathrm{f}}+1} C_{j_{\mathrm{i}}m_{\mathrm{i}}\lambda\mu}^{j_{\mathrm{f}}m_{\mathrm{f}}} C_{j_{\mathrm{i}}\frac{1}{2}\lambda 0}^{j_{\mathrm{f}}\frac{1}{2}}(-1)^{j_{\mathrm{i}}+\lambda-j_{\mathrm{f}}}[(-1)^{\ell_{\mathrm{i}}+\lambda-\ell_{\mathrm{f}}}+1]
$$

$$
= \frac{1}{\sqrt{2j_{\mathrm{f}}+1}} C_{j_{\mathrm{i}}m_{\mathrm{i}}\lambda\mu}^{j_{\mathrm{f}}m_{\mathrm{f}}} \mathrm{i}^{\ell_{\mathrm{i}}+\lambda-\ell_{\mathrm{f}}}(-1)^{j_{\mathrm{i}}+\lambda-j_{\mathrm{f}}}
$$

$$
\times \left[\frac{(2\lambda+1)(2j_{\mathrm{i}}+1)}{4\pi}\right]^{\frac{1}{2}} \langle j_{\mathrm{f}}|r^\lambda|j_{\mathrm{i}}\rangle \begin{cases} 1 & (\ell_{\mathrm{i}}+\lambda-\ell_{\mathrm{f}}=\text{偶数}) \\ 0 & (\ell_{\mathrm{i}}+\lambda-\ell_{\mathrm{f}}=\text{奇数}) \end{cases}
$$

所以我们得到电多极跃迁的约化矩阵元:

$$
\langle j_{\mathrm{f}}||\mathrm{i}^\lambda r^\lambda \mathrm{Y}_\lambda||j_{\mathrm{i}}\rangle
$$

$$
= \mathrm{i}^{\ell_1+\lambda-\ell_2}(-1)^{j_1+\lambda-j_2}\left[\frac{(2\lambda+1)(2j_{\mathrm{i}}+1)}{4\pi}\right]^{\frac{1}{2}}
$$

$$
\times \langle j_{\mathrm{f}}|r^\lambda|j_{\mathrm{i}}\rangle C_{j_{\mathrm{i}}\frac{1}{2}\lambda 0}^{j_{\mathrm{f}}\frac{1}{2}} \begin{cases} 1 & (\ell_{\mathrm{i}}+\lambda-\ell_{\mathrm{f}}=\text{偶数}) \\ 0 & (\ell_{\mathrm{i}}+\lambda-\ell_{\mathrm{f}}=\text{奇数}) \end{cases} \tag{3.25}
$$

式中, $\langle j_{\mathrm{f}}|r^\lambda|j_{\mathrm{i}}\rangle = \int R_{n_{\mathrm{f}}\ell_{\mathrm{f}}j_{\mathrm{f}}}(r) R_{n_{\mathrm{i}}\ell_{\mathrm{i}}j_{\mathrm{i}}}(r) r^{\lambda+2}\mathrm{d}r$. 条件 $\ell_1+\lambda-\ell_2 = $ 偶数时矩阵元才不为零表示电跃迁必须满足宇称守恒.

约化矩阵元公式也可以直接用实验室系中的波函数 (3.23) 进行计算 (见例题 3.2). 由两种方法比较可知, 采用螺旋度表象计算约化矩阵元更为方便.

下面讨论磁多极跃迁算符的约化矩阵元的计算. 利用实验室系和内秉系中球张量之间的关系式:

$$
s_{1\nu} = \sum_\eta D_{\nu\eta}^1(\hat{r}) s_{1\eta}
$$

$$
j_{1\nu} = \sum_\eta D_{\nu\eta}^1(\hat{r}) j_{1\eta}
$$

$$
\mathrm{Y}_{m0}^\kappa = \sqrt{\frac{2\kappa+1}{4\pi}} D_{m0}^\kappa
$$

借助螺旋度表象, 则磁多极跃迁算符 (3.22) 中的第一项可以表示为

$$
(\mathrm{Y}_{\lambda-1}s_1)_{(\lambda-1,1)\lambda\mu}
$$

$$
= \sqrt{\frac{2\lambda-1}{4\pi}} \sum_\eta C_{\lambda-101\eta}^{\lambda\eta} D_{\mu\eta}^\lambda s_\eta
$$

$$
= \left(\frac{\lambda}{4\pi}\right)^{\frac{1}{2}} D_{\mu 0}^\lambda(\hat{r}) s_{\eta=0} + \left(\frac{\lambda+1}{8\pi}\right)^{\frac{1}{2}} [D_{\mu 1}^\lambda(\hat{r}) s_{\eta=1} + D_{\mu-1}^\lambda(\hat{r}) s_{\eta=-1}]
$$

由于

$$\langle n_f\ell_f j_f m_f|f(r)\left(\frac{\lambda}{4\pi}\right)^{\frac{1}{2}}D^\lambda_{\mu 0}(\hat r)s_{\eta=0}|n_i\ell_i j_i m_i\rangle_h$$

$$=\mathrm{i}^{\ell_i-\ell_f}\langle j_f|f(\mathrm r)|j_i\rangle\left(\frac{\lambda}{4\pi}\right)^{\frac{1}{2}}\left(\frac{2j_f+1}{16\pi^2}\right)^{\frac{1}{2}}\left(\frac{2j_i+1}{16\pi^2}\right)^{\frac{1}{2}}$$

$$\times\frac{1}{2}\int \mathrm d\Omega\{(-1)^{j_i+j_f-\ell_i-\ell_f-1}(D^{j_f}_{m_f\frac{1}{2}}(\hat r))^*D^\lambda_{\mu 0}(\hat r)D^{j_i}_{m_i\frac{1}{2}}(\hat r)$$

$$-(D^{j_f}_{m_f-\frac{1}{2}}(\hat r))^*D^\lambda_{\mu 0}(\hat r)D^{j_i}_{m_i-\frac{1}{2}}(\hat r)\}$$

$$=\mathrm{i}^{\ell_i-\ell_f}\langle j_f|f(r)|j_i\rangle\left(\frac{\lambda}{4\pi}\right)^{\frac{1}{2}}\left(\frac{2j_f+1}{16\pi^2}\right)^{\frac{1}{2}}\left(\frac{2j_i+1}{16\pi^2}\right)^{\frac{1}{2}}$$

$$\times\frac{1}{2}\frac{8\pi^2}{2j_f+1}C^{j_f m_f}_{j_i m_i\lambda\mu}C^{j_f\frac{1}{2}}_{j_i\frac{1}{2}\lambda 0}(-1)^{j_i+\lambda-j_f}[(-1)^{\ell_i+\lambda-\ell_f}-1]$$

$$=\frac{1}{\sqrt{2j_f+1}}C^{j_f m_f}_{j_i m_i\lambda\mu}\mathrm{i}^{\ell_i-\ell_f}\langle j_f|f(r)|j_i\rangle\left(\frac{2j_i+1}{4\pi}\right)^{\frac{1}{2}}\lambda^{\frac{1}{2}}C^{j_f\frac{1}{2}}_{j_i\frac{1}{2}\lambda 0}(-1)^{j_i+\lambda-j_f}$$

$$\frac{1}{2}\begin{cases}0&(\ell_i+\lambda-\ell_f=偶数)\\-1&(\ell_i+\lambda-\ell_f=奇数)\end{cases}$$

$$\langle n_f\ell_f j_f m_f|f(r)\left(\frac{\lambda+1}{8\pi}\right)^{\frac{1}{2}}(D^\lambda_{\mu 1}(\hat r)s_{\eta=1}+D^\lambda_{\mu-1}(\hat r)s_{\eta=-1}|n_i\ell_i j_i m_i\rangle_h$$

$$=\mathrm{i}^{\ell_i-\ell_f}\langle j_f|f(r)|j_i\rangle\left(\frac{\lambda+1}{8\pi}\right)^{\frac{1}{2}}\left(\frac{2j_f+1}{16\pi^2}\right)^{\frac{1}{2}}\left(\frac{2j_i+1}{16\pi^2}\right)^{\frac{1}{2}}$$

$$=\int \mathrm d\Omega\Big\{(-1)^{j_f-\ell_f-\frac{1}{2}}D^{j_f}_{m_f\frac{1}{2}}D^\lambda_{\mu 1}\left(-\frac{1}{\sqrt 2}\right)D^{j_i}_{m_i-\frac{1}{2}}$$

$$+D^{j_f}_{m_f-\frac{1}{2}}D^\lambda_{\mu-1}\left(\frac{1}{\sqrt 2}\right)(-1)^{j_i-\ell_i-\frac{1}{2}}D^{j_i}_{m_i\frac{1}{2}}\Big\}$$

$$=\mathrm{i}^{\ell_i-\ell_f}\langle j_f|f(r)|j_i\rangle\left(\frac{\lambda+1}{8\pi}\right)^{\frac{1}{2}}\left(\frac{2j_f+1}{16\pi^2}\right)^{\frac{1}{2}}\left(\frac{2j_i+1}{16\pi^2}\right)^{\frac{1}{2}}$$

$$\times\frac{8\pi^2}{2j_f+1}C^{j_f m_f}_{j_i m_i\lambda\mu}\left\{-\frac{1}{\sqrt 2}(-1)^{j_f-\ell_f-\frac{1}{2}}C^{j_f\frac{1}{2}}_{j_i-\frac{1}{2}\lambda 1}+\frac{1}{\sqrt 2}(-1)^{j_i-\ell_i-\frac{1}{2}}C^{j_f-\frac{1}{2}}_{j_i\frac{1}{2}\lambda-1}\right\}$$

$$=\frac{1}{2}\frac{1}{\sqrt{2j_f+1}}C^{j_f m_f}_{j_i m_i\lambda\mu}\mathrm{i}^{\ell_i-\ell_f}\left(\frac{2j_i+1}{4\pi}\right)^{\frac{1}{2}}(\lambda+1)^{\frac{1}{2}}\langle j_f|f(r)|j_i\rangle$$

$$\times\frac{1}{\sqrt 2}\left[\frac{1}{\sqrt 2}(-1)^{j_f-\ell_f-\frac{1}{2}}C^{j_f\frac{1}{2}}_{j_i-\frac{1}{2}\lambda 1}\right][-1+(-1)^{\ell_i+\lambda-\ell_f}]=\frac{1}{\sqrt{2j_f+1}}C^{j_f m_f}_{j_i m_i\lambda\mu}$$

$$\times\mathrm{i}^{\ell_i-\ell_f}\left(\frac{2j_i+1}{4\pi}\right)^{\frac{1}{2}}(\lambda+1)^{\frac{1}{2}}\langle j_f|f(r)|j_i\rangle C^{j_f\frac{1}{2}}_{j_i-\frac{1}{2}\lambda 1}[(-1)^{j_f-\ell_f-\frac{1}{2}}]$$

$$\frac{1}{2} \begin{cases} 0 & (\ell_i + \lambda - \ell_f = \text{偶数}) \\ -1 & (\ell_i + \lambda - \ell_f = \text{奇数}) \end{cases}$$

由此我们得到

$$\langle j_f || i^{\lambda-1} (Y_{\lambda-1} s_1)_\lambda) || j_i \rangle$$

$$= \frac{1}{2} i^{\ell_i + \lambda - 1 - \ell_f} \left(\frac{2j_i + 1}{4\pi} \right)^{\frac{1}{2}} \langle j_f | f(r) | j_i \rangle$$

$$\left[(\lambda)^{\frac{1}{2}} (-1)^{j_i + \lambda + j_f} C_{j_i \frac{1}{2} \lambda 0}^{j_f \frac{1}{2}} - (\lambda+1)^{\frac{1}{2}} (-1)^{j_f - \ell_f - \frac{1}{2}} C_{j_i - \frac{1}{2} \lambda 1}^{j_f \frac{1}{2}} \right]$$

$$(3.26)$$

再借助公式

$$C_{j_i - \frac{1}{2} \lambda 1}^{j_f \frac{1}{2}} = C_{j_i \frac{1}{2} \lambda 0}^{j_f \frac{1}{2}} \frac{\left(j_i + \frac{1}{2} \right) + (-1)^{j_i + j_f - \lambda} \left(j_f + \frac{1}{2} \right)}{[\lambda(\lambda+1)]^{\frac{1}{2}}}$$

上式还可以进一步化简.

计算 $\langle j_f || i^{\lambda-1} (Y_{\lambda-1} j_1)_\lambda) || j_i \rangle$ 项 (磁多极跃迁算符 (3.22) 中的第二项) 最方便的办法为

$$\langle j_f || i^{\lambda-1} (Y_{\lambda-1} j_1)_\lambda) || j_i \rangle$$

$$= \sqrt{2j_f + 1} \langle j_f m_f | j_i, (\lambda-1, 1)\lambda; j_f m_f \rangle$$

$$= \sum_{j'} \langle (j_i 1) j', \lambda-1; j_f | j_i, (\lambda-1, 1)\lambda; j_f \rangle | (j_i 1) j', \lambda-1; j_f m_f \rangle$$

因为 $\vec{j}$ 对于单粒子态的量子数 $n\ell j$ 是对角的, 我们有 $j' = j_i$. 所以

$$\langle j_f || i^{\lambda-1} (Y_{\lambda-1} j_1)_\lambda || j_i \rangle = \sqrt{2j_f + 1} \langle j_f m_f | (\lambda-1), (1 j_i) j_i; j_f m_f \rangle$$

$$= (-1)^{j_i + j_f + \lambda} \sqrt{(2j_i + 1)(2j_f + 1)(2\lambda + 1)}$$

$$\left\{ \begin{array}{ccc} \lambda-1 & 1 & \lambda \\ j_i & j_f & j_i \end{array} \right\} \langle j_f || i^{\lambda-1} r^{\lambda-1} Y_{\lambda-1} || j_i \rangle$$

这一项也可以借助螺旋度表象进行计算:

$$(Y_{\lambda-1} j_1)_{(\lambda-1,1)\lambda\mu} = \sqrt{\frac{2\lambda-1}{4\pi}} \sum_\eta C_{\lambda-101\eta}^{\lambda\eta} D_{\mu\eta}^\lambda j_\eta$$

$$= \left(\frac{\lambda}{4\pi} \right)^{\frac{1}{2}} D_{\mu 0}^\lambda(\hat{r}) j_{\eta=0} + \left(\frac{\lambda+1}{8\pi} \right)^{\frac{1}{2}}$$

$$\left[D_{\mu 1}^\lambda(\hat{r}) j_{\eta=1} + D_{\mu-1}^\lambda(\hat{r}) j_{\eta=-1} \right]$$

式中, j_η 是内禀系的角动量算符, 借助

$$j_\eta D^j_{\mu h}\chi_h = (-1)^\eta \sqrt{j(j+1)} C^{jh-\eta}_{jh1-\eta} D^j_{\mu h-\eta}\chi_h$$

则 $\langle j_f \| \mathrm{i}^{\lambda-1}(Y_{\lambda-1}j_1)_\lambda) \| j_i \rangle$ 项可以只用 C-G 系数表示出来.

我们得到磁多极跃迁算符 (3.22) 的约化矩阵元:

$$\langle j_f \| \mathrm{i}^{\lambda-1}\widehat{Q}(M\lambda) \| j_i \rangle$$
$$= \frac{e\hbar}{2Mc}(-1)^{j_i-j_f+\lambda-1}\langle j_f|r^{\lambda-1}|j_i\rangle$$
$$\times \Bigg\{ \left(g_s - \frac{2g_\ell}{\lambda+1}\right)\frac{\lambda}{2}\frac{1}{2}C^{j_f\frac{1}{2}}_{j_i\frac{1}{2}\lambda 0}\Big[1 + \frac{1}{\lambda}(-1)^{\ell_i+\frac{1}{2}-j_i}\left(j_i + \frac{1}{2}\right)$$
$$+(-1)^{j_i+j_f-\lambda}\left(j_f + \frac{1}{2}\right)\Big] + (-1)^{j_i+j_f+\lambda}\frac{2g_\ell}{\lambda+1}[\lambda(2\lambda-1)(2\lambda+1)j_i(j_i+1)(2j_i+1)]^{\frac{1}{2}}$$
$$\times C^{j_f\frac{1}{2}}_{j_i\frac{1}{2}\lambda-10}\left\{\begin{array}{ccc} j_i & 1 & j_i \\ \lambda-1 & j_f & \lambda \end{array}\right\}\Bigg\} \tag{3.27}$$

式 (3.27) 必须满足宇称守恒的选择定则:

$$|\ell_i - \ell_f| + \lambda - 1 = 偶数$$

否则矩阵元为零.

3.3.3 Weisskopf unit

单粒子态之间的电多极跃迁强度为

$$B(E\lambda, j_i \longrightarrow j_f) = \frac{e^2(2\lambda+1)}{4\pi}\langle j_f|r^\lambda|j_i\rangle^2 (C^{j_f\frac{1}{2}}_{j_i\frac{1}{2}\lambda 0})^2$$

假定在原子核内部波函数为常数, 在原子核以外波函数为零, 即

$$\left\{\begin{array}{ll} \sqrt{\dfrac{3}{R^3}} & (r < R) \\ 0 & (r > R) \end{array}\right.$$

由此我们有

$$\langle j_f|r^\lambda|j_i\rangle = \int R_f R_i r^{\lambda+2}\mathrm{d}r \approx \frac{3}{\lambda+3}R^\lambda$$

取 $j_i = \frac{1}{2}, j_f = j_i + \lambda, R = 1.2A^{\frac{1}{3}}$, 则可以得到

$$B(E\lambda, j_i \to j_f) = B_w = \frac{(1.2)^{2\lambda}}{4\pi}\left(\frac{3}{\lambda+3}\right)^2 A^{\frac{2\lambda}{3}} \tag{3.28}$$

式 (3.28) 称为电多极跃迁的 Weisskopf unit.

对于磁多极跃迁, 如果满足条件 $j_f = j_i + \lambda$, 则由式 (3.27) 有

$$
\langle j_f = j_i + \lambda || i^{\lambda-1} \widehat{M}(M\lambda) || j_i \rangle
$$
$$
= -\frac{e\hbar}{2Mc}\left(g_s - \frac{2g_\ell}{\lambda+1}\right)\lambda\left(\frac{2\lambda+1}{4\pi}\right)^{\frac{1}{2}}(2j_i+1)^{\frac{1}{2}}C^{j_f\frac{1}{2}}_{j_i\frac{1}{2}\lambda 0}\langle j_f | r^{\lambda-1} | j_i \rangle \tag{3.29}
$$

由此可以得到

$$
B_{\mathrm{sp}}(M\lambda, j_1 \to j_f = j_i + \lambda)
$$
$$
= \left(\frac{e\hbar}{2Mc}\right)^2\left(g_s - \frac{2g_\ell}{\lambda+1}\right)^2\frac{2\lambda+1}{4\pi}\left(C^{j_f\frac{1}{2}}_{j_i\frac{1}{2}\lambda 0}\right)^2(\langle j_f | r^{\lambda-1} | j_i \rangle)^2 \tag{3.30}
$$

通常假定

$$
B_w(M\lambda) = 10\left(\frac{\hbar}{McR}\right)^2 B_w(E\lambda)
$$

所以磁多极跃迁的 Weisskopf unit 为

$$
B_w(M\lambda) = \frac{10}{\pi}(1.2)^{2\lambda-2}\left(\frac{3}{\lambda+3}\right)^2 A^{\frac{2\lambda-2}{3}}\left(\frac{e\hbar}{2Mc}\right)^2 (fm)^{2\lambda-2} \tag{3.31}
$$

3.4　非闭壳原子核

下面讨论闭壳核外增加一对或多对全同核子 (假定处于单 j 轨道) 的情况 (偶偶核). 采用二次量子化表象, 一对全同粒子可以构成的反对称化态为

$$
|(jj)JM\rangle_a = \frac{1}{\sqrt{2}}\sum_{m_1 m_2} C^{JM}_{jm_1 jm_2} a^+_{jm_1} a^+_{jm_2} |0\rangle
$$

则态的归一化给出

$$
{}_a\langle (jj)JM|(jj)JM\rangle_a
$$
$$
= \frac{1}{2}\sum_{m_1 m_2} C^{JM}_{jm_1 jm_2}\sum_{m'_1 m'_2} C^{JM}_{jm'_1 jm'_2}\langle 0 | [a_{jm'_2} a_{jm'_1}, a^+_{jm_1} a^+_{jm_2}] | 0 \rangle
$$
$$
= \frac{1}{2}[1 - (-1)^{2j+J}] = \frac{1}{2}[1 + (-1)^J]
$$

所以处于单 j 轨道的两个全同粒子只可能构成 $J = 0, 2, \cdots$ 的态.

假定全同核子之间有剩余相互作用 (短程吸引力 $V_0 < 0$):

$$
V = V_0\delta(\vec{r}_1 - \vec{r}_2) = V_0\sum\frac{\delta(r_1 - r_2)}{r_1 r_2}Y^*_{\ell m}(\widehat{r}_1)Y_{\ell m}(\widehat{r}_2)
$$

则此相互作用给出不同 J 之间的能量劈裂:

$$\Delta E_J = \langle(jj)J|V|(jj)J\rangle_a = \frac{V_0 R_4}{8\pi} \frac{\hat{j}^2 \left(C_{j\frac{1}{2}j-\frac{1}{2}}^{J0}\right)^2}{\hat{J}}$$

式中, $R_4 = \displaystyle\int r^2 R^4(r)\mathrm{d}r$.

由此可知, $J = 0$ 的态即两核子配对时能量最低.

定义粒子对产生算符:

$$\Pi^+ = \sum_{m=\frac{1}{2}}^{j} (-1)^{j-m} a_{jm}^+ a_{j-m}^+$$

则有一对全同核子归一化的态矢量为 $\dfrac{1}{C_1}\Pi^+|0\rangle$, 其中 $C_1^2 = j + \dfrac{1}{2} = \Omega$.

因为

$$\langle 0|[\Pi, \Pi^+]|0\rangle$$

$$= \left\langle 0\left| \sum_{m=\frac{1}{2}}^{j} (-1)^{j-m} \sum_{m'=\frac{1}{2}}^{j} (-1)^{j-m'} [a_{j-m'}a_{jm'}, a_{jm}^+ a_{j-m}^+]\right|0\right\rangle$$

$$= \left\langle 0\left| \sum_{m=\frac{1}{2}}^{j} (-1)^{j-m} \sum_{m'=\frac{1}{2}}^{j} (-1)^{j-m'} (a_{j-m'}[a_{jm'}, a_{jm}^+ a_{j-m}^+]\right.\right.$$

$$\left.\left. + [a_{j-m'}, a_{jm}^+ a_{j-m}^+]a_{jm'})\right|0\right\rangle$$

$$= \sum_{m'=\frac{1}{2}}^{j} 1 = j + \frac{1}{2} = \Omega = C_1^2$$

容易看出, $\dfrac{1}{C_1}\Pi^+|0\rangle = |(jj)00\rangle_a$. 因为闭壳核的角动量为零, 成对核子耦合成的角动量也为零, 所以偶偶核基态的角动量 $J = 0$.

在单 j 模型下, 对相互作用有严格解. 令

$$a_k^+ = a_{jm}^+ \quad (m > 0)$$
$$a_{\tilde{k}}^+ = (-1)^{j-m} a_{j-m}^+$$

定义

$$s_+^k = a_k^+ a_{\tilde{k}}^+$$
$$s_-^k = a_{\tilde{k}} a_k$$
$$s_0^k = \frac{1}{2}(a_k^+ a_k + a_{\tilde{k}}^+ a_{\tilde{k}} - 1)$$

则 s_+^k、s_-^k、s_0^k 与 $s = \frac{1}{2}$ 的自旋算符有相同的对易关系:

$$[s_+, s_-] = 2s_0$$

$$[s_0, s_\pm] = \pm s_\pm$$

s_0^k 的本征态 $|0\rangle$、$a_m^+ a_{\tilde{m}}^+ |0\rangle$, 本征值分别为 $-\frac{1}{2}$ 和 $+\frac{1}{2}$ $\left(s_0^k |0\rangle = -\frac{1}{2}|0\rangle, s_0^k a_m^+ a_{\tilde{m}}^+ |0\rangle = \frac{1}{2} a_m^+ a_{\tilde{m}}^+ |0\rangle \right)$, 与自旋算符 s_z 的情况完全一样.

体系的总自旋 $\vec{S} = \vec{s^k}$, 则

$$\widehat{S}_+ = \sum_k s_+^k = \Pi^+$$

$$\widehat{S}_- = \sum_k s_-^k = \Pi$$

$$\widehat{S}_0 = \sum_k s_0^k$$

对于对相互作用哈密顿量

$$H = -G\Pi^+\Pi = -G\widehat{S}_+\widehat{S}_- = -G(\widehat{S}^2 - \widehat{S}_0^2 + \widehat{S}_0)$$

我们有

$$E = -G[S(S+1) - S_0^2 + S_0]$$

容易看出

$$S_0 = \frac{1}{2}(N - \Omega), \quad S \geqslant \frac{1}{2}|N - \Omega|$$

其中, N 是单 j 轨道上的粒子数. 如果单 j 轨道上只有一个粒子, 则

$$S_0 = \frac{1}{2}(1 - \Omega), \quad S = \frac{1}{2}(\Omega - 1)$$

如果单 j 轨道上有 n 对外加一个粒子, 则 $S_0 = \frac{1}{2}(1 + 2n - \Omega)$, 对于最低能量态 $S = \frac{1}{2}(\Omega - 1)$.

再用二次量子化表象, j 轨道的四极矩算符可以表示为

$$\widehat{Q} = \frac{Q_s}{(2j^2 - j)} \sum_m [3m^2 - j(j+1)]a_m^+ a_m$$

$$= \frac{Q_s}{(2j^2 - j)} \sum_{m>0} [3m^2 - j(j+1)](a_m^+ a_m + a_{\tilde{m}}^+ a_{\tilde{m}})$$

$$= 2\frac{Q_{\mathrm{s}}}{(2j^2 - j)}\sum_{m>0}[3m^2 - j(j+1)]\frac{1}{2}(a_m^+ a_m + a_{\tilde{m}}^+ a_{\tilde{m}} - 1)$$

$$= 2\frac{Q_{\mathrm{s}}}{(2j^2 - j)}\sum_{m>0}[3m^2 - j(j+1)]s_0^m$$

式中, $s_0^m = \frac{1}{2}(a_m^+ a_m + a_{\tilde{m}}^+ a_{\tilde{m}} - 1)$.

由此表达式可知, 在准自旋空间中, 电四极矩算符是一个矢量.

借助关系式 $\widehat{Q}|0\rangle = 2\dfrac{Q_{\mathrm{s}}}{(2j^2 - j)}\sum_{m>0}[3m^2 - j(j+1)]\left(-\dfrac{1}{2}\right) = 0$ 可以得到

$$\langle jj|\widehat{Q}|jj\rangle = 2\frac{Q_{\mathrm{s}}}{(2j^2 - j)}\sum_{m>0,m\neq j}[3m^2 - j(j+1)]\left(-\frac{1}{2}\right)$$

$$= Q_{\mathrm{s}} + 2\frac{Q_{\mathrm{s}}}{(2j^2 - j)}\sum_{m>0}[3m^2 - j(j+1)]\left(-\frac{1}{2}\right) = Q_{\mathrm{s}} + 0 = Q_{\mathrm{s}}$$

在准自旋空间中, 电四极矩可表示为

$$\left\langle \frac{1}{2}(\Omega - 1), \frac{1}{2}(1 - \Omega)|Q|\frac{1}{2}(\Omega - 1), \frac{1}{2}(1 - \Omega)\right\rangle_{m=j} = Q_{\mathrm{s}}$$

$$\left\langle \frac{1}{2}(\Omega - 1), \frac{1}{2}(2n + 1 - \Omega)|Q|\frac{1}{2}(\Omega - 1), \frac{1}{2}(2n + 1 - \Omega)\right\rangle_{m=j} = Q_{\mathrm{sn}}$$

由于四极矩算符在准自旋空间中是一个矢量, 总准自旋 $\vec{S}$ 也是矢量, 借助 Wigner-Eckart 定理我们可以得到

$$\frac{Q_{\mathrm{sn}}}{Q_{\mathrm{s}}} = \frac{\left\langle \frac{1}{2}(\Omega - 1), \frac{1}{2}(2n + 1 - \Omega)|\widehat{Q}|\frac{1}{2}(\Omega - 1), \frac{1}{2}(2n + 1 - \Omega)\right\rangle}{\left\langle \frac{1}{2}(\Omega - 1), \frac{1}{2}(1 - \Omega)|Q|\frac{1}{2}(\Omega - 1), \frac{1}{2}(1 - \Omega)\right\rangle}$$

$$= \frac{\left\langle \frac{1}{2}(\Omega - 1), \frac{1}{2}(2n + 1 - \Omega)|S_0|\frac{1}{2}(\Omega - 1), \frac{1}{2}(2n + 1 - \Omega)\right\rangle}{\left\langle \frac{1}{2}(\Omega - 1), \frac{1}{2}(1 - \Omega)|S_0|\frac{1}{2}(\Omega - 1), \frac{1}{2}(1 - \Omega)\right\rangle}$$

$$= \frac{C_{\frac{1}{2}(\Omega-1)\frac{1}{2}(2n+1-\Omega),10}^{\frac{1}{2}(\Omega-1)\frac{1}{2}(2n+1-\Omega)}}{C_{\frac{1}{2}(\Omega-1)\frac{1}{2}(1-\Omega),10}^{\frac{1}{2}(\Omega-1)\frac{1}{2}(1-\Omega)}}$$

$$= \frac{2n + 1 - \Omega}{1 - \Omega}$$

在质子闭壳核附近, 此公式可给出原子核电四极矩的正确符号, 但总体而言此公式给出的值比实验值小许多. 其根本原因在于这里只考虑了对力, 而原子核的形变 (即四极矩) 主要来源于长程的粒子–空穴四极相互作用.

3.5   组态混合壳模型

单粒子壳模型成功地解释了原子核的幻数等性质, 但它存在明显的局限性, 例如, 奇 A 核的磁矩与 Schmidt 值有明显差距, 远离闭壳原子核的性质与这种单粒子图像差别更大. 因为原子核是一个多体量子体系, 单粒子壳模型只是一个简单的近似, 定量讨论还需要考虑核子间的剩余相互作用引起的复杂组态的混杂. 考虑这种组态混杂的壳模型称为相互作用壳模型或组态混合壳模型.

这种壳模型哈密顿量的一般形式可以表示为

$$H = \sum_i \left(\frac{\vec{p}_i^2}{2m} + U_i \right) + \sum_{i<j} V_{ij} - \sum_i U_i$$

式中, i 表征第 i 个粒子的所有坐标 $(\vec{r}_i, s_i, t_i)$, s_i 和 t_i 分别表示核子的自旋和同位旋; 单粒子势 U_i 通常取为修正简谐振子势.

原子核的激发态通常主要由费米面附近单粒子轨道上的核子分布决定, 一般取费米面附近相连的两个大壳中的单粒子轨道, 称为价核子空间. 若价核子空间取一个大壳内的轨道, 称为 $0\hbar\omega$ 空间, 如 p 壳、sd 壳、pf 壳等. 包含多个大壳的价核子空间有 psd 壳、sdpf, spsdpf 等. 对于轻核 ($2 < N(Z) < 20$), 除了那些需要考虑闯入态 $f_{\frac{7}{2}}$ 影响的原子核外, 价核子空间取 psd 壳已能很好描述这些原子核的性质.

对于选定的价核子空间, 核子–核子之间的相互作用 V_{ij} 需要用有效相互作用 V_{eff} 来代替, 严格的多体波函数用 Ψ_{eff} 来代替, 即在价核子空间中有方程

$$H_{\text{eff}}\Psi_{\text{eff}} = E\Psi_{\text{eff}}$$

考虑到价核子空间以外的组态的影响, 对于物理算符我们也需引入有效算符, 例如, 对于电磁跃迁需要引入有效电荷和有效 g 因子等.

假定在价核子空间有 ℓ 个单粒子态, 有 A 个价核子, 则

$$\psi_n = \frac{1}{\sqrt{A!}} \begin{pmatrix} \varphi_i(1) & \varphi_i(2) & \cdots & \varphi_i(A) \\ \varphi_j(1) & \varphi_j(2) & \cdots & \varphi_j(A) \\ \vdots & \vdots & & \vdots \\ \varphi_A(1) & \varphi_A(2) & \cdots & \varphi_A(A) \end{pmatrix} = a_A^+ \cdots a_j^+ a_i^+ |0\rangle$$

式中, $n = (i, j, A)$ 是在 ℓ 个单粒子态中任选 A 个态的可能组合. 则在价核子空间中的多体波函数可以展开为

$$\Psi_{\text{eff}}^i = \sum_{n=1}^{N} C_{in}\psi_n$$

原子核的基态和激发态的性质由下面的矩阵确定:

$$
\begin{pmatrix}
H_{11} & H_{12} & \cdots & H_{1N} \\
H_{21} & H_{22} & \cdots & H_{2N} \\
\vdots & \vdots & & \vdots \\
H_{N1} & H_{N2} & \cdots & H_{NN}
\end{pmatrix}
$$

其中, $H_{ij} = \langle \psi_i | H_{\text{eff}} | \psi_j \rangle$.

壳模型的主要困难之一是要对角化的矩阵的维数 N 非常大. 根据基矢的不同壳模型可分为 M 表象和 J 表象. 在 M 表象中, 基矢的总角动量第三分量是好量子数

$$
M = \sum_\alpha m_\alpha
$$

在此表象下, 需要对角化的矩阵维数可用如下组合公式计算:

$$
\text{Dim} \approx C_{n_{\text{p}}}^{N_{\text{sp}}^{\text{p}}} \times C_{n_{\text{n}}}^{N_{\text{sp}}^{\text{n}}}
$$

式中, N_{sp}^{p} 和 N_{sp}^{n} 分别是价核子空间所能容纳的质子和中子数; n_{p} 和 n_{n} 是核实外的质子和中子数. 例如, 对于 psd 壳, ^{16,18}C 同位素的维数约为 1.34×10^8.

在 J 表象中, 基矢有确定的总角动量 J, 这时需要对角化矩阵的维数小于 M 表象中需要对角化矩阵的维数.

在壳模型理论中通常用 $k \equiv (n_r, \ell, j)$ 指定单粒子轨道, 对于每一个 k 包含 $2j + 1$ 个态, 单粒子态可用 $\alpha = (km)$ 标记. 通常 $k = 1, 2, 3, 4, 5, 6, 7, 8, 9, 10, \cdots$ 代表单粒子轨道 $1s_{\frac{1}{2}}, 1p_{\frac{3}{2}}, 1p_{\frac{1}{2}}, 1d_{\frac{5}{2}}, 1d_{\frac{3}{2}}, 2s_{\frac{1}{2}}, 1f_{\frac{7}{2}}, 1f_{\frac{5}{2}}, 2p_{\frac{3}{2}}, 2p_{\frac{1}{2}}, \cdots$, 上述标号 k 将应用在流行的壳模型程序 Oxbash 和 Nushell 使用的相互作用文件中. 容易检验, 上述不同轨道相应的 k 值可用如下公式计算:

$$
k = \frac{1}{2}[(2n_r + \ell)(2n_r + \ell + 3) - 2j + 3]
$$

非反对称化两粒子波函数表示为

$$
|k_1 k_2 J M\rangle_p = \sum_{m_1, m_2} C_{j_1 m_1 j_2 m_2}^{JM} |k_1 m_1 k_2 m_2\rangle_p
$$

式中, p 表示波函数的乘积:

$$
|k_1 m_1 k_2 m_2\rangle_p = \psi_{j_1 m_1}(x_1) \psi_{j_2 m_2}(x_2)
$$

反对称化两粒子波函数为

$$|k_1 k_2 JM\rangle_a = \frac{1}{\sqrt{1 + \delta_{k_1 k_2}}} \sum_{m_1, m_2} C^{JM}_{j_1 m_1 j_2 m_2} a^+_{k_1 m_1} a^+_{k_2 m_2} |0\rangle$$

$$= \frac{1}{\sqrt{1 + \delta_{k_1 k_2}}} [a^+_{k_1} \times a^+_{k_2}]^J_M |0\rangle$$

$$= \sum_{m_1, m_2} C^{JM}_{j_1 m_1 j_2 m_2} [(k_1 m_1(x_1) k_2 m_2(x_2))_p - (k_1 m_1(x_2) k_2 m_2(x_1))_p]$$

在同一条轨道 k 上有 n 个全同粒子 (单 j 模型) 可以构成的态 (完全反对称) 记为

$$|k^n \omega JM\rangle = Z^+(k^n \omega JM)|0\rangle$$

式中, ω 是角动量 JM 以外的全部所需量子数.

处理这种单 j 模型的问题最有效的办法是利用亲态比系数. 下面我们以 $(f_{\frac{7}{2}})^3$ 为例来讨论, 即在 $f_{\frac{7}{2}}$ 轨道上有 3 个全同粒子, 记总角动量为 J 的完全反对称化波函数为 $\left|\left(j = \frac{7}{2}\right)^3 \omega J\right\rangle_a$. 单 j 轨道上有两个全同粒子 (记为第一和第二个粒子) 的反对称化波函数为

$$|j^2 J_{12} M_{12}\rangle_{a(12)} = \frac{1}{\sqrt{2}} \sum_{m_1, m_2} C^{J_{12} M_{12}}_{j m_1 j m_2} [\psi_{j m_1}(x_1) \psi_{j m_2}(x_2) - \psi_{j m_1}(x_2) \psi_{j m_2}(x_1)]$$

$$= \frac{1}{\sqrt{2}} \sum_{m_1, m_2} C^{J_{12} M_{12}}_{j m_1 j m_2} [1 - (-1)^{J_{12} - 2j}] \psi_{j m_1}(x_1) \psi_{j m_2}(x_2)$$

$$= \frac{1}{\sqrt{2}} \sum_{m_1, m_2} C^{J_{12} M_{12}}_{j m_1 j m_2} a^+_{j m_1} a^+_{j m_2} |0\rangle = \frac{1}{\sqrt{2}} [a^+_j \times a^+_j] |0\rangle$$

所以单 j 轨道上两个全同粒子构成的态的角动量必须为偶数. 例如, 若 $j = \frac{3}{2}$, 则 $J_{12} = 0, 2, 4$. 如果 j 轨道上有三个全同粒子, 第三个粒子与前两个粒子耦合成总角动量为 J 的态, 波函数记为 $|(j^2 J_{12})_{a(12)} j, \omega' J\rangle$, 此波函数关于粒子 (12) 是反对称化的, 但关于粒子 (13) 和粒子 (23) 都不是反对称化的. 量子态 $|(j^2 J_{12})_{a(12)} j, \omega' J\rangle$ 称为完全反对称化态 $\left|\left(j = \frac{7}{2}\right)^3 \omega J\right\rangle_a$ 的亲态. 类似的方法我们能够构成亲态 $|(j^2 J_{23})_{a(23)} j, \omega' J\rangle$ 和亲态 $|(j^2 J_{31})_{a(31)} j, \omega' J\rangle$, 容易看出, 这些亲态是归一化的, 但彼此不正交. 可以得到

$$|j^3 \omega J\rangle_a = c\{|(j^2 J_{31})_{a(31)} j, \omega' J\rangle + (j^2 J_{23})_{a(23)} j, \omega' J\rangle + |(j^2 J_{12})_{a(12)} j, \omega' J\rangle\}$$

式中, c 是归一化常数; $\langle (j^2 J) a j, \omega' J | j^3 \omega J\rangle_a$ 称为亲态比系数.

下面介绍单体跃迁密度和谱因子.

单体跃迁算符可用二次量子化表示为

$$\widehat{O}_{\lambda\mu} = \sum_{\alpha\beta} \langle\alpha|O_{\lambda\mu}|\beta\rangle a_\alpha^+ a_\beta$$

则在混合组态壳模型框架下, 此单体算符从原子核的初态 $|i\rangle$ 到末态 $|f\rangle$ 的约化跃迁矩阵元可以表示为

$$\langle f||\widehat{O}_\lambda||i\rangle = \langle n\omega J||\widehat{O}_\lambda||n\omega'J'\rangle = \sum_{k_\alpha k_\beta} OBTD(fik_\alpha k_\beta\lambda)\langle k_\alpha||\widehat{O}_\lambda||k_\beta\rangle$$

式中, $\langle k_\alpha||\widehat{O}_\lambda||k_\beta\rangle$ 是该单体算符在单粒子态之间的约化跃迁矩阵元, 这种约化矩阵元的计算前面已经讨论过. 而单体跃迁密度为

$$OBTD(fik_\alpha k_\beta\lambda) = \frac{\langle n\omega J||[a_{k_\alpha}^+ \widetilde{a}_{k_\beta}]_\lambda||n\omega'J'\rangle}{\sqrt{2J+1}}$$

其中, i 和 f 是初末态波函数 $|n\omega'J'\rangle$ 和 $|n\omega J\rangle$ 的简记. 单体跃迁密度是组态混合壳模型程序的输出量, 它提供了计算单体算符从初态到末态跃迁矩阵元所需的全部信息.

A 个核子原子核的多体波函数记为 $|\Psi^A\omega JM\rangle$, 其中 ω 是角动量 JM 以外的全部所需量子数.

在原子核反应理论中从原子核移去一个核子的截面为 (对初态的磁量子数求平均, 对末态的磁量子数求和)

$$\sigma^- = \frac{1}{2J_i+1} \sum_{m,M_i,M_f} |\langle\Psi^{A-1}\omega J_f M_f|\widetilde{a}_{km}|\Psi^A\omega J_i M_i\rangle|^2$$

$$= \frac{|\langle\Psi^{A-1}\omega J_f||\widetilde{a}_k||\Psi^A\omega J_i\rangle|^2}{2J_i+1}$$

定义谱因子为

$$S = \frac{|\langle\Psi^A\omega J||a_k^+||\Psi^{A-1}\omega J\rangle|^2}{2J+1} = \frac{|\langle\Psi^{A-1}\omega J||\widetilde{a}_k||\Psi^A\omega J\rangle|^2}{2J+1}$$

则 $\sigma^- = S\sigma_{\rm sp}$, 其中 $\sigma_{\rm sp}$ 是单粒子的截面.

3.6 远离 β 稳定线原子核的性质

放射性核束的实验为研究远离稳定线原子核的性质提供了可能. 1985 年, 人们首次在实验上发现了 ^{11}Li 的均方根半径很大, 理论上很快被解释为中子晕原子核, 即 ^{11}Li 是由结合很紧的核芯 ^{9}Li 和外围的与核芯结合很松散的两个中子构成的,

这就形成了在空间上分布很广但密度很低的纯中子物质, 也就是中子晕. 随后实验上还发现了存在许多其他晕核的证据, 例如, $^6\mathrm{He}, ^8\mathrm{He}, ^{11}\mathrm{Be}, \cdots, ^{27}\mathrm{P}$ 等. 晕核的性质主要由低轨道角动量 $\ell < 2$ 的弱束缚核子轨道决定. 由于处于低 ℓ 弱束缚轨道的核子空间分布远离核芯, 所以它很难将核芯极化, 这表现为弱束缚轨道的核子波函数与原子核势的耦合很弱. 晕核还总伴有强度集中在很低激发能的软激发模式.

晕核的所有这些性质都可借助单粒子在有限深球形方势阱中的运动来讨论, 历史上采用这种模型首次讨论了晕核的形成机制. 这种模型的优点是所有结果都可以表示为解析表达式.

3.6.1　有限深球形方势阱中的单粒子态

假定有限深球形方势阱为

$$U(r) = \begin{cases} U_0 & (r \geqslant R) \\ 0 & (r < R) \end{cases}$$

在势阱内部, 单粒子方程为

$$-\frac{\hbar^2}{2M}\nabla^2 \Psi = E\Psi$$

令 $\Psi(\vec{r}) = \sum_{\ell m} R_\ell(r) \mathrm{Y}_{\ell m}(\theta\phi)$(球谐函数的完备性), 则可得 $R_\ell(r)$ 满足径向方程:

$$\left[\frac{\mathrm{d}^2}{\mathrm{d}r^2} + \frac{2}{r}\frac{\mathrm{d}}{\mathrm{d}r} + k^2 - \frac{\ell(\ell+1)}{r^2}\right] R_\ell(r) = 0$$

式中, $k = \sqrt{\dfrac{2ME}{\hbar^2}}$. 令 $R_\ell(r) = \dfrac{u_\ell(r)}{\sqrt{r}}$, 可得

$$\left[\frac{\mathrm{d}^2}{\mathrm{d}r^2} + \frac{1}{r}\frac{\mathrm{d}}{\mathrm{d}r} + k^2 - \frac{\left(\ell + \frac{1}{2}\right)^2}{r^2}\right] u_\ell(r) = 0$$

记 $x = kr$, 则可得标准的贝塞尔方程:

$$\left[\frac{\mathrm{d}^2}{\mathrm{d}x^2} + \frac{1}{x}\frac{\mathrm{d}}{\mathrm{d}x} + 1 - \frac{\left(\ell + \frac{1}{2}\right)^2}{x^2}\right] u_\ell(x) = 0$$

$\mathrm{J}_{\ell+\frac{1}{2}}(x)$、$\mathrm{N}_{\ell+\frac{1}{2}}(x)$ 是此贝塞尔方程的两个线性独立的解, 分别称为柱贝塞尔函数和柱诺依曼函数.

定义球贝塞尔函数

$$j_\ell(x) = \sqrt{\frac{\pi}{2x}} J_{\ell+\frac{1}{2}}(x)$$

和球诺依曼函数

$$n_\ell(x) = \sqrt{\frac{\pi}{2x}} N_{\ell+\frac{1}{2}}(x)$$

它们是方程

$$\left[\frac{d^2}{dx^2} + \frac{2}{r}\frac{d}{dx} + 1 - \frac{\ell(\ell+1)}{x^2}\right] Z_\ell(x) = 0$$

的两个线性独立的解. 我们还可以定义另外一对线性独立的解:

$$h_\ell^1(x) = j_\ell(x) + in_\ell(x)$$
$$h_\ell^2(x) = j_\ell(x) - in_\ell(x)$$

它们称为球汉开尔函数.

令 $f_\ell(x)$ 是 $j_\ell(x)$ 和 $n_\ell(x)$ 的线性组合, 则有下列关系式:

$$\left(\frac{2\ell+1}{x}\right) f_\ell(x) = f_{\ell-1}(x) + f_{\ell+1}(x)$$
$$(2\ell+1)\frac{df_\ell(x)}{dx} = \ell f_{\ell-1}(x) - (\ell+1)f_{\ell+1}(x)$$
$$\int x^{\ell+2} f_\ell(x)dx = x^{\ell+2} f_{\ell+1}(x)$$
$$\int x^{1-\ell} f_\ell(x)dx = -x^{1-\ell} f_{\ell-1}(x)$$
$$\int [f_\ell(x)]^2 x^2 dx = \frac{1}{2}x^2[f_\ell^2(x) - f_{\ell-1}(x)f_{\ell+1}(x)]$$

令 $g_\ell(x)$ 是 $j_\ell(x)$ 和 $n_\ell(x)$ 的另外一个线性组合, 则

$$\int f_\ell(x)g_{\ell'}(x)dx = x^2 \frac{f_{\ell-1}(x)g_{\ell'}(x) - f_\ell(x)g_{\ell'-1}(x)}{(\ell-\ell')(\ell+\ell'+1)} - x\frac{f_\ell(x)g_{\ell'}(x)}{\ell+\ell'+1}$$
$$\int f_\ell(\alpha x)g_\ell(\beta x)x^2 dx = \left(\frac{x^2}{\alpha^2-\beta^2}\right)[\beta f_\ell(\alpha x)g_{\ell-1}(x) - \alpha f_{\ell-1}(\alpha x)g_\ell(\beta x)]$$

为了以后的参考, 下面我们给出这些函数的常用显示表达式:

$$j_\ell(x) = (-x)^\ell \left(\frac{\mathrm{d}}{x\mathrm{d}x} \right)^\ell \left(\frac{\sin x}{x} \right)$$

$$n_\ell(x) = -(-x)^\ell \left(\frac{\mathrm{d}}{x\mathrm{d}x} \right)^\ell \left(\frac{\cos x}{x} \right)$$

$$h_\ell^1(x) = \frac{1}{\mathrm{i}^{\ell+1}x} \mathrm{e}^{\mathrm{i}x} \sum_{k=0}^{n} \left(n + \frac{1}{2}, k \right) \left(\frac{1}{-2\mathrm{i}x} \right)^k$$

$$j_0(x) = \frac{\sin x}{x}$$

$$j_1(x) = \frac{\sin x}{x^2} - \frac{\cos x}{x}$$

$$j_2(x) = \left(\frac{3}{x^3} - \frac{1}{x} \right) \sin x - \frac{3\cos x}{x^2}$$

$$n_0(x) = -\frac{\cos x}{x}$$

$$n_1(x) = -\frac{\cos x}{x^2} - \frac{\sin x}{x}$$

$$n_2(x) = -\left(\frac{3}{x^3} - \frac{1}{x} \right) \cos x - \frac{3\sin x}{x^2}$$

$$h_0^1(x) = \frac{\mathrm{e}^{\mathrm{i}x}}{\mathrm{i}x}$$

$$h_1^1(x) = -\frac{\mathrm{e}^{\mathrm{i}x}}{x} \left(1 + \frac{\mathrm{i}}{x} \right)$$

$$h_2^1(x) = \frac{\mathrm{i}\mathrm{e}^{\mathrm{i}x}}{x} \left(1 + \frac{3\mathrm{i}}{x} - \frac{3}{x^2} \right)$$

当 $x \ll 1, \ell$ 时

$$j_\ell(x) \rightarrow \frac{x^\ell}{(2\ell+1)!!} \left[1 - \frac{x^2}{2(2\ell+3)} + \cdots \right]$$

$$n_\ell(x) \rightarrow -\frac{(2\ell-1)!!}{x^{(\ell+1)}} \left[1 - \frac{x^2}{2(1-2\ell)} + \cdots \right]$$

当 $x \gg \ell$ 时

$$j_\ell(x) \rightarrow \frac{1}{x} \sin \left(x - \frac{\ell\pi}{2} \right)$$

$$n_\ell(x) \rightarrow -\frac{1}{x} \cos \left(x - \frac{\ell\pi}{2} \right)$$

$$h_\ell^1(x) \rightarrow (-\mathrm{i})^{\ell+1} \frac{\mathrm{e}^{\mathrm{i}x}}{x} \text{(出射波)}$$

容易看出, 当 $x \rightarrow 0$ 时, $j_\ell(x)$ 有限, $n_\ell(x)$ 趋向于无限大, 所以在势阱内部只有 $j_\ell(kr)$ 是物理解.

对于无限深方势阱的特殊情况, 在边界上径向波函数应当为零, 即

$$j_\ell(kR) = 0$$

令 $\omega_{n\ell}$ 是球贝塞尔函数 $j_\ell(x)$ 的根, 则 $k = \dfrac{\omega_{n\ell}}{R_0}$, 所以

$$E_{n\ell} = \frac{\hbar^2 \omega_{n\ell}^2}{2MR_0^2}$$

$$\psi_{n\ell} = A_{n\ell} j_\ell\left(\omega_{n\ell}\frac{r}{R_0}\right) Y_{\ell m}(\theta, \phi)$$

式中, $A_{n\ell}$ 为归一化常数, 即 $A_{n\ell}^2 \displaystyle\int_0^{R_0} j_\ell^2\left(\omega_{n\ell}\frac{r}{R_0}\right) r^2 \mathrm{d}r = 1$.

$$N_{n\ell}^{-2} = \frac{1}{2}R^3 j_{\ell+1}^2(\omega_{n\ell}) = \frac{1}{2}R^3 j_{\ell-1}^2(\omega_{n\ell}) = \frac{1}{2}R^3 [j_\ell'(\omega_{n\ell})]^2$$

在有限深方势阱的外部, 当粒子轨道的能量 $E < U_0$ 时, 径向方程为

$$\left[\frac{\mathrm{d}^2}{\mathrm{d}r^2} + \frac{2}{r}\frac{\mathrm{d}}{\mathrm{d}r} - \alpha^2 - \frac{\ell(\ell+1)}{r^2}\right] R_\ell(r) = 0$$

式中, $\alpha = \sqrt{\dfrac{2M(U_0 - E)}{\hbar^2}}$, 令 $R_\ell(r) = \dfrac{u_\ell(r)}{\sqrt{r}}$, 可得

$$\left[\frac{\mathrm{d}^2}{\mathrm{d}r^2} + \frac{1}{r}\frac{\mathrm{d}}{\mathrm{d}r} - \alpha^2 - \frac{\left(\ell+\frac{1}{2}\right)^2}{r^2}\right] u_\ell(r) = 0$$

记 $x = \alpha r$, 则可得虚宗量贝塞尔方程:

$$\left\{\frac{\mathrm{d}^2}{\mathrm{d}x^2} + \frac{1}{x}\frac{\mathrm{d}}{\mathrm{d}x} - \left[1 + \frac{\left(\ell+\frac{1}{2}\right)^2}{x^2}\right]\right\} u_\ell(x) = 0$$

令 $I_{\ell+\frac{1}{2}}(x)$、$K_{\ell+\frac{1}{2}}(x)$ 是此虚宗量贝塞尔方程的两个线性独立的解, 它们称为第三类修正贝塞尔函数.

定义

$$i_\ell(x) = \sqrt{\frac{\pi}{2x}} I_{\ell+\frac{1}{2}}(x)$$

$$k_\ell(x) = \sqrt{\frac{\pi}{2x}} K_{\ell+\frac{1}{2}}(x)$$

$$k_\ell(x) = i^{n+2}\frac{\pi}{2} h_\ell^1(\mathrm{i}x) = \frac{\pi}{2x} \mathrm{e}^{-x} \sum_{k=0}^n \left(n+\frac{1}{2}, k\right)(2x)^{-k}$$

其中

$$\left(n + \frac{1}{2}, k\right) = \frac{(n+k)!}{k!\Gamma(n-k+1)}$$

$$k_0(x) = \frac{\pi}{2x}\mathrm{e}^{-x}$$

$$k_1(x) = \frac{\pi}{2x}\mathrm{e}^{-x}\left(1 + \frac{1}{x}\right)$$

$$k_2(x) = \frac{\pi}{2x}\mathrm{e}^{-x}\left(1 + \frac{3}{x} + \frac{3}{x^2}\right)$$

容易看出, 当 $x \to \infty$ 时, $\mathrm{i}_\ell(x) \to \infty, \mathrm{k}_\ell(x) \to 0$, 所以在势阱之外束缚态的物理解应取为 $\mathrm{k}_\ell(\alpha r)$.

3.6.2　弱束缚轨道的特征

对于有限深方势阱, 束缚轨道的单粒子波函数应满足在原点有限在无穷远处趋向于零的边界条件, 所以单粒子态的径向波函数应取为

$$R_{n\ell}(r) = \begin{cases} A_{n\ell}\mathrm{j}_\ell(\kappa r) & (r < R) \\ A_{n\ell}\dfrac{\mathrm{j}_\ell(\kappa R)}{\mathrm{k}_\ell(\alpha R)}\mathrm{k}_\ell(\alpha r) & (r \geqslant R) \end{cases}$$

式中, j_ℓ 是球贝塞尔函数; k_ℓ 是修正的球贝塞尔函数;

$$\kappa = \sqrt{\frac{2mE}{\hbar^2}}$$

$$\alpha = \sqrt{\frac{2m(U_0 - E)}{\hbar^2}} \quad (E < U_0, 束缚态)$$

$$\kappa_0 = \sqrt{\frac{2mU_0}{\hbar^2}}$$

$$\xi = \kappa R$$

$$\xi_0 = \kappa_0 R$$

$$\chi = \alpha R$$

本征态的能量由如下方程确定 (在 $r = R$ 处径向波函数及其径向导数连续):

$$\kappa\frac{\mathrm{d}\mathrm{j}_\ell(x)}{\mathrm{d}x}\Big|_{x=\kappa R} = \frac{\alpha\mathrm{j}_\ell(\kappa R)}{\mathrm{k}_\ell(\alpha R)}\frac{\mathrm{d}\mathrm{k}_\ell(x)}{\mathrm{d}x}\Big|_{x=\alpha R}$$

或者

$$\xi\frac{\mathrm{j}_{\ell+1}(\xi)}{\mathrm{j}_\ell(\xi)} = \chi\frac{\mathrm{k}_{\ell+1}(\chi)}{\mathrm{k}_\ell(\chi)}$$

例如:

对于 $\ell = 0$, 本征方程为

$$\xi \cot(\xi) = -\chi$$

对于 $\ell = 1$, 本征方程为

$$\frac{3 - \xi^2 - 3\xi \cot(\xi)}{1 - \xi \cot(\xi)} = \frac{\chi^2 + 3\chi + 3}{\chi + 1}$$

或者

$$\xi \cot \xi = 1 + \frac{(1 + \chi)\xi^2}{\chi^2}$$

对于 $\ell = 2$:

$$\frac{3(5 - 2\xi^2) - (15 - \xi^2)\xi \cot \xi}{3 - \xi^2 - 3\xi \cot \xi} = \frac{\chi^3 + 6\chi^2 + 15\chi + 15}{\chi^2 + 3\chi + 3}$$

或者

$$\xi \cot \xi = \frac{(3 - \xi^2)\chi^2(1 + \chi) + \xi^2(\chi^2 + 3\chi + 3)}{\xi^2(\chi^2 + 3\chi + 3) + 3\chi^2(1 + \chi)}$$

对于 $\ell = 3$:

$$\frac{(105 - 45\xi^2 + \xi^4) - (105 - 10\xi^2)\xi \cot \xi}{(15 - 6\xi^2) - (15 - \xi^2)\xi \cot \xi} = \frac{\chi^4 + 10\chi^3 + 45\chi^2 + 105\chi + 105}{\chi^3 + 6\chi^2 + 15\chi + 15}$$

可得

$$\xi \cot \xi = \frac{(15 - 6\xi^2)\chi^2(\chi^2 + 3\chi + 3) - (-3\xi^2 + \xi^4)(\chi^3 + 6\chi^2 + 15\chi + 15)}{3\xi^2(\chi^3 + 6\chi^2 + 15\chi + 15) + (15 - \xi^2)\chi^2(\chi^2 + 3\chi + 3)}$$

或者

$$\xi \cot \xi = 1 - \frac{\xi^2}{3} - \frac{\xi^4 \chi^2(\chi^2 + 3\chi + 3)}{45\xi_0^2(\chi^2 + 3\chi + 3) - 3\xi^2 \chi^4}$$

由径向波函数的归一化可以给出

$$A_{n\ell}^2 \frac{R^3}{2} \left\{ \frac{j_\ell^2(\kappa R)}{k_\ell^2(\alpha R)} k_{\ell-1}(\alpha R) k_{\ell+1}(\alpha R) - j_{\ell-1}(\kappa R) j_{\ell+1}(k R) \right\} = 1$$

或者等价地

$$\frac{1}{2} A_{n\ell}^2 R^3 j_\ell^2(\xi) \frac{\xi_0^2}{\xi_0^2 - \xi^2} \left\{ \frac{j_{\ell+1}^2(\xi)}{j_\ell^2(\xi)} - \frac{2\ell + 1}{\xi} \frac{j_{\ell+1}(\xi)}{j_\ell(\xi)} \right\} = 1$$

例如, 对于 $\ell = 0$, 有

$$A_{\ell=0}^2 = \frac{2\xi^2}{R^3} \frac{\chi}{1 + \chi}$$

对于 $\ell = 1$ 可得到

$$A_{\ell=1}^2 = \frac{2[(1+\xi^2)\chi^4 + 2(1+\chi)\chi^2\xi^2 + (1+\chi)^2\xi^4]}{R^3\xi_0^2(\chi^2 + 3\chi + 3)}$$

核子轨道的空间分布通常用轨道的均方半径 $\langle r^2 \rangle$ 表征, 下面我们将这个量分解为来自核势内部的贡献和来自核势外部的贡献两部分:

$$\langle r^2 \rangle = \langle r^2 \rangle_{\mathrm{in}} + \langle r^2 \rangle_{\mathrm{out}}$$

式中

$$\langle r^2 \rangle_{\mathrm{out}} = A_\ell^2 R^5 \frac{\mathrm{j}_\ell^2(\xi)}{\chi^5 \mathrm{k}_\ell^2(\chi)} \int_\chi^\infty \mathrm{k}_\ell^2(y)y^4\mathrm{d}y$$

$$\langle r^2 \rangle_{\mathrm{in}} = A_\ell^2 R^5 \frac{1}{\xi^5} \int_0^\xi \mathrm{j}_\ell^2(y)y^4\mathrm{d}y$$

借助积分公式

$$\int \mathrm{J}_\nu^2(x)x^\lambda\mathrm{d}x = \frac{\lambda-1}{\lambda}\left[\nu^2 - \frac{(\lambda-1)^2}{4}\right]\int x^{\lambda-2}\mathrm{J}_\nu^2(x)\mathrm{d}x$$
$$+ \frac{x^{\lambda-1}}{2\lambda}\left\{\left[x\mathrm{J}_\nu'(x) - \frac{\lambda-1}{2}\mathrm{J}_\nu(x)\right]^2 + \left[x^2 - \nu^2 + \frac{(\lambda-1)^2}{4}\right]\mathrm{J}_\nu^2(x)\right\}$$

可以得到

$$\int x^4\mathrm{j}_\ell^2(x)\mathrm{d}x$$
$$= \frac{2}{3}\left[\left(\ell+\frac{1}{2}\right)^2 - 1\right]\int x^2\mathrm{j}_\ell^2(x)\mathrm{d}x$$
$$+ \frac{x^3}{6}\left\{\left(x\mathrm{j}_\ell' - \frac{1}{2}\mathrm{j}_\ell\right)^2 + \left[x^2 - \left(\ell+\frac{1}{2}\right)^2 + 1\right]\mathrm{j}_\ell^2\right\}$$
$$= \frac{x^3}{3}\left[\left(\ell+\frac{1}{2}\right)^2 - 1\right]\left\{\mathrm{j}_\ell^2 - \frac{2\ell+1}{x}\mathrm{j}_\ell\mathrm{j}_{\ell+1} + \mathrm{j}_{\ell+1}^2\right\}$$
$$+ \frac{x^3}{6}\left\{(x^2 - 2\ell + 1)\mathrm{j}_\ell^2 - (2\ell-1)x\mathrm{j}_\ell\mathrm{j}_{\ell+1} + x^2\mathrm{j}_{\ell+1}^2\right\}$$
$$= \frac{x^3}{6}\left\{\left[x^2 + 2\left(\ell^2 - \frac{1}{4}\right)\right]\mathrm{j}_\ell^2 - \left(\frac{2(2\ell+1)\left(\ell^2+\ell-\frac{3}{4}\right)}{x} + (2\ell-1)x\right)\mathrm{j}_\ell\mathrm{j}_{\ell+1}\right.$$
$$+ \left.\left[x^2 + 2\left(\ell^2 + \ell - \frac{3}{4}\right)\right]\mathrm{j}_{\ell+1}^2\right\}$$
$$= \mathrm{j}_\ell^2\frac{x^3}{6}\left\{\left[x^2 + 2\left(\ell^2 - \frac{1}{4}\right)\right] - \left[\frac{2(2\ell+1)\left(\ell^2+\ell-\frac{3}{4}\right)}{x} + (2\ell-1)x\right]\frac{\mathrm{j}_{\ell+1}}{\mathrm{j}_\ell}\right.$$

$$+ \left[x^2 + 2 \left(\ell^2 + \ell - \frac{3}{4} \right) \right] \frac{j_{\ell+1}^2}{j_\ell^2} \Big\}$$

对于 $\ell = 0$, 有

$$\langle r^2 \rangle_{\text{in}} = R^2 \frac{\chi}{1+\chi} \left\{ \frac{1}{3} + \frac{1}{\xi_0^2} \left(\xi^2 - \frac{1}{2} \right) \frac{\chi}{\xi^2} - \frac{1}{2\xi_0^2} \left(\frac{\chi^2}{\xi^2} - 1 \right) \right\}$$

$$\langle r^2 \rangle_{\text{out}} = \frac{R^2}{1+\chi} \frac{\xi^2}{\xi_0^2} \left(1 + \frac{1}{\chi} + \frac{1}{2\chi^2} \right)$$

当 $\chi \to 0$(结合能为零) 时, 可以得到

$$\langle r^2 \rangle_{\text{in}} \to 0$$
$$\langle r^2 \rangle_{\text{out}} \to \frac{1}{U_0 - E} \to \infty$$

对于 $\ell = 1$ 的情况:

$$\langle r^2 \rangle_{\text{in}} = R^2 \frac{1}{3\xi_0^2} \frac{(1+\chi)^2}{\chi^2 + 3\chi + 3} \left[\xi^2 + \frac{5}{2\xi^2} \frac{\chi^2(\chi^2 + 3\chi + 3)}{(1+\chi)^2} \right.$$
$$\left. + \frac{3}{2} + \frac{(\chi^2 + 3\chi + 3)(\chi^2 + 2\chi + 2)}{(1+\chi)^2} \right]$$

$$\langle r^2 \rangle_{\text{out}} = \frac{\xi^2}{\xi_0^2} R^2 \frac{1}{\chi} \frac{\chi^2 + 3\chi + \dfrac{5}{2}}{\chi^2 + 3\chi + 3}$$

当 $\chi \to 0$ 时, 可以得到

$$\langle r^2 \rangle_{\text{in}} \to \frac{5R^2}{6}$$
$$\langle r^2 \rangle_{\text{out}} \to \frac{1}{\sqrt{U_0 - E}} \to \infty$$

对于 $\ell = 2$:

$$\langle r^2 \rangle_{\text{in}} = A_2^2 R^5 j_2^2(\xi) \frac{1}{6\xi^2} \left[\left(\frac{15}{2} + \xi^2 \right) - \left(\frac{105}{2\xi} + 3\xi \right) \frac{j_3}{j_2} + \left(\xi^2 + \frac{21}{2} \right) \frac{j_3^2}{j_2^2} \right]$$

$$= \frac{R^2}{\xi_0^2} \frac{(\chi^2 + 3\chi + 3)^2}{(1+\chi)(\chi^3 + 6\chi^2 + 15\chi + 15)} \frac{1}{3} \left[\left(\frac{15}{2} + \xi^2 \right) \right.$$
$$\left. - \left(\frac{105}{2\xi} + 3\xi \right) \frac{j_3}{j_2} + \left(\xi^2 + \frac{21}{2} \right) \frac{j_3^2}{j_2^2} \right]$$

借助公式 $\dfrac{j_3}{j_2} = \dfrac{1}{\xi}\dfrac{\chi^3 + 6\chi^2 + 15\chi + 15}{\chi^2 + 3\chi + 3}$ 可以得到, 当 $\chi \to 0$ 时:

$$\langle r^2 \rangle_{\text{in}} \to \frac{1}{5}\left(1 + \frac{35}{2\xi_0^2}\right) R^2$$

$$\langle r^2 \rangle_{\text{out}} = R^2 A_2^2 R^3 j_\ell^2 \frac{x\left((\chi+3)(\chi+4) + \dfrac{13}{2}\right) + 9}{2(\chi^2 + 3\chi + 3)^2}$$

$$= R^2 \frac{\xi^2}{\xi_0^2} \frac{\chi\left[(\chi+3)(\chi+4) + \dfrac{13}{2}\right] + 18}{(1+\chi)(\chi^3 + 6\chi^2 + 15\chi + 15)} \to \frac{6}{5} R^2$$

还可以用核子处在核势以外的概率更直接地表示核子轨道的空间分布, 为此需要计算积分

$$P_\ell = \int_R^\infty R_{n\ell}^2(r) r^2 \mathrm{d}r = A_{n\ell}^2 \frac{j_\ell^2(\xi)}{k_\ell^2(\chi)} \frac{R^3}{2}\left(k_{\ell+1}^2 - \frac{2\ell+1}{\chi} k_{\ell+1} k_\ell - k_\ell^2\right)$$

$$= A_{n\ell}^2 \frac{R^3}{2} j_\ell^2(\xi)\left(\frac{k_{\ell+1}^2}{k_\ell^2} - \frac{2\ell+1}{\chi}\frac{k_{\ell+1}}{k_\ell} - 1\right)$$

借助径向波函数的归一化条件可以得到

$$P_\ell = \frac{\xi^2}{\xi_0^2} \frac{\chi\left(\dfrac{k_{\ell+1}^2}{k_\ell^2} - \dfrac{2\ell+1}{\chi}\dfrac{k_{\ell+1}}{k_\ell} - 1\right)}{\chi\dfrac{k_{\ell+1}^2}{k_\ell^2} - (2\ell+1)\dfrac{k_{\ell+1}}{k_\ell}}$$

若 $\ell = 0$, 则 $P_0 = \dfrac{\xi^2}{\xi_0^2}\dfrac{1}{1+\chi}$; 对于结合能为零 ($\chi = 0$) 的情况, $P_0 = 1$.

若 $\ell = 1$, 则 $P_1 = \dfrac{\xi^2}{\xi_0^2}\dfrac{\chi+2}{\chi^2 + 3\chi + 3}$; 对于结合能为零 ($\chi = 0$) 的情况, $P_1 = \dfrac{2}{3}$.

若 $\ell = 2$, 则 $P_2 = \dfrac{\xi^2}{\xi_0^2}\dfrac{\chi^3 + 6\chi^2 + 12\chi + 6}{(\chi+1)(\chi^3 + 6\chi^2 + 15\chi + 15)}$; 对于结合能为零 ($\chi = 0$) 的情况, $P_2 = \dfrac{2}{5}$.

下面讨论处于弱束缚轨道核子的核芯极化的特征.

粒子–振动耦合的标准形式为

$$\delta V = -\kappa_\lambda(r) \sum_\mu Y_{\lambda\mu}^* \alpha_{\lambda\mu}(t) \tag{3.32}$$

$$\kappa_\lambda(r) = r\frac{dV_0(r)}{dr}$$

基态波函数为

$$|jm\rangle = \Phi(n_\lambda = 0, j; jm) = \Psi(n_\lambda = 0)\phi_{jm}$$

式中, $\Psi(n_\lambda = 0)$ 是核芯的基态, 即没有表面振荡的声子激发; ϕ_{jm} 是单粒子态. 核芯激发一声子的激发态波函数为

$$\Phi(n_\lambda = 1, j'; jm) = \sum_{\mu,m'} C_{j'm'\lambda\mu}^{jm}\Psi(n_\lambda = 1)\phi_{j'm'}$$

则对 δV 实施一阶微扰可以得到考虑扰动的波函数:

$$|\widetilde{jm}\rangle = |jm\rangle - \sum_{j'} \frac{\langle n_\lambda = 1, j'; jm|\delta V|n_\lambda = 0, j; jm\rangle}{\omega_\lambda + \epsilon_{j'} - \epsilon_j}\Phi(n_\lambda = 1, j'; jm)$$

式中, $\epsilon_{j'}, \epsilon_j$ 是单粒子能量.

$$\langle n_\lambda = 1, j'; jm|\delta V|n_\lambda = 0, j; jm\rangle$$

$$= -\sum_{m'(\mu)} C_{j'm'\lambda\mu}^{jm}\langle (n_\lambda = 1)\lambda\mu|\alpha_{\lambda\mu}|(n_\lambda = 0)0\rangle \times \langle j'm'|\kappa_\lambda(r)\mathrm{Y}_{\lambda\mu}^*|jm\rangle$$

$$= \frac{(-1)^{j'-j+1}}{\sqrt{2j+1}}\left(\frac{\hbar}{2D_\lambda\omega_\lambda}\right)^{\frac{1}{2}}\langle j'||\kappa_\lambda(r)\mathrm{Y}_\lambda^*||j\rangle$$

导出此公式时我们利用了 $\alpha_{\lambda\mu} = \left(\dfrac{\hbar}{2D_\lambda\omega_\lambda}\right)^{\frac{1}{2}}B_{\lambda\mu}^+$, 而 B_λ^+、D_λ、ω_λ 分别是表面振荡声子的产生算符、质量参数和振荡频率.

这种核芯极化效应对观测量的影响通常用有效电荷来表示. 例如, 对于奇 A 核基态的四极矩, 可以得到核子的有效电荷为

$$e_{\text{eff}} = e_{\text{p}} + e\frac{5Z\langle r^2\rangle_0}{4\pi\omega_2^2 D_2}\frac{\langle j||\kappa_\lambda(r)\mathrm{Y}_2||j\rangle}{\langle j||r^2\mathrm{Y}_2||j\rangle}$$

所以 $\dfrac{\left\langle R\dfrac{\mathrm{d}U}{\mathrm{d}r}\right\rangle}{\langle r^2\rangle} = \dfrac{\text{cup}}{\langle r^2\rangle}$ 的大小表征单粒子态核芯极化效应的强弱. 上面我们已经讨论了单粒子态的 $\langle r^2\rangle$ 随轨道角动量和结合能的变化规律, 下面我们计算 $\text{cup} = \left\langle R\dfrac{\mathrm{d}U}{\mathrm{d}r}\right\rangle$.

容易得到

$$\text{cup} = \int\left\{R\frac{\mathrm{d}U}{\mathrm{d}r}R_\ell^2(r)r^2\right\}\mathrm{d}r = \int\{RU_0\delta(r-R)R_\ell^2(r)r^2\}\mathrm{d}r$$

$$= \frac{\hbar^2}{2m}A_{n\ell}^2 R^3\xi_0^2\mathrm{j}_\ell^2(\xi)\frac{1}{R^2} = \frac{\hbar^2}{2m}\frac{2\chi^2}{\dfrac{\mathrm{j}_{\ell+1}^2(\xi)}{\mathrm{j}_\ell^2(\xi)} - \dfrac{(2\ell+1)}{\xi}\dfrac{\mathrm{j}_{\ell+1}(\xi)}{\mathrm{j}_\ell(\xi)}}\frac{1}{R^2}$$

对于深束缚态, $\chi \gg 1$, 则 $\dfrac{k_{\ell+1}(\chi)}{k_\ell(\chi)} \sim 1$, 所以 $\dfrac{j_{\ell+1}(\xi)}{j_\ell(\xi)} \sim \dfrac{\chi}{\xi}$, 则有

$$\mathrm{cup} \sim \frac{\hbar^2}{m} \xi_{n\ell}^2 \frac{1}{R^2} = \frac{\hbar^2}{m} \kappa_{n\ell}^2 = 2E$$

此结果与无限深势阱的情况相同.

对于能量几乎与 U_0 相同的态 (弱束缚态), 即 $\chi \sim 0$, 这时 cup 与 ℓ 的值有关, 例如:

如果 $\ell = 0$, 当 $\chi \to 0$ 时:

$$\mathrm{cup} = \frac{\hbar^2}{m} \kappa_{n\ell}^2 \frac{\chi}{1 + \chi} \to 0$$

如果 $\ell = 1$, 当 $\chi \to 0$ 时:

$$\mathrm{cup} = \frac{\hbar^2}{m} \kappa_{n\ell}^2 \frac{(\chi + 1)^2}{\chi^2 + 3\chi + 3} \to \frac{1}{3} 2E$$

如果 $\ell = 2$, 当 $\chi \to 0$ 时:

$$\mathrm{cup} = \frac{\hbar^2}{m} \kappa_{n\ell}^2 \frac{(\chi^2 + 3\chi + 3)^2}{(\chi^3 + 6\chi^2 + 15\chi + 15)(\chi + 1)} \to \frac{3}{5} 2E$$

如果 $l = 3$, 当 $\chi \to 0$ 时:

$$\mathrm{cup} = \frac{\hbar^2}{m} \kappa_{n\ell}^2 \frac{(\chi^3 + 6\chi^2 + 15\chi + 15)^2}{(\chi^4 + 10\chi^3 + 45\chi^2 + 105\chi + 105)(\chi^2 + 3\chi + 3)} \to \frac{5}{7} 2E$$

对于低轨道角动量的单粒子态, 随着结合能的减小, cup 变小而趋于某一常数, 但由于 r^2 的值变得很大, 所以比值 $\dfrac{\mathrm{cup}}{\langle r^2 \rangle}$ 变得很小, 即处于弱束缚低角动量轨道的核子几乎不使核芯极化. 其原因是显然的, 因轨道波函数的空间分布远离核芯.

3.6.3　连续态波函数

为了讨论从弱束缚轨道到连续态的跃迁, 我们需要有限深势阱中连续态的径向波函数, 它应满足在原点有限在无穷远处为出射波的边界条件, 所以取

$$R_{\ell_c}(r) = \begin{cases} C_{\ell_c} \dfrac{\cos\delta_{\ell_c} j_{\ell_c}(\eta) - \sin\delta_{\ell_c} n_{\ell_c}(\eta)}{j_{\ell_c}(\xi_c)} j_{\ell_c}(kr) & (r < R) \\ C_{\ell_c} \{\cos\delta_{\ell_c} j_{\ell_c}(\beta r) - \sin\delta_{\ell_c} n_{\ell_c}(\beta r)\} & (r \geqslant R) \end{cases}$$

式中, $C_{\ell_c} = \sqrt{\dfrac{m\beta}{\pi\hbar^2}}$; $\kappa = \sqrt{\dfrac{2mE}{\hbar^2}}$; $\xi = \kappa R$.

令 $E_p = E - U_0$ $(E_p \geqslant 0)$, $\beta = \sqrt{\dfrac{2mE_p}{\hbar^2}}$, $\eta = \beta R$, 并记 $H_\ell(r) = \kappa r j_\ell(\kappa r)$, $F_\ell(r) = \beta r j_\ell(\beta r)$, $G_\ell(r) = -\beta r n_\ell(\beta r)$.

正规解:

$$u_\ell(r) = \cos(\delta_\ell) F_\ell(r) + \sin(\delta_\ell) G_\ell(r), \quad u_\ell(r) \longrightarrow \sin\left(\beta r + \delta_\ell - \frac{l}{2}\pi\right)$$

非正规解:

$$v_\ell(r) = -\sin(\delta_\ell) F_\ell(r) + \cos(\delta_\ell) G_\ell(r), \quad v_\ell(r) \longrightarrow \cos\left(\beta r + \delta_\ell - \frac{l}{2}\pi\right)$$

朗斯基行列式:

$$W\{u_\ell, v_\ell\} = \beta \quad \left(\text{归一化因子 } \frac{1}{\sqrt{\beta}}\right)$$

式中, 散射相移 δ_ℓ 可由如下方法得到: 记

$$F'_\ell \equiv R\frac{\mathrm{d}F_\ell}{\mathrm{d}r}\Big|_{r=R}, \quad G'_\ell \equiv R\frac{\mathrm{d}G_\ell}{\mathrm{d}r}\Big|_{r=R}, \quad H'_\ell \equiv R\frac{\mathrm{d}H_\ell}{\mathrm{d}r}\Big|_{r=R}$$

则散射相移 δ_ℓ 由下式决定:

$$\frac{H'_\ell}{H_\ell} = \frac{\cos(\delta_\ell)F'_\ell + \sin(\delta_\ell)G'_\ell}{\cos(\delta_\ell)F_\ell + \sin(\delta_\ell)G_\ell} \tag{3.33}$$

对于几个低分波, 我们得到

$$\ell = 0, \quad \tan(\eta + \delta_0) = \frac{\eta}{\xi}\tan\xi \quad (\ell = 0)$$

$$\tan(\eta + \delta_1) = \frac{\eta}{1 + \eta^2 A} \quad (\ell = 1)$$

其中, $A = \dfrac{\left(1 - \dfrac{1}{\xi}\tan\xi\right)}{\xi\tan\xi}$.

$$\tan(\eta + \delta_2) = \eta\frac{1 + \eta^2 A_1}{1 + \eta^2 A_2} \quad (\ell = 2)$$

其中, $A_1 = \dfrac{\dfrac{3}{\xi} + \left(1 - \dfrac{3}{\xi^2}\right)\tan\xi}{-3\xi + 3\tan\xi}$; $A_2 = \dfrac{\left(\xi + \dfrac{3}{\xi}\right) - \dfrac{3}{\xi^2}\tan\xi}{-3\xi + 3\tan\xi}$.

3.6.4　软电偶极激发模式

对于电偶极激发

$$O_{1\mu} = \sum_i e_{\text{eff}} r_i Y_{1\mu}(\theta_i, \varphi_i)$$

对于质子, $e_{\text{eff}} = -\dfrac{eN}{A}$; 对于中子, $e_{\text{eff}} = \dfrac{eZ}{A}$.

由束缚轨道 ℓ_{h} 到连续态轨道 ℓ_{c} 的跃迁强度为

$$\frac{\mathrm{d}B(E1)}{\mathrm{d}E_x}$$

$$= \int \delta(E_x - (E_{\text{c}} - E_{\text{h}})) \frac{1}{2\ell_{\text{h}}+1} \sum_{m_{\text{c}}, m_{\text{h}}, \mu} |\langle \ell_{\text{c}} m_{\text{c}} | O_{1\mu} | \ell_{\text{h}} m_{\text{h}} \rangle|^2$$

$$= \int \delta(E_x - (E_{\text{c}} - E_{\text{h}})) \frac{3}{4\pi} e_{\text{eff}}^2 (C_{\ell_{\text{h}}010}^{\ell_{\text{c}}0})^2 |\langle R_{\ell_{\text{c}}}^{E_{\text{c}}}(r) | r | R_{n\ell_{\text{h}}}(r) \rangle|^2 \tag{3.34}$$

式 (3.34) 中的径向积分可以分解为核势内部的贡献和核势外部的贡献两部分:

$$\langle \ell_{\text{c}} | r | \ell_{\text{h}} \rangle = \langle \ell_{\text{c}} | r | \ell_{\text{h}} \rangle_{\text{in}} + \langle \ell_{\text{c}} | r | \ell_{\text{h}} \rangle_{\text{out}}$$

其中

$$\langle \ell_{\text{c}} | r | \ell_{\text{h}} \rangle_{\text{in}} = \int_0^R R_{n\ell_{\text{h}}}(r) R_{\ell_{\text{c}}}^{E_{\text{c}}}(r) r^3 \mathrm{d}r$$

$$\langle \ell_{\text{c}} | r | \ell_{\text{h}} \rangle_{\text{out}} = \int_R^\infty R_{n\ell_{\text{h}}}(r) R_{\ell_{\text{c}}}^{E_{\text{c}}}(r) r^3 \mathrm{d}r$$

对于 $\ell_{\text{c}} = 1, \ell_{\text{h}} = 0$, 我们可以得到解析表达式:

$$\langle \ell_{\text{c}} = 1 | r | \ell_{\text{h}} = 0 \rangle_{\text{in}} = \sqrt{\frac{2m}{\pi\hbar^2}} R^2 \frac{\xi_{\text{h}}}{\xi_0} \sqrt{\frac{2\chi}{1+\chi}} \frac{\eta^{3/2}}{\sqrt{\eta^2 + (1+\eta^2 A)^2}} \frac{1}{\omega^2}$$

$$\times \left(-\frac{-\omega_{\text{s}}^2 + 2}{\omega^2} + A\chi - \frac{2\xi_{\text{c}}^2}{\omega^2} A \right)$$

$$\langle \ell_{\text{c}} = 1 | r | \ell_{\text{h}} = 0 \rangle_{\text{out}} = \sqrt{\frac{2m}{\pi\hbar^2}} R^2 \frac{\xi_{\text{h}}}{\xi_0} \sqrt{\frac{2\chi}{1+\chi}} \frac{\eta^{3/2}}{\sqrt{\eta^2 + (1+\eta^2 A)^2}} \frac{1}{\omega^2}$$

$$\times \left(-\frac{-\omega_{\text{s}}^2 + 2}{\omega^2} - A\chi + \frac{2\eta^2}{\omega^2} A \right)$$

其中, $A = \dfrac{\left(1 - \dfrac{1}{\xi_{\text{c}}} \tan \xi_{\text{c}} \right)}{\xi_{\text{c}} \tan \xi_{\text{c}}}$; $\omega_{\text{s}}^2 = \chi(\chi+2) + \eta^2$. 两项相加有

$$\langle \ell_{\text{c}} = 1 | r | \ell_{\text{h}} = 0 \rangle = \sqrt{\frac{2m}{\pi\hbar^2}} R^2 \frac{\xi_{\text{h}}}{\xi_0} \sqrt{\frac{2\chi}{1+\chi}} \frac{\eta^{3/2}}{\sqrt{\eta^2 + (1+\eta^2 A)^2}} \frac{\xi_0^2}{\omega^4} (-A) \tag{3.35}$$

则电偶极跃迁强度为

$$\frac{\mathrm{d}B(E1)}{\mathrm{d}E_x}(\ell_{\mathrm{c}} = 1 \longleftarrow \ell_{\mathrm{h}} = 0)$$

$$= \frac{3}{4\pi} e_{\mathrm{eff}}^2 \frac{\xi_{\mathrm{h}}^2}{\xi_0^2} \frac{2\chi}{1+\chi} \frac{2m}{\pi\hbar^2} R^4 \frac{\eta^3}{(1+\eta^2 A)^2 + \eta^2} \frac{4\xi_0^4 A^2}{\omega^8} \qquad (3.36)$$

对于 $\ell_{\mathrm{h}} = 0$ 的轨道, 零结合能出现在 $\xi_{\mathrm{s}} = \left(n + \dfrac{1}{2}\right)\pi$. 当轨道是弱束缚态时, 可以

将 ξ_{c} 在点 ξ_{s} 作泰勒展开 $\xi_{\mathrm{c}} \approx \xi_{\mathrm{s}} + \dfrac{\omega_{\mathrm{s}}^2}{2\xi_{\mathrm{s}}}$, 由此可以得到 $A \approx -\dfrac{\omega_{\mathrm{s}}^2 + 2}{2\xi_{\mathrm{s}}^2}$. 如果我们只

保留分子上与 η 有关的项 η^3, 保留分母中 ω 的最高阶项, 则有

$$\frac{\mathrm{d}B(E1)}{\mathrm{d}E_x}(\ell_{\mathrm{c}} = 1 \longleftarrow \ell_{\mathrm{h}} = 0)$$

$$= \frac{3}{4\pi} e_{\mathrm{eff}}^2 \frac{2\chi}{1+\chi} \frac{2m}{\pi\hbar^2} R^4 (\xi_0^2 - \chi^2) \xi_0^2 \left[\frac{\chi(\chi+2)+2}{\xi_{\mathrm{s}}^2}\right]^2 \frac{\eta^3}{\omega^8} \qquad (3.37)$$

即电偶极跃迁强度 $S_\rho(E1, E_x) \sim \dfrac{\eta^3}{\omega^8}$, 这给出跃迁强度在 $E_x = \dfrac{8}{5}S_n$ 处有一很尖锐

的峰, 其中 S_n 是束缚态轨道的分离能.

图 3.12 给出原子核 ^{11}Be 的低激发能电偶极激发强度的实验数据和式 (3.36) 及式 (3.37) 的计算结果, 计算时我们采用了 $2\mathrm{s}_{\frac{1}{2}}$ 轨道分离能的实验值 $S_n = 0.5\mathrm{MeV}$. 可以看到, 计算结果与实验数据尖锐峰的位置符合很好, 峰高度的计算值大于实验值, 这表明 $2\mathrm{s}_{\frac{1}{2}}$ 轨道的谱因子小于 1.

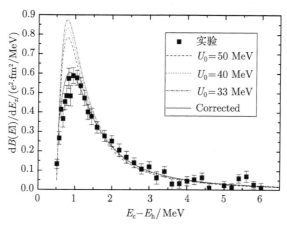

图 3.12 ^{11}Be 的软偶极共振

3.7　例　　题

例题 3.1　试证明公式

$$\langle (I_1' I_2') I' ||[F_{\lambda_1}(x_1) G_{\lambda_2}(x_2)]_{(\lambda_1 \lambda_2)\lambda} ||(I_1 I_2) I \rangle$$

$$= \sqrt{(2\lambda+1)(2I+1)(2I'+1)} \left\{ \begin{array}{ccc} I_1 & I_2 & I \\ \lambda_1 & \lambda_2 & \lambda \\ I_1' & I_2' & I' \end{array} \right\} \langle I_1' ||F_{\lambda_1}||I_1 \rangle \langle I_2' ||G_{\lambda_2}||I_2 \rangle$$

证明

$$\langle (I_1' I_2') I' ||[F_{\lambda_1}(x_1) G_{\lambda_2}(x_2)]_{(\lambda_1 \lambda_2)\lambda} ||(I_1 I_2) I \rangle$$

$$= (2I'+1)^{\frac{1}{2}} \langle (I_1' I_2') I' M'|(I_1 I_2) I, (\lambda_1 \lambda_2)\lambda; I'M' \rangle$$

$$= (2I'+1)^{\frac{1}{2}} \sum_{I_1'', I_2''} \langle (I_1 \lambda_1) I_1'', (I_2 \lambda_2) I_2''; I'|I_1 I_2) I, (\lambda_1 \lambda_2)\lambda; I' \rangle$$

$$\times \langle (I_1' I_2') I' M'|(I_1 \lambda_1) I_1'', (I_2 \lambda_2) I_2''; I'M' \rangle$$

$$= (2I'+1)^{\frac{1}{2}} \sum_{I_1'', I_2''} \langle (I_1 \lambda_1) I_1'', (I_2 \lambda_2) I_2''; I'|I_1 I_2) I, (\lambda_1 \lambda_2)\lambda; I' \rangle$$

$$\times \sum_{M_1', M_2', M_1'', M_2''} C_{I_1' M_1' I_2' M_2'}^{I'M'} C_{I_1'' M_1'' I_2'' M_2''}^{I'M'} \langle I_1' M_1'|(I_1 \lambda_1) I_1'' M_1'' \rangle \langle I_2' M_2'|(I_2 \lambda_2) I_2'' M_2'' \rangle$$

$$= \sqrt{(2\lambda+1)(2I+1)(2I'+1)} \left\{ \begin{array}{ccc} I_1 & I_2 & I \\ \lambda_1 & \lambda_2 & \lambda \\ I_1' & I_2' & I' \end{array} \right\} \langle I_1' ||F_{\lambda_1}||I_1 \rangle \langle I_2' ||G_{\lambda_2}||I_2 \rangle$$

如果 $\lambda = 0$, 则

$$(F_\lambda G_\lambda)0 = \sum_\mu C_{\lambda\mu\lambda-\mu}^{00} F_{\lambda\mu} G_{\lambda-\mu} = \frac{1}{\sqrt{2\lambda+1}} \sum_\mu (-1)^{\lambda-\mu} F_{\lambda\mu} G_{\lambda-\mu},$$

$$\langle (I_1' I_2') I ||[F_\lambda(x_1) G_\lambda(x_2)]_0 ||(I_1 I_2) I \rangle$$

$$= (2I+1) \left\{ \begin{array}{ccc} I_1 & I_2 & I \\ \lambda & \lambda & 0 \\ I_1' & I_2' & I \end{array} \right\} \langle I_1' ||F_\lambda||I_1 \rangle \langle I_2' ||G_\lambda||I_2 \rangle$$

$$= (2I + 1)(-1)^{I_1 + I_2 + I_1' + I_2' + 2I + 2\lambda} \left\{ \begin{array}{ccc} I_1 & I_2 & I \\ I_1' & I_2' & I \\ \lambda & \lambda & 0 \end{array} \right\} \langle I_1' \| F_\lambda \| I_1 \rangle \langle I_2' \| G_\lambda \| I_2 \rangle$$

$$= (-1)^{I_1 + I_2' + I + \lambda} \sqrt{\frac{2I + 1}{2\lambda + 1}} \left\{ \begin{array}{ccc} I_1 & I_2 & I \\ I_2' & I_1' & \lambda \end{array} \right\} \langle I_1' \| F_\lambda \| I_1 \rangle \langle I_2' \| G_\lambda \| I_2 \rangle$$

例题 3.2   利用波函数 (3.23) 证明

$$\langle j_f \| i^\lambda r^\lambda Y_\lambda \| j_i \rangle$$

$$= i^{\ell_1 + \lambda - \ell_2}(-1)^{j_1 + \lambda - j_2} \left[\frac{(2\lambda + 1)(2j_i + 1)}{4\pi} \right]^{\frac{1}{2}}$$

$$\times \langle j_f | r^\lambda | j_i \rangle C_{j_i \frac{1}{2} \lambda 0}^{j_f \frac{1}{2}} \left\{ \begin{array}{ll} 1 & (\ell_i + \lambda - \ell_f = \text{偶数}) \\ 0 & (\ell_i + \lambda - \ell_f = \text{奇数}) \end{array} \right.$$

证明   利用公式并令

$$I_1' = \ell_f, I_2' = \frac{1}{2}; \quad I_1 = \ell_i, I_2 = \frac{1}{2}; \quad \lambda_1 = \lambda, \lambda_2 = 0$$

则有

$$\left\langle \left(\ell_f \frac{1}{2} \right) j_f \| i^\lambda r^\lambda (Y_\lambda 1)\lambda \| \left(\ell_i \frac{1}{2} \right) j_i \right\rangle$$

$$= \sqrt{(2\lambda + 1)(2j_f + 1)(2j_i + 1)} \left\{ \begin{array}{ccc} \ell_i & \frac{1}{2} & j_i \\ \lambda & 0 & \lambda \\ \ell_f & \frac{1}{2} & j_f \end{array} \right\} \langle j_f | r^\lambda | j_i \rangle$$

$$\times \langle \ell_f \| i^\lambda Y_\lambda \| \ell_i \rangle \left\langle \frac{1}{2} \| 1 \| \frac{1}{2} \right\rangle$$

利用

$$\langle \ell_f m_f | i^\lambda Y_\lambda | \ell_i m_i \rangle = i^{\ell_i + \lambda - \ell_f} \int Y_{\ell_f m_f}^* Y_{\lambda \mu} Y_{\ell_i m_i} d\Omega$$

$$= i^{\ell_i + \lambda - \ell_f} \sqrt{\frac{(2\lambda + 1)(2\ell_i + 1)}{4\pi(2\ell_f + 1)}} C_{\lambda 0 \ell_i 0}^{\ell_f 0} C_{\lambda \mu \ell_i m_i}^{\ell_f m_f}$$

$$= \frac{1}{\sqrt{2\ell_f + 1}} C_{\ell_i m_i \lambda \mu}^{\ell_f m_f} \langle \ell_f \| i^\lambda Y_\lambda \| \ell_i \rangle$$

得到

$$\langle \ell_f \| i^\lambda Y_\lambda \| \ell_i \rangle = i^{\ell_i + \lambda - \ell_f} \frac{1}{\sqrt{4\pi}} C_{\ell_i 0 \lambda 0}^{\ell_f 0} \sqrt{(2\ell_i + 1)(2\lambda + 1)}$$

容易看出

$$\left\langle \frac{1}{2}\|1\|\frac{1}{2}\right\rangle = \sqrt{2}$$

再借助公式

$$\left\{\begin{array}{ccc} \ell_i & \dfrac{1}{2} & j_i \\[2mm] \lambda & 0 & \lambda \\[2mm] \ell_f & \dfrac{1}{2} & j_f \end{array}\right\} = \left\{\begin{array}{ccc} \ell_i & j_i & \dfrac{1}{2} \\[2mm] \ell_f & j_f & \dfrac{1}{2} \\[2mm] \lambda & \lambda & 0 \end{array}\right\}$$

$$= (-1)^{j_i+\frac{1}{2}+\ell_f+\lambda}\frac{1}{\sqrt{2(2\lambda+1)}}\left\{\begin{array}{ccc} \ell_i & j_i & \dfrac{1}{2} \\[2mm] j_f & \ell_f & \lambda \end{array}\right\}$$

以及当 $\ell_i + \lambda - \ell_f$ 为偶数时有

$$\left\{\begin{array}{ccc} \ell_i & j_i & \dfrac{1}{2} \\[2mm] j_f & \ell_f & \lambda \end{array}\right\} = \left\{\begin{array}{ccc} \ell_i & \dfrac{1}{2} & j_i \\[2mm] j_f & \lambda & \ell_f \end{array}\right\} = (-1)^{j_f+\frac{1}{2}+\ell_f}\frac{1}{\sqrt{(2j_i+1)(2j_f+1)}}\frac{C_{j_i\frac{1}{2}\lambda0}^{j_f\frac{1}{2}}}{C_{\ell_i0\lambda0}^{\ell_f0}}$$

得到

$$\langle j_f\|\mathrm{i}^\lambda r^\lambda Y_\lambda\|j_i\rangle = \mathrm{i}^{\ell_1+\lambda-\ell_2}(-1)^{j_1+\lambda-j_2}\left[\frac{(2\lambda+1)(2j_i+1)}{4\pi}\right]^{\frac{1}{2}}\langle j_f|r^\lambda|j_i\rangle C_{j_i\frac{1}{2}\lambda0}^{j_f\frac{1}{2}}$$

这种电多极跃迁必须满足宇称守恒: $\ell_i + \lambda - \ell_f =$ 偶数, 否则矩阵元为零.

例题 3.3　利用波函数 (3.23) 直接计算约化矩阵元 $\langle j_f\|\mathrm{i}^\kappa r^\kappa (Y_\kappa s_1)_\lambda\|j_i\rangle$. 借助公式

$$\left\langle \left(\ell_f\frac{1}{2}\right)j_f\|\mathrm{i}^\kappa r^\kappa(Y_\kappa s_1)_\lambda\|\left(\ell_i\frac{1}{2}\right)j_i\right\rangle$$

$$= \sqrt{(2\lambda+1)(2\ell+1)(2j+1)}\left\{\begin{array}{ccc} \ell_i & \dfrac{1}{2} & j_i \\[2mm] \kappa & 1 & \lambda \\[2mm] \ell_f & \dfrac{1}{2} & j_f \end{array}\right\}\langle \ell_f\|\mathrm{i}^\kappa r^\kappa Y_\kappa\|\ell_i\rangle\left\langle\frac{1}{2}\|s_1\|\frac{1}{2}\right\rangle,$$

$$\left\langle\frac{1}{2}\|s_1\|\frac{1}{2}\right\rangle = \sqrt{\frac{3}{2}}$$

例题 3.4　计算约化矩阵元 $\langle j\|s_1\|j\rangle$.

解　利用 $\langle jm'|\vec{A}|jm\rangle = \dfrac{\langle jm''|\vec{A}\cdot\vec{j}|jm''\rangle}{j(j+1)}\langle jm'|\vec{j}|jm\rangle$, 与 m'' 无关.

$$j = \langle jj|j_{10}|jj\rangle = \frac{1}{\sqrt{2j+1}} C_{jj10}^{jj} \langle j\|j_1\|j\rangle$$

$$= \frac{1}{\sqrt{2j+1}} \sqrt{\frac{j}{j+1}} \langle j\|j_1\|j\rangle$$

$$\langle j\|j_1\|j\rangle = \sqrt{j(j+1)(2j+1)}$$

$$\frac{\langle jm|\overrightarrow{s} \cdot \overrightarrow{j}|jm\rangle}{j(j+1)} = \frac{1}{2} \frac{j(j+1) + \frac{3}{4} - \ell(\ell+1)}{j(j+1)}$$

$$\langle j\|s_1\|j\rangle = \frac{\langle jm|\overrightarrow{s} \cdot \overrightarrow{j}|jm\rangle}{j(j+1)} \langle j\|j_1\|j\rangle$$

$$= \frac{1}{2} \frac{j(j+1) + \frac{3}{4} - \ell(\ell+1)}{j(j+1)} \sqrt{j(j+1)(2j+1)}$$

$$= \frac{1}{2} \left[j(j+1) + \frac{3}{4} - \ell(\ell+1) \right] \sqrt{\frac{2j+1}{j(j+1)}}$$

$$= \frac{1}{2} \sqrt{\frac{2j+1}{j(j+1)}} \begin{cases} j+1 & \left(j = \ell + \frac{1}{2}\right) \\ -j & \left(j = \ell - \frac{1}{2}\right) \end{cases}$$

例题 3.5 论证对于 $N \neq Z$ 的原子核, 我们有

$$\hbar\omega_{0N} = \hbar\omega_0 \left(1 + \frac{1}{3} \frac{N-Z}{A} \right)$$

$$\hbar\omega_{0P} = \hbar\omega_0 \left(1 - \frac{1}{3} \frac{N-Z}{A} \right)$$

证明
$$\sum_{N_i}^{N_{\max}^{\mathrm{n}}} (N_i + 1)(N_i + 2) = N$$

$$\sum_{N_i}^{N_{\max}^{\mathrm{p}}} (N_i + 1)(N_i + 2) = Z$$

所以

$$N_{\max}^{\mathrm{n}} \approx (3N)^{\frac{1}{3}}$$

$$N_{\max}^{\mathrm{p}} \approx (3Z)^{\frac{1}{3}}$$

令

$$x = \frac{N-Z}{A}$$

则有

$$N = \frac{1}{2}A(1 + x)$$
$$Z = \frac{1}{2}A(1 - x)$$
$$\langle r^2 \rangle_{\mathrm{n,av}} = \frac{\hbar}{M\omega_N}\frac{3}{4}N$$
$$\langle r^2 \rangle_{\mathrm{p,av}} = \frac{\hbar}{M\omega_Z}\frac{3}{4}Z$$

利用质子和中子的均方半径相等:

$$\langle r^2 \rangle_{\mathrm{n,av}} = \langle r^2 \rangle_{\mathrm{p,av}}$$

得到

$$\frac{\omega_N}{\omega_Z} = \frac{(1 + x)^{\frac{1}{3}}}{(1 - x)^{\frac{1}{3}}}$$

所以

$$\hbar\omega_{0N} = \hbar\omega_0\left(1 + \frac{1}{3}\frac{N - Z}{A}\right)$$
$$\hbar\omega_{0P} = \hbar\omega_0\left(1 - \frac{1}{3}\frac{N - Z}{A}\right)$$

第 4 章　　Nilsson 模型

4.1　球 形 基 矢

在本体系, 原子核的四极形变通常用 β 和 γ 描述:

$$R(\theta,\phi) = R_0(\beta,\gamma)\left\{1 + \beta\cos\gamma Y_{20} + \frac{1}{\sqrt{2}}\beta\sin\gamma(Y_{22} + Y_{2-2})\right\} \tag{4.1}$$

在变形简谐振子势中, 单粒子的哈密顿量为

$$h_{\mathrm{d}} = -\frac{\hbar^2\nabla^2}{2M} + \frac{1}{2}M\omega_1^2 x_1^2 + \frac{1}{2}M\omega_2^2 x_2^2 + \frac{1}{2}M\omega_3^2 x_3^2$$

容易看出, 此时等势面是三轴不等的椭球.

当 $\omega_1 = \omega_2 = \omega_\perp$ 时, 等势面是轴对称椭球:

$$h_{\mathrm{d}} = -\frac{\hbar^2\nabla^2}{2M} + \frac{1}{2}M\omega_\perp^2(x_1^2 + x_2^2) + \frac{1}{2}M\omega_3^2 x_3^2$$

对修正的变形简谐振子势, 单粒子哈密顿量为

$$h = h_{\mathrm{d}} - \kappa\hbar\overset{0}{\omega}_0[2\overrightarrow{\ell}\cdot\overrightarrow{s} + \mu(\overrightarrow{\ell}^2 - \langle\overrightarrow{\ell}^2\rangle_N)]$$

令

$$\omega_\perp^2 = \omega_0^2(\delta)\left(1 + \frac{2}{3}\delta\right)$$

$$\omega_3^2 = \omega_0^2(\delta)\left(1 - \frac{4}{3}\delta\right)$$

由等势面所包围的体积守恒给出

$$\omega_0(\delta) = \overset{0}{\omega}_0\left(1 + \frac{2}{9}\delta^2\right)$$

式中, $\overset{0}{\omega}_0$ 是球形时的值.

令 $\alpha = \sqrt{\dfrac{M\omega_0(\delta)}{\hbar}}, \vec{r}\,' = \alpha\vec{r}$, 则

$$h_{\mathrm{d}} = \hbar\omega_0(\delta)\left[-\frac{1}{2}\nabla'^2 + \frac{1}{2}r'^2 - \frac{1}{3}\sqrt{\frac{16\pi}{5}}\delta r'^2 \mathrm{Y}_{20}(\theta, \phi)\right]$$

$$h = h_0 + h_\delta$$

$$h_0 = \hbar\omega_0(\delta)\left[-\frac{1}{2}(\nabla')^2 + \frac{1}{2}r'^2\right] - \kappa\hbar\overset{0}{\omega}_0[2\vec{\ell}\cdot\vec{s} + \mu(\vec{\ell}^{\,2} - \langle\vec{\ell}^{\,2}\rangle_N)]$$

$$h_\delta = \hbar\omega_0(\delta)\left[-\frac{1}{3}\sqrt{\frac{16\pi}{5}}\delta r'^2 \mathrm{Y}_{20}(\theta, \phi)\right]$$

因等势面方程为

$$r'^2\left[1 - \frac{2}{3}\sqrt{\frac{16\pi}{5}}\delta\mathrm{Y}_{20}(\theta, \phi)\right] = 常数$$

所以

$$r' = r_0\Big/\left[1 - \frac{1}{3}\sqrt{\frac{16\pi}{5}}\delta\mathrm{Y}_{20}(\theta, \phi)\right]^{\frac{1}{2}}$$

$$\approx r_0\left[1 + \frac{1}{3}\sqrt{\frac{16\pi}{5}}\delta\mathrm{Y}_{20}(\theta, \phi)\right]$$

由此可得

$$\beta \approx \frac{1}{3}\sqrt{\frac{16\pi}{5}}\delta \approx 1.057\delta$$

取球形谐振子基 $|N\ell jm\rangle = R_{n\ell}(r')(\mathrm{Y}_\ell\chi_{\frac{1}{2}})|jm\rangle$, h_0 是对角的:

$$h_0 = \hbar\omega_0(\delta)\left(N + \frac{3}{2}\right) - \kappa\hbar\overset{0}{\omega}_0\left\{j(j+1) - \ell(\ell+1) - \frac{3}{4} + \mu\left[\ell(\ell+1) - \frac{N(N+3)}{2}\right]\right\}$$

体积守恒给出

$$\omega_0(\delta) \approx \overset{0}{\omega}_0\left(1 + \frac{2}{9}\delta^2\right)$$

因为 h_δ 在空间反射下不变且与 j_z 对易, 所以对于大壳中的入侵态 (高 j 轨道), 有能级劈裂:

$$\Delta\epsilon_m = \langle jm|h_\delta|jm\rangle$$

$$= -\frac{1}{3}\sqrt{\frac{16\pi}{5}}\delta\hbar\omega_0(\delta)\langle jm|r'^2\mathrm{Y}_{20}(\theta, \phi)|jm\rangle$$

$$= -\frac{1}{3}\sqrt{\frac{16\pi}{5}}\delta\hbar\omega_0(\delta)\frac{1}{\sqrt{2j+1}}C_{jm20}^{jm}\langle j||r'^2\mathrm{Y}_2||j\rangle$$

借助公式

$$\langle j||\mathrm{i}^2 r^2 \mathrm{Y}_2||j\rangle = \mathrm{i}^{j+2-j}(-1)^{\ell+2-\ell}\sqrt{\frac{5(2j+1)}{4\pi}}C^{j\frac{1}{2}}_{j\frac{1}{2}20}\langle r^2\rangle$$

$$C^{j\frac{1}{2}}_{j\frac{1}{2}20} = -\frac{1}{4}\sqrt{\frac{(2j-1)(2j+3)}{j(j+1)}}$$

得到

$$\langle j||r^2\mathrm{Y}_2||j\rangle = \sqrt{\frac{5(2j+1)}{4\pi}}\langle r^2\rangle\left[-\frac{1}{4}\sqrt{\frac{(2j-1)(2j+3)}{j(j+1)}}\right]$$

$$= -\frac{1}{4}\sqrt{\frac{5(2j+1)}{4\pi}}\sqrt{\frac{(2j-1)(2j+3)}{j(j+1)}}\langle r^2\rangle$$

所以

$$\langle jm|r'^2\mathrm{Y}_{20}(\theta',\phi')|jm\rangle$$

$$= \frac{1}{\sqrt{2j+1}}C^{jm}_{jm20}\langle j||r'^2\mathrm{Y}_2||j\rangle$$

$$= -\frac{1}{4}\sqrt{\frac{5}{4\pi}}\frac{3m^2-j(j+1)}{\sqrt{(2j-1)j(j+1)(2j+3)}}\sqrt{\frac{(2j-1)(2j+3)}{j(j+1)}}\langle r'^2\rangle$$

$$= -\frac{1}{4}\sqrt{\frac{5}{4\pi}}\langle r'^2\rangle\frac{3m^2-j(j+1)}{j(j+1)}$$

最终得到

$$\Delta\epsilon_m = \frac{1}{6}\delta\hbar\omega_0(\delta)\langle r'^2\rangle\frac{3m^2-j(j+1)}{j(j+1)}$$

$$= \frac{1}{6}\delta M\omega^2\langle r^2\rangle\frac{3m^2-j(j+1)}{j(j+1)}$$

$$= \frac{1}{6}\delta\frac{Mc^2}{(\hbar c)^2}(\hbar\omega)^2 r_0^2 A^{\frac{2}{3}}\frac{3m^2-j(j+1)}{j(j+1)}$$

$$\approx \frac{40}{6}\delta r_0^2\frac{3m^2-j(j+1)}{j(j+1)}(\mathrm{MeV/fm}^2)$$

式中, $r_0 \approx 1.25\mathrm{fm}$.

对于高 j 轨道, 此公式在形变 δ 不很小时仍然是一好的近似.

在普遍情况下, 可用球形简谐振子基 $|N\ell jm\rangle$ 将 h_δ 项对角化. 对于轴对称的 Nilsson 哈密顿量 h, 则 T、P、j_z、h 彼此对易. h 在时间反演下不变, 则 $\pm m$ 态简并, 只讨论 $m > 0$ 就够了. h 在空间反射下不变, 则宇称守恒, 所以奇偶性不同的大壳 N 之间无耦合. 绕对称轴 z 转动, h 不变, 所以 m 是好量子数.

计算矩阵元时要用下列公式:

$$\langle N'\ell'j'm|r'^2 Y_{20}|N\ell jm\rangle = \frac{1}{\sqrt{2j'+1}}C^{j'm}_{jm20}\langle j'||r'^2 Y_2||j\rangle,$$

$$\langle N'\ell'|r'^\lambda|N\ell\rangle$$

$$=(-1)^{n-n'}\left\{\frac{n!n'!}{\Gamma\left(n+\ell+\frac{3}{2}\right)\Gamma\left(n'+\ell'+\frac{3}{2}\right)}\right\}^{\frac{1}{2}}$$

$$\times\sum_\sigma\frac{\Gamma\left(\sigma+\frac{1}{2}(\ell+\ell'+\lambda+3)\right)\left(\frac{\ell-\ell'-\lambda}{2}\right)_{n-\sigma}\left(\frac{\ell'-\ell-\lambda}{2}\right)_{n'-\sigma}}{(n-\sigma)!\sigma!(n'-\sigma)!}$$

式中, $n=\frac{1}{2}(N-\ell); (p)_0=1; (p)_\sigma=p(p+1)\cdots(p+\sigma-1).$

图 4.1~ 图 4.5 给出了不同壳的 Nilsson 能级.

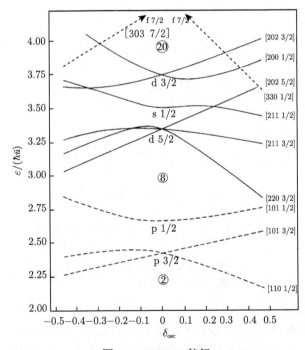

图 4.1　Nilsson 能级

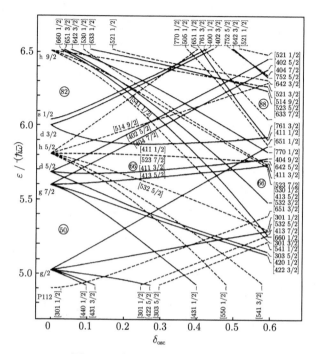

图 4.2 质子轨道的 Nilsson 能级

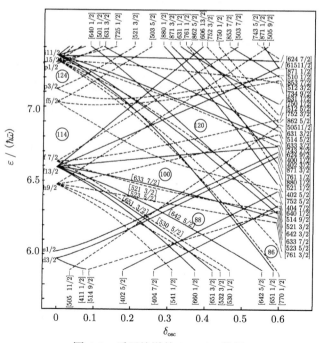

图 4.3 质子轨道的 Nilsson 能级

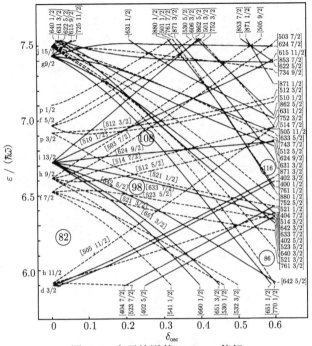

图 4.4 中子轨道的 Nilsson 能级

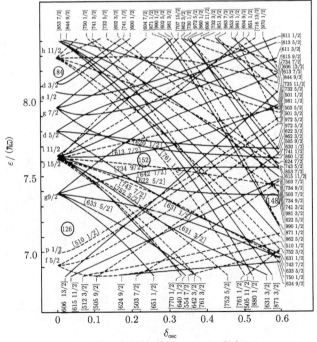

图 4.5 中子轨道的 Nilsson 能级

4.2 渐 近 基

当原子核的变形很大时, 取渐近基 $|Nn_z\Lambda\Sigma\rangle$ 比较方便.

1. 一维谐振子势的矩阵解法

$$x = \left(\frac{\hbar}{2M\omega}\right)^{\frac{1}{2}}(c^+ + c)$$

$$p = \mathrm{i}\left(\frac{\hbar M\omega}{2}\right)^{\frac{1}{2}}(c^+ - c)$$

由

$$[x, p] = \mathrm{i}\hbar$$

可得

$$[c, c^+] = 1$$

则

$$h = \frac{p^2}{2M} + \frac{1}{2}M\omega^2 x^2$$

$$= \frac{-1}{2M}\left(\frac{\hbar M\omega}{2}\right)(c^+ - c)^2 + \frac{1}{2}M\omega^2\left(\frac{\hbar}{2M\omega}\right)(c^+ + c)^2$$

$$= \frac{1}{4}\hbar\omega\{(c^+ + c)^2 - (c^+ - c)^2\} = \hbar\omega\left(c^+c + \frac{1}{2}\right)$$

$$\langle n+1|c^+|n\rangle = \sqrt{n+1}$$

对于轴对称三维谐振子势:

$$h_\mathrm{d} = \frac{1}{2M}(p_1^2 + p_2^2 + p_3^2) + \frac{1}{2}M\omega_\perp^2(x_1^2 + x_2^2) + \frac{1}{2}M\omega_3^2 x_3^2$$

定义

$$\delta_\mathrm{osc} = 3\frac{\omega_\perp - \omega_3}{2\omega_\perp + \omega_3}$$

$$\overline{\omega} = \frac{1}{3}(2\omega_\perp + \omega_3)$$

即

$$\delta_\mathrm{osc} = \frac{\omega_\perp - \omega_3}{\overline{\omega}}$$

$$\omega_\perp = \overline{\omega}\left(1 + \frac{1}{3}\delta_\mathrm{osc}\right)$$

$$\omega_3 = \overline{\omega}\left(1 - \frac{2}{3}\delta_\mathrm{osc}\right)$$

$$n_\perp = n_1 + n_2$$

$$N = n_\perp + n_3$$

$$h_{\mathrm{d}} = \hbar\omega_\perp(n_\perp + 1) + \hbar\omega_3\left(n_3 + \frac{1}{2}\right)$$

$$= \hbar\omega_\perp(N - n_3 + 1) + \hbar\omega_3\left(n_3 + \frac{1}{2}\right) = \hbar\overline{\omega}\left[N + \frac{3}{2} - \frac{1}{3}\delta_{\mathrm{osc}}(3n_3 - N)\right]$$

$$c_1^+ = \left(\frac{M\omega_\perp}{2\hbar}\right)^{\frac{1}{2}}\left(\mathrm{i}x_1 + \frac{p_1}{M\omega_\perp}\right)$$

$$c_2^+ = \left(\frac{M\omega_\perp}{2\hbar}\right)^{\frac{1}{2}}\left(x_2 - \mathrm{i}\frac{p_2}{M\omega_\perp}\right)$$

$$c_3^+ = \left(\frac{M\omega_3}{2\hbar}\right)^{\frac{1}{2}}\left(\mathrm{i}x_3 + \frac{p_3}{M\omega_3}\right)$$

$$c_\pm^+ = \mp\frac{1}{\sqrt{2}}(c_1^+ \mp c_2^+) = \mp\left(\frac{M\omega_\perp}{4\hbar}\right)^{\frac{1}{2}}\left[\mathrm{i}(x_1 \pm \mathrm{i}x_2) + \frac{p_1 \pm \mathrm{i}p_2}{M\omega_\perp}\right]$$

$$[c_+, c_-^+] = [c_-, c_+^+] = 0$$

$$[c_+, c_+^+] = [c_-, c_-^+] = 1$$

$$N = n_+ + n_- + n_3$$

$$\Lambda = n_+ - n_-$$

渐近基 $|Nn_3\Lambda\Omega\rangle = |Nn_3\Lambda\Sigma\rangle$, $\Omega = \Lambda + \Sigma$, 其中 Σ 是自旋的第三分量.

$$|Nn_3\Lambda\Sigma\rangle = \frac{1}{\sqrt{n_3!n_+!n_-!}}(c_3^+)^{n_3}(c_+^+)^{n_+}(c_-^+)^{n_-}|0\rangle\chi_\Sigma$$

$N = 0$ 时:

$$n_3 = 0, \quad \Lambda = 0$$

$N = 1$ 时:

$$n_3 = 0, \quad \Lambda = \pm 1$$

$$n_3 = 1, \quad \Lambda = 0$$

$N = 2$ 时:

$$n_3 = 0, \quad \Lambda = 0, \pm 2$$

$$n_3 = 1, \quad \Lambda = \pm 1$$

$$n_3 = 2, \quad \Lambda = 0$$

$N = 3$ 时:

$$n_3 = 0, \quad \Lambda = \pm 3, \pm 1$$
$$n_3 = 1, \quad \Lambda = 0, \pm 2$$
$$n_3 = 2, \quad \Lambda = \pm 1$$
$$n_3 = 3, \quad \Lambda = 0$$

2. 维数

当 N 为偶数时:

$$n_3 = 0, \Lambda = 0, \pm 2, \cdots, \pm N, \text{共 } N + 1 \text{ 个};$$
$$n_3 = 1, \Lambda = \pm 1, \pm 3, \cdots, \pm (N - 1), \text{共 } N \text{ 个};$$
$$n_3 = N, \Lambda = 0, \text{只有 } 1 \text{ 个};$$

共有 $\displaystyle\sum_1^{N+1} k = \frac{1}{2}(N + 1)(N + 2)$.

当 N 为奇数时:

$$N = n_3 + n_+ + n_- = n_z + n_+ - n_- + 2n_- = n_z + \Lambda + 2n_-$$
$$n_3 = 0, \Lambda = \pm 1, \pm 3, \cdots, \pm N, \text{共 } N + 1 \text{ 个};$$
$$n_3 = 1, \Lambda = 0, \pm 2, \cdots, \pm (N - 1), \text{共 } N \text{ 个};$$
$$n_3 = N, \Lambda = 0, \text{只有 } 1 \text{ 个};$$

共有 $\displaystyle\sum_1^{N+1} k = \frac{1}{2}(N + 1)(N + 2)$.

3. 在空间反射和时间反演作用下渐近基矢的变换

1) 空间反射变换: P

由 $\vec{r} \to -\vec{r}, \vec{p} \to -\vec{p}$, 可以得到

$$c_3^+ \longrightarrow -c_3^+$$
$$c_+^+ \longrightarrow -c_+^+$$
$$c_-^+ \longrightarrow -c_-^+$$

所以

$$P|Nn_3\Lambda\Sigma\rangle = (-1)^N|Nn_3\Lambda\Sigma\rangle = (-1)^{n_z+\Lambda}|Nn_3\Lambda\Sigma\rangle$$

2) 时间反演: $T = R_2^{-1}(\pi) = R_2(-\pi)$

在 $R_2(-\pi)$ 的作用下:

$$x_1 \to -x_1$$

$$p_1 \to -p_1$$

$$x_3 \to -x_3$$

$$p_3 \to -p_3$$

$$x_2 \to x_2$$

$$p_2 \to p_2$$

由此可以得到

$$c_3 \to -c_3$$

$$c_1 \to -c_1$$

$$c_2 \to c_2$$

$$c_\pm = \mp \frac{1}{\sqrt{2}}(c_1 \mp c_2) \to \mp \frac{1}{\sqrt{2}}(-c_1 \mp c_2) = c_\mp$$

所以

$$T|Nn_3\Lambda\Sigma\rangle = R_2(-\pi)|Nn_3\Lambda\Sigma\rangle = (-1)^{n_3}(-1)^{\frac{1}{2}+\Sigma}|Nn_3\overline{\Lambda\Sigma}\rangle$$

$$= (-1)^{\frac{1}{2}+\Sigma+n_3}|Nn_3\overline{\Lambda\Sigma}\rangle$$

$$= (-1)^{\frac{1}{2}+\Sigma+n_3}|Nn_3\overline{\Lambda\Omega}\rangle$$

$$\Omega : \cdots, -\frac{3}{2}, \frac{1}{2}, \frac{5}{2}, \cdots$$

$$\overline{\Omega} : \cdots, -\frac{5}{2}, -\frac{1}{2}, \frac{3}{2}, \cdots$$

$$x_1 \pm \mathrm{i}x_2 = \pm \mathrm{i}\left(\frac{\hbar}{M\omega_\perp}\right)^{\frac{1}{2}}(c_\pm^+ + c_\mp)$$

$$p_1 \pm \mathrm{i}p_2 = \mp(\hbar M\omega_\perp)^{\frac{1}{2}}(c_\pm^+ - c_\mp)$$

$$x_3 = -\mathrm{i}\left(\frac{\hbar}{2M\omega_3}\right)^{\frac{1}{2}}(c_3^+ - c_3)$$

$$p_3 = \left(\frac{\hbar M\omega_3}{2}\right)^{\frac{1}{2}}(c_3^+ + c_3)$$

所以在渐近基 $|Nn_3\Lambda\Sigma\rangle$ 下的矩阵元为

$$\langle N'n_3\Lambda \pm 1\Sigma|x_1 \pm \mathrm{i}x_2|Nn_3\Lambda\Sigma\rangle$$

$$= \pm\mathrm{i}\left(\frac{\hbar}{2M\omega_\perp}\right)^{\frac{1}{2}}\{(N - n_3 \pm \Lambda + 2)^{\frac{1}{2}}\delta_{N'N+1} + (N - n_3 \mp \Lambda)^{\frac{1}{2}}\delta_{N'N-1}$$

$$\langle N \pm 1n_3 \mp 1\Lambda|x_3|Nn_3\Lambda\rangle = \mp\mathrm{i}\left(\frac{\hbar}{2M\omega_3}\right)^{\frac{1}{2}}\left(n_3 + \frac{1}{2} \pm \frac{1}{2}\right)^{\frac{1}{2}}$$

角动量可表示为

$$\ell_1 \pm \mathrm{i}\ell_2 = (2\omega_3\omega_\perp)^{-\frac{1}{2}}\{(\omega_3 + \omega_\perp)(c_3^+ c_\mp + c_\pm^+ c_3) + (\omega_3 - \omega_\perp)(c_3^+ c_\pm^+ + c_3 c_\mp)\}$$

$$\ell_3 = c_+^+ c_+ - c_-^+ c_-$$

则 $\Delta N = 0$ 的矩阵元为

$$\langle Nn_3\Lambda|\ell_3|Nn_3\Lambda\rangle = \Lambda$$

$$\langle Nn_3'\Lambda \pm 1|\ell_1 \pm \mathrm{i}\ell_2|Nn_3\Lambda\rangle$$

$$= \frac{\omega_3 + \omega_\perp}{2(\omega_3\omega_\perp)^{\frac{1}{2}}}\{(n_3 + 1)^{\frac{1}{2}}(N - n_3 \mp \Lambda)^{\frac{1}{2}}\delta_{n_3'n_3+1}$$

$$+ (n_3)^{\frac{1}{2}}(N - n_3 \pm \Lambda + 2)^{\frac{1}{2}}\delta_{n_3'n_3-1}$$

还有 $\Delta N = \pm 2$ 的矩阵元.

$$h = h_\mathrm{d} - \kappa\hbar\omega_0^0[2\vec{\ell}\cdot\vec{s} + \mu(\vec{\ell}^2 - \langle\vec{\ell}^2\rangle_N)]$$

取渐近基 $|Nn_3\Lambda\Omega\rangle$, $h_\mathrm{d} = \hbar\bar{\omega}\left[N + \frac{3}{2} - \frac{1}{3}\delta_\mathrm{osc}(3n_3 - N)\right]$ 是对角的, 而 $\vec{\ell}\cdot\vec{s}$, $\vec{\ell}^2$ 项在此渐近基 $|Nn_3\Lambda\Omega\rangle$ 下有非对角矩阵元. 当形变很大时, h_d 项是主要项, 这时可对项

$$-\kappa\hbar\omega_0^0[2\vec{\ell}\cdot\vec{s} + \mu(\vec{\ell}^2 - \langle\vec{\ell}^2\rangle_N)]$$

作微扰处理.

$$\langle Nn_3\Lambda\Omega|\vec{\ell}\cdot\vec{s}|Nn_3\Lambda\Omega\rangle = \Lambda\Sigma$$

$$\langle Nn_3\Lambda\Omega|\vec{\ell}^2 - \langle\vec{\ell}^2\rangle_N|Nn_3\Lambda\Omega\rangle$$

$$= \langle Nn_3\Lambda\Omega|\frac{1}{2}\{(\ell_1 + \mathrm{i}\ell_2)(\ell_1 - \mathrm{i}\ell_2) + (\ell_1 - \mathrm{i}\ell_2)(\ell_1 + \mathrm{i}\ell_2)\}$$

$$+ \ell_3^2 - \langle\vec{\ell}^2\rangle_N|Nn_3\Lambda\Omega\rangle$$

$$= -\left\{\frac{1}{2}\left(2n_2 - N - \frac{1}{2}\right)^2 - \Lambda^2 - \frac{1}{8}\right\}$$

4.3   轴对称形变简谐振子势的坐标空间求解

对于轴对称形变三维简谐振子势:

$$h_{\mathrm{d}} = \frac{1}{2M}(p_1^2 + p_2^2 + p_3^2) + \frac{1}{2}M\omega_\perp^2(x_1^2 + x_2^2) + \frac{1}{2}M\omega_3^2 x_3^2$$

$$= -\frac{\hbar^2 \vec{\nabla}^2}{2M} + \frac{1}{2}M\omega_\perp^2(x_1^2 + x_2^2) + \frac{1}{2}M\omega_3^2 x_3^2$$

取柱坐标:

$$x_1 = \rho\cos\phi$$

$$x_2 = \rho\sin\phi$$

$$x_3 = z$$

$$\vec{\nabla}^2\psi = \frac{1}{\rho}\frac{\partial}{\partial\rho}\left(\rho\frac{\partial\psi}{\partial\rho}\right) + \frac{1}{\rho^2}\frac{\partial^2\psi}{\partial\phi^2} + \frac{\partial^2\psi}{\partial z^2}$$

$$\psi(\rho, \phi, z) = R(\rho)\frac{\mathrm{e}^{\mathrm{i}\Lambda\phi}}{2\pi}Z(z)$$

容易看出在 Z 方向是一维简谐振子势, 令 $\beta_z = \sqrt{\dfrac{M\omega_z}{\hbar}}, \zeta = \beta_z z$, 则有

$$E_z = \left(n_z + \frac{1}{2}\right)\hbar\omega_z$$

$$Z(z) = N_z\beta_z\frac{1}{2}\mathrm{e}^{-\frac{\zeta^2}{2}}H_{n_z}(\zeta)$$

径向函数 $R(\rho)$ 满足方程

$$-\frac{\hbar^2}{2M}\left[\frac{\mathrm{d}^2 R}{\mathrm{d}\rho^2} + \frac{1}{\rho}\frac{\mathrm{d}R}{\mathrm{d}\rho} - \frac{\Lambda^2}{\rho^2}R\right] + \frac{1}{2}M\omega_\perp^2\rho^2 R = E_\perp R$$

令 $\xi = \beta_\perp\rho$, 其中 $\beta_\perp = \sqrt{\dfrac{M\omega_\perp}{\hbar}}$, 则径向方程为

$$\frac{\mathrm{d}^2 R}{\mathrm{d}\xi^2} + \frac{1}{\xi}\frac{\mathrm{d}R}{\mathrm{d}\xi} - \frac{\Lambda^2}{\xi^2}R - \xi^2 R = \frac{2E_\perp}{\hbar\omega_\perp}R$$

假定

$$R = \mathrm{e}^{|\Lambda|\phi}\mathrm{e}^{-\frac{1}{2}\xi^2}W$$

并令

$$\eta = \xi^2 = \beta_\perp\rho^2$$

则 $W(\eta)$ 满足方程

$$\eta W'' + (|\Lambda| + 1 - \eta)W' + \frac{1}{2}\left(\frac{E_\perp}{\hbar\omega_\perp} - |\Lambda| - 1\right)W = 0$$

可以看出只有当

$$\frac{1}{2}\left(\frac{E_\perp}{\hbar\omega_\perp} - |\Lambda| - 1\right) = -n_\rho \quad (n_\rho = 0, 1, 2, \cdots)$$

时方程的解才为有限项级数, 此解称为关联拉盖尔多项式 $L_{n_\perp}^{\Lambda}(\eta)(\Lambda \geqslant 0)$, 它是拉盖尔多项式 $L_n^a(\eta)$ 的特殊情况: $a = m$ 为整数. 容易得到

$$L_n^0(\eta) = e^z \frac{d^n}{d\eta^n}(\eta^n e^{-\eta})$$

$$L_n^m(\eta) = (-1)^m \frac{d^m}{d\eta^m}[L_{m+n}^0(\eta)]$$

为便于参考, 下面列出几个低阶的关联拉盖尔多项式:

$$L_0^0 = 1, \quad L_0^1 = 1, \quad L_0^2 = 2, \quad L_0^3 = 6, \quad \cdots, \quad L_0^m(\eta) = m!$$

$$L_1^0 = 1 - \eta, \quad L_1^1 = 4 - 2\eta, \quad L_1^2 = 18 - 6\eta, L_1^3 = 96 - 24\eta, \cdots$$

$$L_2^0 = 2 - 4\eta + \eta^2, \quad L_2^1 = 18 - 18\eta + 3\eta^2,$$

$$L_1^2 = 18 - 18\eta + 3\eta^2, \quad L_2^3 = 144 - 96\eta + 12\eta^2, \cdots$$

对于拉盖尔多项式 $L_n^a(\eta)$ 所满足的递推关系和积分公式, 联合拉盖尔多项式 $L_n^m(\eta)$ 也都满足, 只需令其中的 $a = m$ 即可. 由此我们得到

$$E_\perp = \hbar\omega_\perp(2n_\rho + |\Lambda| + 1) = \hbar\omega_\perp(n_\perp + 1)$$

$$n_\perp = 2n_\rho + |\Lambda|$$

所以 $|\Lambda|$ 与 $n_\perp$ 有相同的奇偶性.

$$R(\rho) = N_{n_\rho}^{\Lambda}\beta_\perp\sqrt{2}\eta^{\frac{\Lambda}{2}}L_{n_\rho}^{\Lambda}(\eta)$$

式中, $N_{n_\rho}^{\Lambda} = \left(\dfrac{n_\rho!}{(n_\rho + \Lambda)!}\right)$ 是由归一化条件 $\displaystyle\int R^2(\rho)\rho d\rho = 1$ 确定的归一化常数.

$$E = \left(n_z + \frac{1}{2}\right)\hbar\omega_z + \hbar\omega_\perp(n_\perp + 1)$$

本征态波函数:

$$\psi(\rho, \phi, z)\chi_\Sigma = Z(z)R(\rho)\frac{e^{i\Lambda\phi}}{2\pi}\chi_\Sigma$$

主量子数:

$$N = n_z + n_\perp$$

$|Nn_z\Lambda\Xi\rangle$ 称为渐近基.

4.4 形变势场中 Nilsson 能级的赝自旋对称性

从自旋表象 $\ell = j \pm \dfrac{1}{2}$ 到赝自旋表象 $\widetilde{\ell} = j \mp \dfrac{1}{2}$ 的变换矩阵 U 可表示为

$$U = \mathrm{e}^{\mathrm{i}\pi h} = \cos\frac{\pi}{2} + \mathrm{i}\left(\sin\frac{\pi}{2}\right)2h = 2\mathrm{i}h$$

逆矩阵

$$U^{-1} = U^+ = \mathrm{e}^{-\mathrm{i}\pi h} = \cos\frac{\pi}{2} - \mathrm{i}\left(\sin\frac{\pi}{2}\right)2h = -2\mathrm{i}h$$

对于自旋表象的任一算符 F, 在赝自旋表象中有

$$\widetilde{F} = U^{-1}FU = F + 4h[F, h]$$

对于原子核的形变势 $\delta V(r, \theta)$, 容易看出 $U^{-1}\delta V U = \delta V$, 即赝自旋的双重态与形变无关.

对于渐近量子数为 $\left| Nn_z\Lambda, \Omega = \Lambda + \dfrac{1}{2} \right\rangle$ 和 $\left| Nn_z\Lambda + 2, \Omega = \Lambda + \dfrac{3}{2} \right\rangle$ 的态, 定义赝自旋量子数 $\widetilde{N} = N - 1, \widetilde{n_z} = n_z, \widetilde{\Lambda} = \Lambda + 1$, 则这两个态可视为赝自旋 $\widetilde{s} = \pm\dfrac{1}{2}$ 的双重态:

$$\left| \widetilde{Nn_z\Lambda}, \Omega = \widetilde{\Lambda} \pm \frac{1}{2} \right\rangle = \left| \widetilde{N}n_z\widetilde{\Lambda}, \Omega = \widetilde{\Lambda} \pm \frac{1}{2} \right\rangle$$

该双重态的能量劈裂可近似表示为

$$\delta\varepsilon = \widetilde{v}_{\ell s}\hbar\omega_0\widetilde{\Lambda}$$

例如, 对于形变参数大壳 $N = 5$ 的正常宇称中子 Nilsson 能级, 将渐近量子数标记改为用赝自旋渐近量子数标记 (图 4.6), 则容易清楚地看出赝自旋双重态劈裂与形变无关.

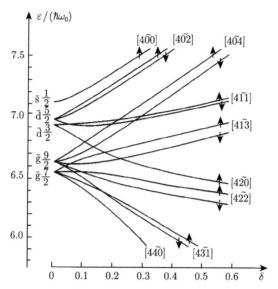

图 4.6　形变势中单粒子态的赝自旋表象, $82 < N < 126$ 壳正常宇称态的中子单粒子能级

4.5　拉　伸　坐　标

由上面的讨论我们看到, 无论采用球形基 $|N\ell jm\rangle$ 或渐近基 $|Nn_3\Lambda\Omega\rangle$, 对 h 对角化时必须考虑 $|\Delta N| = 2$ 的耦合, 当考虑非轴对称形变和奇宇称形变时, 要对角化的矩阵的维数变得非常大.

引入拉伸 (stretched) 坐标可以避免这样困难.

$$h_{\mathrm{d}} = \frac{-\hbar^2 \overrightarrow{\nabla}^2}{2M} + \frac{1}{2}M\omega_1^2 x_1^2 + \frac{1}{2}M\omega_2^2 x_2^2 + \frac{1}{2}M\omega_3^2 x_3^2$$

定义拉伸坐标:

$$x_1^t = \sqrt{\frac{M\omega_1}{\hbar}}\, x_1$$

$$x_2^t = \sqrt{\frac{M\omega_2}{\hbar}}\, x_2$$

$$x_3^t = \sqrt{\frac{M\omega_3}{\hbar}}\, x_3$$

则

$$h_{\mathrm{d}} = \hbar\omega_1 \left[\frac{1}{2}(p_1^{t2} + x_1^{t2})\right] + \hbar\omega_2 \left[\frac{1}{2}(p_2^{t2} + x_2^{t2})\right] + \hbar\omega_3 \left[\frac{1}{2}(p_3^{t2} + x_3^{t2})\right]$$

式中, $p_j^{t2} = -\dfrac{\partial^2}{\partial x_j^{t2}}$.

令

$$\omega_1 = \omega_0(\epsilon, \gamma)\left(1 + \frac{1}{3}\epsilon_2 \cos\gamma + \sqrt{3}\epsilon_2 \sin\gamma\right)$$

$$\omega_2 = \omega_0(\epsilon, \gamma)\left(1 + \frac{1}{3}\epsilon_2 \cos\gamma - \sqrt{3}\epsilon_2 \sin\gamma\right)$$

$$\omega_3 = \omega_0(\epsilon, \gamma)\left(1 - \frac{2}{3}\epsilon_2 \cos\gamma\right)$$

精确到 ϵ_2 的一阶 $\epsilon_2 \approx \delta$, 则

$$h = h_{0h} + h_\epsilon$$

$$h_{0h} = \hbar\omega_0(\epsilon, \gamma)\frac{1}{2}(-\Delta + \rho^2)$$

$$h_\epsilon = \hbar\omega_0(\epsilon, \gamma)\left\{\frac{1}{3}\epsilon_2 \cos\gamma\left[\frac{1}{2}\left(-\frac{\partial^2}{\partial x_1^2} + x_1^{t2}\right)_t\right.\right.$$

$$+ \frac{1}{2}\left(-\frac{\partial^2}{\partial x_2^2} + x_2^{t2}\right)_t - \frac{1}{2}\left(-2\frac{\partial^2}{\partial x_3^2} + 2x_3^{t2}\right)_t\right]$$

$$+ \sqrt{3}\epsilon_2 \sin\gamma\left[\frac{1}{2}\left(-\frac{\partial^2}{\partial x_1^2} + x_1^{t2}\right)_t - \frac{1}{2}\left(-\frac{\partial^2}{\partial x_2^2} + x_2^{t2}\right)_t\right]\right\}$$

这里取拉伸坐标下的球形基 $|N\ell jm\rangle_t$,

$$h_{0h}|N\ell jm\rangle_t = \hbar\omega_0(\epsilon, \gamma)\left(N + \frac{3}{2}\right)$$

下面我们证明 h_ϵ 在 $|\Delta N| = 2$ 的基矢之间的矩阵元为 0.

先给出几个恒等式:

(1) $[[\Delta, x_1^\alpha x_2^\beta x_3^\gamma], \rho^2] = 4(\alpha + \beta + \gamma)x_1^\alpha x_2^\beta x_3^\gamma$

(2) $\langle N'|[\Delta, [\Delta, x_1^\alpha x_2^\beta x_3^\gamma]]|N\rangle = 4\{(N' - N)^2 - (\alpha + \beta + \gamma)\}\langle N'|x_1^\alpha x_2^\beta x_3^\gamma|N\rangle$

$$\Delta = \frac{1}{\rho}\frac{\partial^2}{\partial \rho^2}\rho + \frac{\widehat{\ell^2}}{\rho^2}$$

$$x_1^\alpha x_2^\beta x_3^\gamma \sim \rho^{(\alpha+\beta+\gamma)}Y_{(\alpha+\beta+\gamma)},$$

令 $L = \alpha + \beta + \gamma$, 记

$$q_i = \frac{\partial}{\partial x_i}$$

则有对易关系:

$$[q_i, x_j] = \delta_{ij}$$
$$[q, x^n] = nx^{n-1}$$
$$[q^2, x^n] = q[q, x^n] + [q, x^n]q$$
$$= nqx^{n-1} + nx^{n-1}q$$
$$= 2nx^{n-1}q + n(n-1)x^{n-2}$$

借助上面的对易关系可以得到

$$[\Delta, x_1^\alpha x_2^\beta x_3^\gamma] = \left[\frac{1}{\rho}\frac{\partial^2}{\partial\rho^2}\rho + \frac{\widehat{\ell^2}}{\rho^2}, \rho^L Y_L\right]$$
$$= \left[\frac{1}{\rho}\frac{\partial^2}{\partial\rho^2}\rho, \rho^L\right] Y_L + L(L+1)\rho^{L-2}Y_L$$
$$\left[\frac{1}{\rho}\frac{\partial^2}{\partial\rho^2}\rho, \rho^L\right] = \left[\frac{\partial^2}{\partial\rho^2} + \frac{2}{\rho}\frac{\partial}{\partial\rho}, \rho^L\right]$$
$$= \left[\frac{\partial^2}{\partial\rho^2}, \rho^L\right] + \left[\frac{2}{\rho}\frac{\partial}{\partial\rho}, \rho^L\right]$$
$$= L(L-1)\rho^{L-2} + 2L\rho^{L-1}\frac{\partial}{\partial\rho}$$

所以

$$[\Delta, x_1^\alpha x_2^\beta x_3^\gamma] = \left(2L^2\rho^{L-2} + 2L\rho^{L-1}\frac{\partial}{\partial\rho}\right) Y_L$$

我们得到

$$[[\Delta, x_1^\alpha x_2^\beta x_3^\gamma], \rho^2] = \left[\left(2L^2\rho^{L-2} + 2L\rho^{L-1}\frac{\partial}{\partial\rho}\right) Y_L, \rho^2\right]$$
$$= 4L\rho^L Y_L$$
$$= 4(\alpha + \beta + \gamma)x_1^\alpha x_2^\beta x_3^\gamma \quad \text{(恒等式 (1) 得证)}$$

因为

$$\langle N'|[\Delta, [\Delta, x_1^\alpha x_2^\beta x_3^\gamma]]|N\rangle = \langle N'|[\Delta - \rho^2 + \rho^2, [\Delta - \rho^2, x_1^\alpha x_2^\beta x_3^\gamma]]|N\rangle$$

利用

$$(\Delta - \rho^2)|N\rangle = -2\left(N + \frac{3}{2}\right)$$
$$\langle N'|(\Delta - \rho^2) = -2\left(N' + \frac{3}{2}\right)$$

及恒等式 (1) 得到

$$\langle N'|[\Delta,[\Delta,x_1^\alpha x_2^\beta x_3^\gamma]]|N\rangle$$
$$=4\{(N'-N)^2-(\alpha+\beta+\gamma)\}\langle N'|x_1^\alpha x_2^\beta x_3^\gamma|N\rangle \quad \text{(恒等式 (2) 得证)}$$

(3) $[\Delta,[\Delta,x_1^2+x_2^2-2x_3^2]]_t = 8\left(\dfrac{\partial^2}{\partial x_1^2}+\dfrac{\partial^2}{\partial x_2^2}-2\dfrac{\partial^2}{\partial x_3^2}\right)_t$

(4) $[\Delta,[\Delta,x_1^2-x_2^2]]_t = 8\left(\dfrac{\partial^2}{\partial x_1^2}-\dfrac{\partial^2}{\partial x_2^2}\right)_t$

利用

$$[q^2,x^2]=q[q,x^2]+[q,x^2]q$$
$$=q([q,x]x+x[q,x])+([q,x]x+x[q,x])q=2qx+2xq=2+4xq$$

则

$$[q^2,[q^2,x^2]]=[q^2,2+4xq]=4[q^2,x]q=8q^2$$

借助此恒等式可证

$$\langle N'|-\frac{\partial^2}{\partial x_1^2}-\frac{\partial^2}{\partial x_2^2}+2\frac{\partial^2}{\partial x_3^2}|N\rangle_t = -\frac{1}{8}\langle N'|[\Delta,[\Delta,x_1^2+x_2^2-2x_3^2]]|N\rangle_t$$
$$=-\frac{1}{2}\{(N'-N)^2-2\}\langle N'|x_1^2+x_2^2-2x_3^2|N\rangle$$
$$\langle N'|-\left(\frac{\partial^2}{\partial x_1^2}-\frac{\partial^2}{\partial x_2^2}\right)|N\rangle_t = -\frac{1}{8}\langle N'|[\Delta,[\Delta,x_1^2-x_2^2]]|N\rangle$$
$$=-\frac{1}{2}\{(N'-N)^2-2\}\langle N'|x_1^2-x_2^2|N\rangle_t$$

所以当 $|\Delta N|=2$ 时, 动能项和势能项的矩阵元彼此抵消.

对于 $\Delta N=0$, 我们有

$$\langle N'|-\frac{\partial^2}{\partial x_1^2}-\frac{\partial^2}{\partial x_2^2}+2\frac{\partial^2}{\partial x_3^2}|N\rangle_t = \langle N'|x_1^2+x_2^2-2x_3^2|N\rangle_t$$
$$\langle N'|-\left(\frac{\partial^2}{\partial x_1^2}-\frac{\partial^2}{\partial x_2^2}\right)|N\rangle_t = \langle N'|x_1^2-x_2^2|N\rangle_t$$

取拉伸坐标的球形基 $|N\ell jm\rangle_t$:

$$h_0 = \hbar\omega_0(\epsilon,\gamma)\left\{\frac{1}{2}(-\Delta+\overrightarrow{x}^{t\,2})-\kappa\hbar\overset{0}{\omega}_0[2\overrightarrow{\ell}_t\cdot\overrightarrow{s}+\mu(\overrightarrow{\ell}_t^{\,2}-\langle\overrightarrow{\ell}_t^{\,2}\rangle_{N_t})]\right\}$$

是对角的, 再将

$$h_\epsilon = \hbar\omega_0(\epsilon,\gamma)\left\{\frac{1}{3}\epsilon_2\cos\gamma\left[\frac{1}{2}\left(-\frac{\partial^2}{\partial x_1^2}-\frac{\partial^2}{\partial x_2^2}+2\frac{\partial^2}{\partial x_3^2}\right)+\frac{1}{2}(x_1^{t2}+x_2^{t2}-2x_3^{t2})\right]\right.$$
$$\left.+\sqrt{3}\epsilon_2\sin\gamma\left[\frac{1}{2}\left(-\left(\frac{\partial^2}{\partial x_1^2}-\frac{\partial^2}{\partial x_2^2}\right)\right)+\frac{1}{2}(x_1^{t2}-x_2^{t2})\right]\right\}$$

在一个大壳之内对角化就可以了.

$$\langle N\ell'j'\Omega'|h'|N\ell j\Omega\rangle$$
$$=\hbar\omega_0(\epsilon,\gamma)\Big\{\frac{1}{3}\epsilon_2\cos\gamma\langle N\ell'j'\Omega'|(x_1^{t2}+x_2^{t2}-2x_3^{t2})|N\ell j\Omega\rangle$$
$$+\sqrt{3}\epsilon_2\sin\gamma\langle N\ell'j'\Omega'|(x_1^{t2}-x_2^{t2})|N\ell j\Omega\rangle\Big\}$$

我们有关系式

$$x_1^{t2}+x_2^{t2}-2x_3^{t2}=-\sqrt{\frac{16\pi}{5}}\rho^2 Y_{20}$$

$$x_1^{t2}-x_2^{t2}=\sqrt{\frac{8\pi}{15}}\rho^2(Y_{22}+Y_{2-2})$$

因为 h 在时间反演变换下不变, 所以一个态和它的时间反演态仍然是简并的. 又因为 h_ϵ 中只有在 $|\Delta\Omega|=0,2$ 时才有耦合, 所以取基矢时可选取

$$\Omega=\cdots,-\frac{3}{2},\frac{1}{2},\frac{5}{2},\cdots$$

则时间反演态包含

$$\overline{\Omega}=\cdots,\frac{3}{2},-\frac{1}{2},-\frac{5}{2},\cdots$$

我们也可采用拉伸坐标下的渐近基 $|Nn_z\Lambda\Omega\rangle_t$ 将 h 对角化, 这时更容易看出不存在 $\Delta N=2$ 的耦合.

因为对拉伸坐标的渐近基我们有

$$x_1\pm\mathrm{i}x_2=\pm\mathrm{i}(c_\pm^+ + c_\mp)$$

$$p_1\pm\mathrm{i}p_2=\mp(c_\pm^+ - c_\mp)$$

$$x_3=-\mathrm{i}\frac{1}{\sqrt{2}}(c_3^+ - c_3)$$

$$p_3=\frac{1}{\sqrt{2}}(c_3^+ + c_3)$$

$$(\ell_1\pm\mathrm{i}\ell_2)_t=\sqrt{2}(c_3^+ c_\mp + c_\pm^+ c_3)$$

$$(\ell_3)_t=c_+^+ c_+ - c_-^+ c_-$$

$$\overrightarrow{\ell}_t^2=\frac{1}{2}[(\ell_1+\mathrm{i}\ell_2)_t(\ell_1-\mathrm{i}\ell_2)_t+(\ell_1-\mathrm{i}\ell_2)_t(\ell_1+\mathrm{i}\ell_2)_t]+(\ell_3)_t^2$$
$$=2c_3^+ c_3^+ c_+ c_- + 2c_+^+ c_-^+ c_3 c_3 + 2n_3(n_\perp+1)+n_\perp+\Lambda^2$$

$$\overrightarrow{\ell}\cdot\overrightarrow{s}=\frac{1}{2}[(\ell_1+\mathrm{i}\ell_2)_t(s_1-\mathrm{i}s_2)_t+(\ell_1-\mathrm{i}\ell_2)_t(s_1+\mathrm{i}s_2)_t]+\ell_3 s_3$$

容易看出

$$h_{\mathrm{d}} = \hbar\omega_0(\epsilon, \gamma) \left\{ \left(1 + \frac{1}{3}\epsilon_2 \cos\gamma \right) N - \epsilon_2 \cos\gamma \left(n_3 + \frac{1}{2} \right) \right.$$

$$\left. + \sqrt{3}\epsilon_2 \sin\gamma [c_+^+ c_- + c_-^+ c_+] \right\}$$

以及

$$\kappa\hbar\overset{0}{\omega_0}[2\overrightarrow{\ell} \cdot \overrightarrow{s} + \mu(\overrightarrow{\ell}^2 - \langle\overrightarrow{\ell}^2\rangle_N)]_t$$

项都只在一个大壳内有耦合.

　　因为某些原子核的基态除有稳定的四极形变外还有十六极形变, 某些原子核还可能有八极形变, 所以在采用拉伸坐标时在哈密顿量中还引入

$$\epsilon_3 \rho^2 P_3(\cos\theta) + \epsilon_4 \rho^2 P_4(\cos\theta)$$

形式的项. 采用 ρ^2 形式是便于利用体积守恒条件. 如果只对单粒子能级有兴趣 (如计算壳修正时), 采用拉伸坐标是方便的, 因为只需在一个大壳内对哈密顿量进行对角化. 但必须指出, 如果要讨论电磁跃迁或单粒子的角动量 (如粒子-转子模型中的粒子角动量), 为了采用拉伸坐标下的波函数, 我们必须将算符也变换为拉伸坐标.

　　定义

$$A = \frac{1}{2}\left(\sqrt{\frac{\omega_y}{\omega_x}} + \sqrt{\frac{\omega_x}{\omega_y}} \right)$$

$$B = \frac{1}{2}\left(\sqrt{\frac{\omega_y}{\omega_x}} - \sqrt{\frac{\omega_x}{\omega_y}} \right)$$

$$\alpha = \frac{1}{4}\left(\sqrt{\frac{\omega_z}{\omega_y}} + \sqrt{\frac{\omega_y}{\omega_z}} + \sqrt{\frac{\omega_x}{\omega_z}} + \sqrt{\frac{\omega_z}{\omega_x}} \right)$$

$$\beta = \frac{1}{4}\left(\sqrt{\frac{\omega_z}{\omega_y}} + \sqrt{\frac{\omega_y}{\omega_z}} - \sqrt{\frac{\omega_x}{\omega_z}} - \sqrt{\frac{\omega_z}{\omega_x}} \right)$$

$$\gamma = \frac{1}{4}\left(\sqrt{\frac{\omega_z}{\omega_y}} - \sqrt{\frac{\omega_y}{\omega_z}} + \sqrt{\frac{\omega_x}{\omega_z}} - \sqrt{\frac{\omega_z}{\omega_x}} \right)$$

$$\delta = \frac{1}{4}\left(\sqrt{\frac{\omega_z}{\omega_y}} - \sqrt{\frac{\omega_y}{\omega_z}} - \sqrt{\frac{\omega_x}{\omega_z}} + \sqrt{\frac{\omega_z}{\omega_x}} \right)$$

$$f_z^t = -\mathrm{i}\left(x_t \frac{\partial}{\partial y_t} + y_t \frac{\partial}{\partial x_t} \right) = -\frac{1}{2}[\Delta_t, \mathrm{i}x_t y_t]$$

$$f_\pm^t = \frac{1}{2}[\Delta_t, \mathrm{i}z_t(x_t \mp y_t)]$$

$$j_z = s_z + A\ell_z^t + Bf_z^t$$

$$j_\pm = s_z + \ell_\pm^t + \alpha\ell_\pm^t + \beta\ell_\mp^t + \gamma f_\pm^t + \delta f_\mp^t$$

$$\langle N'\alpha'|[\Delta, F(\overrightarrow{r})]|N\alpha\rangle = 2(N - N')\langle N'\alpha'|F(\overrightarrow{r})|N\alpha\rangle$$

$$\langle N'\alpha'|[\Delta, [\Delta, x^\lambda y^\mu z^\nu]]|N\alpha\rangle = 4[(N - N')^2 - (\lambda + \mu + \nu)]\langle N'\alpha'|x^\lambda y^\mu z^\nu|N\alpha\rangle$$

4.6   壳修正和 Strutinski 方法

由 Nilsson 模型我们得到

$$\varepsilon_i(\epsilon_2, \epsilon_3, \epsilon_4, \cdots)$$

式中, $\epsilon_2, \epsilon_3, \epsilon_4$ 是形变参数. 因为时间反演不变性每条能级是二重简并的, 对质子和中子都从下向上逐条能级填起, 可得总能量

$$E(\epsilon_2, \epsilon_3, \epsilon_4, \cdots) = 2\sum_i^{\frac{N}{2}} \varepsilon_i(\epsilon_2, \epsilon_3, \epsilon_4, \cdots) + 2\sum_i^{\frac{Z}{2}} \varepsilon_i(\epsilon_2, \epsilon_3, \epsilon_4, \cdots)$$

但这不是原子核的总能量. 因为单粒子的能量 ε_i 包含动能 t_i 和势能 $v_i = \sum_j V_{ij}$ 将所有核子的单粒子能 ε_i 加起来, 则相互作用能计算了两次. 由简谐振子势中的位力定理

$$\langle t \rangle = \langle v \rangle$$

所以原子核的总能量

$$E_{\mathrm{T}}(\epsilon_2, \epsilon_3, \epsilon_4, \cdots) = \frac{3}{4} E(\epsilon_2, \epsilon_3, \epsilon_4, \cdots)$$

从这个总能量中减去球形时的总能量 (通常只考虑 ϵ_2, ϵ_4 变形):

$$\Delta E(\epsilon_2, \epsilon_4) = E_{\mathrm{T}}(\epsilon_2, \epsilon_4) - E_{\mathrm{T}}(0)$$

称为原子核的形变能, 它随 ϵ_2, ϵ_4 变化的最小值是原子核的基态能量, 相应的 ϵ_2, ϵ_4 称为原子核的基态形变. 计算发现, 这样得到的原子核基态形变的值与实验相近, 但得到的原子核形变能量与实验不符. 计算还发现, 即使采用较实际的变形 Woods-Saxon 势也给不出正确的形变能. 但是我们知道液滴模型能够给出原子核的能量随形变的变化. Strutinski 给出了一种办法, 将变形势场中的单粒子运动和液滴模型结合起来, 即在液滴模型的基础上加壳修正能.

假定有分离的单粒子能级 ε_i, 每一条能级上可放置一个粒子. 能级密度可表示为

$$g(\varepsilon) = \sum_i \delta(\varepsilon - \varepsilon_i)$$

则粒子数为

$$A = \int_{-\infty}^{\lambda} g(\varepsilon) \mathrm{d}\varepsilon$$

粒子系统总能量为

$$E = \int_{-\infty}^{\lambda} \varepsilon g(\varepsilon) \mathrm{d}\varepsilon = \sum_{i}^{A} \varepsilon_i$$

式中, λ 称为费米能, 即低于 λ 的态被占据, 高于 λ 的态未被占据.

平滑能级密度定义为

$$\widetilde{g}(\varepsilon) = \frac{1}{\gamma} \int_{-\infty}^{\infty} g(\varepsilon') f\left(\frac{\varepsilon' - \varepsilon}{\gamma}\right) \mathrm{d}\varepsilon'$$

并要求

$$\widetilde{g}(\varepsilon) = \frac{1}{\gamma} \int_{-\infty}^{\infty} \widetilde{g}(\varepsilon') f\left(\frac{\varepsilon' - \varepsilon}{\gamma}\right) \mathrm{d}\varepsilon'$$

式中, γ 是一个参数, 通常取 $\hbar\omega_0$ 的量级.

要满足此条件对函数 f 有一定要求:

$$f(x) = P(x)W(x)$$

如取

$$W(x) = \frac{1}{\sqrt{\pi}} \mathrm{e}^{-x^2}$$

则 $P(x) = \mathrm{L}_M^{\frac{1}{2}}(x^2)$ 是广义拉盖多项式 (通常取 $M = 4, 6$ 就可保证壳修正能对 γ 的变化是稳定的, 如图 4.7 所示).

$$\mathrm{L}_2^{\frac{1}{2}}(x^2) = \frac{3}{2} - x^2$$

$$\mathrm{L}_4^{\frac{1}{2}}(x^2) = \frac{15}{8} - \frac{5}{2}x^2 + \frac{1}{2}x^4$$

$$\mathrm{L}_6^{\frac{1}{2}}(x^2) = \frac{35}{16} - \frac{35}{8}x^2 + \frac{7}{4}x^4 - \frac{1}{2}x^6$$

这些函数的形式也可由 $\widetilde{g}(\varepsilon)$ 满足的方程得到.

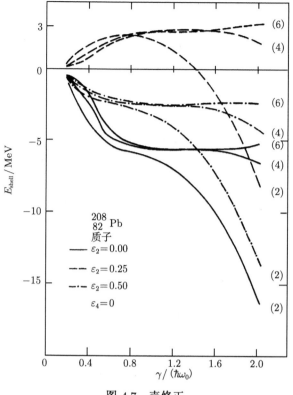

图 4.7 壳修正

例如, 将 $\tilde{g}(\varepsilon)$ 展开到二阶项时 $\tilde{g}(\varepsilon) = b_0 + b_2\varepsilon^2$, 假定 $P(x) = a_0 + a_2x^2$, 则

$$b_0 + b_2\varepsilon^2 = \int_{-\infty}^{\infty} \tilde{g}(\gamma x + \varepsilon)f(x)\mathrm{d}x$$

$$= \int_{-\infty}^{\infty} [b_0 + b_2(\gamma x + \varepsilon)^2](a_0 + a_2x^2)\frac{1}{\sqrt{\pi}}\mathrm{e}^{-x^2}\mathrm{d}x$$

$$= (b_0 + b_2\varepsilon^2)\left(a_0 + \frac{1}{2}a_2\right) + b_2\gamma^2\left(\frac{1}{2}a_0 + \frac{3}{4}a_2\right)$$

由此可得

$$a_0 + \frac{1}{2}a_2 = 1$$

$$\frac{1}{2}a_0 + \frac{3}{4}a_2 = 0$$

所以得到 $a_0 = \dfrac{3}{2}, a_2 = -1$, 即

$$P(x) = \frac{3}{2} - x^2$$

定义平滑费米能 $\widetilde{\lambda}$:

$$A = \int_{-\infty}^{\widetilde{\lambda}} \widetilde{g}(\varepsilon)\mathrm{d}\varepsilon$$

$$\widetilde{E} = \int_{-\infty}^{\widetilde{\lambda}} \varepsilon\widetilde{g}(\varepsilon)\mathrm{d}\varepsilon$$

$$\widetilde{g}(\varepsilon) = \sum_i \frac{1}{\gamma} f\left(\frac{\varepsilon_i - \varepsilon}{\gamma}\right)$$

则

$$A = \int_{-\infty}^{\widetilde{\lambda}} \sum_i \frac{1}{\gamma} f\left(\frac{\varepsilon_i - \varepsilon}{\gamma}\right)\mathrm{d}\varepsilon = \sum_i \int_{-\infty}^{t_i} f(x)\mathrm{d}x = \sum_i \widetilde{n}_i$$

式中, $\widetilde{n}_i$ 称广义占有数; $t_i = \dfrac{\widetilde{\lambda} - \varepsilon_i}{\gamma}$.

由上式可定出 $\widetilde{\lambda}$, 即 $\widetilde{n}_i$ 为已知.

$$\widetilde{E} = \sum_i \varepsilon_i \widetilde{n}_i$$

称为原子核的平滑部分.

$$\Delta E_{\mathrm{shell}} = E - \widetilde{E}$$

称为壳修正能.

对质子和中子分别计算壳修正能 $\Delta E_{\mathrm{shell}}^{\mathrm{P}}$ 和 $\Delta E_{\mathrm{shell}}^{\mathrm{N}}$, 则原子核的总能量为

$$E_{\mathrm{T}} = E_{\mathrm{LQ}} + \Delta E_{\mathrm{shell}}^{\mathrm{P}} + \Delta E_{\mathrm{shell}}^{\mathrm{N}}$$

式中, E_{LQ} 是原子核的液滴模型能量.

4.7　例　　题

例题 4.1　　假定单粒子势为轴对称椭球形状的无限深方势阱, 讨论如何计算此形变势场中的单粒子能级.

解　　假定椭球表面满足方程

$$R_0^2 = Dx^2 + Dy^2 + D^{-2}z^2$$

容易看出, 椭球在 x, y 方向的轴的长度为 $D^{-\frac{1}{2}}R_0$, 在 z 方向的轴长度为 DR_0, 显然此椭球满足体积守恒且与 D 无关.

形变位势为: 在椭球内部 $V = 0$, 在椭球之外 $V = \infty$, 所以在椭球内部单粒子哈密顿量为

$$H = -\frac{\hbar^2}{2M}\left(\frac{\partial 2}{\partial x^2} + \frac{\partial 2}{\partial y^2} + \frac{\partial 2}{\partial z^2}\right)$$

在椭球表面波函数为零.

实施变数变换:

$$x' = D^{\frac{1}{2}}x, \quad y' = D^{\frac{1}{2}}y, \quad z' = D^{-1}z$$

有

$$R_0^2 = x'^2 + y'^2 + z'^2$$

$$H = -\frac{\hbar^2}{2M}\left(D\frac{\partial^2}{\partial x'^2} + D\frac{\partial^2}{\partial y'^2} + D^{-2}\frac{\partial^2}{\partial z'^2}\right)$$

$$= -\frac{\hbar^2}{2M}\left\{\frac{1}{3}(2D + D^{-2})\left(\frac{\partial^2}{\partial x'^2} + \frac{\partial^2}{\partial y'^2} + \frac{\partial^2}{\partial z'^2}\right)\right.$$

$$\left. - \frac{1}{3}(D - D^{-2})\left[3\frac{\partial^2}{\partial z'^2} - \left(\frac{\partial^2}{\partial x'^2} + \frac{\partial^2}{\partial y'^2} + \frac{\partial^2}{\partial z'^2}\right)\right]\right\}$$

$$= H_0 + H_1$$

式中

$$H_0 = \frac{1}{3}(2D + D^{-2})\left[-\frac{\hbar^2}{2M}\nabla^2 + V\right]$$

$$V = \begin{cases} \infty & (r \geqslant R_0) \\ 0 & (r < R_0) \end{cases}$$

$$H_1 = -\frac{1}{3}(D - D^{-2})\left(-\frac{\hbar^2}{2M}\right)\left[3\frac{\partial^2}{\partial z^2} - \left(\frac{\partial^2}{\partial x^2} + \frac{\partial^2}{\partial y^2} + \frac{\partial^2}{\partial z^2}\right)\right]$$

在势阱内部

$$H_0\psi = E\psi$$

在球坐标下求解, 假定波函数有以下形式:

$$\psi(r, \theta, \phi) = \sum_\ell R_\ell(r)Y_{\ell m}(\theta, \phi)$$

则我们有径向方程

$$\frac{\mathrm{d}^2 R_\ell(r)}{\mathrm{d}r^2} + \frac{2}{r}\frac{\mathrm{d}R_\ell(r)}{\mathrm{d}r} + \left[k^2 - \frac{\ell(\ell+1)}{r^2}\right]R_\ell(r) = 0$$

式中, $k = \sqrt{\dfrac{2ME}{\hbar^2}}$. 要求势阱内部波函数有限可以得到

$$R_\ell(r) = A_\ell \mathrm{j}_\ell(kr)$$

利用在边界 R_0 处径向波函数为零, 即 $\mathrm{j}_\ell(kR_0) = 0$, 令 $\omega_{n\ell}$ 是球贝塞尔函数 $\mathrm{j}_\ell(x)$ 的根, 则 $k = \dfrac{\omega_{n\ell}}{R_0}$, 所以

$$E_{n\ell} = \frac{\hbar^2 \omega_{n\ell}^2}{2M R_0^2}$$

$$\psi_{n\ell m}(r, \theta, \phi) = A_{n\ell} \mathrm{j}_\ell(\omega_{n\ell} \frac{r}{R_0}) \mathrm{Y}_{\ell m}(\theta, \phi) = |n\ell m\rangle$$

式中, $A_{n\ell}$ 为归一化常数, 即 $A_{n\ell}^2 \displaystyle\int_0^{R_0} \mathrm{j}_\ell^2\left(\omega_{n\ell} \frac{r}{R_0}\right) r^2 \mathrm{d}r = 1$.

$$N_{n\ell}^{-2} = \frac{1}{2} R^3 \mathrm{j}_{\ell+1}^2(\kappa_{n\ell} R)$$

以 $|n\ell m\rangle$ 为基矢将 H_1 对角化可以得到形变势场中的单粒子能级.

第5章 对相互作用

实验发现, 奇 A 原子核的低能激发谱与偶–偶原子核有极为不同的特征. 奇 A 核的低激发能的能级密度可用奇核子的单粒子激发很好地描述, 但对于偶–偶核, 除转动能级外不存在低于 2MeV 的激发态, 即在偶–偶核存在 2Δ 的能隙, 这里 Δ 是原子核的奇偶质量差. 这种现象与超导金属中电子能级密度中有能隙完全类似.

5.1 常数对力与 BCS 近似

$$H = \sum_{\mu>0} \epsilon_\mu(C_\mu^+ C_\mu + C_{\tilde\mu}^+ C_{\tilde\mu}) - G \sum_{\mu\nu>0} C_\mu^+ C_{\tilde\mu}^+ C_{\tilde\nu} C_\nu$$

$$\widehat{N} = \sum_{\mu>0}(C_\mu^+ C_\mu + C_{\tilde\mu}^+ C_{\tilde\mu})$$

$$H(\lambda) = H - \lambda\widehat{N}$$

$$= \sum_{\mu>0}(\epsilon_\mu - \lambda)(C_\mu^+ C_\mu + C_{\tilde\mu}^+ C_{\tilde\mu}) - G \sum_{\mu\nu>0} C_\mu^+ C_{\tilde\mu}^+ C_{\tilde\nu} C_\nu$$

其中, C 为粒子算符 (费米子).

$$\alpha_\mu = U_\mu C_\mu - V_\mu C_{\tilde\mu}^+$$

$$\alpha_{\tilde\mu} = U_\mu C_{\tilde\mu} + V_\mu C_\mu^+$$

$$U_\mu^2 + V_\mu^2 = 1$$

其中, α 为准粒子算符.

$$C_\mu = U_\mu \alpha_\mu + V_\mu \alpha_{\tilde\mu}^+$$

$$C_{\tilde\mu} = U_\mu \alpha_{\tilde\mu} - V_\mu \alpha_\mu^+$$

$$\{\alpha_\mu, \alpha_\nu^+\} = \{U_\mu C_\mu - V_\mu C_{\tilde\mu}^+, U_\nu C_\nu^+ - V_\nu C_{\tilde\nu}\} = \delta_{\mu\nu}$$

准粒子真空态为 $|\text{BCS}\rangle$, 则

$$\alpha_\mu|\text{BCS}\rangle = \alpha_{\tilde\mu}|\text{BCS}\rangle = 0$$

所以 $|\text{BCS}\rangle = \prod_\nu \alpha_\nu \alpha_{\tilde\nu}|0\rangle$, 其中 $|0\rangle$ 是粒子算符的真空态.

对 $H(\lambda)$ 利用 Wick 定理:

$$
\begin{aligned}
H(\lambda) = &\sum_{\mu>0} (\epsilon_\mu - \lambda)(\langle C_\mu^+ C_\mu \rangle + \langle C_{\tilde{\mu}}^+ C_{\tilde{\mu}} \rangle) \\
& - G \sum_{\mu\nu>0} \langle C_\mu^+ C_{\tilde{\mu}}^+ \rangle \langle C_{\tilde{\nu}} C_\nu \rangle - G \sum_{\mu\nu>0} \langle C_\mu^+ C_\nu \rangle \langle C_{\tilde{\mu}}^+ C_{\tilde{\nu}} \rangle \\
& + G \sum_{\mu\nu>0} \langle C_\mu^+ C_{\tilde{\nu}} \rangle \langle C_{\tilde{\mu}}^+ C_\nu \rangle \\
& + \sum_{\mu>0} (\epsilon_\mu - \lambda) : (C_\mu^+ C_\mu + C_{\tilde{\mu}}^+ C_{\tilde{\mu}}) : \\
& - G \sum_{\mu\nu>0} \langle C_\mu^+ C_{\tilde{\mu}}^+ \rangle : C_{\tilde{\nu}} C_\nu : - G \sum_{\mu\nu>0} \langle C_{\tilde{\nu}} C_\nu \rangle : C_\mu^+ C_{\tilde{\mu}}^+ : \\
& - G \sum_{\mu\nu>0} \langle C_\mu^+ C_\nu \rangle : C_{\tilde{\mu}}^+ C_{\tilde{\nu}} : - G \sum_{\mu\nu>0} \langle C_{\tilde{\mu}}^+ C_{\tilde{\nu}} \rangle : C_\mu^+ C_\nu : \\
& + G \sum_{\mu\nu>0} \langle C_\mu^+ C_{\tilde{\nu}} \rangle : C_{\tilde{\mu}}^+ C_\nu : + G \sum_{\mu\nu>0} \langle C_{\tilde{\mu}}^+ C_\nu \rangle : C_\mu^+ C_{\tilde{\nu}} : \\
& - G \sum_{\mu\nu>0} : C_\mu^+ C_{\tilde{\mu}}^+ C_{\tilde{\nu}} C_\nu :
\end{aligned}
$$

由粒子和准粒子的变换公式可得

$$
\begin{aligned}
\langle C_\mu^+ C_\mu \rangle &= \langle \mathrm{BCS} | C_\mu^+ C_\mu | \mathrm{BCS} \rangle = V_\mu^2 \\
\langle C_{\tilde{\mu}}^+ C_{\tilde{\mu}} \rangle &= V_\mu^2 \\
\langle C_\mu^+ C_{\tilde{\mu}}^+ \rangle &= U_\mu V_\mu \\
\langle C_{\tilde{\nu}} C_\nu \rangle &= U_\nu V_\nu \\
\langle C_\mu^+ C_\nu \rangle &= V_\mu^2 \delta_{\mu\nu} \\
\langle C_{\tilde{\mu}}^+ C_{\tilde{\nu}} \rangle &= V_\mu^2 \delta_{\mu\nu} \\
\langle C_\mu^+ C_{\tilde{\nu}} \rangle &= \langle C_{\tilde{\mu}}^+ C_\nu \rangle = 0
\end{aligned}
$$

由此得到

$$
\begin{aligned}
H(\lambda) = &(1) + (2) + (3) \\
(1) = I(V) = &\sum_{\mu>0} (\epsilon_\mu - \lambda)(\langle C_\mu^+ C_\mu \rangle + \langle C_{\tilde{\mu}}^+ C_{\tilde{\mu}} \rangle) \\
& - G \sum_{\mu\nu>0} \langle C_\mu^+ C_{\tilde{\mu}}^+ \rangle \langle C_{\tilde{\nu}} C_\nu \rangle - G \sum_{\mu\nu>0} \langle C_\mu^+ C_\nu \rangle \langle C_{\tilde{\mu}}^+ C_{\tilde{\nu}} \rangle \\
& + G \sum_{\mu\nu>0} \langle C_\mu^+ C_{\tilde{\nu}} \rangle \langle C_{\tilde{\mu}}^+ C_\nu \rangle = 2 \sum_{\mu>0} (\epsilon_\mu - \lambda) V_\mu^2
\end{aligned}
$$

$$- G \sum_{\mu\nu>0} U_\mu V_\mu U_\nu V_\nu - G \sum_{\mu\nu>0} (V_\mu^2 \delta_{\mu\nu})^2$$

$$= 2 \sum_{\mu>0} (\epsilon_\mu - \lambda) V_\mu^2 - G \left\{ \left(\sum_{\mu>0} U_\mu V_\mu \right)^2 + \sum_{\mu>0} V_\mu^4 \right\}$$

因为

$$: C_\mu^+ C_\mu : = : (U_\mu \alpha_\mu^+ + V_\mu \alpha_{\widetilde{\mu}})(U_\mu \alpha_\mu + V_\mu \alpha_{\widetilde{\mu}}^+) :$$

$$= : U_\mu^2 \alpha_\mu^+ \alpha_\mu + V_\mu^2 \alpha_{\widetilde{\mu}} \alpha_{\widetilde{\mu}}^+ + U_\mu V_\mu (\alpha_\mu^+ \alpha_{\widetilde{\mu}}^+ + \alpha_{\widetilde{\mu}} \alpha_\mu) :$$

$$= U_\mu^2 \alpha_\mu^+ \alpha_\mu - V_\mu^2 \alpha_{\widetilde{\mu}}^+ \alpha_{\widetilde{\mu}} + U_\mu V_\mu (\alpha_\mu^+ \alpha_{\widetilde{\mu}}^+ + \alpha_{\widetilde{\mu}} \alpha_\mu)$$

$$: C_{\widetilde{\mu}}^+ C_{\widetilde{\mu}} : = : (U_\mu \alpha_{\widetilde{\mu}}^+ - V_\mu \alpha_\mu)(U_\mu \alpha_{\widetilde{\mu}} - V_\mu \alpha_\mu^+) :$$

$$= : U_\mu^2 \alpha_{\widetilde{\mu}}^+ \alpha_{\widetilde{\mu}} + V_\mu^2 \alpha_\mu \alpha_\mu^+ - U_\mu V_\mu (\alpha_{\widetilde{\mu}}^+ \alpha_\mu^+ + \alpha_\mu \alpha_{\widetilde{\mu}}) :$$

$$= - V_\mu^2 \alpha_\mu^+ \alpha_\mu + U_\mu^2 \alpha_{\widetilde{\mu}}^+ \alpha_{\widetilde{\mu}} + U_\mu V_\mu (\alpha_\mu^+ \alpha_{\widetilde{\mu}}^+ + \alpha_{\widetilde{\mu}} \alpha_\mu)$$

$$: C_\mu^+ C_{\widetilde{\mu}}^+ : = : (U_\mu \alpha_\mu^+ + V_\mu \alpha_{\widetilde{\mu}})(U_\mu \alpha_{\widetilde{\mu}}^+ - V_\mu \alpha_\mu) :$$

$$= : U_\mu^2 \alpha_\mu^+ \alpha_{\widetilde{\mu}}^+ - V_\mu^2 \alpha_{\widetilde{\mu}} \alpha_\mu - U_\mu V_\mu \alpha_\mu^+ \alpha_\mu + U_\mu V_\mu \alpha_{\widetilde{\mu}} \alpha_{\widetilde{\mu}}^+ :$$

$$= U_\mu^2 \alpha_\mu^+ \alpha_{\widetilde{\mu}}^+ - V_\mu^2 \alpha_{\widetilde{\mu}} \alpha_\mu - U_\mu V_\mu (\alpha_\mu^+ \alpha_\mu + \alpha_{\widetilde{\mu}}^+ \alpha_{\widetilde{\mu}})$$

$$: C_{\widetilde{\nu}} C_\nu : = : (U_\nu \alpha_{\widetilde{\nu}} - V_\nu \alpha_\nu^+)(U_\nu \alpha_\nu + V_\nu \alpha_{\widetilde{\nu}}^+) :$$

$$= : U_\nu^2 \alpha_{\widetilde{\nu}} \alpha_\nu - V_\nu^2 \alpha_\nu^+ \alpha_{\widetilde{\nu}}^+ - U_\nu V_\nu \alpha_\nu^+ \alpha_\nu + U_\nu V_\nu \alpha_{\widetilde{\nu}} \alpha_{\widetilde{\nu}}^+ :$$

$$= U_\nu^2 \alpha_{\widetilde{\nu}} \alpha_\nu - V_\nu^2 \alpha_\nu^+ \alpha_{\widetilde{\nu}}^+ - U_\nu V_\nu (\alpha_\nu^+ \alpha_\nu + \alpha_{\widetilde{\nu}}^+ \alpha_{\widetilde{\nu}})$$

$$: C_\mu^+ C_\nu : = : (U_\mu \alpha_\mu^+ + V_\mu \alpha_{\widetilde{\mu}})(U_\nu \alpha_\nu + V_\nu \alpha_{\widetilde{\nu}}^+) :$$

$$= U_\mu U_\nu \alpha_\mu^+ \alpha_\nu - V_\mu V_\nu \alpha_{\widetilde{\nu}}^+ \alpha_{\widetilde{\mu}} + U_\mu V_\nu \alpha_\mu^+ \alpha_{\widetilde{\nu}}^+ + V_\mu U_\nu \alpha_{\widetilde{\mu}} \alpha_\nu$$

$$: C_{\widetilde{\mu}}^+ C_{\widetilde{\nu}} : = : (U_\mu \alpha_{\widetilde{\mu}}^+ - V_\mu \alpha_\mu)(U_\nu \alpha_{\widetilde{\nu}} - V_\nu \alpha_\nu^+) :$$

$$= U_\mu U_\nu \alpha_{\widetilde{\mu}}^+ \alpha_{\widetilde{\nu}} - V_\mu V_\nu \alpha_\nu^+ \alpha_\mu + U_\mu V_\nu \alpha_\nu^+ \alpha_{\widetilde{\mu}}^+ + V_\mu U_\nu \alpha_{\widetilde{\nu}} \alpha_\mu$$

含有两准粒子的产生或湮没算符的项为

$$(2) = \sum_{\mu>0} (\epsilon_\mu - \lambda) : (C_\mu^+ C_\mu + C_{\widetilde{\mu}}^+ C_{\widetilde{\mu}}) :$$

$$- G \sum_{\mu\nu>0} \langle C_\mu^+ C_{\widetilde{\mu}}^+ \rangle : C_{\widetilde{\nu}} C_\nu : - G \sum_{\mu\nu>0} \langle C_{\widetilde{\nu}} C_\nu \rangle : C_\mu^+ C_{\widetilde{\mu}}^+ :$$

$$- G \sum_{\mu\nu>0} \langle C_\mu^+ C_\nu \rangle : C_{\widetilde{\mu}}^+ C_{\widetilde{\nu}} : - G \sum_{\mu\nu>0} \langle C_{\widetilde{\mu}}^+ C_{\widetilde{\nu}} \rangle : C_\mu^+ C_\nu :$$

$$= \sum_{\mu>0} (\epsilon_\mu - \lambda) \{ (U_\mu^2 - V_\mu^2)(\alpha_\mu^+ \alpha_\mu + \alpha_{\widetilde{\mu}}^+ \alpha_{\widetilde{\mu}}) + 2 U_\mu V_\mu (\alpha_\mu^+ \alpha_{\widetilde{\mu}}^+ + \alpha_{\widetilde{\mu}} \alpha_\mu) \}$$

$$- G \sum_{\mu\nu > 0} \{ U_\mu V_\mu [U_\nu^2 \alpha_{\tilde\nu} \alpha_\nu - V_\nu^2 \alpha_\nu^+ \alpha_{\tilde\nu}^+ - U_\nu V_\nu (\alpha_\nu^+ \alpha_\nu + \alpha_{\tilde\nu}^+ \alpha_{\tilde\nu})]$$

$$+ U_\nu V_\nu [U_\mu^2 \alpha_\mu^+ \alpha_{\tilde\mu}^+ - V_\mu^2 \alpha_{\tilde\mu} \alpha_\mu - U_\mu V_\mu (\alpha_\mu^+ \alpha_\mu + \alpha_{\tilde\mu}^+ \alpha_{\tilde\mu})] \}$$

$$- G \sum_{\mu\nu > 0} \{ V_\mu^2 \delta_{\mu\nu} [U_\mu U_\nu \alpha_{\tilde\mu}^+ \alpha_{\tilde\nu} - V_\mu V_\nu \alpha_\nu^+ \alpha_\mu + U_\mu V_\nu \alpha_\nu^+ \alpha_{\tilde\mu}^+ + V_\mu U_\nu \alpha_{\tilde\nu} \alpha_\mu]$$

$$+ V_\mu^2 \delta_{\mu\nu} [U_\mu U_\nu \alpha_\mu^+ \alpha_\nu - V_\mu V_\nu \alpha_{\tilde\nu}^+ \alpha_{\tilde\mu} + U_\mu V_\nu \alpha_\mu^+ \alpha_{\tilde\nu}^+ + V_\mu U_\nu \alpha_{\tilde\mu} \alpha_\nu] \}$$

$$= \sum_{\mu > 0} \{ (\epsilon_\mu - \lambda - G V_\mu^2)(U_\mu^2 - V_\mu^2) + 2G \left(\sum_\nu U_\nu V_\nu \right) U_\mu V_\mu \} (\alpha_\mu^+ \alpha_\mu + \alpha_{\tilde\mu}^+ \alpha_{\tilde\mu})$$

$$+ \sum_{\mu > 0} \{ 2 U_\mu V_\mu (\epsilon_\mu - \lambda) - G \left(\sum_\nu U_\nu V_\nu \right) (U_\mu^2 - V_\mu^2) - 2 G U_\mu V_\mu^3 \} (\alpha_\mu^+ \alpha_{\tilde\mu}^+ + \alpha_{\tilde\mu} \alpha_\mu)$$

$$(3) = -G \sum_{\mu\nu > 0} : C_\mu^+ C_{\tilde\mu}^+ C_{\tilde\nu} C_\nu :$$

是含有四准粒子的项 (这里我们略去其表达式).

可以证明

$$I(V) = \langle \mathrm{BCS} | H(\lambda) | \mathrm{BCS} \rangle$$

$$= 2 \sum_{\mu > 0} (\epsilon_\mu - \lambda) V_\mu^2 - G \left(\sum_{\mu > 0} U_\mu V_\mu \right)^2 - G \sum_{\mu > 0} V_\mu^4$$

视 V_μ 为变分参数, 由 $\dfrac{\partial I}{\partial V_\mu} = 0$ 可以得到

$$4(\epsilon_\mu - \lambda) V_\mu - 4 G V_\mu^3 - 2G \sum_{\nu > 0} (U_\nu V_\nu) \left(U_\mu + V_\mu \frac{dU_\mu}{dV_\mu} \right) = 0$$

由 $U_\mu^2 + V_\mu^2 = 1$, 则有 $V_\mu \mathrm{d} V_\mu = -U_\mu \mathrm{d} U_\mu$, 由此可得

$$\frac{\mathrm{d} U_\mu}{\mathrm{d} V_\mu} = -\frac{V_\mu}{U_\mu}$$

所以

$$4(\epsilon_\mu - \lambda) V_\mu - 4 G V_\mu^3 - 2G \sum_{\nu > 0} (U_\nu V_\nu) \left(U_\mu - \frac{V_\mu^2}{U_\mu} \right) = 0$$

记 $G \sum_{\nu > 0} (U_\nu V_\nu) = \Delta, \epsilon_\mu' = \epsilon_\mu - G V_\mu^2$, 可得到

$$2(\epsilon_\mu' - \lambda) V_\mu - \frac{\Delta}{U_\mu} (U_\mu^2 - V_\mu^2) = 0$$

$$2(\epsilon_\mu' - \lambda) V_\mu U_\mu = \Delta (U_\mu^2 - V_\mu^2)$$

$$4(\epsilon'_\mu - \lambda)^2 U_\mu^2 (1 - U_\mu^2) = \Delta^2 (2U_\mu^2 - 1)^2$$

$$4U_\mu^4 [\Delta^2 + (\epsilon'_\mu - \lambda)^2] - 4U_\mu^2 [\Delta^2 + (\epsilon'_\mu - \lambda)^2] + \Delta^2 = 0$$

$$\Delta^2 + (\epsilon'_\mu - \lambda^2) = E_\mu^2$$

$$U_\mu^4 - U_\mu^2 + \frac{1}{4} \frac{\Delta^2}{E_\mu^2} = 0$$

方程的解为

$$U_\mu^2 = \frac{1}{2} \left[1 + \frac{(\epsilon'_\mu - \lambda)}{E_\mu} \right]$$

$$V_\mu^2 = \frac{1}{2} \left[1 - \frac{(\epsilon'_\mu - \lambda)}{E_\mu} \right]$$

当 $\Delta = 0$ (无对力) 时, 有

$$(\epsilon'_\mu - \lambda) < 0(\text{费米面以下}) : V_\mu^2 = 1, U_\mu^2 = 0$$

$$(\epsilon'_\mu - \lambda) > 0(\text{费米面以上}) : V_\mu^2 = 0, U_\mu^2 = 1$$

所以 V_μ^2 是态 μ 上粒子的占有数.

下面介绍基态的对修正能.

由

$$H = H(\lambda) + \lambda \widehat{N}$$

$$E_g = \langle \text{BCS}|H|\text{BCS} \rangle = \langle \text{BCS}|H(\lambda) + \lambda \widehat{N}|\text{BCS} \rangle$$

$$= 2 \sum_{\mu > 0} (\epsilon_\mu - \lambda) V_\mu^2 - G \left(\sum_{\nu > 0} (U_\nu V_\nu)^2 \right) - G \sum_{\mu > 0} V_\mu^4 + 2\lambda \sum_{\mu > 0} V_\mu^2$$

$$= 2 \sum_{\mu > 0} \epsilon_\mu V_\mu^2 - G \left(\sum_{\nu > 0} (U_\nu V_\nu)^2 \right) - G \sum_{\mu > 0} V_\mu^4$$

$G \sum_{\mu > 0} V_\mu^4$ 项是对相互作用对单粒子能量的修正, 通常将它略去.

无对力时:

$$E_{g0} = 2 \sum_{\mu > 0}^{\frac{N}{2}} \epsilon_\mu$$

由此得到对修正能:

$$\delta E_{\text{pair}} = E_g - E_{g0}$$

给定对相互作用常数 G 和粒子数 N, 要求解 λ 和 Δ 的联立方程:

(1) $\dfrac{2}{G} = \sum_{\mu>0} \dfrac{1}{E_\mu}$;

(2) $N = 2\sum_{\mu>0} V_\mu^2$.

通常用叠代求解:

$$f_1(\Delta, \lambda) = 0$$

$$f_2(\Delta, \lambda) = 0 \quad (未知数 \ \Delta, \lambda)$$

$$f_1(\Delta, \lambda) = f_1(\Delta_0, \lambda_0) + \left(\frac{\partial f_1}{\partial \Delta}\right)_0 \mathrm{d}\Delta + \left(\frac{\partial f_1}{\partial \lambda}\right)_0 \mathrm{d}\lambda = 0$$

$$f_2(\Delta, \lambda) = f_2(\Delta_0, \lambda_0) + \left(\frac{\partial f_2}{\partial \Delta}\right)_0 \mathrm{d}\Delta + \left(\frac{\partial f_2}{\partial \lambda}\right)_0 \mathrm{d}\lambda = 0$$

$$\begin{pmatrix} \left(\dfrac{\partial f_1}{\partial \Delta}\right)_0 & \left(\dfrac{\partial f_1}{\partial \lambda}\right)_0 \\ \left(\dfrac{\partial f_2}{\partial \Delta}\right)_0 & \left(\dfrac{\partial f_2}{\partial \lambda}\right)_0 \end{pmatrix} \begin{pmatrix} \mathrm{d}\Delta \\ \mathrm{d}\lambda \end{pmatrix} = \begin{pmatrix} -f_1(\Delta_0, \lambda_0) \\ -f_2(\Delta_0, \lambda_0) \end{pmatrix}$$

$H(\lambda)$ 中 $(\alpha_\mu^+ \alpha_\mu + \alpha_{\tilde\mu}^+ \alpha_{\tilde\mu})$ 的项为

$$(\epsilon_\mu - \lambda)(U_\mu^2 - V_\mu^2) - GV_\mu^2(U_\mu^2 - V_\mu^2) + 2GU_\mu V_\mu \left(\sum_\nu U_\nu V_\nu\right)$$

$$= (\epsilon_\mu' - \lambda)(U_\mu^2 - V_\mu^2) + 2\Delta U_\mu V_\mu$$

$$= \frac{(\epsilon_\mu' - \lambda)^2}{E_\mu} + \frac{\Delta^2}{E_\mu} = E_\mu$$

$H(\lambda)$ 中 $(\alpha_\mu^+ \alpha_\mu + \alpha_{\tilde\mu}^+ \alpha_{\tilde\mu})$ 的项为

$$\sum_{\mu>0} E_\mu(\alpha_\mu^+ \alpha_\mu + \alpha_{\tilde\mu}^+ \alpha_{\tilde\mu})$$

$H(\lambda)$ 中 $\alpha_\mu^+ \alpha_{\tilde\mu}^+ + \alpha_{\tilde\mu}\alpha_\mu$ 的项为

$$\sum_{\mu>0}\left\{2(\epsilon_\mu' - \lambda)V_\mu U_\mu - G\sum_{\nu>0} V_\nu U_\nu(U_\mu^2 - V_\mu^2)\right\}(\alpha_\mu^+ \alpha_{\tilde\mu}^+ + \alpha_{\tilde\mu}\alpha_\mu)$$

$$= \sum_{\mu>0}\left\{2(\epsilon_\mu' - \lambda)V_\mu U_\mu - \Delta(U_\mu^2 - V_\mu^2)\right\}(\alpha_\mu^+ \alpha_{\tilde\mu}^+ + \alpha_{\tilde\mu}\alpha_\mu)$$

容易看出, $\{2(\epsilon_\mu' - \lambda)V_\mu U_\mu - \Delta(U_\mu^2 - V_\mu^2)\} = 0$ 和 $\dfrac{\partial I}{\partial V_\mu} = 0$ 等价, 即对于 $|\text{BCS}\rangle$ 基态, $H(\lambda)$ 中的 $(\alpha_\mu^+ \alpha_{\tilde\mu}^+ + \alpha_{\tilde\mu}\alpha_\mu)$ 项不存在.

当忽略准粒子之间的相互作用项时, 得到

$$H(\lambda) = E_g - \lambda N_g + \sum_{\mu>0} E_\mu(\alpha_\mu^+ \alpha_\mu + \alpha_{\widetilde{\mu}}^+ \alpha_{\widetilde{\mu}})$$

式中

$$E_g = \langle BCS|H|BCS \rangle$$

$$N_g = \langle BCS|\widehat{N}|BCS \rangle$$

|BCS⟩ 态没有确定的粒子数, 粒子数涨落为

$$\langle (\delta\widehat{N})^2 \rangle = \langle \widehat{N}^2 \rangle - N^2$$

5.2   奇 A 原子核

1. 准粒子近似

在准粒子近似下奇 A 原子核基态

$$|\mu\rangle = \alpha_\mu^+ |BCS\rangle$$

$$\langle \mu|H(\lambda) + \lambda\widehat{N}|\mu\rangle = \langle \mu|H(\lambda)|\mu\rangle + \langle \mu|\lambda\widehat{N}|\mu\rangle$$

$$\langle \mu|H(\lambda)|\mu\rangle = \langle BCS|H(\lambda)|BCS\rangle + E_\mu = E_g - \lambda N_g + E_\mu$$

$$\langle \mu|\widehat{N}|\mu\rangle = N$$

令 $\mu = \mu_1$, 要解的对方程为

(1) $\Delta = G \sum_{\mu>0} U_\mu V_\mu$;

(2) $N = V_{\mu_1}^2 + 2 \sum_{\mu>0(\mu\neq\mu_1)} V_\mu^2$.

下面讨论原子核的奇偶质量差.

一准粒子态的基本公式为

$$E(N,\mu) = \langle \mu|H(\lambda) + \lambda\widehat{N}|\mu\rangle = E_g + \lambda(N - N_g) + E_\mu$$

若 N 为偶数, 则

$$N = N_g, \quad E(N) = E_g$$

$$E(N \pm 1) = E_g \pm \lambda + E_\mu \approx E_g \pm \lambda + \Delta$$

则有

$$\frac{1}{2}\{[E(N+1)-E(N)]+[E(N-1)-E(N)]\}$$

$$=\frac{1}{2}[E(N+1)-2E(N)+E(N-1)]$$

$$\approx\frac{1}{2}[\lambda+\Delta-\lambda+\Delta]=\Delta$$

若 N 为奇数, 则 $N\pm1$ 为偶.

$$E_{\mathrm{g}}(N\pm1)=[E(N,\mu)-\Delta]\pm\lambda$$

$$\frac{1}{2}\{[E(N+1)-E(N)]+[E(N-1)-E(N)]\}$$

$$=\frac{1}{2}(-\Delta+\lambda-\Delta-\lambda)=-\Delta$$

2. 阻塞效应

如果 μ_1 态有一个粒子, 此轨道不能配对, 要解的对方程为

(1) $\Delta=G\displaystyle\sum_{\mu>0(\mu\neq\mu_1)}U_\mu V_\mu$;

(2) $N=1+2\displaystyle\sum_{\mu>0(\mu\neq\mu_1)}V_\mu^2$.

奇 A 核的基态能量为

$$E=E_{\mathrm{g}}+\Delta$$

式中, E_{g} 是 $(N-1)$ 系统的基态能量.

5.3　等间隔能级常数对力模型

对于常数对力近似, 对相互作用常数 G 的大小与能量截断有关. 下面我们用等间隔能级模型来讨论这个问题. 取费米能 $\lambda=0$, 假定在费米面以上截断能量为 S, 费米面以下截断能量为 $-S$. 能级密度为 ρ, 则能级间隔为 $d=\dfrac{1}{\rho}$, 每条能级可填两个粒子.

因为费米能 $\lambda=0$ 已知, 我们只需解一个方程:

$$\frac{2}{G}=\sum_{\mu>0}\frac{1}{E_\mu}=\int_{-S}^{S}\rho\frac{\mathrm{d}\epsilon}{\sqrt{\epsilon^2+\Delta^2}}=\rho\ln\frac{S+\sqrt{S^2+\Delta^2}}{-S+\sqrt{S^2+\Delta^2}}$$

所以有关系式

$$\exp\left(\frac{2}{G\rho}\right)=\frac{S+\sqrt{S^2+\Delta^2}}{-S+\sqrt{S^2+\Delta^2}}=\frac{(S+\sqrt{S^2+\Delta^2})^2}{\Delta^2}$$

因为 $S \gg \Delta$, 所以 $\dfrac{2S}{\Delta} \approx \exp\left(\dfrac{1}{G\rho}\right)$, 即 $\Delta = 2S \exp\left(-\dfrac{1}{G\rho}\right)$.

下面估算原子核费米面附近的能级密度. 已知 $N_{\max} \approx \left(\dfrac{3}{2}A\right)^{\frac{1}{3}}$, 其中 $N_{\max}$ 是费米面所处的大壳数. 此大壳内共有能级数为 $\dfrac{1}{2}N_{\max}^2 \approx \dfrac{1}{2}\left(\dfrac{3}{2}A\right)^{\frac{2}{3}}$, 所以 $\rho = \dfrac{\frac{1}{2}N_{\max}^2}{\hbar\omega} = \dfrac{\left(\frac{3}{2}\right)^{\frac{2}{3}}}{2 \cdot 41}A$, 即 ρ 与 A 成正比, 如果我们想在费米面上下取的能级数目一定, 则

$$S \propto \sqrt{A}$$

由原子核的奇偶质量差给出 $\Delta_n \approx \Delta_p \approx 12A^{-\frac{1}{2}}(\mathrm{MeV})$.

在实际计算时, 对于修正简谐振子势, 质子能级通常取 $S = \dfrac{1}{\rho}\sqrt{15Z}$, 中子能级取 $S = \dfrac{1}{\rho}\sqrt{15N}$, 由此可以得到

$$G = -\left(\rho \ln \frac{\Delta}{2S}\right)^{-1} \approx \frac{18.7}{A}(\mathrm{MeV})$$

考虑到质子和中子大壳能量 $(\hbar\omega)$ 的差别, 有

$$G\left(\begin{array}{c} n \\ p \end{array}\right) = \left(18.7 \mp \frac{1}{3}\frac{N-Z}{A}\right)\frac{1}{A}(\mathrm{MeV})$$

对稀土区的原子核, 调整 G_n 和 G_p 的值去符合原子核四极矩的实验值, 得到

$$G\left(\begin{array}{c} n \\ p \end{array}\right) = \left(19.2 \pm 7.4\frac{N-Z}{A}\right)\frac{1}{A}(\mathrm{MeV})$$

与等间隔能级模型得到的结果基本一致.

5.4 单体算符

在准粒子近似下计算电磁跃迁需要单体跃迁算符转换为准粒子表示, 可以再一次应用 Wick 定理. 在推导时我们要用以下公式:

$$\langle\tilde{\mu}|\hat{f}|\tilde{\nu}\rangle = -c\langle\nu|\hat{f}|\mu\rangle$$
$$\langle\mu|\hat{f}|\tilde{\nu}\rangle = c\langle\nu|\hat{f}|\tilde{\mu}\rangle$$

电跃迁算符:

$$c = -1$$

磁跃迁算符:

$$c = +1$$

单体算符:

$$F = \sum_{\mu\nu} \langle\mu|\widehat{f}|\nu\rangle C_\mu^+ C_\nu$$

$$= \sum_{\mu\nu>0} \{\langle\mu|\widehat{f}|\nu\rangle\langle C_\mu^+ C_\nu\rangle + \langle\widetilde{\mu}|\widehat{f}|\widetilde{\nu}\rangle\langle C_{\widetilde{\mu}}^+ C_{\widetilde{\nu}}\rangle$$

$$+ \langle\mu|\widehat{f}|\widetilde{\nu}\rangle\langle C_\mu^+ C_{\widetilde{\nu}}\rangle + \langle\widetilde{\mu}|\widehat{f}|\nu\rangle\langle C_{\widetilde{\mu}}^+ C_\nu\rangle\}$$

$$+ \sum_{\mu\nu>0} \{\langle\mu|\widehat{f}|\nu\rangle : C_\mu^+ C_\nu : + \langle\widetilde{\mu}|\widehat{f}|\widetilde{\nu}\rangle : C_{\widetilde{\mu}}^+ C_{\widetilde{\nu}} :$$

$$+ \langle\mu|\widehat{f}|\widetilde{\nu}\rangle : C_\mu^+ C_{\widetilde{\nu}} : + \langle\widetilde{\mu}|\widehat{f}|\nu\rangle : C_{\widetilde{\mu}}^+ C_\nu :\}$$

$$\text{常数项}(1) = \sum_{\mu\nu>0} \{\langle\mu|\widehat{f}|\nu\rangle\langle C_\mu^+ C_\nu\rangle + \langle\widetilde{\mu}|\widehat{f}|\widetilde{\nu}\rangle\langle C_{\widetilde{\mu}}^+ C_{\widetilde{\nu}}\rangle$$

$$+ \langle\mu|\widehat{f}|\widetilde{\nu}\rangle\langle C_\mu^+ C_{\widetilde{\nu}}\rangle + \langle\widetilde{\mu}|\widehat{f}|\nu\rangle\langle C_{\widetilde{\mu}}^+ C_\nu\rangle\}$$

$$= \sum_{\mu\nu>0} V_\mu^2 \delta_{\mu\nu}\{\langle\mu|\widehat{f}|\nu\rangle + \langle\widetilde{\mu}|\widehat{f}|\widetilde{\nu}\rangle\}$$

$$\sum_{\mu>0} \langle\mu|\widehat{f}|\mu\rangle(1-c)V_\mu^2$$

$$\text{二准粒子项}(2) = \sum_{\mu\nu>0} \{\langle\mu|\widehat{f}|\nu\rangle[U_\mu U_\nu \alpha_\mu^+ \alpha_\nu - V_\mu V_\nu \alpha_{\widetilde{\nu}}^+ \alpha_{\widetilde{\mu}} + U_\mu V_\nu \alpha_\mu^+ \alpha_{\widetilde{\nu}}^+ + V_\mu U_\nu \alpha_{\widetilde{\mu}} \alpha_\nu]$$

$$+ \langle\widetilde{\mu}|\widehat{f}|\widetilde{\nu}\rangle[U_\mu U_\nu \alpha_{\widetilde{\mu}}^+ \alpha_{\widetilde{\nu}} - V_\mu V_\nu \alpha_\nu^+ \alpha_\mu + U_\mu V_\nu \alpha_{\widetilde{\mu}}^+ \alpha_\mu^+ + V_\mu U_\nu \alpha_{\widetilde{\nu}} \alpha_\mu]$$

$$+ \langle\widetilde{\mu}|\widehat{f}|\nu\rangle[U_\mu U_\nu \alpha_{\widetilde{\mu}}^+ \alpha_\nu + V_\mu V_\nu \alpha_{\widetilde{\nu}}^+ \alpha_\mu + U_\mu V_\nu \alpha_{\widetilde{\mu}}^+ \alpha_{\widetilde{\nu}}^+ - V_\mu U_\nu \alpha_\mu \alpha_\nu]$$

$$+ \langle\mu|\widehat{f}|\widetilde{\nu}\rangle[U_\mu U_\nu \alpha_\mu^+ \alpha_{\widetilde{\nu}} + V_\mu V_\nu \alpha_\nu^+ \alpha_{\widetilde{\mu}} - U_\mu V_\nu \alpha_\mu^+ \alpha_\nu^+ + U_\nu V_\mu \alpha_{\widetilde{\mu}} \alpha_{\widetilde{\nu}}]\}$$

$$= \sum_{\mu\nu} \langle\mu|\widehat{f}|\nu\rangle U_\mu U_\nu \alpha_\mu^+ \alpha_\nu + \sum_{\mu\nu} \langle\mu|\widehat{f}|\nu\rangle c V_\mu V_\nu \alpha_\mu^+ \alpha_\nu$$

$$+ \sum_{\mu>0,\nu<0} \langle\mu|\widehat{f}|\widetilde{\nu}\rangle(-U_\mu V_\nu \alpha_\mu^+ \alpha_\nu^+) + \sum_{\mu<0,\nu>0} \langle\mu|\widehat{f}|\widetilde{\nu}\rangle(-U_\mu V_\nu \alpha_\mu^+ \alpha_\nu^+)$$

$$+ \sum_{\mu\nu<0} \langle\mu|\widehat{f}|\widetilde{\nu}\rangle(-U_\mu V_\nu \alpha_\mu^+ \alpha_\nu^+) + \sum_{\mu\nu>0} \langle\mu|\widehat{f}|\widetilde{\nu}\rangle(-U_\mu V_\nu \alpha_\mu^+ \alpha_\nu^+)$$

$$+ \sum_{\mu>0,\nu<0} \langle\widetilde{\nu}|\widehat{f}|\mu\rangle(-U_\mu V_\nu \alpha_\nu \alpha_\mu) + \sum_{\mu<0,\nu>0} \langle\widetilde{\nu}|\widehat{f}|\mu\rangle(-U_\mu V_\nu \alpha_\nu \alpha_\mu)$$

$$+ \sum_{\mu\nu>0} \langle\widetilde{\nu}|\widehat{f}|\mu\rangle(-U_\mu V_\nu \alpha_\nu \alpha_\mu) + \sum_{\mu\nu<0} \langle\widetilde{\nu}|\widehat{f}|\mu\rangle(-U_\mu V_\nu \alpha_\nu \alpha_\mu)$$

$$= \sum_{\mu\nu} \langle\mu|\widehat{f}|\nu\rangle(U_\mu U_\nu + c V_\mu V_\nu)\alpha_\mu^+ \alpha_\nu$$

$$+ \sum_{\mu\nu}(-U_\mu V_\nu)\{\langle\mu|\widehat{f}|\widetilde{\nu}\rangle\alpha_\mu^+\alpha_\nu^+ + \langle\widetilde{\nu}|\widehat{f}|\mu\rangle\alpha_\nu\alpha_\mu\}$$

利用

$$\sum_{\mu<\nu}(-U_\mu V_\nu)\{\langle\mu|\widehat{f}|\widetilde{\nu}\rangle\alpha_\mu^+\alpha_\nu^+ + \langle\widetilde{\nu}|\widehat{f}|\mu\rangle\alpha_\nu\alpha_\mu\}$$

$$= \sum_{\mu>\nu}(-U_\nu V_\mu)\{\langle\nu|\widehat{f}|\widetilde{\mu}\rangle\alpha_\nu^+\alpha_\mu^+ + \langle\widetilde{\mu}|\widehat{f}|\nu\rangle\alpha_\mu\alpha_\nu\}$$

$$= \sum_{\mu>\nu}(cU_\nu V_\mu)\{\langle\mu|\widehat{f}|\widetilde{\nu}\rangle\alpha_\mu^+\alpha_\nu^+ + \langle\widetilde{\nu}|\widehat{f}|\mu\rangle\alpha_\nu\alpha_\mu\}$$

最后得到单体算符在准粒子表象的表达式:

$$F = \sum_{\mu\nu}\langle\mu|\widehat{f}|\nu\rangle C_\mu^+ C_\nu$$

$$= \sum_{\mu>0}\langle\mu|\widehat{f}|\mu\rangle(1-c)V_\mu^2$$

$$+ \sum_{\mu\nu}\langle\mu|\widehat{f}|\nu\rangle(U_\mu U_\nu + cV_\mu V_\nu)\alpha_\mu^+\alpha_\nu$$

$$+ \sum_{\mu>\nu}(-U_\mu V_\nu + cU_\nu V_\mu)\{\langle\mu|\widehat{f}|\widetilde{\nu}\rangle\alpha_\mu^+\alpha_\nu^+ + \langle\widetilde{\nu}|\widehat{f}|\mu\rangle\alpha_\nu\alpha_\mu\}$$

第6章 原子核的集体转动和单粒子运动

6.1 粒子-转子模型

在本体系中系统的动能为

$$T = \sum_i \frac{1}{2} m_i \vec{v'}_i^2$$

假定本体系以角速度 $\vec{\omega}$ 在实验室系中做刚体转动, 则在实验室系中观测有

$$T = \sum_i \frac{1}{2} m_i (\vec{v'}_i + \vec{\omega} \times \vec{r'}_i)^2 = \sum_i \frac{1}{2} m_i \vec{v'}_i^2 + \sum_i \frac{1}{2} m_i (\vec{\omega} \times \vec{r'}_i)^2 + \vec{\omega} \cdot \vec{j}$$

式中, $\vec{j} = \sum_i m_i (\vec{r'}_i \times \vec{v'}_i)$ 是系统在本体系 (内禀系) 中的角动量.

因为对于偶-偶核的基态, 在内禀系中总自旋为零, 所以 $\vec{j}$ 是未配对核子在本体系中的角动量.

下面只考虑本体系中一个粒子与转子的耦合.

角速度 $\vec{\omega}$ 在本体系中三个主轴上的分量分别为 ω_1、ω_2、ω_3, 它们可视为广义速度. 则有

$$\sum_i \frac{1}{2} m_i (\vec{\omega} \times \vec{r'}_i)^2 = \frac{1}{2}_1 \Im_1 \omega_1^2 + \frac{1}{2} \Im_2 \omega_2^2 + \frac{1}{2} \Im_3 \omega_3^2 = T_{\text{rot}}$$

式中, $\Im_1, \Im_2, \Im_3$ 是刚体转动惯量 (见例题 2.2).

定义广义动量

$$I_\alpha = \frac{\partial T}{\partial \omega_\alpha} = j_\alpha + \Im_\alpha \omega_\alpha = j_\alpha + R_\alpha$$

式中, $R_\alpha = \Im_\alpha \omega_\alpha$, $\alpha = 1, 2, 3$. 所以

$$\omega_\alpha = \frac{I_\alpha - j_\alpha}{\Im_\alpha}$$

$$\begin{aligned}
H_{\text{rot}} &= \sum_{\alpha=1}^3 \frac{\partial T}{\partial \omega_\alpha} \omega_\alpha - T = \sum_{\alpha=1}^3 I_\alpha \omega_\alpha - T \\
&= \sum_{\alpha=1}^3 \frac{I_\alpha (I_\alpha - j_\alpha)}{\Im_\alpha} - \sum_{\alpha=1}^3 \frac{(I_\alpha - j_\alpha) j_\alpha}{\Im_\alpha} - \frac{1}{2} \sum_{\alpha=1}^3 \frac{(I_\alpha - j_\alpha)^2}{\Im_\alpha} \\
&= \sum_{\alpha=1}^3 \frac{(I_\alpha - j_\alpha)^2}{\Im_\alpha} - \frac{1}{2} \sum_{\alpha=1}^3 \frac{(I_\alpha - j_\alpha)^2}{\Im_\alpha} = \frac{1}{2} \sum_{\alpha=1}^3 \frac{(I_\alpha - j_\alpha)^2}{\Im_\alpha}
\end{aligned}$$

$$= \frac{1}{2} \sum_{\alpha=1}^{3} \frac{R_\alpha^2}{\Im_\alpha}$$

对于轴对称转子 $\Im_1 = \Im_2 = \Im$, 因为量子系统不存在绕对称轴的集体转动, 所以

$$H_{\text{rot}} = \frac{R_1^2 + R_2^2}{2\Im} = \frac{(I_1 - j_1)^2 + (I_2 - j_2)^2}{2\Im}$$

$$= \frac{1}{2\Im}(I_1^2 + I_2^2 + j_1^2 + j_2^2 - 2I_1 j_1 - 2I_2 j_2)$$

所以对于轴对称转子粒子-转子的哈密顿量为

$$H = \frac{1}{2\Im}(\vec{I}^2 - I_3^2) - \frac{1}{\Im}(I_1 j_1 + I_2 j_2) + \frac{1}{2\Im}(\vec{j}^2 - j_3^2) + H_{\text{intr}}. \tag{6.1}$$

式中, $H_{\text{rec}} = \frac{1}{2\Im}(\vec{j}^2 - j_3^2)$ 称为反冲项, 它只与内禀系中的变数有关.

令 j_3 的本征值为 K, 则 $H_{\text{coup}} = -\frac{1}{\Im}(I_1 j_1 + I_2 j_2) = -\frac{1}{2\Im}(I_+ j_- + I_- j_+)$, 将不同 K 的内禀态耦合起来.

首先略去 H_{coup}, 则

$$H_0 = \frac{1}{2\Im}(\vec{I}^2 - I_3^2) + \frac{1}{2\Im}(\vec{j}^2 - j_3^2) + H_{\text{intr}}. \tag{6.2}$$

因为 H_{rec} 只与内禀系的变量有关, 所以体系的波函数可表示为转动波函数与内禀系中波函数的乘积 $D_{MK}^I(\Omega)|K\rangle$, 因为波函数满足条件 $R_e = R_i$, 这里 R_e 作用在转动波函数 $D_{MK}^I(\Omega)$ 上, 而 R_i 作用在内禀态 $|K\rangle$ 上, 则体系的波函数可表示为

$$|IMK\rangle = \left(\frac{2I+1}{16\pi^2}\right)^{\frac{1}{2}} [D_{MK}^I(\Omega)|K\rangle + (-1)^{I+K} D_{M-K}^I(\Omega)|\widetilde{K}\rangle] \quad (K = j_3 > 0) \tag{6.3}$$

式中, $|\widetilde{K}\rangle$ 是内禀态 $|K\rangle$ 的时间反演态.

H_{coup} 有非对角矩阵元

$$-\frac{1}{2\Im}\langle IMK'|(I_+ j_- + I_- j_+)|IMK\rangle$$

借助公式, 得到

$$-\frac{1}{2\Im}\langle IMK+1|(I_+ j_- + I_- j_+)|IMK\rangle$$

$$= -\frac{1}{\Im}\sqrt{I(I+1) - K(K+1)}\langle K+1|j_x|K\rangle$$

$$= -\frac{1}{2\Im}\sqrt{I(I+1) - K(K+1)} \sum_{n\ell j} c_{n\ell j}\sqrt{j(j+1) - K(K+1)}$$

式中, $|K\rangle = \sum_{n\ell j} c_{n\ell j}|N\ell j K\rangle$ 是 Nilsson 能级的波函数.

1. 强耦合极限

当 H_{coup} 的非对角耦合矩阵元比变形场中单粒子能级劈裂小许多时, 单粒子的角动量沿原子核的对称轴排列, 这时 K 是好量子数 (图 6.1(a)). 此时可以略去 H_{coup} 的非对角矩阵元, 只有 $K = \dfrac{1}{2}$ 时它贡献对角矩阵元. 在此极限下原子核的转动谱 (转动带) 为

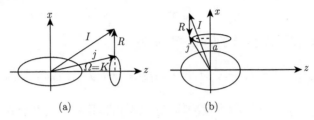

图 6.1　强耦合和顺排

若 $K \neq \dfrac{1}{2}$, 则

$$E(IK) = \frac{\hbar^2[I(I+1) - K^2]}{2\Im} + \epsilon_K \quad (I \geqslant K, \Delta I = 1) \tag{6.4}$$

若 $K = \dfrac{1}{2}$ (I, M 都是半整数), 因为

$$\left| IM\frac{1}{2} \right\rangle = \left(\frac{2I+1}{16\pi^2} \right)^{\frac{1}{2}} \left[D^I_{M\frac{1}{2}}(\Omega) \left| \frac{1}{2} \right\rangle + (-1)^{I+\frac{1}{2}} D^I_{M-\frac{1}{2}}(\Omega) \left| \widetilde{\frac{1}{2}} \right\rangle \right]$$

H_{coup} 有对角矩阵元, 则转动带的能谱为

$$E\left(I\frac{1}{2} \right) = \frac{\hbar^2 \left[I(I+1) - \dfrac{1}{4} + a\left(I + \dfrac{1}{2}\right)(-1)^{I+\frac{1}{2}} \right]}{2\Im} + \epsilon_{\frac{1}{2}} \tag{6.5}$$

式中, $a = \mathrm{i} \left\langle \dfrac{1}{2} | j_+ | \widetilde{\dfrac{1}{2}} \right\rangle$ 称为脱耦系数.

例子: 图 6.2 给出强耦合极限下奇质子原子核 $^{165}_{69}\mathrm{Tm}$ 的多个转动带. 假定形变参数 $\delta \sim 0.3$, 则这些转动带的带头 K 值容易由质子轨道的 Nilsson 能级指定. 从图中可以明显看到基带 $\left(|K\rangle = \left| 411\dfrac{1}{2} \right\rangle \right)$ 和奇宇称激发带 $|K\rangle = \left| 541\dfrac{1}{2} \right\rangle$ 中脱耦系数的影响.

同一转动带不同角动量之间有 $E2$ 和 $M1$ 跃迁.

下面讨论强耦合极限下同一转动带内的电磁跃迁 ($E2$ 和 $M1$ 跃迁).

(1) 原子核的电四极矩和电四极跃迁.

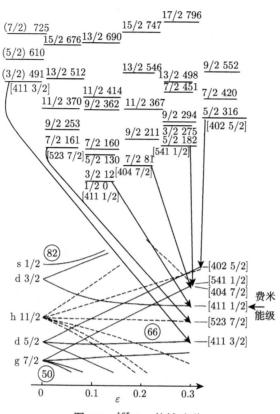

图 6.2 $^{165}_{69}$Tm 的转动谱

电多极跃迁算符

$$\widehat{\mu}(E\lambda\mu) = \sum_i (er^\lambda Y_{\lambda\mu})_i$$

对于轴对称原子核定义电四极矩 (内禀四极矩)

$$eQ_0 = \langle K|\rho_e[2x_3^2 - (x_2^2 + x_1^2)]|K\rangle = \left(\frac{16\pi}{5}\right)^{\frac{1}{2}} \langle K|\widehat{\mu}(E20)|K\rangle \tag{6.6}$$

在实验室系, 电四极跃迁算符为

$$\widehat{\mu}(E2\mu) = D^2_{\mu 0}\widehat{\mu}(E20)$$

同一转动带中 (K 固定) 不同态之间的 $E2$ 跃迁为

$$B(E2; KI_1 \longrightarrow KI_2) = \frac{5}{16\pi} e^2 Q_0^2 (C^{I_2 K}_{I_1 K 20})^2 \tag{6.7}$$

公式推导如下:

$$|IMK\rangle = \left(\frac{2I+1}{16\pi^2}\right)^{\frac{1}{2}} [D^I_{MK}(\Omega)|K\rangle + (-1)^{I+K} D^I_{M-K}(\Omega)|\widetilde{K}\rangle]$$

借助关系式

$$\langle \widetilde{K}|\widehat{\mu}(E20)|\widetilde{K}\rangle = -c\langle K|\widehat{\mu}(E20)|K\rangle$$
$$= \langle K|\widehat{\mu}(E20)|K\rangle$$

因为对电跃迁 $c = -1$, 则

$$\langle I_2 M_2 K|\widehat{\mu}(E2\mu)|I_1 M_1 K\rangle$$

$$= \left(\frac{2I_2+1}{16\pi^2}\right)^{\frac{1}{2}} \left(\frac{2I_1+1}{16\pi^2}\right)^{\frac{1}{2}} \left\{ \int \mathrm{d}\Omega D^{I_2*}_{M_2 K} D^2_{\mu 0} D^{I_1}_{M_1 K} \langle K|\widehat{\mu}(E20)|K\rangle \right.$$

$$\left. + (-1)^{I_1+I_2+2K} \int \mathrm{d}\Omega D^{I_2*}_{M_2-K} D^2_{\mu 0} D^{I_1}_{M_1-K} \langle \widetilde{K}|\widehat{\mu}(E20)|\widetilde{K}\rangle \right\}$$

$$= \left(\frac{2I_2+1}{16\pi^2}\right)^{\frac{1}{2}} \left(\frac{2I_1+1}{16\pi^2}\right)^{\frac{1}{2}} \left\{ \int \mathrm{d}\Omega D^{I_2*}_{M_2 K} \sum_I C^{IM}_{I_1 M_1 2\mu} C^{IK}_{I_1 K 20} D^I_{MK} \langle K|\widehat{\mu}(E20)|K\rangle \right.$$

$$\left. + (-1)^{I_1+I_2+2K} \int \mathrm{d}\Omega D^{I_2*}_{M_2-K} \sum_I C^{IM}_{I_1 M_1 2\mu} C^{I-K}_{I_1-K 20} D^I_{M-K} \langle K|\widehat{\mu}(E20)|K\rangle \right\}$$

$$= \left(\frac{2I_2+1}{16\pi^2}\right)^{\frac{1}{2}} \left(\frac{2I_1+1}{16\pi^2}\right)^{\frac{1}{2}} \langle K|\widehat{\mu}(E20)|K\rangle \left\{ \frac{8\pi^2}{2I_2+1} C^{I_2 M_2}_{I_1 M_1 2\mu} [C^{IK}_{I_1 K 20} \right.$$

$$\left. + (-1)^{I_1+I_2+2K} C^{I_2-K}_{I_1-K 20}] \right\}$$

$$= \left(\frac{2I_1+1}{2I_2+1}\right)^{\frac{1}{2}} C^{I_2 M_2}_{I_1 M_1 2\mu} C^{IK}_{I_1 K 20}$$

所以

$$B(E2; KI_1 \longrightarrow KI_2) = \frac{1}{2I_1+1} \sum_{M_2 M_1} |\langle I_2 M_2 K|\widehat{\mu}(E2\mu)|I_1 M_1 K\rangle|^2$$

$$= \frac{1}{2I_1+1} \left(\frac{2I_1+1}{2I_2+1}\right) \sum_{M_2 M_1} C^{I_2 M_2}_{I_1 M_1 2\mu} C^{I_2 M_2}_{I_1 M_1 2\mu} (C^{IK}_{I_1 K 20})^2$$

$$|\langle K|\widehat{\mu}(E20)|K\rangle|^2$$

$$= \frac{5}{16\pi} e^2 Q_0^2 (C^{I_2 K}_{I_1 K 20})^2$$

当 $I \gg K$ 时 (半经典近似成立), 则

$$C^{I_2 K}_{I_1 K 20} \approx \begin{cases} \left(\dfrac{3}{8}\right)^{\frac{1}{2}}; \ I_2 = I_1 \pm 2 \\[2mm] \left(\dfrac{3}{2}\right)^{\frac{1}{2}} \dfrac{K}{I}; I_2 = I_1 \pm 1 \\[2mm] -\dfrac{1}{2}; \ I_2 = I_1 \end{cases}$$

这时 $\Delta I = \pm 1$ 的电四极跃迁可以忽略.

(2) 原子核的磁矩和 $M1$ 跃迁.

对 $K \neq 0$ 的转动带, 令 3 轴是对称轴, 则 $I_3 = J_3$.

在实验室系中, $M1$ 跃迁算符为

$$\widehat{M}_{1\mu}(\text{Lab.}) = \sum_\nu D^1_{\mu\nu} \widehat{M}_{1\nu}(\text{intr.}) + \left(\frac{3}{4\pi}\right)^{\frac{1}{2}} \frac{e\hbar}{2Mc} g_R (I_\mu - D^1_{\mu 0} I_3)$$

式中, 第一项

$$\widehat{M}_{1\nu}(\text{intr.}) = \left(\frac{3}{4\pi}\right)^{\frac{1}{2}} \frac{e\hbar}{2Mc} \sum_i (g_\ell \ell_{1\nu} + g_s s_{1\nu})_i$$

是原子核的内禀运动对磁矩的贡献; 第二项表示与原子核对称轴垂直的角动量分量
成正比的转动运动的效应.

定义

$$\left(\frac{3}{4\pi}\right)^{\frac{1}{2}} \frac{e\hbar}{2Mc} g_K K = \langle K|\widehat{M}_{10}(\text{intr.})|K\rangle$$

和

$$\left(\frac{3}{4\pi}\right)^{\frac{1}{2}} \frac{e\hbar}{2Mc} (g_K - g_R)b = -\sqrt{2}\left\langle K = \frac{1}{2}|\widehat{M}_{11}(\text{intr.})|\widetilde{K = \frac{1}{2}}\right\rangle$$

可以得到

$$\begin{aligned}
\langle I_2 K||\widehat{M}_1(\text{Lab.})||I_1 K\rangle = &\left(\frac{3}{4\pi}\right)^{\frac{1}{2}} \frac{e\hbar}{2Mc}(2I_1 + 1)^{\frac{1}{2}} \\
&\times \left\{\left[g_K - g_R)C^{I_2 K}_{I_1 K 10} - b(-1)^{I_1 + \frac{1}{2}}\frac{1}{\sqrt{2}}C^{I_2 \frac{1}{2}}_{I_1 - \frac{1}{2} 11}\delta\left(K, \frac{1}{2}\right)\right] \right. \\
&\left. + g_R\sqrt{I_1(I_1 + 1)}\delta(I_1, I_2)\right\}
\end{aligned}$$

因为

$$C^{II}_{II10}C^{IK}_{IK10} = \frac{I}{\sqrt{I(I+1)}}\frac{K}{\sqrt{I(I+1)}} = \frac{K}{I+1}$$

所以对 $K > \frac{1}{2}$ 的转动带:

磁矩

$$\mu = \langle IM = I, K|\widehat{\mu_z}|IM = I, K\rangle = g_R I + (g_K - g_R)\frac{K^2}{I+1} \tag{6.8}$$

磁偶极跃迁强度

$$B(M1; KI_1 \longrightarrow KI_2 = I_1 \pm 1) = \frac{3}{4\pi}\left(\frac{e\hbar}{2Mc}\right)^2 (g_K - g_R)^2 (C^{I_2 K}_{I_1 K 10})^2 \tag{6.9}$$

当 $I \gg K$ 时 (半经典近似成立), 有

$$C_{I_1 K 10}^{I_2 K} = \begin{cases} \pm \left(\dfrac{1}{2}\right)^{\frac{1}{2}} & (I_2 = I_1 \pm 1) \\[2mm] \dfrac{K}{I} \end{cases}$$

作为对强耦合极限的实验检验, 人们测量了奇中子原子核 ^{177}Hf 三条转动带一系列能级的分支比 (图 6.3):

$$T(E_2 + M_1, KI \to KI - 1)/T(E_2, KI \to KI - 2)$$

借助式 (6.7) 和式 (6.9) 可以得到此分支比只依赖于单个参数 $\dfrac{(g_K - g_R)^2}{Q_0^2}$, 实验数据表明对于每一条转动带, 此参数在实验误差范围内为常数 (表 6.1).

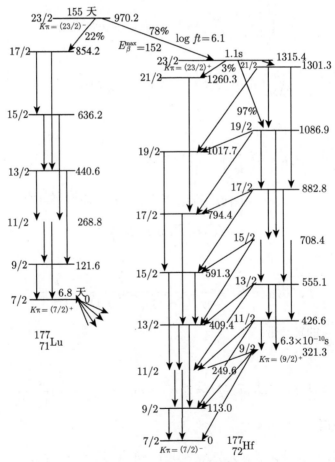

图 6.3　^{177}Lu 和 ^{177}Hf 的转动带

表 6.1 $\dfrac{(g_K - g_R)^2}{Q_0^2}$ 的值

^{177}Lu	11/2	2.6 ± 0.4
$K\pi = (7/2)^+$	13/2	2.4 ± 0.3
	15/2	2.6 ± 0.3
	17/2	2.5 ± 0.4
^{177}Hf	11/2	0.04 ± 0.6
$K\pi = (7/2)^-$	13/2	0.26 ± 0.12
	15/2	0.24 ± 0.14
^{177}Hf	13/2	2.7 ± 0.3
$K\pi = (9/2)^+$	15/2	2.8 ± 0.3
	17/2	2.9 ± 0.3
	19/2	3.0 ± 0.3
	21/2	2.7 ± 0.3

2. 脱耦合极限 (转动顺排)

对于典型的形变原子核, 当单个核子处于高 j 低 K 轨道时, 则耦合项的矩阵元很大, 它使得单粒子的角动量从沿着对称轴排列变到沿原子核的转动轴排列 (图 6.1(b)).

对于高 j 轨道, 单粒子能级可以近似为

$$\Delta\epsilon_K = \frac{1}{6}\delta M\omega^2 \langle r^2 \rangle \frac{3K^2 - j(j+1)}{j(j+1)}$$

$$\approx 4r_0^2\delta \frac{3K^2 - j(j+1)}{j(j+1)}(\text{MeV/fm}^2) \quad (r_0 \approx 1.25\text{fm})$$

$$\epsilon_K = -4r_0^2\delta + \frac{12r_0^2\delta}{j(j+1)}K^2 = -4r_0^2\delta + cK^2$$

反冲项的贡献为

$$\langle K|H_{\text{rec}}|K\rangle = \frac{\hbar^2}{2\Im}[j(j+1) - K^2]$$

对于稀土区的原子核:

$$j = \frac{13}{2}, \quad c \sim 0.1\text{MeV}, \quad \frac{\hbar^2}{2\Im} \sim 0.1\text{MeV}$$

即近似有 $\left(c - \dfrac{\hbar^2}{2\Im}\right) \approx 0$. 所以

$$H = \epsilon_0 - 4r_0^2\delta + \frac{\hbar^2}{2\Im}[I(I+1) + j(j+1)] + H_{\text{coup}}$$

因为

$$H_{\text{coup}} = -\frac{1}{\Im}(I_1 j_1 + I_2 j_2) = -\frac{1}{\Im}(\overrightarrow{I} \cdot \overrightarrow{j})$$

当 $\vec{I} \parallel \vec{j}$ 时能量最低,

$$H_{\text{coup}} \approx -\frac{1}{\Im} Ij$$

$$E = \frac{\hbar^2}{2\Im}[I(I+1) + j(j+1) - 2Ij] + E_{\text{c}}$$

$$= \frac{\hbar^2}{2\Im} R(R+1) + E_{\text{c}} \quad (R = 0, 2, 4, \cdots) \tag{6.10}$$

式中, $E_{\text{c}} = \epsilon_0 - 4r_0^2 \delta$ 是一个与形变有关的常数.

奇 A 核的转动谱与邻近偶偶核的转动谱相同 (图 6.4).

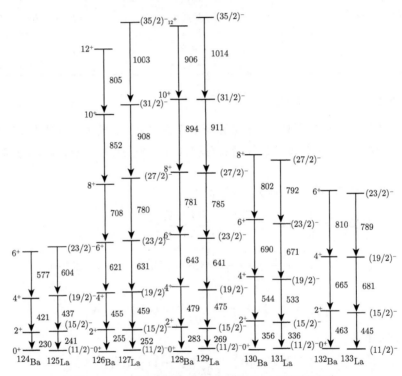

图 6.4　Ba 同位素偶-偶核及相邻奇 A 核的转动谱

对于理想顺排的情况 $(\alpha = j)$, 内禀态波函数为

$$\phi_{j\alpha}(\widehat{r}_x) = \sum_K D_{\alpha K}^j \left(0, \frac{\pi}{2}, 0\right) \phi_{jK}(\widehat{r}_z) = \sum_K c_{jK}|K\rangle$$

对于 $j = \dfrac{13}{2}$ 的情况, 则具体计算得到

$$|c_{\pm\frac{1}{2}}|^2 = 0.21, \quad |c_{\pm\frac{3}{2}}| = 0.16, \quad |c_{\pm\frac{5}{2}}|^2 = 0.09$$

$$|c_{\pm\frac{7}{2}}|^2 = 0.03, \quad |c_{\pm\frac{9}{2}}|^2 = 0.01$$

$$|c_{\pm \frac{11}{2}}| \approx |c_{\pm \frac{13}{2}}| \approx 0$$

理想顺排时单粒子态的能量为

$$\sum_K 2|c_K|^2 (\Delta\epsilon_K - \Delta\epsilon_{\frac{1}{2}}) = E_0$$

这里我们以 $K = \dfrac{1}{2}$ 单粒子态的能量为原子核的零能量,由 $\left(c - \dfrac{\hbar^2}{2\Im}\right) \approx 0$,应略去 反冲项中与 K^2 有关的项. 则在理想顺排时

$$E_{\text{align.}} = \sum_K 2|c_K|^2 (\Delta\epsilon_K - \Delta\epsilon_{\frac{1}{2}}) + \frac{\hbar^2}{2\Im}[(I-j)(I-j+1) + 2j]$$

取同样的参照能量为零能量, 在强耦合极限下已经得到

$$E\left(I\frac{1}{2}\right) = \frac{\hbar^2}{2\Im}\left[I(I+1) - \frac{1}{4} + a\left(I + \frac{1}{2}\right)(-1)^{I+\frac{1}{2}}\right] \quad \left(\text{当} j = \frac{13}{2}\text{时}, a = -7\right)$$

直接比较可知理想顺排的能量比强耦合极限下的能量低.

图 6.5 是对于 $j = \dfrac{13}{2}$,费米面在 $= \dfrac{1}{2}$ 时, 两种耦合机制的能量作为形变参数 ϵ_2 的函数. 这里只给出了总角动量 $I = j, j+2, j+4, \cdots$ 的情况.

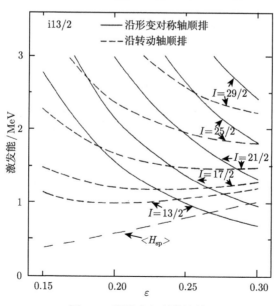

图 6.5 强耦合与顺排比较

上面我们只讨论了两种极端的理想耦合机制, 对于中间状态的情况可以将粒子-转子模型的哈密顿量对角化.

图 6.6 给出了观测到的建立在 $j = \dfrac{13}{2}$ 中子轨道的奇质量 Er 同位素的转动带, 由转动带的能谱可以看出, 由 ^{155}Er 和 ^{157}Er 的顺排机制能谱逐渐过渡到 ^{165}Er 的强耦合机制能谱.

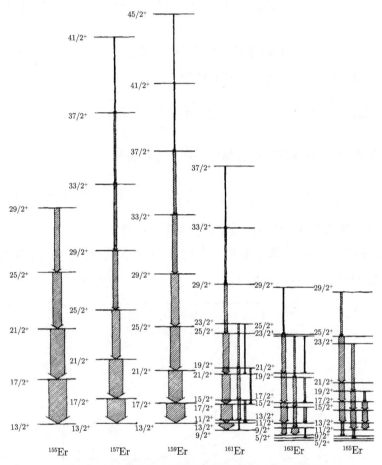

图 6.6   Er 同位素由顺排机制到强耦合机制的过渡

上面讨论的粒子-转子模型中转子是轴对称的, 有时我们还要讨论三轴不等转子的粒子-转子模型.

6.2   将转动带的实验数据转换到转动场

对于某一给定转动带, 我们可以定义集体转动的经典角动量

$$I_{\mathrm{c}}(I) = \sqrt{I(I+1) - K^2} \tag{6.11}$$

则转动角速度可以表示为

$$\omega(I) = \frac{\mathrm{d}E}{\mathrm{d}I_\mathrm{c}} = [E(I+1) - E(I-1)]/[I_\mathrm{c}(I+1) - I_\mathrm{c}(I-1)] \tag{6.12}$$

即 I_c, ω 都是 I 的函数.

在以角速度 ω 转动的参照系中的能量为

$$E'(\omega) = E(\omega) - \omega I_\mathrm{c}(\omega) \tag{6.13}$$

对该转动带的每个 I 有转动惯量

$$\Im = \frac{I_\mathrm{c}(I)}{\omega(I)} \tag{6.14}$$

它称为第一类转动惯量, 也称为运动学转动惯量.

我们还可以定义第二类转动惯量

$$\Im^{(2)} = \frac{\mathrm{d}I_\mathrm{c}(I)}{\mathrm{d}\omega(I)} \tag{6.15}$$

它也称为动力学转动惯量.

对一些原子核的转晕带 (yrast band),由实验数据可以得到转动惯量 $\Im$ 随 ω 的变化, 在 $\left(\dfrac{2\Im}{\hbar^2}, \omega^2\right)$ 图上有时会出现所谓 "回弯" 现象 (图 6.9).

下面我们将看到, 偶-偶原子核的转晕带有时并不是基带, 转晕带的低自旋段属于基带, 在回弯以上的高自旋段属于二准粒子激发带 (见图 6.7). 为了讨论转动带的结构 (如准粒子的 Routhian 和顺排角动量 i), 我们需要一偶-偶原子核的基带 (包括高自旋段) 作为参考带, 为此可采用 Harris 公式对基带参数化:

$$E'_\mathrm{g}(I) = \alpha\omega^2 + \beta\omega^4 + \gamma\omega^6 + \cdots \tag{6.16}$$

式中, 参数 $\alpha, \beta, \gamma, \cdots$ 由符合基带低能段的能谱得到.

由

$$\frac{\mathrm{d}E'_\mathrm{g}(I)}{\mathrm{d}\omega} = 2\alpha\omega + 4\beta\omega^3 + 6\gamma\omega^5 + \cdots = \frac{\mathrm{d}E'_\mathrm{g}(I)}{\mathrm{d}I_\mathrm{g}}\frac{\mathrm{d}I_\mathrm{g}}{\mathrm{d}\omega} = \omega\frac{\mathrm{d}I_\mathrm{g}}{\mathrm{d}\omega}$$

得到基带的

$$I_\mathrm{g}(I) = 2\alpha\omega + \frac{4}{3}\beta\omega^3 + \frac{6}{5}\gamma\omega^5$$

在转动参照系中, 转动带相对于基带的激发能和顺排角动量为

$$\varepsilon(\omega) = E'_\mathrm{c}(\omega) - E'_\mathrm{g}(\omega)$$

$$i(\omega) = I_\mathrm{c}(\omega) - I_\mathrm{g}(\omega) \tag{6.17}$$

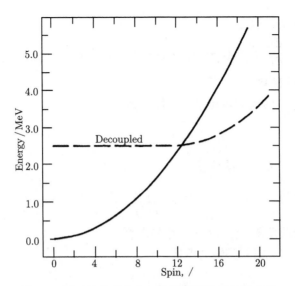

图 6.7　原子核的基带和二准粒子激发带的带交叉

6.3　两准粒子激发带和回弯

偶-偶原子核的集体转动角动量 $\vec{R}$ 来自原子核全部成对的核子对的贡献. 打破一对核子约需 2Δ 的能量. 随着原子核角动量的增大, 处于高 j 低 K 轨道的一对核子将会沿集体转动方向顺排. 对于纯单 j 壳的情况, 这对核子的顺排角动量 $i = 2j - 1$, 则 $R = I - i$.

集体转动能为

$$E = \frac{\hbar^2}{2\Im} R(R + 1)$$
$$= \frac{\hbar^2}{2\Im}(I - i)(I - i - 1)$$

所以对于二准粒子顺排带, 近似有

$$E = 2\Delta + \frac{\hbar^2}{2\Im}(I - i)(I - i - 1) \quad (I > i)$$

图 6.8 近似给出 $A = 160$ 的原子核的基带和 $j = \frac{13}{2}$、$\Omega = \frac{1}{2}$ 轨道的两中子顺排带的能谱. 在 $I \sim 12\hbar$ 时基带与顺排带交叉, 两中子顺排带成为转晕带. 如果将基带和顺排带都转换到转动参照系描述, 则转晕带的 (I_c, ω) 图上在 $I \sim 10$—14 出现回弯现象. 图 6.9 给出原子核 ^{158}Er 和 ^{174}Hf 实验观测转晕带的 E-$I(I+1)$ 和 $\frac{2\Im}{\hbar^2}$-$\hbar^2\omega^2$ 图. 很明显原子核 ^{158}Er 转晕带的 $\frac{2\Im}{\hbar^2}$-$\hbar^2\omega^2$ 图出现回弯现象.

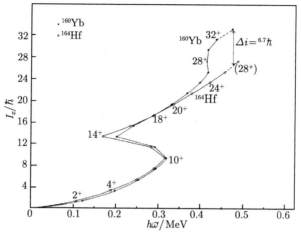

图 6.8 带交叉与回弯

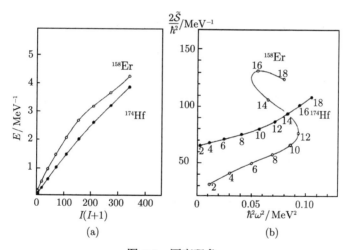

图 6.9 回弯现象

6.4 推转壳模型

实验室系 (x, y, z) 中, 若本体系 (x_1, x_2, x_3) 绕 x 轴以角速度 ω 作匀速转动, 则有

$$x_1 = x$$
$$x_2 = y \cos \omega t + z \sin \omega t$$
$$x_3 = -y \sin \omega t + z \cos \omega t$$

假定在实验室系中单粒子哈密顿量为

$$h = \frac{\overrightarrow{p}^2}{2m} + V(\overrightarrow{r}) \tag{6.18}$$

单粒子波函数为 $\Psi(x, y, z, t)$, 则在实验室系, 有与时间有关的薛定谔方程:

$$\mathrm{i}\frac{\partial}{\partial t}\Psi(x, y, z, t) = h\Psi(x, y, z, t) \tag{6.19}$$

令在本体系中单粒子波函数为 $\Psi^{\omega}(x_1, x_2, x_3, t)$, 则有

$$\Psi^{\omega}(x_1, x_2, x_3, t) = \Psi(x, y, z, t) \tag{6.20}$$

由关系式

$$\left(\frac{\partial \Psi}{\partial t}\right)_{x,y,z} = \left(\frac{\partial \Psi^{\omega}}{\partial t}\right)_{x_1,x_2,x_3} + \frac{\partial \Psi^{\omega}}{\partial x_2}\frac{\partial x_2}{\partial t} + \frac{\partial \Psi^{\omega}}{\partial x_3}\frac{\partial x_3}{\partial t}$$

得到

$$\frac{\partial x_2}{\partial t} = \omega x_3$$
$$\frac{\partial x_3}{\partial t} = -\omega x_2$$

所以有

$$\frac{\partial \Psi}{\partial t} = \left(\frac{\partial}{\partial t} - \mathrm{i}\omega\ell_1\right)\Psi^{\omega}(x_1, x_2, x_3, t)$$

在本体系中, 波函数满足方程

$$\mathrm{i}\frac{\partial \Psi^{\omega}}{\partial t} = (h - \omega\ell_1)\Psi^{\omega}(x_1, x_2, x_3, t)$$

考虑单粒子的自旋, 则可用 j_1 代替 ℓ_1:

$$\mathrm{i}\frac{\partial \Psi^{\omega}}{\partial t} = (h - \omega j_1)\Psi^{\omega}(x_1, x_2, x_3, t) \tag{6.21}$$

令

$$\Psi^{\omega}(x_1, x_2, x_3, t) = \mathrm{e}^{\mathrm{i}\varepsilon'_{\omega}t}|\widetilde{\psi_{\omega}}\rangle$$

则在转动场中有定态方程

$$(h - \omega j_1)|\widetilde{\psi_{\omega}}\rangle = \varepsilon'_{\omega}|\widetilde{\psi_{\omega}}\rangle \tag{6.22}$$

下面用另一方法导出该方程.

假定有单粒子哈密顿量

$$h = \frac{\overrightarrow{p}^2}{2m} + V(\overrightarrow{r})$$

如果势场 $V(\overrightarrow{r})$ 以角速度 $\overrightarrow{\omega}$ 转动, 则哈密顿量与时间有关:

$$h(t) = \frac{\overrightarrow{p}^2}{2m} + V(\overrightarrow{r}, t)$$

这时我们有与时间有关的薛定谔方程:

$$i\frac{\partial}{\partial t}|\psi(t)\rangle = h(t)|\psi(t)\rangle$$

令 $t = 0$ 时刻的位势为 $V(r, \theta, \phi, 0)$, 取 $\vec{\omega}$ 方向为极轴, 则 t 时刻的位势为

$$\begin{aligned}
V(\vec{r}, t) &= V(r, \theta, \phi - \omega t, 0) \\
&= \left[1 + \frac{\partial V}{\partial \phi}(-\omega t) + \frac{1}{2}\frac{\partial^2}{\partial \phi^2}(-\omega t)^2 + \cdots\right] V(0) \\
&= e^{-i\vec{\omega} \cdot \vec{\ell} t} V(0)
\end{aligned}$$

式中, $\vec{\omega} \cdot \vec{\ell} = -i\omega\frac{\partial}{\partial \phi}$.

记

$$h(0) = \frac{\vec{p}^2}{2m} + V(r, \theta, \phi, 0)$$

$$U = e^{i\vec{\omega} \cdot \vec{j} t}$$

定义

$$|\widetilde{\psi}\rangle = U|\psi(t)\rangle$$

并令

$$|\widetilde{\psi}\rangle = e^{-i\varepsilon'_\omega t}|\widetilde{\psi}_\omega\rangle$$

则由与时间有关的薛定谔方程可得

$$\begin{aligned}
i\frac{\partial}{\partial t}|\psi(t)\rangle &= i\frac{\partial}{\partial t}(U^+ e^{-i\varepsilon'_\omega t}|\widetilde{\psi}_\omega\rangle) \\
&= (\vec{\omega} \cdot \vec{j} + \varepsilon'_\omega) U^+ e^{-i\varepsilon'_\omega t}|\widetilde{\psi}_\omega\rangle \\
&= U^+(\vec{\omega} \cdot \vec{j} + \varepsilon'_\omega) e^{-i\varepsilon'_\omega t}|\widetilde{\psi}_\omega\rangle
\end{aligned}$$

$$h(t)|\psi(t)\rangle = h(t)U^+ e^{-i\varepsilon'_\omega t}|\widetilde{\psi}_\omega\rangle$$

左乘 U, 得到

$$h(0)|\widetilde{\psi}_\omega\rangle = (\vec{\omega} \cdot \vec{j} + \varepsilon'_\omega)|\widetilde{\psi}_\omega\rangle$$

或者

$$(h(0) - \vec{\omega} \cdot \vec{j})|\widetilde{\psi}_\omega\rangle = \varepsilon'_\omega|\widetilde{\psi}_\omega\rangle$$

令位势绕着 1 轴转动, 则单粒子哈密顿量

$$\widetilde{h}_\omega = h(0) - \omega j_1$$

本征值方程为

$$\widetilde{h}_\omega|\widetilde{\psi}_\omega\rangle = \varepsilon'_\omega|\widetilde{\psi}_\omega\rangle$$

此即方程 (6.22).

我们要求的量是

$$\begin{aligned}
\varepsilon_\omega &= \langle\psi(t)|h(t)|\psi(t)\rangle \\
&= \langle\psi(t)|U^+Uh(t)U^+U|\psi(t)\rangle \\
&= \langle\widetilde{\psi}_\omega|h(0)|\widetilde{\psi}_\omega\rangle \\
&= \langle\widetilde{\psi}_\omega|\widetilde{h}_\omega + j_1\omega|\widetilde{\psi}_\omega\rangle \\
&= \varepsilon'_\omega + \omega\langle\widetilde{\psi}_\omega|j_1|\widetilde{\psi}_\omega\rangle
\end{aligned}$$

下面讨论单粒子方程

$$\widetilde{h}_\omega|\widetilde{\psi}_\omega\rangle = \varepsilon'_\omega)|\widetilde{\psi}_\omega\rangle$$

的解.

(1) 当 ω 很小时, 可采用微扰论求解.

令 $h(0)$ 的本征解为 $h(0)|n\rangle = \varepsilon_n|n\rangle$, $-\omega j_1$ 项对基态的扰动可表示为

$$|\widetilde{\psi}_\omega\rangle = |0\rangle + \sum_{n>0} a_n|n\rangle$$

与第一项相比第二项是小量, 则有

$$(h(0) - \omega j_1)\left(|0\rangle + \sum_{n>0} a_n|n\rangle\right) = (\varepsilon_0 + \delta_1 + \delta_2)\left(|0\rangle + \sum_{n>0} a_n|n\rangle\right)$$

保留到一阶小项:

$$h(0)\sum_{n>0} a_n|n\rangle - \omega j_1|0\rangle = \varepsilon_0\sum_{n>0} a_n|n\rangle + \delta_1|0\rangle$$

两边左乘 $\langle n|$, 得到

$$\varepsilon_n a_n - \omega\langle n|j_1|0\rangle = \varepsilon_0 a_n \quad (\delta_1 = 0)$$

$$a_n = \omega\frac{\langle n|j_1|0\rangle}{\varepsilon_n - \varepsilon_0}$$

即考虑到一阶修正的波函数为

$$|\widetilde{\psi}_\omega\rangle = |0\rangle + \omega\sum_{n>0}\frac{\langle n|j_1|0\rangle}{\varepsilon_n - \varepsilon_0}|n\rangle$$

所以

$$\langle \widetilde{\psi}_\omega | j_1 | \widetilde{\psi}_\omega \rangle = 2\omega \sum_{n>0} \frac{|\langle n | j_1 | 0 \rangle|^2}{\varepsilon_n - \varepsilon_0}$$

方程两边的二阶小项相等给出

$$-\omega j_1 \sum_{n>0} a_n |n\rangle = \delta_2 |0\rangle$$

得到

$$\delta_2 = -\omega^2 \sum_{n>0} \frac{|\langle n | j_1 | 0 \rangle|^2}{\varepsilon_n - \varepsilon_0}$$

所以对能量精确到二阶小量:

$$\varepsilon'_\omega = \varepsilon_0 - \omega^2 \sum_{n>0} \frac{|\langle n | j_1 | 0 \rangle|^2}{\varepsilon_n - \varepsilon_0}$$

所以

$$\varepsilon_\omega = \varepsilon'_\omega + 2\omega^2 \sum_{n>0} \frac{|\langle n | j_1 | 0 \rangle|^2}{\varepsilon_n - \varepsilon_0}$$

$$= \varepsilon_0 + \omega^2 \sum_{n>0} \frac{|\langle n | j_1 | 0 \rangle|^2}{\varepsilon_n - \varepsilon_0}$$

原子核的多体哈密顿量由独立粒子的单体哈密顿量构成:

$$H = \sum_i h^i(0)$$

$$J_1 = \sum_i j_1^i$$

$$H'_\omega = H - \omega J_1$$

则微扰处理给出

$$|\widetilde{\Psi}_\omega\rangle \approx |0\rangle + \omega \sum_{mi} \frac{\langle mi^{-1} | J_1 | 0 \rangle}{\epsilon_m - \epsilon_i} C_m^+ C_i |0\rangle$$

式中, $|0\rangle$ 是原子核多体系统的基态波函数.

$$I_1 = \langle \widetilde{\Psi}_\omega | J_1 | \widetilde{\Psi}_\omega \rangle = 2\omega \sum_{mi} \frac{|\langle mi^{-1} | J_1 | 0 \rangle|^2}{\epsilon_m - \epsilon_i}$$

所以

$$E_\omega = E'_\omega + \omega \langle \widetilde{\Psi}_\omega | J_1 | \widetilde{\Psi}_\omega \rangle$$

$$= E_0 + \omega^2 \sum_{mi} \frac{|\langle mi^{-1} | J_1 | 0 \rangle|^2}{\epsilon_m - \epsilon_i}$$

$$= E_0 + \frac{1}{2} \Im_{\text{inglis}} \omega^2$$

式中

$$\Im_{\mathrm{inglis}} = 2 \sum_{mi} \frac{|\langle mi^{-1}|J_1|0\rangle|^2}{\epsilon_m - \epsilon_i} \tag{6.23}$$

是原子核的转动惯量.

计算结果表明, 在原子核的稳定形变处 $\Im_{\mathrm{inglis}}$ 等于刚体转动惯量, 但实验结果给出原子核的转动惯量约为刚体转动惯的 $1/2 \sim 1/3$, 考虑对相互作用可以解决理论与实验结果的矛盾.

有对相互作用时将单体算符变换到准粒子表象:

$$
\begin{aligned}
F &= \sum_{\mu\nu} \langle\mu|\hat{f}|\nu\rangle C_\mu^+ C_\nu \\
&= \sum_{\mu>0} \langle\mu|\hat{f}|\mu\rangle (1-c) V_\mu^2 \\
&\quad + \sum_{\mu\nu} \langle\mu|\hat{f}|\nu\rangle (U_\mu U_\nu + c V_\mu V_\nu) \alpha_\mu^+ \alpha_\nu \\
&\quad + \sum_{\mu>\nu} (-U_\mu V_\nu + c U_\nu V_\mu)\{\langle\mu|\hat{f}|\tilde{\nu}\rangle \alpha_\mu^+ \alpha_\nu^+ + \langle\tilde{\nu}|\hat{f}|\mu\rangle \alpha_\nu \alpha_\mu\}
\end{aligned}
$$

这时原子核的基态是 $|0\rangle = |\mathrm{BCS}\rangle$, 激发态是各种可能的二准粒子态. 因为 $\hat{f} = j_1$, 所以 $c = 1$.

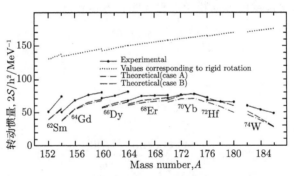

图 6.10　原子核的转动惯量

A 和 B 相应于单粒子能级 Nilsson 参数的两种不同选取

我们得到

$$\Im_{\mathrm{belyev}} = 2 \sum_{\mu>\nu} \frac{|\langle\mu|J_1|\tilde{\nu}\rangle|^2}{E_\mu + E_\nu} (u_\mu v_\nu - u_\nu v_\mu)^2 \tag{6.24}$$

因为

$$
\begin{aligned}
(u_\mu v_\nu - u_\nu v_\mu)^2 &> 1 \\
E_\mu + E_\nu &> 2\Delta > \epsilon_m - \epsilon_i
\end{aligned}
$$

这两个因素使得 $\Im_{belyev}$ 接近实验值 (图 6.11).

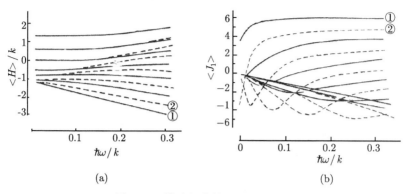

$$(a) \qquad\qquad (b)$$

图 6.11 转动场中的 Nilsson 能级

(2) 当 ω 很大时 (原子核的高自旋态), 微扰处理不能采用, 这时需要将

$$\widetilde{h}_\omega = h(0) - \omega j_1$$

对角化.

6.5 转动场中 Nilsson 能级

转动场中的单粒子哈密顿量为

$$\widetilde{h}_\omega = h(0) - \omega j_1 \tag{6.25}$$

这时的好量子数: j_1 破坏时间反演不变性, 但不破坏宇称守恒.

如果 $h(0)$ 中 3 轴是对称轴, 则绕 1 轴转动 π 角 $\widetilde{h}_\omega$ 不变. 容易检验

$$R_1(\pi) = R_3(\pi)R_2(\pi)$$

因为

$$R_1(\pi): \begin{cases} \widehat{e}_1 \longrightarrow \widehat{e}_1 \\ \widehat{e}_2 \longrightarrow -\widehat{e}_2, \\ \widehat{e}_3 \longrightarrow -\widehat{e}_3 \end{cases} R_3(\pi)R_2(\pi) \begin{cases} \widehat{e}_1 \longrightarrow -\widehat{e}_1 \longrightarrow \widehat{e}_1 \\ \widehat{e}_2 \longrightarrow \widehat{e}_2 \longrightarrow -\widehat{e}_2 \\ \widehat{e}_3 \longrightarrow -\widehat{e}_3 \longrightarrow -\widehat{e}_3 \end{cases}$$

而

$$R_3(\pi)R_2(\pi)|jm\rangle = R_3(\pi)(-1)^{j+m}|j-m\rangle$$
$$= (-1)^{-m}(-1)^{j+m}|j-m\rangle = (-1)^j|j-m\rangle$$

所以

$$R_1(\pi)|jm\rangle = (-1)^j|j-m\rangle$$
$$R_1^2(\pi)|jm\rangle = (-1)^{2j}|jm\rangle = -|jm\rangle$$

得到 $R_1(\pi)$ 的本征值为 $\mathrm{e}^{-\mathrm{i}\pi\alpha} = \mp\mathrm{i}$, 其中 $\alpha = \pm\dfrac{1}{2}$, 称为符号因子, 科里奥利力不会将不同符号因子的轨道耦合起来. 所以可用宇称和符号因子来表征一条 Nilsson 轨道.

我们以单 j 模型为例讨论转动场中的 Nilsson 能级的特征.

形变场中高 j 轨道的 Nilsson 能级为

$$\varepsilon_m = \kappa\frac{3m^2 - j(j+1)}{j(j+1)} \quad (\pm m\text{的态简并})$$

对应的本征函数为

$$\psi_\alpha = \frac{1}{\sqrt{2}}[1 + (-1)^\alpha R_1(\pi)]|jm\rangle$$

$$R_1(\pi)\psi_\alpha = \frac{1}{\sqrt{2}}[R_1(\pi) - (-1)^\alpha]|jm\rangle$$
$$= -(-1)^\alpha\frac{1}{\sqrt{2}}[1 + (-1)^\alpha R_1(\pi)]|jm\rangle = \mathrm{e}^{-\mathrm{i}\pi\alpha}\psi_\alpha$$

对于 $j = \dfrac{13}{2}$ 的轨道:

$$\psi_{\frac{1}{2}} = \frac{1}{\sqrt{2}}(|jm\rangle - |j-m\rangle)$$

$$\psi_{-\frac{1}{2}} = \frac{1}{\sqrt{2}}(|jm\rangle + |j-m\rangle)$$

对于给定的转动频率 ω, 在这两种基矢下分别将哈密顿量 (6.25) 对角化, 可以得到有确定符号因子的能量和波函数. 图 6.11(a) 给出单粒子能量随转动频率的变化. 我们看到, $\omega = 0$ 时, 两种符合因子的态简并, 当 $\omega \neq 0$ 时这种简并解除. 图 6.11(b) 给出轨道的顺排角动量 $i_\alpha = \langle\alpha|j_1|\alpha\rangle$ 随转动频率的变化. 我们看到能量最低的 $m = \dfrac{1}{2}$ 两种符号因子的轨道在转动频率很小时就达到了完全顺排, 且顺排角动量最大. 然后是 $m = \dfrac{3}{2}$ 的轨道.

令轴对称势场中的 Nilsson 能级 (m 是好量子数) 的波函数为

$$|m\rangle = \sum_{nlj} a_{nlj}|jm\rangle$$

式中, $m > 0$ 并假定 a_{nlj} 是实数. 它的时间反演态为

$$|\widetilde{m}\rangle = \sum_{nlj} a_{nlj}(-1)^{j+m}|j-m\rangle$$

有确定符合因子的态

$$\psi_\alpha = \frac{1}{\sqrt{2}}[1 + (-1)^\alpha R_1(\pi)]|m\rangle$$

因为

$$R_1(\pi)\psi_\alpha = -(-1)^\alpha \frac{1}{\sqrt{2}}[1 + (-1)^\alpha R_1(\pi)]|m\rangle = \mathrm{e}^{-\mathrm{i}\pi\alpha}\psi_\alpha$$

$\alpha = \frac{1}{2}$:

$$\begin{aligned}
\psi_{\frac{1}{2}} &= \frac{1}{\sqrt{2}}[1 + (-1)^{\frac{1}{2}}R_1(\pi)]|m\rangle \\
&= \frac{1}{\sqrt{2}}[1 + (-1)^{\frac{1}{2}}R_1(\pi)]\sum_{nlj} a_{nlj}|jm\rangle \\
&= \frac{1}{\sqrt{2}}\sum_{nlj} a_{nlj}[|jm\rangle + (-1)^{\frac{1}{2}+j}|j\overline{m}\rangle] \\
&= \frac{1}{\sqrt{2}}[|m\rangle + (-1)^{\frac{1}{2}-m}|\widetilde{m}\rangle]
\end{aligned}$$

例如, $\frac{1}{\sqrt{2}}\left(\left|\frac{1}{2}\right\rangle + \left|\widetilde{\frac{1}{2}}\right\rangle\right)$, $\frac{1}{\sqrt{2}}\left(\left|\frac{3}{2}\right\rangle - \left|\widetilde{\frac{3}{2}}\right\rangle\right)$, $\frac{1}{\sqrt{2}}\left(\left|\frac{5}{2}\right\rangle + \left|\widetilde{\frac{5}{2}}\right\rangle\right)$, $\cdots$.

$\alpha = -\frac{1}{2}$:

$$\psi_{-\frac{1}{2}} = \frac{1}{\sqrt{2}}[1 + (-1)^{\frac{1}{2}}R_1(\pi)]|m\rangle = \frac{1}{\sqrt{2}}[|m\rangle + (-1)^{-\frac{1}{2}-m}|\widetilde{m}\rangle]$$

例如, $\frac{1}{\sqrt{2}}\left(\left|\frac{1}{2}\right\rangle - \left|\widetilde{\frac{1}{2}}\right\rangle\right)$, $\frac{1}{\sqrt{2}}\left(\left|\frac{3}{2}\right\rangle + \left|\widetilde{\frac{3}{2}}\right\rangle\right)$, $\frac{1}{\sqrt{2}}\left(\left|\frac{5}{2}\right\rangle - \left|\widetilde{\frac{5}{2}}\right\rangle\right)$, $\cdots$.

6.6 转动场中的准粒子轨道

HFB 变换:

$$\beta_i^+ = \sum_\ell (U_{\ell i}C_\ell^+ + V_{\ell i}C_\ell)$$

$$\beta_i = \sum_\ell (U_{\ell i}^*C_\ell + V_{\ell i}^*C_\ell^+)$$

这种变换可以表示为

$$\begin{pmatrix} \beta \\ \beta^+ \end{pmatrix} = \begin{pmatrix} U^+ & V^+ \\ V^T & U^T \end{pmatrix} \begin{pmatrix} C \\ C^+ \end{pmatrix} = \hat{W}^+ \begin{pmatrix} C \\ C^+ \end{pmatrix}$$

式中

$$\hat{W} = \begin{pmatrix} U & V^* \\ V & U^* \end{pmatrix}$$

要求 β_i, β_j^+ 和 C_i, C_j^+ 满足相同的反对易关系, 则 $\hat{W}$ 是幺正矩阵:

$$\hat{W}^+\hat{W} = \hat{W}\hat{W}^+ = I$$

定义准粒子真空态 $|\Phi\rangle$, 则对所有的 i 满足 $\beta_i|\Phi\rangle = 0$.

和 BCS 一样, 在这种变换下, 粒子数不守恒, $N = \langle\Phi|\hat{N}|\Phi\rangle$.

考虑对相互作用时转动场中的哈密顿量

$$h = \sum_\mu [(\epsilon_\mu - \lambda)\delta_{\mu\nu} - \omega\langle\mu|j_1|\nu\rangle]C_\mu^+ C_\nu - \frac{1}{4}G\sum_{\mu\nu}C_\mu^+ C_{\tilde{\mu}}^+ C_{\tilde{\nu}}C_\nu \tag{6.26}$$

对此哈密顿量应用 Wick 定理, 则有

$$\begin{aligned}
h = &\sum_\mu [(\epsilon_\mu - \lambda)\delta_{\mu\nu} - \omega\langle\mu|j_1|\nu\rangle]\langle\Phi|C_\mu^+ C_\nu|\Phi\rangle \\
&- \frac{1}{4}G\sum_{\mu\nu}\langle C_\mu^+ C_{\tilde{\mu}}^+\rangle\langle C_{\tilde{\nu}}C_\nu\rangle - \frac{1}{4}G\sum_{\mu\nu}\langle C_\mu^+ C_\nu\rangle\langle C_{\tilde{\mu}}^+ C_{\tilde{\nu}}\rangle \\
&+ \frac{1}{4}G\sum_{\mu\nu}\langle C_\mu^+ C_{\tilde{\nu}}\rangle\langle C_{\tilde{\mu}}^+ C_\nu\rangle - :\frac{1}{4}G\sum_{\mu\nu}C_\mu^+ C_{\tilde{\mu}}^+ C_{\tilde{\nu}}C_\nu : \\
&+ \frac{1}{2}:(C^+ \quad C)\begin{pmatrix} h_0 - \omega j_1 & \Delta \\ -\Delta^* & -(h_0 - \omega j_1)^* \end{pmatrix}\begin{pmatrix} C \\ C^+ \end{pmatrix} :
\end{aligned}$$

式中, $\Delta = G\sum_\mu \langle\Phi|C_\mu^+ C_{\tilde{\mu}}^+|\Phi\rangle$.

因为

$$\frac{1}{2}:(C^+ \quad C)\begin{pmatrix} h_0 - \omega j_1 & \Delta \\ -\Delta^* & -(h_0 - \omega j_1)^* \end{pmatrix}\begin{pmatrix} C \\ C^+ \end{pmatrix} :$$

$$= \frac{1}{2}:(\beta^+ \quad \beta)\hat{W}^+\begin{pmatrix} h_0 - \omega j_1 & \Delta \\ -\Delta^* & -(h_0 - \omega j_1)^* \end{pmatrix}\hat{W}\begin{pmatrix} \beta \\ \beta^+ \end{pmatrix} :$$

要求 $\hat{W}^+\begin{pmatrix} h_0 - \omega j_1 & \Delta \\ -\Delta^* & -(h_0 - \omega j_1)^* \end{pmatrix}\hat{W}$ 是对角矩阵, 可得本征值方程:

$$\begin{pmatrix} h_0 - \omega j_1 & \Delta \\ -\Delta^* & (-h_0 + \omega j_1)^* \end{pmatrix}\begin{pmatrix} U_i \\ V_i \end{pmatrix} = E_i'(\omega)\begin{pmatrix} U_i \\ V_i \end{pmatrix} \tag{6.27}$$

即

$$\begin{aligned}
(h_0 - \omega j_1)U_i + \Delta V_i &= E_i'(\omega)U_i \\
-\Delta^* U_i - (h_0 - \omega j_1)^* V &= E_i'(\omega)V_i
\end{aligned}$$

两边取复共轭:

$$\begin{aligned}
-(h_0 - \omega j_1)^* U_i^* - \Delta^* V_i^* &= -E_i'U_i^* \\
\Delta U_i + (h_0 - \omega j_1)V_i^* &= -E_i'(\omega)V_i^*
\end{aligned}$$

容易看出, 如果 $E_i'(\omega), \begin{pmatrix} U_i \\ V_i \end{pmatrix}$ 是方程 (6.27) 的解, 则 $-E_i(\omega), \begin{pmatrix} V_i^* \\ U_i^* \end{pmatrix}$ 也是方程 (6.27) 的解, 其中 $E_i(\omega)$ 是转动场中的准粒子能量.

真空态是负准粒子能级都填满的态, 记为 $|\Phi_\omega\rangle$, 则 $\beta_i|\Phi_\omega\rangle = 0$.

1 准粒子态为 $\beta_i^+|\Phi_\omega\rangle$, 在转动参照系中激发能为 $E_i(\omega)$, 则

$$-\frac{\mathrm{d}E_i'(\omega)}{\mathrm{d}\omega} = i(\omega)$$

是该准粒子态沿转动轴的顺排角动量.

推导公式时我们利用了关系式

$$: \sum_{ij} t_{ij} C_i^+ C_j := \sum_{ij} -t_{ij} C_j C_i^+ := \sum_{ij} -t_{ji}^* C_j C_i^+ :$$

为了讨论准粒子激发在转动场中的特征, 作为一个好的近似我们可以假定方程 (6.27) 中的费米面 λ 和能隙 Δ 是不随转动频率变化的常数, λ_ν 和 λ_π 的值分别表示中子和质子费米面的位置, 而 Δ_ν 和 Δ_π 的值可以由所讨论原子核的奇偶质量差定出.

图 6.12 的参数相应于中子数 $N = 91$ 附近的原子核, 而图 6.13 的参数则相应于中子数约为 99 的原子核. 由于哈密顿量 (6.26) 与转动场中的 Nilsson 哈密顿量

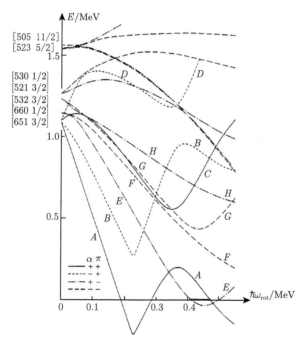

图 6.12 考虑对相互作用时转动势场中的准粒子态

这里 $\epsilon_2 = 0.2, \epsilon_4 = -0.02, \lambda = 6.38\hbar\omega_0, \Delta = 0.14\hbar\omega_0$. 图中的 A,B,C 和 D 是入侵态 $(N = 6)$ 的准粒子轨道, 其他 $(E,F,G,H$ 等) 为正常宇称态的准粒子轨道

的对称性一样, 在图中我们用符号因子 α 和宇称 π 来标记转动场中的每一条准粒子轨道. 对于 $j = N + \frac{1}{2}$ 的高 j 轨道, 可以采用单 j 模型方便地讨论转动场中的准粒子谱, 图 6.12 中的 A, B(及 C, D) 准粒子轨道是 $j = \frac{13}{2}$ 形变参数 $\epsilon_2 = 0.2$ 的情况. 这里我们讨论能量最低的 A, B 轨道. 容易看出, 转动频率 $\omega = 0$ 时这两条轨道简并, 当 $\omega \neq 0$ 时这两条轨道的简并解除且随着转动频率的增大准粒子能量迅速减小, 这是由于顺排角动量 i 的值很大. 由 HFB 方程的性质能够知道, 与 A, B 准粒子轨道相对应的负能量解的准粒子能量随着转动频率的增加迅速增加, 当 $\omega = \omega_c$ 时, 具有相同符号因子的正能量和负能量解的相应准粒子轨道发生交叉. 如果 A, B 准粒子轨道同时被占据, 则二准粒子激发带与基带在 $\omega = \omega_c$ 出现带交叉而成为转晕带.

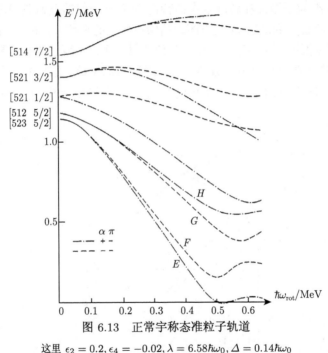

图 6.13　正常宇称态准粒子轨道

这里 $\epsilon_2 = 0.2, \epsilon_4 = -0.02, \lambda = 6.58\hbar\omega_0, \Delta = 0.14\hbar\omega_0$

对于正常宇称的轨道, 利用近似的赝自旋对称性更容易理解奇 A 核转晕线附近的低能准粒子激发谱. 因为 $j_1 = \tilde{j}_1 = \tilde{\ell}_1 + \tilde{s}_1$, 所以

$$-\omega j_1 = -\omega \tilde{\ell}_1 - \omega \tilde{s}_1$$

由于赝自旋和赝轨道角动量的耦合很弱, 即使对于相当小的转动频率, $-\omega\tilde{s}_1$ 项可能比赝自旋和赝轨道角动量耦合项的能量大许多, 这时赝自旋将与原子核的对称轴脱耦而沿转动轴顺排, 则准粒子轨道可用量子数 $\Sigma_1 = \pm\frac{1}{2}$ 来标记.

下面讨论 $-\omega\widetilde{\ell}_1$ 项的效应. 与图 6.12 中的正常宇称轨道相对应, 在赝自旋表象中它们分别是 $|\widetilde{431}\rangle$、$|\widetilde{422}\rangle$ 和 $|\widetilde{420}\rangle$, 而相应于图 6.13 中的正常宇称的轨道在赝自旋表象中为 $|\widetilde{422}\rangle$、$|\widetilde{413}\rangle$ 和 $|\widetilde{420}\rangle$.

在没有转动 ($\omega = 0$) 时, $\widetilde{\Lambda}$ 是运动常数. 为了讨论的方便, 我们假定这时对于上述两种情况三条赝自旋表象中的轨道都是简并的.

当 $\omega \neq 0$ 时, $\widetilde{\ell}_1$ 将不同的 $\widetilde{\Lambda}$ 轨道耦合起来, 但在符号因子不同的空间之间没有耦合.

因为 $j_1 = \widetilde{j}_1 = \widetilde{\ell}_1 + \widetilde{s}_1$, 则

$$r = \mathrm{e}^{-\mathrm{i}\pi j_1} = \widetilde{r}_{\mathrm{obt}}\widetilde{r}_{\mathrm{spin}} = \mathrm{e}^{-\mathrm{i}\pi\alpha}$$

容易看出对于 $\widetilde{\Lambda} = 0$ 的轨道 $\widetilde{r}_{\mathrm{orb}} = (-1)^{\widetilde{N}}$. 考虑自旋则能量最低的 (yrast) 准粒子轨道低符号因子为 $\alpha = \dfrac{1}{2}(-1)^{\widetilde{N}}$. 对于 $\widetilde{r}_{\mathrm{orb}} = \pm 1$ 分别对角化, 相应于图 6.12 的结果表示在图 6.14(a) 上, 相应于图 6.13 的结果表示在图 6.14(b) 上. 容易看出, 借助赝自旋表象的简单分析能够给出低激发准粒子轨道的符号因子. 这种简单分析的正确性还可以通过计算图 6.12 中的 E,F,G,H 轨道的赝轨道角动量 $\langle|\widetilde{\ell}_1|\rangle$ 和赝自旋 $\langle|\widetilde{s}_1|\rangle$ 得到证实 (表 6.2).

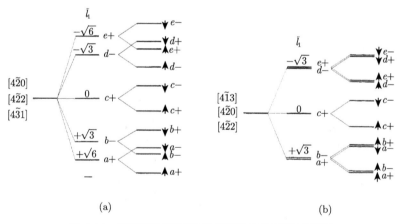

图 6.14 低正常宇称低激发态准粒子轨道的示意图

(a) 相应于图 6.12 的结果, (b) 相应于图 6.13 的结果

表 6.2 图 6.12 中 E,F,G,H 轨道的赝自旋分析

图 6.12	图 6.14		
$(\alpha\pi)$	$\widetilde{s}(\mathrm{orb})\alpha$	$\langle|\widetilde{\ell}_1|\rangle$	$\langle|\widetilde{s}_1|\rangle$
$(+-)$ E	$\uparrow a+$	2.66	0.47
$(--)$ F	$\uparrow b-$	1.70	0.43
$(--)$ G	$\downarrow a-$	2.66	-0.43
$(+-)$ H	$\downarrow b+$	1.71	-0.39

6.7　超 形 变 带

实验首先发现了原子核 ^{152}Dy 的超形变转动带, 图 6.15 给出它的正常转动带、超形变转动带和单粒子激发谱. 由图中给出的超形变带的能谱可以得到该转动带的平均转动惯量, 其值与假定四极形变参数为 $\epsilon_2 \approx 0.6$ 的椭球计算出的刚体转动惯量一致. 另外, 对于该转动带高自旋态寿命的测量所得到的 $E2$ 跃迁强度也与假定 $\epsilon_2 \approx 0.6$ 的椭球计算出的电四极矩相一致. 应当指出, 实验只测到了 γ 射线的能量而无法定出确切的自旋值. 因为第二类转动惯量为

$$\Im^{(2)} = \frac{\mathrm{d}I_{\mathrm{c}}(I)}{\mathrm{d}\omega(I)} \approx \frac{4}{E_\gamma}(I+1) - E_\gamma(I-1) \approx \frac{4}{\Delta E_\gamma}$$

它只与测得的 γ 射线的相继能量差有关, 所以可由实验数据完全确定.

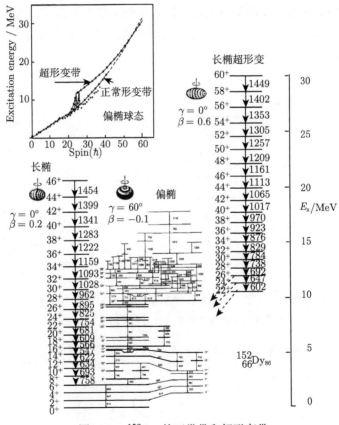

图 6.15　^{152}Dy 的正常带和超形变带

为了讨论这种超形变带发生的机制,我们需要研究高速转动原子核在大形变情况下的行为. 高速转动液滴模型的计算表明在大形变时势能面相当平坦, 由此可知这时壳修正起决定性的作用. 轴对称变形简谐振子势长短轴之比为 $2:1$(四极形变 $\epsilon \sim 0.6$) 时单粒子能级出现强的简并 (图 6.16). 在大形变的情况下采用渐近基是方便的, 这时量子数 n_3 解除大壳 N 的简并, 且 $n_3 = 0$ 的简并度最大, $n_3 = 1$ 次之. 在较实际的变形势场中这种低 n_3 的轨道仍然彼此靠近而形成高能级密度区, 因而给出大的正壳修正能量. 另外, 与高 j 低 K 轨道有很强的顺排效应不同, 这些低 n_3 轨道的顺排效应相当弱 (图 6.17), 因而导致壳修正能几乎与转动频率无关 (图 6.18), 随着转动频率的增加, 粒子数出现微弱的上斜是由少数高 j 低 K 轨道的强烈顺排效应引起的. 虽然图 6.17 是对于质子, 而图 6.18 是对于中子给出的, 但将质子中子互换给出几乎相同的结果. 图 6.18 中黑色的区域表示壳修正能有很大的负值, 在相应的质子数 (或中子数)的范围内原子核稳定. 原子核 ^{152}Dy 的质子和中子数 $(66, 86)$ 分别近似地处在 $[62\text{—}64]$ 和 $[76\text{—}88]$ 的黑色区域, 表明壳修正的计算结果是可信的. 除了 ^{152}Dy 区的原子核以外, 实验上还在 ^{198}Hg 核区发现了多条超形变带 $(\epsilon \sim 0.5)$.

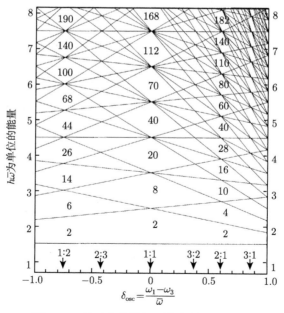

图 6.16 轴对称简谐振子势中的单粒子谱

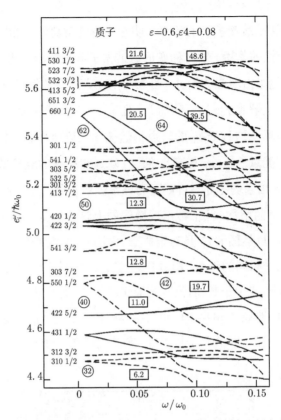

图 6.17　修正变形简谐振子势中的单粒子轨道随转动频率的变化

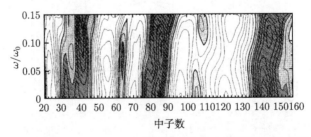

图 6.18　大形变时 ($\epsilon_2 = 0.6$) 中子的壳修正能作为中子数和转动频率的函数

　　实验还发现,偶-偶原子核 ^{152}Dy 与相邻的奇 A 核的超形变转动带几乎完全相同, 称为全同超形变带 (图 6.19). 对于全同带的形成机制, 目前有很多讨论和多种解释, 但由于不能定出超形变带的确切自旋值, 哪一种解释正确还没有结论. 很可能全同带与赝自旋对称性有关, 即它们是赝自旋双重态.

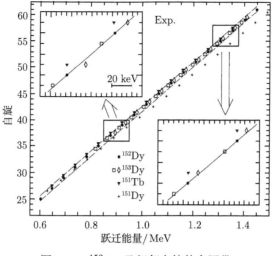

图 6.19 ^{152}Dy 及相邻奇核的全同带

6.8 磁转动和手征全同带

首先介绍磁转动带的剪刀模型.

在缺中子 Pb 同位素中观测到了规则的级联 $M1$ 跃迁, 实验结果指出这些态满足转动谱的特征

$$\Delta E(I) = E(I) - E(I_b) = A(I - I_b)^2$$

其中,I_b 是带头角动量. 但实验同时发现这些态的 $\dfrac{E2}{M1}$ 分支比很小, 表明这些原子核的形变非常小 $(\beta < 0.1)$, 所以这种转动带不是变形原子核通常意义下的转动带, 它被称为磁转动带. 基于半经典近似, 这些转动带可以形象地用剪刀模型来理解.

因为这些原子核的形变很小, 所以可期望对于原子核总角动量的贡献主要来自质子的高 j 粒子轨道和中子的高 j 空穴轨道, 集体转动的贡献很小, 即

$$\vec{I} = \vec{j_\pi} + \vec{j_\nu}$$

在半经典近似下, $\vec{j_\pi}$ 和 $\vec{j_\nu}$ 之间的夹角为 (图 6.20)

$$\cos\theta = \frac{\vec{j_\pi} \cdot \vec{j_\nu}}{|\vec{j_\pi}||\vec{j_\nu}|} = \frac{I(I+1) - j_\pi(j_\pi+1) - j_\nu(j_\nu+1)}{2\sqrt{(j_\pi+1)j_\nu(j_\nu+1)}} \tag{6.28}$$

式中, θ 称为剪刀角.由图 6.20 容易看出, 当 $\vec{j_\pi}$ 与 $\vec{j_\nu}$ 彼此垂直时, 剪刀角最大 (90°), 像一把张开的剪刀, 这时总角动量 I 最小. 随着 I 的增大, 剪刀角逐渐减小; 当 $\vec{j_\pi}$

与 $\vec{j_\nu}$ 彼此平行时, 剪刀角为零, 像一把合起的剪刀, 这时 I 达到最大值. 所以称此模型为剪刀模型.

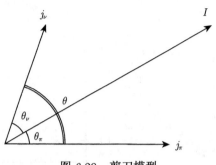

图 6.20　剪刀模型

在转动带态之间的级联 $M1$ 跃迁也可用半经典近似来讨论. 由同一转动带内的磁矩和跃迁的公式可知, 平行于总角动量 $\vec{I}$ 的磁矩分量对 $M1$ 不做出贡献, 因为总角动量是运动常数, 也即只有垂直于总角动量 $\vec{I}$ 的磁矩分量 $\mu_\perp$ 才对 $M1$ 跃迁有贡献. 半经典的物理图像是垂直于总角动量的磁偶极矩分量绕总角动量以频率 ω 转动而发出磁偶极辐射.

所以在 $I \gg 1$ 时我们得到

$$B(M1; I \to I-1) = \frac{3}{4\pi}\frac{1}{2}\vec{\mu}_\perp^2 = \frac{3}{4\pi}g_{\mathrm{eff}}^2 j_\pi^2 \frac{1}{2}\sin^2\theta_\pi [\mu_N^2] \tag{6.29}$$

在半经典近似下, 对于电四极跃迁可以得到

$$B(E2; I \to I-2) = \frac{5}{16\pi}(eQ)_{\mathrm{eff}}^2 \frac{3}{8}\sin^4\theta_\pi \tag{6.30}$$

式中, $(eQ)_{\mathrm{eff}} = e_\pi Q_\pi + \left(\dfrac{j_\nu}{j_\pi}\right)^2 e_\nu Q_\nu, \theta_\pi$ 是 $\vec{j_\pi}$ 和总角动量 $\vec{I}$ 之间的夹角, 由图 6.20 可以得到 $\tan\theta_\pi = \dfrac{j_\nu \sin\theta}{j_\pi + j_\nu \cos\theta}$. 容易看出, 在一转动带中随着总角动量 I 增大 (剪刀角减小), 磁偶极跃迁强度 $B(M1; I \to I-1)$ 和电四极跃迁强度 $B(E2; I \to I-2)$ 都迅速减小, 这与实验数据相符合. 图 6.21 给出 $B(M1)$ 和 $B(E2)$ 随剪刀角的变化.

由缺中子 Pb 同位素出现磁转动带的条件我们看到, 此原子核处在从球形核到变形核的过渡区, 形变很小, 费米面有高 j 质子 (中子) 粒子轨道和高 j 中子 (质子) 空穴轨道. 几乎所有过渡区的原子核都满足这种条件, 都可能出现磁转动带. 近年来实验上在多个过渡核区发现了这种磁转动带.

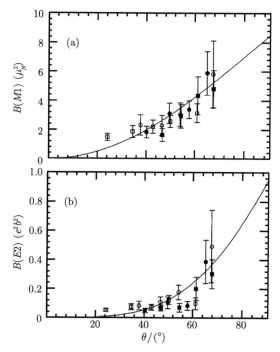

图 6.21 $M1$ 和 $E2$ 跃迁强度作为剪刀角的函数

由于原子核核心部分对总角动量的贡献不是主要的, 所以总角动量的方向不在形变核心的主轴上, 这种不绕主轴转动的推转模型称为倾斜轴推转模型 (TAC), 它是研究原子核磁转动机制的有效方法. 如果核心部分除 β 形变外还有 γ 形变, 则在特定的条件下还能出现手征双重带. 与 TAC 方法相平行的也可用三轴不等的转子与多粒子耦合的模型来讨论磁转动.

6.9 例 题

例题 6.1 在赝自旋表象中有态矢量 $|\widetilde{431}\rangle$, $|\widetilde{422}\rangle$ 和 $|\widetilde{420}\rangle$, 按照 $\tilde{r}_{\mathrm{orb}} = \mathrm{e}^{-\mathrm{i}\pi\tilde{\ell}_1} = \pm 1$ 将基矢分类并将 $\tilde{\ell}_1$ 分别对角化.

解 对于赝自旋表象的渐近基

$$\mathrm{e}^{-\mathrm{i}\pi\tilde{\ell}_1}|\widetilde{N}\widetilde{n}_3\widetilde{\Lambda}\rangle = (-1)^{\widetilde{N}}|\widetilde{N}\widetilde{n}_3 - \widetilde{\Lambda}\rangle$$

则当 $\tilde{r}_{\mathrm{orb}} = +1$ 时, 基矢有形式

$$\psi_+ = \frac{1}{\sqrt{2}}(|\widetilde{N}\widetilde{n}_3\widetilde{\Lambda}\rangle + (-1)^{\widetilde{N}}|\widetilde{N}\widetilde{n}_3 - \widetilde{\Lambda}\rangle)$$

它共有三个基矢: ① $|\widetilde{420}\rangle$, ② $\dfrac{1}{\sqrt{2}}(|\widetilde{422}\rangle + |\widetilde{42-2}\rangle)$, ③ $\dfrac{1}{\sqrt{2}}(|\widetilde{431}\rangle + |\widetilde{43-1}\rangle)$. 当 $\tilde{r}_{\mathrm{orb}} = -1$ 时, 基矢有形式

$$\psi_- = \frac{1}{\sqrt{2}}[|\tilde{N}\tilde{n}_3\tilde{\Lambda}\rangle - (-1)^{\tilde{N}}|\tilde{N}\tilde{n}_3 - \tilde{\Lambda}\rangle]$$

共有两个基矢: ① $\dfrac{1}{\sqrt{2}}(|\widetilde{422}\rangle - |\widetilde{42-2}\rangle)$, ② $\dfrac{1}{\sqrt{2}}(|\widetilde{431}\rangle - |\widetilde{43-1}\rangle)$. 在渐近基下, 科里奥利矩阵元为

$$\langle Nn_3'\Lambda + 1\Omega + 1|j_+|Nn\Lambda\Omega\rangle = \sqrt{(n_3+1)(N-n_3-\Lambda)}\delta(n_3', n_3+1)$$
$$+\sqrt{n_3(N-n_3+\Lambda+2)}\delta(n_3', n_3-1)$$

$$\left\langle Nn_3\Lambda\Omega = \Lambda + \frac{1}{2}\Big|j_+\Big|Nn_3\Lambda\Omega = \Lambda - \frac{1}{2}\right\rangle = 1$$

因为由自旋表象变换到赝自旋表象, 角动量算符 $\vec{j}$ 不变, 所以在赝自旋表象有同样的表达式.

$\tilde{r}_{\mathrm{orb}} = -1$ 子空间:

$$\langle(1)|\tilde{\ell}_1|(2)\rangle = \frac{1}{2}[\langle(1)|\tilde{\ell}_+|(2)\rangle + \langle(1)|\tilde{\ell}_-|(2)\rangle]$$
$$= \frac{1}{4}(\langle\widetilde{422}|\tilde{\ell}_+|\widetilde{431}\rangle + \langle\widetilde{422}|\tilde{\ell}_-|\widetilde{431}\rangle$$
$$+ \langle\widetilde{42-2}|\tilde{\ell}_+|\widetilde{43-1}\rangle + \langle\widetilde{42-2}|\tilde{\ell}_-|\widetilde{43-1}\rangle)$$
$$= \sqrt{3}$$

所以本征值为 $\tilde{\ell}_1 = \pm\sqrt{3}$, 对于 $\tilde{\ell}_1 = \sqrt{3}$, 本征态标记为 $b-$; 对于 $\tilde{\ell}_1 = -\sqrt{3}$, 本征态标记为 $d-$.

$\tilde{r}_{\mathrm{orb}} = +1$ 子空间:

矩阵元为

$$\langle(1)|\tilde{\ell}_1|(2)\rangle = \frac{1}{\sqrt{2}}(\langle\widetilde{420}|\tilde{\ell}_1|\widetilde{422}\rangle + \langle\widetilde{420}|\tilde{\ell}_1|\widetilde{42-2}\rangle) = 0$$

$$\langle(1)|\tilde{\ell}_1|(3)\rangle = \frac{1}{2\sqrt{2}}[\langle\widetilde{420}|(j_+ + j_-)|\widetilde{431}\rangle + \langle\widetilde{420}|(j_+ + j_-)|\widetilde{43-1}\rangle] = \sqrt{3}$$

$$\langle(2)|\tilde{\ell}_1|(3)\rangle = \frac{1}{4}[\langle\widetilde{422}|(j_+ + j_-)|\widetilde{431}\rangle + \langle\widetilde{42-2}|(j_+ + j_-)|\widetilde{43-1}\rangle] = \sqrt{3}$$

本征值为 $0, \pm\sqrt{6}$:

　　$\tilde{\ell}_1 = 0$, 本征态标记为 $c+$;

　　$\tilde{\ell}_1 = \sqrt{6}$, 本征态标记为 $a+$;

　　$\tilde{\ell}_1 = -\sqrt{6}$, 本征态标记为 $b+$.

第7章 核 力

实验发现原子核内部的密度是常数, 这表明核子之间的相互作用是吸引的且核力具有饱和性. 因为吸引势能正比于 ρ, 而费米能是排斥的, 但它正比于 $\rho^{\frac{2}{3}}$ 而不足以平衡吸引势, 也即随着密度增大原子核将 "坍塌" 为一点. 阻止此现象的机制是当两核子靠得很近时, 核子之间还存在很强的排斥相互作用. 由此可以得到核力的重要定性特征是远程吸引近程排斥. 图 7.1 是核子-核子相互作用的示意图. 图中的标度 $b \sim 1.4\mathrm{fm}$ 通常称为核力的力程, 它相当于 π 介子的康普顿波长.

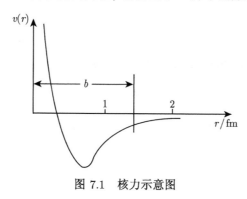

图 7.1 核力示意图

7.1 核子-核子相互作用的一般性质

一个核子的状态可用它的空间坐标 $\vec{r}$, 动量 $\vec{p}$, 自旋 $\vec{s} = \frac{1}{2}\vec{\sigma}$ (以及同位旋 $\vec{t} = \frac{1}{2}\vec{\tau}$) 来描述. 与核子的自旋类比, 可以指定中子和质子是同位旋为 $\frac{1}{2}$ 而第三分量分别为 $\pm\frac{1}{2}$ 的两个态. 两核子间相互作用最普遍形式为

$$V(1,2) = V(\vec{r}_1, \vec{r}_2, \vec{p}_1, \vec{p}_2, \vec{\sigma}_1, \vec{\sigma}_2, \vec{\tau}_1, \vec{\tau}_2)$$

由空间和时间的均匀性可知, 两核子之间的相互作用只与它们的相对坐标 $\vec{r} = \vec{r}_1 - \vec{r}_2$ 和相对动量 $\vec{p} = \vec{p}_1 - \vec{p}_2$ 有关, 即

$$V(1,2) = V(\vec{r}, \vec{p}, \vec{\sigma}_1, \vec{\sigma}_2, \vec{\tau}_1, \vec{\tau}_2) \tag{7.1}$$

现有的实验证据表明强相互作用满足宇称守恒, 所以在空间反射下的不变性要求核子之间相互作用满足

$$V(\vec{r}, \vec{p}, \vec{\sigma}_1, \vec{\sigma}_2, \vec{\tau}_1, \vec{\tau}_2) = V(-\vec{r}, -\vec{p}, \vec{\sigma}_1, \vec{\sigma}_2, \vec{\tau}_1, \vec{\tau}_2) \tag{7.2}$$

在时间反演下的不变性要求

$$V(\vec{r}, \vec{p}, \vec{\sigma}_1, \vec{\sigma}_2, \vec{\tau}_1, \vec{\tau}_2) = V(\vec{r}, -\vec{p}, -\vec{\sigma}_1, -\vec{\sigma}_2, \vec{\tau}_1, \vec{\tau}_2) \tag{7.3}$$

核力的另一重要特征是具有交换特性, 即

$$V(1,2) = V(2,1) \tag{7.4}$$

它来源于两粒子波函数的对称性. 因为核子是费米子, 两核子波函数必须是完全反对称的.

由空间的各向同性, 核子–核子相互作用势必须是空间转动下的标量.

由 $\vec{r}$ 和 $\vec{p}$ 可以构成的独立转动不变量为

$$\vec{r}^2, \vec{p}^2, (\vec{r} \cdot \vec{p} + \vec{p} \cdot \vec{r})$$

由于相互作用的时间反演不变性, 最后一个标量必须以平方的形式

$$(\vec{r} \cdot \vec{p} + \vec{p} \cdot \vec{r})^2$$

出现, 此项可以用 $\vec{r}^2, \vec{p}^2$ 和 $\vec{L}^2 = (\vec{r} \times \vec{p})^2$ 表示出来, 其中 $\vec{L} = \vec{r} \times \vec{p}$ 是两核子系统的轨道角动量.

下面讨论相互作用对核子自旋的依赖关系.

由核力的交换性可知

$$V(\vec{r}, \vec{p}, \vec{\sigma}_1, \vec{\sigma}_2) = V(\vec{r}, \vec{p}, \vec{\sigma}_2, \vec{\sigma}_1) \tag{7.5}$$

假定 $V(1,2) = \sum\limits_{i,j=0}^{3} V_{ij} \sigma_i^1 \sigma_j^2$, 这里我们记 $\sigma_0 = I$. 其中 V_{00} 与核子自旋无关. $\vec{\sigma}$ 的线性项为 $\vec{S} = \dfrac{1}{2}(\vec{\sigma}_1 + \vec{\sigma}_2)$, 它表示两个核子的总自旋. $\vec{\sigma}$ 的二次项是二阶张量, 它可以分解为反对称张量和对称张量. 反对称张量 (矢量) 有形式 $\vec{\sigma}_1 \times \vec{\sigma}_2$, 因为 $\vec{\sigma}_1$ 和 $\vec{\sigma}_2$ 交换时此项改变符号, 所以它不满足我们的要求, 即式 (7.5). 对称张量包含标量 $\vec{\sigma}_1 \cdot \vec{\sigma}_2$ 和无迹对称张量:

$$(\sigma_i^1 \sigma_j^2 + \sigma_i^2 \sigma_j^1) \left(1 - \frac{1}{3}\delta_{ij}\right)$$

由上述讨论可知, 由 $\vec{r}$、$\vec{p}$、$\vec{\sigma}_1$、$\vec{\sigma}_2$ 构成的所有可能的空间转动下的独立标量形式为

$$\vec{r}^2, \vec{p}^2, \vec{L}^2, \vec{L} \cdot \vec{S}, \vec{\sigma}_1 \cdot \vec{\sigma}_2, (\vec{\sigma}_1 \cdot \vec{r})(\vec{\sigma}_2 \cdot \vec{r})$$
$$(\vec{\sigma}_1 \cdot \vec{p})(\vec{\sigma}_2 \cdot \vec{p}), (\vec{L} \cdot \vec{\sigma}_1)(\vec{L} \cdot \vec{\sigma}_2) + (\vec{L} \cdot \vec{\sigma}_2)(\vec{L} \cdot \vec{\sigma}_1)$$

如果两核子相互作用势与它们的相对动量无关, 则称为定域势; 如果它依赖于相对动量, 则称为非定域势.

下面讨论核子-核子相互作用对于同位旋的依赖关系.

两核子系统的总同位旋 $\vec{T} = \frac{1}{2}(\vec{\tau}_1 + \vec{\tau}_2)$, 与两核子总自旋的情况类比, 容易得到两核子系统的总同位旋可取值 $T = 0$(称同位旋单态) 或者 $T = 1$(称同位旋三态).

若 $T = 1$, 则 $T_z = 1, 0, -1$. 在同位旋空间中它们的本征函数分别为

$$|T = 1, T_z = 1\rangle = \begin{pmatrix} 1 \\ 0 \end{pmatrix}_1 \begin{pmatrix} 1 \\ 0 \end{pmatrix}_2 \quad (\text{表示 NN 系统})$$

$$|T = 1, T_z = 0\rangle = \frac{1}{\sqrt{2}}\left[\begin{pmatrix} 1 \\ 0 \end{pmatrix}_1 \begin{pmatrix} 0 \\ 1 \end{pmatrix}_2 + \begin{pmatrix} 0 \\ 1 \end{pmatrix}_1 \begin{pmatrix} 1 \\ 0 \end{pmatrix}_2\right] \quad (\text{表示 NP 系统})$$

$$|T = 1, T_z = -1\rangle = \begin{pmatrix} 0 \\ 1 \end{pmatrix}_1 \begin{pmatrix} 0 \\ 1 \end{pmatrix}_2 \quad (\text{表示 PP 系统})$$

核子-核子相互作用的电荷无关性是指质子-质子相互作用强度与中子-中子 (以及对称的质子-中子) 相互作用强度相同, 即与 $T = 1$ 时的 T_z 无关.

进一步假定总同位旋 T 是两核子系统的好量子数, 即核子相互作用对于同位旋空间的转动具有不变性. 容易看出, 同位旋空间中由两个核子的同位旋构成的标量有形式 $V_0 + V_\tau \vec{\tau}_1 \cdot \vec{\tau}_2$.

在两核子之间的定域相互作用中, 中心势是最重要的, 它只依赖于两核子之间的距离而与相对坐标的空间取向无关并可以表示为

$$V_c(r) = V_0(r) + V_\sigma(r)\vec{\sigma}_1 \cdot \vec{\sigma}_2 + V_\tau(r)\vec{\tau}_1 \cdot \vec{\tau}_2 + V_{\sigma\tau}(r)(\vec{\sigma}_1 \cdot \vec{\sigma}_2)(\vec{\tau}_1 \cdot \vec{\tau}_2) \quad (7.6)$$

对于定域势, 除中心势以外, 唯一的可能形式是张量力:

$$V_T(r)S_{12} = [V_{T_0}(r) + V_{T_\tau}(r)\vec{\tau}_1 \cdot \vec{\tau}_2]S_{12} \quad (7.7)$$

式中, $S_{12} = 3\vec{\sigma}_1 \cdot \vec{e}_r \vec{\sigma}_2 \cdot \vec{e}_r - \vec{\sigma}_1 \cdot \vec{\sigma}_2$.

容易看出 $\int S_{12}\mathrm{d}\Omega = 0$, 即虽然张量力是各向异性的, 但对于空间取向的平均值为零.

对于非定域势, 最重要的项是二体自旋轨道耦合势:

$$V_{LS} = V_{LS}(r)\vec{L} \cdot \vec{S} \tag{7.8}$$

形式上还可以引入二阶自旋-轨道耦合非定域势:

$$V_{LL} = V_{LL}(r)\{\vec{\sigma}_1 \cdot \vec{\sigma}_2\vec{L}^2 - \frac{1}{2}[(\vec{L} \cdot \vec{\sigma}_1)(\vec{L} \cdot \vec{\sigma}_2) + (\vec{L} \cdot \vec{\sigma}_2)(\vec{L} \cdot \vec{\sigma}_1)]\} \tag{7.9}$$

在上面的表达式中, $V_0(r)$, $V_\sigma(r)$, $V_\tau(r)$, $V_{\sigma\tau}(r)$, $V_{T_0}(r)$, $V_{T_\tau}(r)$, $V_{LS}(r)$ 和 $V_{LL}(r)$ 都只是两核子之间距离的函数而与它们的相对取向无关.

两核子之间的中心力 V_c 也可借助交换算符表示.

定义自旋交换算符为

$$P_\sigma = (1/2)(1 + \vec{\sigma}_1 \cdot \vec{\sigma}_2) = S(S+1) - 1$$

当 $S = 1$ 时, $P_\sigma = 1$; 当 $S = 0$ 时, $P_\sigma = -1$.

定义同位旋交换算符为

$$P_\tau = (1/2)(1 + \vec{\tau}_1 \cdot \vec{\tau}_2) = T(T+1) - 1$$

当 $T = 1$ 时, $P_\tau = 1$; 当 $T = 0$ 时, $P_\tau = -1$.

令 P_r 是两核子空间坐标交换算符, 当它作用在偶宇称态时 $P_r = 1$, 当它作用在奇宇称态时 $P_r = -1$, 所有这些交换算符有性质

$$P_r^2 = P_\sigma^2 = P_\tau^2 = 1$$

则泡利原理要求 $P_r P_\sigma P_\tau = -1$, 所以 $P_r = -P_\sigma P_\tau$.

两核子之间的中心力 (7.6) 也可借助交换算符表示为

$$V_c(r) = V_W(r) + V_M(r)P^r + V_B(r)P^\sigma + V_H(r)P^r P^\sigma \tag{7.10}$$

式中

$$V_W = V_0 - V_\sigma - V_\tau + V_{\sigma\tau}$$
$$V_M = -4V_{\sigma\tau}$$
$$V_B = 2V_\sigma - 2V_{\sigma\tau}$$
$$V_H = -2V_\tau + 2V_{\sigma\tau}$$

借助交换算符 P_r, P_σ, P_τ 我们还可以定义投影算符:

自旋单态投影算符 $\prod_s^\sigma = \frac{1}{2}(1 - P_\sigma)$, 自旋三态投影算符 $\prod_t^\sigma = \frac{1}{2}(1 + P_\sigma)$;

同位旋单态投影算符 $\prod\limits_{s}^{\tau} = \frac{1}{2}(1 - P_\tau)$, 同位旋三态投影算符 $\prod\limits_{t}^{\tau} = \frac{1}{2}(1 + P_\tau)$;

空间奇宇称态投影算符 $\prod\limits_{o}^{r} = \frac{1}{2}(1 - P_r)$, 空间偶宇称态投影算符 $\prod\limits_{e}^{r} = \frac{1}{2}(1 + P_r)$.

两核子之间的中心力 (7.6) 也可借助这些投影算符表示出来.

7.2 核力的介子交换理论

核子之间的相互作用已在图 7.1 中给出了表示. 我们看到, 核力的力程 ($b \sim$ 1.4fm) 很短, 当核子间距离 $r > b$ 时核子之间相互作用以 $\frac{1}{r}e^{-\frac{r}{b}}$ 的方式趋向于零. 核力的这种特征可以假定核子之间交换质量为 m 的粒子而得到. 图 7.2 表示核子间交换质量为 m_π 的粒子的情况.

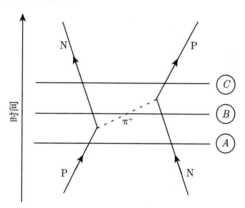

图 7.2　核子间的介子交换示意图

假定核子的动能比静止质量小许多, 初态 A 的能量为

$$E_A = E_N + E_P \approx 2Mc^2$$

中间态的能量为

$$E_B = E_N + E_P + E_\pi \approx 2Mc^2 + m_\pi c^2$$

所以能量不守恒的量级为

$$\Delta E = E_B - E_A$$

由测不准关系可以得到

$$\Delta E \Delta t \sim \hbar, \ \Delta t \sim \frac{\hbar}{m_\pi c^2}$$

此即虚粒子存在的时间.

在此时间间隔内粒子可运动的距离约为 $\dfrac{\hbar}{m_\pi c}$, 此即该粒子的康普顿波长.

基于这种图像, Yukawa 首先在理论上预言了这种介子的存在, 在他的预言 10 年以后, 实验上发现了这种 π 介子, 它的质量 $m_\pi \approx 137\mathrm{MeV}$, 相应的康普顿波长约为 1.4fm.

7.2.1   量子场论的微扰论与核子相互作用势

下面我们从介子场论出发, 在非相对论近似下导出核子间的介子交换势. 用量子场论的语言, 介子由自由介子场描述, 核子由自由费米子场描述. 核子之间的相互作用是通过与介子场的耦合来实现的. 取自由核子和自由介子的质量为它们的物理质量, 取核子与介子场的耦合常数为物理耦合常数, 而不再讨论重整化的影响.

自由标量介子场:

$$\phi(x) = \phi(\vec{x}, t) = \frac{1}{\sqrt{V}} \sum_{\vec{k}} \frac{1}{\sqrt{2\omega_{\vec{k}}}} \left(a_{\vec{k}} \mathrm{e}^{\mathrm{i}\vec{k}\cdot\vec{x} - \mathrm{i}\omega_{\vec{k}}t} + a_{\vec{k}}^{+} \mathrm{e}^{-\mathrm{i}\vec{k}\cdot\vec{x} + \mathrm{i}\omega_{\vec{k}}t} \right)$$

式中, $\omega_{\vec{k}} = \sqrt{\vec{k}^2 + m^2}$, m 是介子物理质量.

自由费米子场:

$$\Psi(\vec{x}, t) = \frac{1}{\sqrt{V}} \sum_{\vec{p}, s} \left(a_{\vec{p}, s} u_{\vec{p}, s} \mathrm{e}^{\mathrm{i}\vec{p}\cdot\vec{x} - \mathrm{i}E_{\vec{p}}t} + b_{\vec{p}, s}^{+} v_{\vec{p}, s} \mathrm{e}^{-\mathrm{i}\vec{p}\cdot\vec{x} + \mathrm{i}E_{\vec{p}}t} \right)$$

式中

$$u_{\vec{p}, s} = \sqrt{\frac{E_{\vec{p}} + M}{2E_{\vec{p}}}} \left(\begin{array}{c} \chi_s \\ \dfrac{\vec{\sigma}\cdot\vec{p}}{E_{\vec{p}} + M} \chi_s \end{array} \right)$$

是自由核子的旋量波函数, M 是核子的物理质量.

介子与核子之间的耦合形式应当满足一些对称性要求: 首先相互作用哈密顿量密度必须是洛伦兹变换下的标量. 另外, 在空间反射、时间反演和正反粒子共轭变换下它是不变的, 强相互作用满足这些对称性已为大量实验事实所验证.

核子与标量介子之间的耦合可取形式

$$g_s \overline{\psi}\psi\phi, \quad f_s \overline{\psi}\gamma_\mu\psi \frac{\partial\phi}{\partial X_\mu}$$

核子与赝标量介子之间的耦合可取形式 (π, η)

$$\mathrm{i}g_p \overline{\psi}\gamma_5\psi\phi_\pi, \quad f_p \overline{\psi}\gamma_\mu\gamma_5\psi \frac{\partial\phi_\pi}{\partial X_\mu}$$

核子与矢量介子之间的耦合可取形式 (ω)

$$\mathrm{i}g_\omega\overline{\psi}\gamma_\mu\psi A_\mu, \quad f_\omega\overline{\psi}\Sigma_{\mu\nu}\psi F_{\mu\nu}$$

核子与轴矢量介子之间的耦合可取形式

$$\mathrm{i}g_A\overline{\psi}\gamma_\mu\gamma_5\psi A'_\mu, \quad f_A\overline{\psi}\gamma_5\Sigma_{\mu\nu}\psi F'_{\mu\nu}$$

可以证明, 标量和赝标量介子的导数型耦合不是独立的 (见本章例题 7.1), 轴矢量介子的张量型耦合也可以归结为轴矢量型耦合, 只有矢量介子的矢量耦合和张量耦合是独立的.

我们采用以下约定:

$$\vec{\alpha} = \begin{pmatrix} 0 & \vec{\sigma} \\ \vec{\sigma} & 0 \end{pmatrix}, \quad \beta = \begin{pmatrix} I & 0 \\ 0 & -I \end{pmatrix}, \quad \vec{\Sigma} = \begin{pmatrix} \vec{\sigma} & 0 \\ 0 & \vec{\sigma} \end{pmatrix}$$

$$\vec{\gamma} = -\mathrm{i}\beta\vec{\alpha} = \begin{pmatrix} 0 & -\mathrm{i}\vec{\sigma} \\ \mathrm{i}\vec{\sigma} & 0 \end{pmatrix}, \quad \gamma_4 = \beta = \begin{pmatrix} I & 0 \\ 0 & -I \end{pmatrix}$$

$$\gamma_5 = \gamma_1\gamma_2\gamma_3\gamma_4 = \begin{pmatrix} 0 & -I \\ -I & 0 \end{pmatrix}$$

相互作用表象 S 矩阵的二阶微扰论给出

$$S_2 = \frac{(-\mathrm{i})^2}{2!} \int_{-\infty}^{\infty} \mathrm{d}^4x_1 \int_{-\infty}^{\infty} \mathrm{d}^4x_2 T(h_{\mathrm{int}}(x_1)h_{\mathrm{int}}(x_2))$$

$$= -\int_{-\infty}^{\infty} \mathrm{d}t_1 \int_{-\infty}^{t_1} \mathrm{d}t_2 H_{\mathrm{int}}(t_1)H_{\mathrm{int}}(t_2)$$

则从初态 $|a\rangle$ 到末态 $|b\rangle$ 的跃迁矩阵元为

$$\langle b|S_2|a\rangle = -\int_{-\infty}^{\infty} \mathrm{d}t_1 \int_{-\infty}^{t_1} \mathrm{d}t_2 \sum_\gamma \langle b|H_{\mathrm{int}}(t_1)|\gamma\rangle\langle\gamma|H_{\mathrm{int}}(t_2)|a\rangle$$

式中, $|\gamma\rangle$ 是 $H_0 = \int h_0(\vec{x},t)\mathrm{d}\vec{x}$ 的完备中间态; $H_{\mathrm{int}(t)} = \int h_{\mathrm{int}}(\vec{x},t)\mathrm{d}\vec{x}$. 容易看出

$$\langle\gamma|H_{\mathrm{int}}(t_2)|a\rangle = \exp(\mathrm{i}(E_\gamma - E_a)t_2)\langle\gamma|H_i|a\rangle$$

因为初末态都是平面波, 所以顶点 $\langle\gamma|H_i|a\rangle$ 满足三动量守恒:

$$\int_{-\infty}^{t_1} \mathrm{d}t_2\langle\gamma|H_{\mathrm{int}}(t_2)|a\rangle = \int_{-\infty}^{t_1} \mathrm{d}t_2 \exp(\mathrm{i}(E_\gamma - E_a)t_2 - \varepsilon|t_2|)\langle\gamma|H_i|a\rangle$$

$$= \frac{\exp(\mathrm{i}(E_\gamma - E_a)t_1}{\mathrm{i}(E_\gamma - E_a - i\varepsilon)}\langle\gamma|H_i|a\rangle$$

式中, ε 是正的无穷小量. 由此可得到

$$\langle b|S_2|a\rangle = -\int_{-\infty}^{\infty} \mathrm{d}t_1 \sum_{\gamma} \exp(\mathrm{i}(E_b - E_\gamma)t_1)\langle b|H_i|\gamma\rangle \frac{\exp(\mathrm{i}(E_\gamma - E_a)t_1)}{\mathrm{i}(E_\gamma - E_a - \mathrm{i}\varepsilon)}\langle \gamma|H_i|a\rangle$$

$$= \mathrm{i}\sum_{\gamma} \frac{1}{(E_\gamma - E_a - \mathrm{i}\varepsilon)} \int_{-\infty}^{\infty} \mathrm{d}t_1 \exp(\mathrm{i}(E_b - E_a)t_1)\langle b|H_i|\gamma\rangle\langle \gamma|H_i|a\rangle$$

$$= 2\pi\mathrm{i}\delta(E_b - E_a) \sum_{\gamma} \frac{1}{(E_\gamma - E_a - \mathrm{i}\varepsilon)}\langle b|H_i|\gamma\rangle\langle \gamma|H_i|a\rangle$$

$$= 2\pi\mathrm{i}\delta(E_b - E_a) \left\langle b\left|H_i \frac{1}{H_0 - E_a - \mathrm{i}\varepsilon} H_i\right|a\right\rangle \tag{7.11}$$

利用 S 矩阵与 T 矩阵的关系

$$\langle b|S_2|a\rangle = -2\pi\mathrm{i}\delta(E_b - E_a)\langle b|T|a\rangle \tag{7.12}$$

和 T 矩阵的方程

$$T = V + V\frac{1}{E - H_0}T \tag{7.13}$$

得到核子之间的位势

$$\langle b|V|a\rangle = -\left\langle b\left|H_i \frac{1}{H_0 - E_a - \mathrm{i}\varepsilon} H_i\right|a\right\rangle \tag{7.14}$$

应当指出, 式 (7.14) 中插入的中间态 $|\gamma\rangle$ 要完备, 即 t_1 和 t_2 的时间顺序是任意的. 如果是 n 阶图, 则共有 $n!$ 种时间顺序, 不同的时间顺序对应不同的中间态. 计算时全部中间态都要考虑.

7.2.2 核子间的介子交换势

在两核子的质心系:

$$\text{两核子初态} |a\rangle = |\overrightarrow{p}, -\overrightarrow{p}\rangle$$

$$\text{两核子末态} \langle b| = \langle \overrightarrow{p}' - \overrightarrow{p}'|$$

(1) 对于标量介子耦合:

$$h_{\mathrm{int}} = -g_s \overline{\psi}\psi\phi$$

则有

$$\langle \overrightarrow{p}', \overrightarrow{q}|H_i|\overrightarrow{p}\rangle = -g_s\delta(\overrightarrow{p}' + \overrightarrow{q} - \overrightarrow{p})\frac{1}{\sqrt{2\omega_{\overrightarrow{q}}}}\overline{u}_{\overrightarrow{p}'}u_{\overrightarrow{p}}$$

借助关系式

$$(\overrightarrow{\sigma} \cdot \overrightarrow{A})(\overrightarrow{\sigma} \cdot \overrightarrow{B}) = \overrightarrow{A} \cdot \overrightarrow{B} + \mathrm{i}\overrightarrow{\sigma} \cdot (\overrightarrow{A} \times \overrightarrow{B})$$

和

$$\vec{p} = \vec{p}' + \vec{q}$$

可得

$$
\begin{aligned}
\overline{u}_{\vec{p}'} u_{\vec{p}} &= \frac{E_{\vec{p}} + M}{2E_{\vec{p}}} \left[1 - \frac{(\vec{\sigma}_1 \cdot \vec{p}')(\vec{\sigma}_1 \cdot \vec{p})}{(E_{\vec{p}} + M)^2} \right] \\
&= \frac{E_{\vec{p}} + M}{2E_{\vec{p}}} \left[1 - \frac{(\vec{p}' \cdot \vec{p}) + \mathrm{i}\vec{\sigma}_1 \cdot (\vec{p}' \times \vec{p})}{(E_{\vec{p}} + M)^2} \right] \\
\overline{u}_{-\vec{p}'} u_{-\vec{p}} &= \frac{E_{\vec{p}} + M}{2E_{\vec{p}}} \left[1 - \frac{(\vec{\sigma}_2 \cdot \vec{p}')(\vec{\sigma}_2 \cdot \vec{p})}{(E_{\vec{p}} + M)^2} \right] \\
&= \frac{E_{\vec{p}} + M}{2E_{\vec{p}}} \left[1 - \frac{(\vec{p}' \cdot \vec{p}) + \mathrm{i}\vec{\sigma}_2 \cdot (\vec{p}' \times \vec{p})}{(E_{\vec{p}} + M)^2} \right]
\end{aligned}
$$

由此我们得到

$$
\begin{aligned}
&\langle \vec{p}', -\vec{p}' | V | \vec{p}, -\vec{p} \rangle \\
&= -\frac{g_s^2}{\omega^2} \left(\frac{E_{\vec{p}} + M}{2E_{\vec{p}}} \right)^2 \left[1 - \frac{(\vec{p}' \cdot \vec{p}) - \mathrm{i}\vec{\sigma}_1 \cdot (\vec{p} \times \vec{p}')}{(E_{\vec{p}} + M)^2} \right] \\
&\quad \times \left[1 - \frac{(\vec{p}' \cdot \vec{p}) - \mathrm{i}\vec{\sigma}_2 \cdot (\vec{p} \times \vec{p}')}{(E_{\vec{p}} + M)^2} \right] \\
&\approx -\frac{g_s^2}{\omega^2} \left(\frac{E_{\vec{p}} + M}{2E_{\vec{p}}} \right)^2 \left[1 - \frac{2(\vec{p}' \cdot \vec{p}) - \mathrm{i}(\vec{\sigma}_1 + \vec{\sigma}_2) \cdot (\vec{p} \times \vec{p}')}{(E_{\vec{p}} + M)^2} \right] \\
&\approx -\frac{g_s^2}{\omega^2} \left(\frac{E_{\vec{p}} + M}{2E_{\vec{p}}} \right)^2 \left[1 + \frac{\vec{q}^2 - 2\vec{p}^2}{(E_{\vec{p}} + M)^2} - \frac{\mathrm{i}2\vec{S} \cdot (\vec{p} \times \vec{q})}{(E_{\vec{p}} + M)^2} \right] \\
&\approx -g_s^2 \left[1 + \frac{\vec{q}^2}{4M^2} - \frac{\mathrm{i}\vec{S} \cdot (\vec{p} \times \vec{q})}{2M^2} \right] \frac{1}{\omega_{\vec{q}}^2}
\end{aligned}
$$

可得到在坐标空间

$$
\begin{aligned}
V(\vec{r}) &= \frac{1}{(2\pi)^3} \int \left[-g_s^2 \left(1 + \frac{\vec{q}^2}{4M^2} - \frac{\mathrm{i}\vec{S} \cdot (\vec{p} \times \vec{q})}{2M^2} \right) \frac{1}{\omega_{\vec{q}}^2} \right] \mathrm{e}^{-\mathrm{i}\vec{q} \cdot \vec{r}} \mathrm{d}\vec{q} \\
&= -g_s^2 \left[1 - \frac{\vec{\nabla}^2}{4M^2} + \frac{\vec{S} \cdot (\vec{p} \times \vec{\nabla})}{2M^2} \right] \frac{1}{(2\pi)^3} \int \frac{1}{\omega_{\vec{q}}^2} \mathrm{e}^{-\mathrm{i}\vec{q} \cdot \vec{r}} \mathrm{d}\vec{q}
\end{aligned}
$$

第一项

$$
\begin{aligned}
\frac{1}{(2\pi)^3} \int \frac{\mathrm{e}^{-\mathrm{i}\vec{q} \cdot \vec{r}}}{\vec{q}^2 + m^2} \mathrm{d}\vec{q} &= \frac{1}{(2\pi)^2} \int_0^\infty \frac{q^2 \mathrm{d}q}{q^2 + m^2} \int_{-1}^1 \mathrm{e}^{-\mathrm{i}qrx} \mathrm{d}x \\
&= \frac{1}{(2\pi)^2} \int_0^\infty \frac{q^2 \mathrm{d}q}{q^2 + m^2} \frac{1}{-\mathrm{i}qr} \mathrm{e}^{-\mathrm{i}qrx} \Big|_{-1}^1
\end{aligned}
$$

$$= \frac{i}{(2\pi)^2 r} \int_0^\infty \frac{q \mathrm{d}q}{q^2 + m^2} (e^{-irq} - e^{irq})$$

$$= \frac{i}{(2\pi)^2 r} \left(\int_0^\infty \frac{q \mathrm{d}q}{q^2 + m^2} e^{-irq} - \int_0^\infty \frac{q \mathrm{d}q}{q^2 + m^2} e^{irq} \right)$$

$$= \frac{i}{(2\pi)^2 r} \int_{-\infty}^\infty \frac{q \mathrm{d}q}{q^2 + m^2} e^{-irq}$$

$$= \frac{i}{(2\pi)^2 r} \int_{-\infty}^\infty \frac{q \mathrm{d}q}{(q + im)(q - im)} e^{-irq}$$

$$= \frac{i}{(2\pi)^2 r} \oint_C \frac{q \mathrm{d}q}{(q + im)(q - im)} e^{-irq}$$

$$= \frac{1}{4\pi} \frac{e^{-mr}}{r} = \frac{1}{4\pi} m Y(mr)$$

式中, $Y(x) = \dfrac{e^{-x}}{x}$; 积分回路 C 是 q 复平面的实轴加下半平面的无限大半圆. 由此可得到

$$V(\vec{r}) = -g_s^2 \left[1 - \frac{\vec{\nabla}^2}{4M^2} + \frac{\vec{S} \cdot (\vec{p} \times \vec{\nabla})}{2M^2} \right] \left(\frac{1}{4\pi} \frac{e^{-m_s r}}{r} \right)$$

借助公式

$$\vec{\nabla}^2 f(r) = \frac{1}{r} \frac{\partial^2}{\partial r^2} (r f(r))$$

$$(\vec{p} \times \vec{\nabla}) f(r) = (\vec{p} \times \vec{r}) \frac{1}{r} \frac{\partial}{\partial r} f(r) = -(\vec{r} \times \vec{p}) \frac{1}{r} \frac{\partial}{\partial r} f(r) = -\vec{L} \frac{1}{r} \frac{\partial}{\partial r} f(r)$$

对标量介子交换, 我们得到

$$V(\vec{r}) = -g_s^2 m_s \frac{1}{4\pi} \left\{ \left(1 - \frac{m_s^2}{4M^2} \right) Y(x) - \frac{m_s^2}{2M^2} \vec{L} \cdot \vec{S} \frac{1}{x} \frac{\mathrm{d}Y}{\mathrm{d}x} \right\} \tag{7.15}$$

式中, $Y(x) = \dfrac{e^{-x}}{x}$, $x = m_s r$.

(2) 对于赝标量介子耦合:

$$h_{\text{int}} = -i g_p \overline{\psi} \gamma_5 \psi \phi_\pi$$

$$\gamma_4 \gamma_5 = \begin{pmatrix} I & 0 \\ 0 & -I \end{pmatrix} \begin{pmatrix} 0 & -I \\ -I & 0 \end{pmatrix} = \begin{pmatrix} 0 & -I \\ I & 0 \end{pmatrix}$$

顶点 $1 - i g_\pi \overline{u}_{\vec{p}'} \gamma_5 u_{\vec{p}} \dfrac{1}{\sqrt{2\omega_{\vec{q}}}}$:

$$\overline{u}_{\vec{p}'} \gamma_5 u_{\vec{p}} = \frac{E_{\vec{p}} + M}{2 E_{\vec{p}}} \left(1 \quad \frac{\vec{\sigma}_1 \cdot \vec{p}'}{E_{\vec{p}} + M} \right) \begin{pmatrix} 0 & -I \\ I & 0 \end{pmatrix} \begin{pmatrix} 1 \\ \dfrac{\vec{\sigma}_1 \cdot \vec{p}}{E_{\vec{p}} + M} \end{pmatrix}$$

$$= \frac{E_{\vec{p}} + M}{2 E_{\vec{p}}} \frac{\vec{\sigma}_1 \cdot (\vec{p}' - \vec{p})}{E_{\vec{p}} + M}$$

顶点 2 $\mathrm{i}g_\pi \overline{u}_{-\overrightarrow{p}'}\gamma_5 u_{-\overrightarrow{p}}\dfrac{1}{\sqrt{2\omega_{\overrightarrow{q}}}}$：

$$\overline{u}_{-\overrightarrow{p}'}\gamma_5 u_{-\overrightarrow{p}} = \frac{E_{\overrightarrow{p}}+M}{2E_{\overrightarrow{p}}}\begin{pmatrix} 1 & \dfrac{-\overrightarrow{\sigma}_2\cdot\overrightarrow{p}'}{E_{\overrightarrow{p}}+M}\end{pmatrix}\begin{pmatrix} 0 & -I \\ I & 0 \end{pmatrix}\begin{pmatrix} 1 \\ \dfrac{-\overrightarrow{\sigma}_2\cdot\overrightarrow{p}}{E_{\overrightarrow{p}}+M}\end{pmatrix}$$

$$= -\frac{E_{\overrightarrow{p}}+M}{2E_{\overrightarrow{p}}}\frac{\overrightarrow{\sigma}_2\cdot(\overrightarrow{p}'-\overrightarrow{p})}{E_{\overrightarrow{p}}+M}$$

所以

$$\langle \overrightarrow{p}', -\overrightarrow{p}'|V|\overrightarrow{p}, -\overrightarrow{p}\rangle = -g_\pi^2\left(\frac{E_{\overrightarrow{p}}+M}{2E_{\overrightarrow{p}}}\right)^2\frac{(\overrightarrow{\sigma}_1\cdot\overrightarrow{q})(\overrightarrow{\sigma}_2\cdot\overrightarrow{q})}{(E_{\overrightarrow{p}}+M)^2}\frac{1}{\omega_{\overrightarrow{q}}^2}$$

$$\approx -\frac{g_\pi^2}{4M^2}(\overrightarrow{\sigma}_1\cdot\overrightarrow{q})(\overrightarrow{\sigma}_2\cdot\overrightarrow{q})\frac{1}{\omega_{\overrightarrow{q}}^2} \tag{7.16}$$

在坐标空间

$$V(\overrightarrow{r}) = \frac{1}{(2\pi)^3}\int\left\{-\frac{g_\pi^2}{4M^2}(\overrightarrow{\sigma}_1\cdot\overrightarrow{q})(\overrightarrow{\sigma}_2\cdot\overrightarrow{q})\frac{1}{\omega_{\overrightarrow{q}}^2}\right\}\mathrm{e}^{-\mathrm{i}\overrightarrow{q}\cdot\overrightarrow{r}}\mathrm{d}\overrightarrow{q}$$

$$= \frac{1}{(2\pi)^3}\int\left\{\frac{g_\pi^2}{4M^2}(\overrightarrow{\sigma}_1\cdot\overrightarrow{\nabla})(\overrightarrow{\sigma}_2\cdot\overrightarrow{\nabla})\frac{1}{\omega_{\overrightarrow{q}}^2}\right\}\mathrm{e}^{-\mathrm{i}\overrightarrow{q}\cdot\overrightarrow{r}}\mathrm{d}\overrightarrow{q}$$

$$= \frac{g_\pi^2}{4M^2}(\overrightarrow{\sigma}_1\cdot\overrightarrow{\nabla})(\overrightarrow{\sigma}_2\cdot\overrightarrow{\nabla})\frac{1}{4\pi}m_\pi Y(m_\pi r) \tag{7.17}$$

记张量算符

$$S_{12} = 3(\overrightarrow{\sigma}_1\cdot\hat{r})(\overrightarrow{\sigma}_2\cdot\hat{r}) - \overrightarrow{\sigma}_1\cdot\overrightarrow{\sigma}_2$$

容易看出

$$\int S_{12}\mathrm{d}\Omega = 0$$

计算表达式

$$(\overrightarrow{\sigma}_1\cdot\overrightarrow{\nabla})(\overrightarrow{\sigma}_2\cdot\overrightarrow{\nabla})\{mY(mr)\}$$

$$= \sigma_{1i}\sigma_{2j}\frac{\partial^2}{\partial x_i\partial x_j}\left(\frac{\mathrm{e}^{-mr}}{r}\right)$$

$$= \sigma_{1i}\sigma_{2j}\frac{\partial}{\partial x_i}\left\{-\left(\frac{1}{r^3}+m\frac{1}{r^2}\right)\mathrm{e}^{-mr}x_j\right\}$$

$$= \sigma_{1i}\sigma_{2j}\left\{-\left(\frac{1}{r^3}+m\frac{1}{r^2}\right)\mathrm{e}^{-mr}\delta_{ij}\right.$$

$$\left. -\left[\left(-\frac{3}{r^4}-m\frac{2}{r^3}\right)\mathrm{e}^{-mr}-m\left(\frac{1}{r^3}+m\frac{1}{r^2}\right)\mathrm{e}^{-mr}\right]\frac{x_i}{r}x_j\right\}$$

$$
\begin{aligned}
&= -\vec{\sigma}_1 \cdot \vec{\sigma}_2 \left(\frac{1}{r^3} + m\frac{1}{r^2} \right) \mathrm{e}^{-mr} + (\vec{\sigma}_1 \cdot \hat{r})(\vec{\sigma}_2 \cdot \hat{r}) \left(\frac{3}{r^3} + m\frac{3}{r^2} + m^2\frac{1}{r} \right) \mathrm{e}^{-mr} \\
&= m^3 \left[1 + \frac{3}{mr} + \frac{3}{(mr)^2} \right] \frac{\mathrm{e}^{-mr}}{mr} (\vec{\sigma}_1 \cdot \hat{r})(\vec{\sigma}_2 \cdot \hat{r}) \\
&\quad - \frac{1}{3}\vec{\sigma}_1 \cdot \vec{\sigma}_2 m^3 \left[1 + \frac{3}{mr} + \frac{3}{(mr)^2} - 1 \right] \frac{\mathrm{e}^{-mr}}{mr} \\
&= m^3 \frac{1}{3} \{ \vec{\sigma}_1 \cdot \vec{\sigma}_2 Y(mr) + S_{12} Z(mr) \}
\end{aligned}
$$

$$
Z(x) = \left(1 + \frac{3}{x} + \frac{3}{x^2} \right) Y(x)
$$

在上面的计算中我们丢掉了 $\delta(\vec{r})$ 函数, 因为在 $r = 0$ 的点, 上面的推导具有不确定性. 可以用如下方法讨论 $r = 0$ 的贡献: 对式 (7.17) 的右边在 4π 立体角内取平均, 得到

$$
\begin{aligned}
\overline{(\vec{\sigma}_1 \cdot \vec{\nabla})(\vec{\sigma}_2 \cdot \vec{\nabla})mY(mr)} &= \frac{1}{3}(\vec{\sigma}_1 \cdot \vec{\sigma}_2)\vec{\nabla}^2 \frac{\mathrm{e}^{-mr}}{r} \\
&= \frac{1}{3}(\vec{\sigma}_1 \cdot \vec{\sigma}_2)m^3 \left[-4\pi\delta(\vec{r}) + \frac{\mathrm{e}^{-mr}}{mr} \right]
\end{aligned}
$$

显然, 其中的 $\delta(\vec{r})$ 函数项必须考虑.

对于赝标量介子耦合, 我们最终得到

$$
V(\vec{r}) = \frac{1}{3}\frac{g_\pi^2}{4\pi}\frac{m_\pi^3}{4M^2}\{ \vec{\sigma}_1 \cdot \vec{\sigma}_2 Y(m_\pi r) + S_{12} Z(m_\pi r) - 4\pi\delta(\vec{r}) \} \tag{7.18}
$$

7.3 几种常用的有效相互作用

Skyrme 势:

$$
\begin{aligned}
V_{\mathrm{sky}} &= t_0(1 + x_0 P_\sigma)\delta(\vec{r}_1 - \vec{r}_2) + \frac{1}{2}t_1(1 + x_1 P_\sigma)(k'^2\delta + \delta k^2) \\
&\quad + t_2(1 + x_2 P_\sigma)k' \cdot \delta k + \frac{1}{6}t_3(1 + x_3 P_\sigma)\rho^\alpha \delta(\vec{r}_1 - \vec{r}_2) \\
&\quad + \mathrm{i}W_0(\vec{\sigma}_1 + \vec{\sigma}_2) \cdot k' \times \delta(\vec{r}_1 - \vec{r}_2)k
\end{aligned}
$$

式中

$$
k' = -\frac{1}{2\mathrm{i}}(\overleftarrow{\nabla}_1 - \overleftarrow{\nabla}_2)
$$

$$
k = \frac{1}{2\mathrm{i}}(\overrightarrow{\nabla}_1 - \overrightarrow{\nabla}_2)
$$

$$
P_\sigma = \frac{1}{2}(1 + \sigma_1 \cdot \sigma_2)
$$

Skyrme 势能够自洽描述闭壳原子核的基态和集体激发态的性质, 但 Skyrme 势给不出正确的对相互作用.

Gogny 势:

$$V(1,2) = \sum_{i=1}^{2} e^{-\frac{|\vec{r}_1 - \vec{r}_2|^2}{\mu_i^2}}(W_i + B_i P_\sigma - H_i P_\tau - M_i P_\sigma)$$
$$+ iW_0(\vec{\sigma}_1 + \vec{\sigma}_2) \cdot k' \times \delta(\vec{r}_1 - \vec{r}_2)k$$
$$+ t_3(1 + P_\sigma)\delta(\vec{r}_1 - \vec{r}_2)\rho^{\frac{1}{3}}(\vec{R})$$

Gogny 势的参数见表 7.1.

Gogny 势能够给出正确的对相互作用且对于组态不需人为截断.

表 7.1　Gogny 势的参数

i	μ_i/fm	W_i	B_i	H_i	M_i/MeV
1	0.7	-402.4	-100.0	-496.2	-23.56
2	1.2	-21.30	-11.77	37.27	-68.81
					$W_0 = 115\text{MeV} \cdot \text{fm}^5$
					$t_3 = 1350\text{MeV} \cdot \text{fm}^4$

分离势:

$$V = Q^+ \cdot Q$$
$$Q = \sum_{\alpha\beta} q_{\alpha\beta} a_\alpha^+ a_\beta$$

称为粒子-空穴道的可分离势.

$$V = P^+ \cdot P$$
$$P = \sum_{\alpha\beta} p_{\alpha\beta} a_\alpha^+ a_\beta^+$$

称为粒子-粒子道的可分离势.

$$V(|\vec{r}_1 - \vec{r}_2|) = \sum_\ell V_\ell(r_1, r_2) \sum_m Y_{\ell m}^*(\vartheta_1, \varphi_1) Y_{\ell m}(\vartheta_2, \varphi_2)$$
$$V_\ell(r_1, r_2) = 2\pi \int_{-1}^{1} V(|\vec{r}_1 - \vec{r}_2|) P_\ell(\cos\theta_{12}) d(\cos\theta_{12})$$

$P_\ell(\cos\theta_{12})$ 在 $0 \leqslant \theta_{12} \leqslant \frac{1}{\ell}$ 的范围内给出主要贡献, 所以对于有限力程的相互作用, $V_\ell(r_1, r_2)$ 随着 ℓ 的增大迅速减小, 即低分波是主要的.

假定 $V_\ell(r_1, r_2) = f_\ell(r_1) f_\ell(r_2)$, 则有分离势, 如果取 $f_\ell(r) = r^\ell$, 则得到多极-多极相互作用:

$$V = -\frac{1}{2} \sum_\ell \kappa_\ell : Q_\ell^+ \cdot Q_\ell := -\frac{1}{2} \sum_{\ell,m} \kappa_\ell : Q_{\ell m}^+ \cdot Q_{\ell m} :$$

式中

$$Q_{\ell m} = \sum_{\alpha\beta} \langle \alpha | r^\ell Y_{\ell m} | \beta \rangle a_\alpha^+ a_\beta$$

这种低分波的粒子-空穴相互作用是长程力, 通常 $\ell = 2$ 的四极-四极相互作用是最重要的, 它能自洽地给出原子核的形变.

下面讨论多极-多极对力:

$$V = -\sum_{\ell,m} G_\ell P_{\ell m}^+ P_{\ell m}$$

$$P_{\ell m} = \sum_{\alpha\beta} \langle \alpha | r^\ell Y_{\ell m} | \beta \rangle a_\alpha^+ a_{\tilde{\beta}}^+$$

式中, $\tilde{\beta}$ 是态 β 的时间反演态. 容易阐明它是短程作用.

对于 $\ell = 0$, 即单级对力, 有

$$V = -G_0 \frac{1}{4} \sum_{\alpha\beta} a_{\sum_{\alpha\beta}}^+ a_{\tilde{\alpha}}^+ a_{\tilde{\beta}} a_\beta$$

对于重原子核, 作用势

$$V = -\frac{1}{2} \kappa_2 : Q_2^+ \cdot Q_2 : + \frac{1}{4} G_0 P_0^+ P_0$$

包含了最重要的长程和短程相互作用.

7.4　氘核性质

氘核是由一个质子和一个中子构成的最简单的原子核, 研究氘核的性质可以直接为我们提供核子-核子相互作用的信息. 实验发现氘核的基态有以下性质:

结合能 2.25 MeV;

自旋和宇称 $J\pi = 1^+$;

同位旋 $T = 0$;

四极矩 $Q_2 = 2.82 \times 10^{-3} b$;

磁矩 $\left(单位 \dfrac{e\hbar}{2Mc} \right) \mu = 0.8574 = \dfrac{1}{2}(g_s^{\mathrm{p}} + g_s^{\mathrm{n}}) - 0.0222.$

由氘核宇称为正可知, 两核子的相对轨道角动量必须为偶数. 由 $T = 0$ 和波函数的完全反对称化要求可知, 氘核处于自旋三态 $(S = 1)$, 又由总角动量 $J = 1$ 可知, 氘核只能处于 S 态或 D 态. 由氘核的四极矩不为零可知, 氘核的基态波函数除包含 S 态外还必须混杂有 D 态组分. 下面我们将看到, 只有张量力才能将 S 态和 D 态耦合起来. 所以为了描述氘核的性质, 除了中心势以外还要考虑张量力.

7.4.1 氘核的电四极矩和磁矩

我们在氘核的质心系 $\vec{R} = \frac{1}{2}(\vec{r}_{\mathrm{p}} + \vec{r}_{\mathrm{n}}) = 0$ 描述氘核的性质.

定义相对坐标

$$\vec{r} = \vec{r}_{\mathrm{p}} - \vec{r}_{\mathrm{n}}$$

则质子和中子的坐标分别为

$$\vec{r}_{\mathrm{p}} = \frac{1}{2}\vec{r}, \quad \vec{r}_{\mathrm{n}} = -\frac{1}{2}\vec{r}$$

相对动量

$$\vec{p} = -\mathrm{i}\frac{\partial}{\partial \vec{r}}$$

$$= -\mathrm{i}\left[\frac{\partial}{\partial \vec{r}_{\mathrm{p}}}\frac{\partial \vec{r}_{\mathrm{p}}}{\partial \vec{r}} - \frac{\partial}{\partial \vec{r}_{\mathrm{n}}}\frac{\partial \vec{r}_{\mathrm{n}}}{\partial \vec{r}}\right] = \frac{1}{2}(\vec{p}_{\mathrm{p}} - \vec{p}_{\mathrm{n}})$$

则质子和中子的动量分别为

$$\vec{p}_{\mathrm{p}} = \vec{p} = -\vec{p}_{\mathrm{n}}$$

相对角动量

$$\vec{\ell} = \vec{r} \times \vec{p}$$

则质子和中子的动量分别为

$$\vec{\ell}_{\mathrm{p}} = \vec{r}_{\mathrm{p}} \times \vec{p}_{\mathrm{p}} = \frac{1}{2}\vec{r} \times \vec{p} = \frac{1}{2}\vec{\ell} = \vec{\ell}_{\mathrm{n}}$$

四极矩和磁矩算符分别可表示为

$$\widehat{Q} = e(3z_{\mathrm{p}}^2 - r_{\mathrm{p}}^2) = \frac{1}{4}e(3z^2 - r^2) = e\sqrt{\frac{\pi}{5}}r^2\mathrm{Y}_{20} \tag{7.19}$$

$$\widehat{\mu} = \frac{e\hbar}{2Mc}[(g_{\ell}^{\mathrm{p}}\vec{\ell}_{\mathrm{p}} + g_s^{\mathrm{p}}\vec{s}_{\mathrm{p}}) + g_s^{\mathrm{n}}\vec{s}_{\mathrm{n}}] = \frac{e\hbar}{2Mc}\left(\frac{1}{2}\vec{\ell} + g_s^{\mathrm{p}}\vec{s}_{\mathrm{p}} + g_s^{\mathrm{n}}\vec{s}_{\mathrm{n}}\right) \tag{7.20}$$

氘核的哈密顿量

$$H = -\frac{\hbar^2}{2\mu}\left(\frac{1}{r}\frac{\partial^2}{\partial r^2}r + \frac{\vec{\ell}^2}{r^2}\right) + V_{\mathrm{c}}(r) + V_T(r)S_{12} \tag{7.21}$$

式中, μ 是约化质量; $V_c(r)$ 和 $V_T(r)S_{12}$ 分别是中心力和张量力.

令氘核波函数为

$$\psi_{J=1M} = \sum_{\ell=0,2,m_\ell,m_s} \frac{u_\ell(r)}{r} C_{\ell m_\ell S=1m_s}^{1M} Y_{\ell m_\ell}(\hat{r})\chi_{S=1m_s}$$

$$= \sum_{\ell=0,2} \frac{u_\ell(r)}{r}|(\ell S = 1)J = 1M\rangle$$

$$= \frac{u_0}{r}\sqrt{\frac{1}{4\pi}}\chi_{11} + \frac{u_2}{r}\left(\sqrt{\frac{1}{10}}Y_{20}\chi_{11} - \sqrt{\frac{3}{10}}Y_{21}\chi_{10} + \sqrt{\frac{3}{5}}Y_{22}\chi_{1-1}\right) \quad (7.22)$$

式中, χ_{1m_s} 是氘核的总自旋 $S = 1$ 的自旋三态波函数.

在 7.4.2 节 (也见例题 7.2) 我们将推导出张量力的矩阵元为

$$\langle(21)1m|S_{12}|(01)1m\rangle = \langle(01)1m|S_{12}|(21)1m\rangle = \sqrt{8}$$

$$\langle(21)1m|S_{12}|(21)1m\rangle = -2$$

由此可以得到氘核的径向波函数 $u_0(r), u_2(r)$ 满足联立方程组

$$\frac{\mathrm{d}^2}{\mathrm{d}r^2}u_0(r) + \frac{2\mu}{\hbar^2}(E - V_c)u_0(r) - \frac{2\mu}{\hbar^2}\sqrt{8}V_T u_2(r) = 0$$

$$\frac{\mathrm{d}^2}{\mathrm{d}r^2}u_2(r) + \frac{2\mu}{\hbar^2}\left(E - \frac{6\hbar^2}{2\mu r^2} - V_c + 2V_T\right)u_2(r)(r) - \frac{2\mu}{\hbar^2}\sqrt{8}V_T u_0(r) = 0 \quad (7.23)$$

借助氘核波函数 (7.22) 和电四极及磁矩算符的式 (7.20), 可以得到氘核的电四极矩的表达式

$$Q_2 = Q = \langle J = 1, M = 1|\widehat{Q}|J = 1, M = 1\rangle$$

$$= e\sqrt{\frac{\pi}{5}}\int r^2\mathrm{d}r\left(2u_0 u_2\left\langle Y_{00}|Y_{20}|\frac{1}{\sqrt{10}}Y_{20}\right\rangle + u_2^2\frac{1}{10}\langle Y_{20}|Y_{20}|Y_{20}\rangle\right)$$

$$= \frac{e}{10}\int r^2\mathrm{d}r\left(u_0 u_2\sqrt{2} - \frac{1}{2}u_2^2\right) \quad (7.24)$$

和磁矩 $\left(\dfrac{e\hbar}{2Mc}$ 为单位$\right)$ 的表达式

$$= \frac{1}{2}(g_s^p + g_s^n)\int u_0^2\mathrm{d}r + \left[\frac{1}{2}\left(\frac{3}{10} + 2\times\frac{3}{5}\right) + \frac{1}{2}(g_s^p + g_s^n)\left(\frac{1}{10} - \frac{3}{5}\right)\right]\int u_2^2\mathrm{d}r$$

$$= \frac{1}{2}(g_s^p + g_s^n) - \frac{3}{4}(g_s^p + g_s^n - 1)\int u_2^2\mathrm{d}r \quad (7.25)$$

由氘核磁矩的实验值 $\mu = 0.8574 = \dfrac{1}{2}(g_s^p + g_s^n) - 0.0222$ 和磁矩公式 (7.25) 可以得

到氘核的波函数中 D 波的组分为 $\int u_2^2(r)\mathrm{d}r \approx 0.039$. 容易看出这一结果与氘核波函数的细节无关. 由氘核的电四极矩公式 (7.24) 我们看到, 氘核波函数中 D 波的组分与 $V_c(r)$ 和 $V_T(r)$ 的形式有关. 如果我们假定 D 波与 S 波的相对振幅为常数, 则利用式 (7.24) 计算的四极矩与实验值相比, 可以得到氘核的波函数中 D 波的组分约为 0.05, 与由磁矩的实验值得到的组分近似符合.

7.4.2　张量力算符的矩阵元

张量力算符

$$S_{12} = 3(\vec{\sigma}_1 \cdot \hat{r})(\vec{\sigma}_2 \cdot \hat{r}) - \vec{\sigma}_1 \cdot \vec{\sigma}_2 \tag{7.26}$$

定义两粒子总自旋 $\vec{S} = \dfrac{1}{2}(\vec{\sigma}_1 + \vec{\sigma}_2)$, 则可以证明

$$S_{12} = 6(\vec{S} \cdot \hat{r})^2 - 2\vec{S}^2 \tag{7.27}$$

容易看出 $S_{12}|S=0\rangle = 0$, 即张量力只作用在自旋三态上.

因为

$$(\vec{S} \cdot \hat{r})^2 = 3[(S_1\hat{r}_1)_0(S_1\hat{r}_1)_0]_0$$

$$= 3\sum_{\lambda=0,2} \langle (S_1S_1)_\lambda, (\hat{r}_1\hat{r}_1)_\lambda; 0|(S_1\hat{r}_1)_0, (S_1\hat{r}_1)_0; 0\rangle |[(S_1S_1)_\lambda(\hat{r}_1\hat{r}_1)_\lambda]_0\rangle$$

$$= 3\sum_{\lambda=0,2} (2\lambda+1) \begin{Bmatrix} 1 & 1 & \lambda \\ 1 & 1 & \lambda \\ 0 & 0 & 0 \end{Bmatrix} |[(S_1S_1)_\lambda(\hat{r}_1\hat{r}_1)_\lambda]_0\rangle$$

$$= 3\sum_{\lambda=0,2} (2\lambda+1)^{\frac{1}{2}}(-1)^{1+\lambda+1} \begin{Bmatrix} 1 & 1 & \lambda \\ 1 & 1 & 0 \end{Bmatrix} |[(S_1S_1)_\lambda(\hat{r}_1\hat{r}_1)_\lambda]_0\rangle$$

$$= \sum_{\lambda=0,2} (2\lambda+1)^{\frac{1}{2}}|[(S_1S_1)_\lambda(\hat{r}_1\hat{r}_1)_\lambda]_0\rangle = \frac{1}{3}\vec{S}^2 + [S_1S_1]^{(2)} \cdot [\hat{r}_1\hat{r}_1]^2$$

所以

$$S_{12} = 6[S_1S_1]^{(2)} \cdot [\hat{r}_1\hat{r}_1]^{(2)}$$

$$\hat{r}_{1\nu} = \sqrt{\frac{4\pi}{3}}\mathrm{Y}_{1\nu}$$

$$[\hat{r}_1\hat{r}_1]^{(2M)} = \frac{4\pi}{3}[\mathrm{Y}_1\mathrm{Y}_1]^{(2M)} = \frac{4\pi}{3}\sqrt{\frac{3\times 3}{4\pi \times 5}}C_{1010}^{20}\mathrm{Y}_{2M} = \sqrt{\frac{4\pi}{5}}\sqrt{\frac{2}{3}}\mathrm{Y}_{2M}$$

张量算符可以表示为

$$S_{12} = 6\sqrt{\frac{8\pi}{15}}[S_1S_1]^{(2)} \cdot \mathrm{Y}^{(2)} = 6\sqrt{\frac{8\pi}{3}}([S_1S_1]_2\mathrm{Y}_2)_0 \tag{7.28}$$

式中, $[S_1 S_1]^{(2)}$ 是二阶球张量. 例如

$$[S_1 S_1]_{20} = C_{111-1}^{20} S_{11} S_{1-1} + C_{1-111}^{20} S_{1-1} S_{11} + C_{1010}^{20} S_{10} S_{10}$$

$$= -\frac{1}{2} C_{111-1}^{20} (S_+ S_- + S_- S_+) + C_{1010}^{20} S_{10} S_{10}$$

$$= \sqrt{\frac{1}{6}} (3 S_{10}^2 - S^2)$$

$$[S_1 S_1]_{21} = -\frac{1}{\sqrt{2}} C_{1110}^{21} [S_+ S_0 + S_0 S_+] = -\frac{1}{2} (S_+(S_0 + 1))$$

利用约化矩阵元公式

$$\langle (\ell' S) J || ([S_1 S_1]_2 Y_2)_0 || (\ell S) J \rangle$$

$$= (-1)^{2+J+\ell+S} \sqrt{\frac{2J+1}{5}} \begin{Bmatrix} \ell & S & J \\ S & \ell' & 2 \end{Bmatrix} \langle S || [S_1 S_1]_2 || S \rangle \langle \ell' || Y_2 || \ell \rangle \quad (J=1, S=1)$$

$$M_{\ell' \ell} = \langle (\ell' 1) 1 || ([S_1 S_1]_2 Y_2)_0 || (\ell 1) 1 \rangle$$

$$= (-1)^{2+1+\ell+1} \sqrt{\frac{3}{5}} \begin{Bmatrix} \ell & 1 & 1 \\ 1 & \ell' & 2 \end{Bmatrix} \langle S || [S_1 S_1]_2 || S \rangle \langle \ell' || Y_2 || \ell \rangle$$

$$[S_1 S_1]_{20} = C_{111-1}^{20} S_{11} S_{1-1} + C_{1-111}^{20} S_{1-1} S_{11} + C_{1010}^{20} S_{10} S_{10}$$

$$= -\frac{1}{2} C_{111-1}^{20} (S_+ S_- + S_- S_+) + C_{1010}^{20} S_{10} S_{10} = \sqrt{\frac{1}{6}} (3 S_{10}^2 - S^2),$$

这里利用了

$$C_{1010}^{20} = \sqrt{\frac{2}{3}}, C_{111-1}^{20} = \sqrt{\frac{1}{6}}.$$

$$\langle 10 | [S_1 S_1]_{20} | 10 \rangle = \sqrt{\frac{1}{6}} (-2) = -\sqrt{\frac{2}{3}}$$

$$= \frac{1}{\sqrt{3}} C_{1020}^{10} \langle 1 || [S_1 S_1]_2 || 1 \rangle = \frac{1}{\sqrt{3}} \left(-\sqrt{\frac{2}{5}} \right) \langle 1 || [S_1 S_1]_2 || 1 \rangle$$

所以我们得到

$$\langle 1 || [S_1 S_1]_2 || 1 \rangle = \sqrt{5}$$

由

$$\langle \ell' || Y_2 || \ell \rangle = \sqrt{\frac{5(2\ell+1)}{4\pi}} C_{\ell 020}^{\ell' 0}$$

则有

$$\langle 2||\mathrm{Y}_2||0\rangle = \sqrt{\frac{5}{4\pi}}$$

$$\langle 2||\mathrm{Y}_2||2\rangle = \sqrt{\frac{25}{4\pi}}C_{2020}^{20} = -\sqrt{\frac{25}{4\pi}}\sqrt{\frac{2}{7}}$$

$$M_{20} = \sqrt{\frac{3}{5}}\left\{\begin{matrix}2 & 1 & 1 \\ 1 & 2 & 0\end{matrix}\right\}\langle 1||[S_1S_1]_2||1\rangle\langle 2||\mathrm{Y}_2||0\rangle = \frac{1}{5}\sqrt{5}\sqrt{\frac{5}{4\pi}} = \sqrt{\frac{1}{4\pi}}$$

张量力的约化矩阵元为

$$\langle (21)1||S_{12}||(01)1\rangle = 6\sqrt{\frac{2}{3}}$$

张量力的非对角矩阵元为

$$\langle (21)1m|S_{12}|(01)1m\rangle = 2\sqrt{2} = \sqrt{8}$$

由

$$M_{22} = \sqrt{\frac{3}{5}}\left\{\begin{matrix}2 & 1 & 1 \\ 1 & 2 & 2\end{matrix}\right\}\langle 1||[S_1S_1]_2||1\rangle\langle 2||\mathrm{Y}_2||0\rangle$$

并代入 $6j$-符号的值和相应的约化矩阵元的值可以得到

$$\langle (21)1m|S_{12}|(21)1m\rangle = -2$$

在例题 7.2 中将利用氘核波函数 (7.22) 通过直接计算得到矩阵元公式:

$$\langle (21)1m|S_{12}|(21)1m\rangle = -2$$

7.5　例　　题

例题 7.1　已知 $j_\mu = \mathrm{i}\overline{\psi}\gamma_\mu\psi$, $j_\mu^{\mathrm{P}} = \mathrm{i}\overline{\psi}\gamma_\mu\gamma_5\psi$, 证明:

(1) $\dfrac{\partial j_\mu}{\partial x_\mu} = 0$;

(2) $\dfrac{\partial j_\mu^{\mathrm{P}}}{\partial x_\mu} = -2mj_\mu^{\mathrm{P}}$.

证明

$$j_\mu^{\mathrm{P}} = \mathrm{i}\psi_\alpha^*(\gamma_4\gamma_\mu\gamma_5)_{\alpha\beta}\psi_\beta$$

$$\frac{\partial j_\mu^{\mathrm{P}}}{\partial x_\mu} = \mathrm{i}\frac{\partial\psi_\alpha^*}{\partial x_\mu}(\gamma_4\gamma_\mu\gamma_5)_{\alpha\beta}\psi_\beta + \mathrm{i}\psi_\alpha^*(\gamma_4\gamma_\mu\gamma_5)_{\alpha\beta}\frac{\partial\psi_\beta}{\partial x_\mu} = 1 + 2$$

$$2 = \mathrm{i}\psi_\alpha^*(\gamma_4\gamma_\mu\gamma_5)_{\alpha\beta}\frac{\partial\psi_\beta}{\partial x_\mu} = -\mathrm{i}\psi_\alpha^*(\gamma_4\gamma_5\gamma_\mu)_{\alpha\beta}\frac{\partial\psi_\beta}{\partial x_\mu}$$

$$= -\mathrm{i}\psi_\alpha^*(\gamma_4\gamma_5)_{\alpha\beta}\left(\gamma_\mu\frac{\partial\psi}{\partial x_\mu}\right)_\beta = -\mathrm{i}\psi_\alpha^*(\gamma_4\gamma_5)_{\alpha\beta}(m\psi)_\beta = -mj_\mu^{\mathrm{p}}$$

$$1 = \mathrm{i}\frac{\partial\psi_\alpha^*}{\partial x_\mu}(\gamma_4\gamma_\mu\gamma_5)_{\alpha\beta}\psi_\beta = \mathrm{i}[(\gamma_4\gamma_\mu\gamma_5)^+]_{\beta\alpha}^*\frac{\partial\psi_\alpha^*}{\partial x_\mu}\psi_\beta$$

$$= \mathrm{i}(\gamma_5\gamma_4)_{\beta\alpha}^*\frac{\partial\psi_\alpha^*}{\partial x_\mu}\psi_\beta = -\mathrm{i}(\gamma_5\gamma_4)_{\beta\alpha}^*\left(\gamma_\mu\frac{\partial\psi_\alpha}{\partial x_\mu}\right)^*\psi_\beta = -\mathrm{i}(\gamma_5\gamma_4)_{\beta\alpha}^*(m\psi_\alpha^*)\psi_\beta$$

$$= -\mathrm{i}(m\psi_\alpha^*)[(\gamma_5\gamma_4)^+]_{\alpha\beta}\psi_\beta = -\mathrm{i}(m\psi_\alpha^*)(\gamma_4\gamma_5)_{\alpha\beta}\psi_\beta = -m(\mathrm{i}\overline{\psi}\gamma_5\psi\phi_\pi)$$

由此得到

$$\frac{\partial j_\mu^{\mathrm{p}}}{\partial x_\mu} = -2m(\mathrm{i}\overline{\psi}\gamma_5\psi\phi_\pi)$$

例题 7.2　利用氘核 D 态波函数

$$|(21)11\rangle = \sqrt{\frac{1}{10}}\mathrm{Y}_{20}\chi_{11} - \sqrt{\frac{3}{10}}\mathrm{Y}_{21}\chi_{10} + \sqrt{\frac{3}{5}}\mathrm{Y}_{22}\chi_{1-1}$$

直接检验矩阵元公式

$$\langle(21)11|S_{12}|(21)11\rangle = -2$$

解　记

$$aa = \langle 1||[s_1 s_1]_2||1\rangle\langle 2||\mathrm{Y}_2||2\rangle = \sqrt{5}\left(-\sqrt{\frac{25}{4\pi}}\sqrt{\frac{2}{7}}\right) = -5\sqrt{\frac{2}{7}}\sqrt{\frac{5}{4\pi}}$$

则有

$$(11) = \frac{1}{10}\langle\mathrm{Y}_{20}\chi_{11}|[S_1 S_1]^{20}\mathrm{Y}_{20}|\mathrm{Y}_{20}\chi_{11}\rangle$$

$$= \frac{1}{10}\frac{1}{\sqrt{3}}C_{1120}^{11}\frac{1}{\sqrt{5}}C_{2020}^{20}\langle 1||[s_1 s_1]_2||1\rangle\langle 2||\mathrm{Y}_2||2\rangle$$

$$= \frac{1}{10}\frac{1}{\sqrt{3}}\frac{1}{\sqrt{10}}\frac{1}{\sqrt{5}}\left(-\sqrt{\frac{2}{7}}\right)aa = -\frac{1}{50}\frac{1}{3}\sqrt{\frac{3}{7}}aa$$

$$(12) = -\frac{\sqrt{3}}{10}\langle\mathrm{Y}_{20}\chi_{11}|(-1)[S_1 S_1]^{21}\mathrm{Y}_{2-1}|\mathrm{Y}_{21}\chi_{10}\rangle$$

$$= \frac{\sqrt{3}}{10}\frac{1}{\sqrt{3}}C_{1021}^{11}\frac{1}{\sqrt{5}}C_{212-1}^{20}\langle 1||[s_1 s_1]_2||1\rangle\langle 2||\mathrm{Y}_2||2\rangle$$

$$= \frac{\sqrt{3}}{10}\frac{1}{\sqrt{3}}\left(-\sqrt{\frac{3}{10}}\right)\frac{1}{\sqrt{5}}\sqrt{\frac{1}{14}}aa = -\frac{1}{50}\sqrt{\frac{3}{4\times 7}}aa$$

$$(13) = \frac{\sqrt{6}}{10} \langle Y_{20} \chi_{11} | [S_1 S_1]^{22} Y_{2-2} | Y_{22} \chi_{1-1} \rangle$$

$$= \frac{\sqrt{6}}{10} \frac{1}{\sqrt{3}} C_{1-122}^{11} \frac{1}{\sqrt{5}} C_{222-2}^{20} \langle 1 || [s_1 s_1]_2 || 1 \rangle \langle 2 || Y_2 || 2 \rangle$$

$$= \frac{\sqrt{6}}{10} \frac{1}{\sqrt{3}} \sqrt{\frac{3}{5}} \frac{1}{\sqrt{5}} \sqrt{\frac{2}{7}} aa = \frac{2}{50} \sqrt{\frac{3}{7}} aa$$

$$(21) = -\frac{\sqrt{3}}{10} \langle Y_{21} \chi_{10} | (-1)[S_1 S_1]^{2-1} Y_{21} | Y_{20} \chi_{11} \rangle$$

$$= \frac{\sqrt{3}}{10} \frac{1}{\sqrt{3}} C_{112-1}^{10} \frac{1}{\sqrt{5}} C_{2021}^{21} \langle 1 || [s_1 s_1]_2 || 1 \rangle \langle 2 || Y_2 || 2 \rangle$$

$$= \frac{\sqrt{3}}{10} \frac{1}{\sqrt{3}} \sqrt{\frac{3}{10}} \frac{1}{\sqrt{5}} \left(-\sqrt{\frac{1}{14}} \right) aa = -\frac{1}{50} \sqrt{\frac{3}{4 \times 7}} aa$$

$$(22) = \frac{3}{10} \langle Y_{21} \chi_{10} | [S_1 S_1]^{20} Y_{20} | Y_{21} \chi_{10} \rangle$$

$$= \frac{3}{10} \frac{1}{\sqrt{3}} C_{1020}^{10} \frac{1}{\sqrt{5}} C_{2120}^{21} \langle 1 || [s_1 s_1]_2 || 1 \rangle \langle 2 || Y_2 || 2 \rangle$$

$$= \frac{3}{10} \frac{1}{\sqrt{3}} \left(-\sqrt{\frac{2}{5}} \right) \frac{1}{\sqrt{5}} \left(-\sqrt{\frac{1}{14}} \right) aa = \frac{1}{50} \sqrt{\frac{3}{7}} aa$$

$$(23) = -\frac{3\sqrt{2}}{10} \langle Y_{21} \chi_{10} | (-1)[S_1 S_1]^{21} Y_{2-1} | Y_{22} \chi_{1-1} \rangle$$

$$= \frac{3\sqrt{2}}{10} \frac{1}{\sqrt{3}} C_{1-121}^{10} \frac{1}{\sqrt{5}} C_{222-1}^{21} \langle 1 || [s_1 s_1]_2 || 1 \rangle \langle 2 || Y_2 || 2 \rangle$$

$$= \frac{3\sqrt{2}}{10} \frac{1}{\sqrt{3}} \sqrt{\frac{3}{10}} \frac{1}{\sqrt{5}} \sqrt{\frac{3}{7}} aa = \frac{3}{50} \sqrt{\frac{3}{7}} aa$$

$$(31) = \frac{\sqrt{6}}{10} \langle Y_{22} \chi_{1-1} | [S_1 S_1]^{2-2} Y_{22} | Y_{20} \chi_{11} \rangle$$

$$= \frac{\sqrt{6}}{10} \frac{1}{\sqrt{3}} C_{112-2}^{1-1} \frac{1}{\sqrt{5}} C_{2022}^{22} \langle 1 || [s_1 s_1]_2 || 1 \rangle \langle 2 || Y_2 || 2 \rangle$$

$$= \frac{\sqrt{6}}{10} \frac{1}{\sqrt{3}} \sqrt{\frac{3}{5}} \frac{1}{\sqrt{5}} \sqrt{\frac{2}{7}} aa = \frac{2}{50} \sqrt{\frac{3}{7}} aa$$

$$(32) = -\frac{3\sqrt{2}}{10}\langle Y_{22}\chi_{1-1}|(-1)[S_1S_1]^{2-1}Y_{21}|Y_{21}\chi_{10}\rangle$$

$$= \frac{3\sqrt{2}}{10}\frac{1}{\sqrt{3}}C^{1-1}_{102-1}\frac{1}{\sqrt{5}}C^{22}_{2121}\langle 1||[s_1s_1]_2||1\rangle\langle 2||Y_2||2\rangle$$

$$= \frac{3\sqrt{2}}{10}\frac{1}{\sqrt{3}}\left(-\sqrt{\frac{3}{10}}\right)\frac{1}{\sqrt{5}}\left(-\sqrt{\frac{3}{7}}\right)aa = \frac{3}{50}\sqrt{\frac{3}{7}}aa$$

$$(33) = \frac{6}{10}\langle Y_{22}\chi_{1-1}|[S_1S_1]^{20}Y_{20}|Y_{22}\chi_{1-1}\rangle$$

$$= \frac{6}{10}\frac{1}{\sqrt{3}}C^{1-1}_{1-12-0}\frac{1}{\sqrt{5}}C^{22}_{2220}\langle 1||[s_1s_1]_2||1\rangle\langle 2||Y_2||2\rangle$$

$$= \frac{6}{10}\frac{1}{\sqrt{3}}\sqrt{\frac{1}{10}}\frac{1}{\sqrt{5}}\sqrt{\frac{2}{7}}aa = \frac{2}{50}\sqrt{\frac{3}{7}}aa$$

所以

$$\langle(21)11|[S_1S_1]^2\cdot Y_2|(21)11\rangle$$

$$(11) + (12) + (13) + (21) + (22) + (23) + (31) + (32) + (33)$$

$$= \sqrt{\frac{3}{7}}\left(\frac{12}{50} - \frac{1}{3}\frac{1}{50}\right)aa = -\frac{\sqrt{6}}{6}\sqrt{\frac{5}{4\pi}}$$

最终得到

$$\langle(21)11|S_{12}|(21)11\rangle = -\frac{\sqrt{6}}{6}\times\sqrt{\frac{5}{4\pi}}\times 6\sqrt{\frac{4\pi}{5}}\times\sqrt{\frac{2}{3}} = -2$$

第 8 章　HF 方法

8.1　广义变分原理

薛定谔方程

$$H\Psi = E\Psi$$

与 $\delta E(\Psi) = 0$ 等价, 其中 $E(\Psi) = \dfrac{\langle \Psi | H | \Psi \rangle}{\langle \Psi \Psi \rangle}$.

证明:

$$\delta E(\Psi) = \frac{\langle \Psi \Psi \rangle \delta(\langle \Psi | H | \Psi \rangle) - \langle \Psi | H | \Psi \rangle \delta(\langle \Psi \Psi \rangle)}{(\langle \Psi \Psi \rangle)^2}$$

$$= \frac{1}{\langle \Psi \Psi \rangle} \{ \langle \Psi | H | \delta \Psi \rangle + \langle \delta \Psi | H | \Psi \rangle - E \langle \delta \Psi \Psi \rangle - E \langle \Psi \delta \Psi \rangle \} = 0$$

即

$$\langle \Psi | H - E | \delta \Psi \rangle + \langle \delta \Psi | H - E | \Psi \rangle = 0$$

因为 $\delta \Psi$ 的实部和虚部是独立变数, 所以可得到

$$(H - E) | \Psi \rangle = 0$$

任意函数 $|\Psi\rangle$ 可用 H 的本征态展开 (正交完备基展开):

$$H | \Psi_n \rangle = E_n | \Psi_n \rangle, \quad \langle \Psi_{n'} | \Psi_n \rangle = \delta_{n'n}$$

完备性定理: 如果 $\{E_n\}$ 有下界而无上界, 则 $|\Psi_n\rangle$ 构成完备基, 即 $|\Psi\rangle = \sum_n a_n |\Psi_n\rangle$.

对任意的尝试波函数 Ψ 有

$$E = \frac{\langle \Psi | H | \Psi \rangle}{\langle \Psi | | \Psi \rangle} = \frac{\sum_n E_n |a_n|^2}{\sum_n |a_n|^2} \geqslant \frac{E_0 \sum_n |a_n|^2}{\sum_n |a_n|^2} = E_0 (基态能量)$$

所以对任意的尝试波函数 Ψ, $E(\Psi) \geqslant E_0$.

8.2　HF 方程

A 个粒子构成的量子系统在平均场近似下有

$$H = T + V = \sum_i t_i + \frac{1}{2} \sum_{ij} v(ij)$$
$$\approx \sum_i t_i + \sum_i V(i) = \sum_i h(i) = H_{\mathrm{HF}}$$

式中,$V(i)$ 是第 i 个粒子受到的所有其他粒子提供的平均场.

单粒子态满足的本征方程为 $h(i)\varphi_k(i) = \epsilon_k \varphi_k(i)$, 其中 $i \equiv \{\vec{r}, s, t\}$. 由单粒子态波函数 $\varphi_k(i)$ 构成 A 粒子系统基态的近似波函数:

$$|\mathrm{HF}\rangle = \Phi(1, 2, \cdots, A) = \prod_{i=1}^A a_i^+ |0\rangle \tag{8.1}$$

式中, a_i^+ 表示能量最低的 A 个单粒子态 φ_i 的产生算符.

我们选取某一正交完备的单粒子波函数 $\{\chi_i\}$, 与它对应的产生和消灭算符为 c_i^+, c_i, 则有

$$\varphi_k = \sum_\ell D_{\ell k} \chi_\ell \text{ 或 } a_k^+ = \sum_\ell D_{\ell k} c_\ell^+$$

因为两组正交完备基之间的变换是幺正变换, 即

$$D^+ D = D D^+ = I$$

容易得到

$$C_\ell^+ = \sum_k D_{\ell k}^* a_k^+, \quad C_\ell = \sum_k D_{\ell k} a_k$$

在这组基之下, 哈密顿量的二次量子化表示为

$$H = \sum_{\ell_1 \ell_2} t_{\ell_1 \ell_2} C_{\ell_1}^+ C_{\ell_2} + \frac{1}{4} \sum_{\ell_1 \ell_2 \ell_3 \ell_4} \bar{v}_{\ell_1 \ell_2 \ell_3 \ell_4} C_{\ell_1}^+ C_{\ell_2}^+ C_{\ell_4} C_{\ell_3} \tag{8.2}$$

式中, $\bar{v}_{\ell_1 \ell_2 \ell_3 \ell_4} = v_{\ell_1 \ell_2 \ell_3 \ell_4} - v_{\ell_1 \ell_2 \ell_4 \ell_3}$ 是位势的反对称化二体矩阵元.

对于尝试波函数 (8.1), 体系的能量为

$$E^{\mathrm{HF}}(\Phi) = \sum_{\ell_1 \ell_2} t_{\ell_1 \ell_2} \langle \Phi | C_{\ell_1}^+ C_{\ell_2} | \Phi \rangle + \frac{1}{4} \sum_{\ell_1 \ell_2 \ell_3 \ell_4} \bar{v}_{\ell_1 \ell_2 \ell_3 \ell_4} \langle \Phi | C_{\ell_1}^+ C_{\ell_2}^+ C_{\ell_4} C_{\ell_3} | \Phi \rangle \tag{8.3}$$

定义密度矩阵

$$\rho_{\ell\ell'} = \langle \Phi | C_{\ell'}^+ C_\ell | \Phi \rangle = \sum_{k,k'} D_{\ell k} D_{\ell' k'}^* \langle \Phi | a_{k'}^+ a_k | \Phi \rangle = \sum_{i=1}^A D_{\ell i} D_{\ell' i}^* \tag{8.4}$$

为了导出 $E^{\mathrm{HF}}(\varPhi)$ 的表达式, 可以借助 Wick 定理.

因为 $\langle\varPhi|C_{\ell_1}^+C_{\ell_2}^+|\varPhi\rangle=0$, 由密度矩阵的定义可得到

$$
\begin{aligned}
E^{\mathrm{HF}}(\varPhi)=&\sum_{\ell_1\ell_2}t_{\ell_1\ell_2}\langle\varPhi|C_{\ell_1}^+C_{\ell_2}|\varPhi\rangle\\
&+\frac{1}{4}\sum_{\ell_1\ell_2\ell_3\ell_4}\overline{v}_{\ell_1\ell_2\ell_3\ell_4}\{\langle C_{\ell_1}^+C_{\ell_3}\rangle\langle C_{\ell_2}^+C_{\ell_4}\rangle-\langle C_{\ell_1}^+C_{\ell_4}\rangle\langle C_{\ell_2}^+C_{\ell_3}\rangle\}\\
=&\sum_{\ell_1\ell_2}t_{\ell_1\ell_2}\rho_{\ell_2\ell_1}+\frac{1}{4}\sum_{\ell_1\ell_2\ell_3\ell_4}\overline{v}_{\ell_1\ell_2\ell_3\ell_4}\{\rho_{\ell_3\ell_1}\rho_{\ell_4\ell_2}-\rho_{\ell_4\ell_1}\rho_{\ell_3\ell_2}\}
\end{aligned}
$$

利用关系式

$$
\overline{v}_{\ell_1\ell_2\ell_3\ell_4}=-\overline{v}_{\ell_1\ell_2\ell_4\ell_3}
$$

可以得到

$$
E^{\mathrm{HF}}(\varPhi)=\sum_{\ell_1\ell_2}t_{\ell_1\ell_2}\rho_{\ell_2\ell_1}+\frac{1}{2}\sum_{\ell_1\ell_2\ell_3\ell_4}\rho_{\ell_3\ell_1}\overline{v}_{\ell_1\ell_2\ell_3\ell_4}\rho_{\ell_4\ell_2} \tag{8.5}
$$

$$
\begin{aligned}
\delta E^{\mathrm{HF}}(\rho)&=\sum_{kk'}\frac{\partial E^{\mathrm{HF}}}{\partial\rho_{k'k}}\delta\rho_{k'k}=\sum_{kk'}h_{kk'}\delta\rho_{k'k}\\
h&=t+\varGamma\\
\varGamma_{kk'}&=\sum_{\ell\ell'}\overline{v}_{k\ell'k'\ell}\rho_{\ell\ell'}
\end{aligned}
$$

对于 HF 基, 在费米面以下每个态(标记为 i)上有一个粒子, 所以 $\rho_{\ell_2\ell_1}=\delta_{\ell_2\ell_1}$. 在费米面以上的态没有粒子占据, 所以 $\rho_{\ell_2\ell_1}=0$. 即 $\delta\rho_{im}$ 只能是粒子-空穴类型, 由此得到

$$
\sum_{kk'}h_{kk'}\delta\rho_{k'k}=\sum_{mi}h_{mi}\delta\rho_{im}+c.c
$$

由 $\delta E^{\mathrm{HF}}(\rho)=0$ 和 $\delta\rho_{im}$ 是任意的, 可以得到

$$
h_{mi}=t_{mt}+\sum_{j=1}^A\overline{V}_{mjij}=0
$$

此方程与 $[h,\rho]=0$ 等价, 即 h,ρ 可同时对角化. 所以求 HF 基归结为解本征值问题:

$$
t_{kk'}+\sum_{i=1}^A\overline{v}_{kik'i}=\epsilon_k\delta_{k'k}
$$

在 HF 基下:

$$
E^{\mathrm{HF}}=\sum_{i=1,2,\cdots,A}t_{ii}+\frac{1}{2}\sum_{ij}\overline{v}_{ij,ij}
$$

取任意完备正交基 χ_ℓ , 则 HF 单粒子波函数可表示为

$$\varphi_k = \sum_\ell D_{\ell k} \chi_\ell \tag{8.6}$$

HF 方程为

$$\sum_{\ell'} h_{\ell\ell'} D_{\ell'k} = \sum_{\ell'} \left(t_{\ell\ell'} + \sum_{i=1}^A \overline{v}_{\ell p'\ell'p} D_{pi} D^*_{p'i} \right) D_{\ell'k} = \epsilon_k D_{\ell k} \tag{8.7}$$

容易看出此方程是非线性的, 需要用迭代方法求解.

应当指出, 系统基态的能量 $E_0^{\mathrm{HF}} \neq \sum_{k=1}^A \epsilon_k$!! 因为在 ϵ_1 的计算中用了 v_{12} , 在 ϵ_2 计算中用了 $v_{21} = v_{12}$, 即 v_{12} 计算了两次, 所以对于基态:

$$E_0^{\mathrm{HF}} = \sum_{k=1}^A \epsilon_k - \frac{1}{2} \sum_{i,j=1}^A \overline{v}_{ij,ij}$$

8.3　坐标空间的 HF 方程

$$\Phi = \frac{1}{\sqrt{A!}} \begin{pmatrix} \varphi_1(1) & \varphi_1(2) & \cdots & \varphi_1(A) \\ \varphi_2(1) & \varphi_2(2) & \cdots & \varphi_2(A) \\ \vdots & \vdots & & \vdots \\ \varphi_A(1) & \varphi_A(2) & \cdots & \varphi_A(A) \end{pmatrix}$$

$$H = \sum_{i=1}^A T_i + \frac{1}{2} \sum_{i,j} V(\overrightarrow{r}_i, \overrightarrow{r}_j)$$

这里假定 $V(\overrightarrow{r}_i, \overrightarrow{r}_j)$ 是只依赖于空间坐标的二体势.

$$E(\Phi) = \langle \Phi | H | \Phi \rangle = \frac{-\hbar^2}{2m} \sum_{i=1}^A \int \varphi_i^*(\overrightarrow{r}) \overrightarrow{\nabla}^2 \varphi_i(\overrightarrow{r}) \mathrm{d}\overrightarrow{r}$$

$$+ \frac{1}{2} \sum_{ij}^A \int\int \varphi_i^*(\overrightarrow{r}) \varphi_j^*(\overrightarrow{r}') V(\overrightarrow{r}, \overrightarrow{r}') \varphi_i(\overrightarrow{r}) \varphi_j(\overrightarrow{r}') \mathrm{d}\overrightarrow{r} \mathrm{d}\overrightarrow{r}'$$

$$- \frac{1}{2} \sum_{ij}^A \int\int \varphi_i^*(\overrightarrow{r}) \varphi_j^*(\overrightarrow{r}') V(\overrightarrow{r}, \overrightarrow{r}') \varphi_i(\overrightarrow{r}') \varphi_j(\overrightarrow{r}) \mathrm{d}\overrightarrow{r} \mathrm{d}\overrightarrow{r}'$$

将 $E(\Phi)$ 视为 φ_i 的泛函, 在约束条件 $\int \varphi_i^* \varphi_i \mathrm{d}\overrightarrow{r} = 1 (i = 1, 2, \cdots, A)$ 下, 对 $\delta\varphi_i^*$ 变分可以得到坐标空间的 HF 方程:

$$\frac{-\hbar^2}{2m} \overrightarrow{\nabla}^2 \varphi_i(\overrightarrow{r}) + \int U(\overrightarrow{r}, \overrightarrow{r}') \varphi_i(\overrightarrow{r}') \mathrm{d}\overrightarrow{r}' = \epsilon_i \varphi_i(\overrightarrow{r}) \tag{8.8}$$

式中,

$$U(\overrightarrow{r}, \overrightarrow{r}') = \delta(\overrightarrow{r} - \overrightarrow{r}')U_{\mathrm{H}}(\overrightarrow{r}) + U_{\mathrm{ex}}(\overrightarrow{r}, \overrightarrow{r}')$$

$$U_{\mathrm{H}}(\overrightarrow{r}) = \sum_{j=1}^{A} \int \mathrm{d}\overrightarrow{r}'' \varphi_j^*(\overrightarrow{r}'')V(\overrightarrow{r}, \overrightarrow{r}'')\varphi_j(\overrightarrow{r}'') = \int \mathrm{d}\overrightarrow{r}''V(\overrightarrow{r}, \overrightarrow{r}'')\rho(\overrightarrow{r}'')$$

是定域的 Hartree 势, 而

$$U_{\mathrm{ex}}(\overrightarrow{r}, \overrightarrow{r}') = -\sum_{j=1}^{A} \varphi_j^*(\overrightarrow{r}')V(\overrightarrow{r}, \overrightarrow{r}')\varphi_j(\overrightarrow{r})$$

是交换势. 如果 $V(\overrightarrow{r}, \overrightarrow{r}')$ 是 δ 势, 则交换势也是定域的.

8.4 HF 方程与伪态

对于质量为 m 的 A 个粒子的量子系统, 令坐标为 $\overrightarrow{r}_i, i = 1, 2, \cdots, A$, 则相应动量为 $\widehat{p}_i = -\mathrm{i}\hbar \dfrac{\partial}{\partial \overrightarrow{r}_i}, i = 1, 2, \cdots, A$, 体系的哈密顿量为

$$H = \frac{1}{2m}\sum_{i=1}^{A} \widehat{p}_i^2 + V(\overrightarrow{r}_1, \cdots, \overrightarrow{r}_A) \tag{8.9}$$

体系质心 $\overrightarrow{g} = \dfrac{\displaystyle\sum_{i=1}^{A} \overrightarrow{x}_i}{A}$, 定义集体坐标:

$$\overrightarrow{R} = \frac{\displaystyle\sum_{j=1}^{A} \overrightarrow{r}_j}{A} - \overrightarrow{g}$$

$$\overrightarrow{x}_i = \overrightarrow{r}_i - \frac{\displaystyle\sum_{j=1}^{A} \overrightarrow{r}_j}{A} + \overrightarrow{g}$$

则共有 $A + 1$ 个坐标: $\overrightarrow{R}, \overrightarrow{x}_i, i = 1, 2, \cdots, A$.

在质心系 $\overrightarrow{g} = 0$, 相应的动量记为 $\overrightarrow{P} = -\mathrm{i}\dfrac{\partial}{\partial \overrightarrow{R}}, \overrightarrow{p}_i = -\mathrm{i}\dfrac{\partial}{\partial \overrightarrow{x}_i}$, 则

$$\widehat{p}_i = -\mathrm{i}\hbar\frac{\partial}{\partial \overrightarrow{r}_i} = -\mathrm{i}\hbar\frac{\partial}{\partial \overrightarrow{R}}\frac{1}{A} - \mathrm{i}\hbar\frac{\partial}{\partial \overrightarrow{x}_\alpha}\left(\frac{\partial \overrightarrow{x}_\alpha}{\partial \overrightarrow{r}_i} - \frac{1}{A}\sum_{j=1}^{A}\frac{\partial \overrightarrow{r}_j}{\partial \overrightarrow{r}_\alpha}\right)$$

$$= \frac{1}{A}\overrightarrow{P} + \overrightarrow{p}_i - \frac{1}{A}\sum_{j=1}^{A}\overrightarrow{p}_j$$

$$\sum_{j=1}^{A} \widehat{p}_i^2 = \sum_{j=1}^{A} \left(\frac{1}{A}\overrightarrow{P} + \overrightarrow{p}_i - \frac{1}{A}\sum_{j=1}^{A}\overrightarrow{p}_j \right)^2$$

$$= \sum_{j=1}^{A} \left\{ \frac{1}{A^2}\overrightarrow{P}^2 + \overrightarrow{p}_i^2 + \frac{1}{A^2}\left(\sum_{j=1}^{A}\overrightarrow{p}_j \right)^2 \right.$$

$$\left. + \frac{2}{A}\overrightarrow{P}\cdot\overrightarrow{p}_i - \frac{2}{A^2}\overrightarrow{P}\cdot\left(\sum_{j=1}^{A}\overrightarrow{p}_j \right) - \frac{2}{A}\overrightarrow{p}_i\cdot\left(\sum_{j=1}^{A}\overrightarrow{p}_j \right) \right\}$$

$$= \frac{1}{A}\overrightarrow{P}^2 + \sum_{j=1}^{A}\overrightarrow{p}_i^2 - \frac{1}{A}\left(\sum_{j=1}^{A}\overrightarrow{p}_j \right)^2$$

$$H = \frac{1}{2mA}\overrightarrow{P}^2 + \frac{1}{2m}\sum_{i=1}^{A}\overrightarrow{p}_i^2 - \frac{1}{2mA}\left(\sum_{j=1}^{A}\overrightarrow{p}_j \right)^2 + V \tag{8.10}$$

质心运动可分离出去:

$$H_{\text{intr.}} = \frac{1}{2m}\sum_{i=1}^{A}\overrightarrow{p}_i^2 - \frac{1}{2mA}\left(\sum_{j=1}^{A}\overrightarrow{p}_j \right)^2 + V$$

在 HF 计算时可用上式来消除质心伪态, 作为方便的近似方法通常只取第二项的对角项:

$$H_{\text{intr.}} = \frac{1}{2m}\left(1 - \frac{1}{A} \right)\sum_{i=1}^{A}\overrightarrow{p}_i^2 + V \tag{8.11}$$

第9章 原子核集体振动模式的微观理论

9.1 粒子-空穴激发

用微观理论描述原子核集体振动的出发点是分析原子核在外场作用下的单粒子激发谱. 在外场的作用下, 原子核基态的一个粒子由费米面以下的占据轨道跃迁到费米面以上的非占据轨道而形成粒子-空穴激发态 $|ph^{-1}\rangle$. 如果外场为 λ 阶的同位旋标量 $(\tau = 0)$ 单体算符 $\widehat{Q}_{\lambda\mu} = \sum\limits_{i=1}^{A}(r^\lambda Y_{\lambda\mu})_i$, 则中子粒子-空穴激发态 $|NN^{-1}\rangle$ 和质子粒子-空穴激发态 $|PP^{-1}\rangle$ 的相位相同. 若外场为 λ 阶的同位旋矢量 $(\tau = 1)$ 单体算符 $\widehat{Q}_{\lambda\mu} = \sum\limits_{i=1}^{A}(\tau_z r^\lambda Y_{\lambda\mu})_i$, 则中子粒子-空穴激发态 $|NN^{-1}\rangle$ 和质子粒子-空穴激发态 $|PP^{-1}\rangle$ 的相位相反. 若单体算符中包含因子 $\tau_\pm$, 则单粒子激发为 $|NP^{-1}\rangle$ 或 $|PN^{-1}\rangle$. 因为单粒子态之间的跃迁强度为

$$B_{\text{sp}}(\lambda; j_{\text{i}} \to j_{\text{f}}) = \frac{1}{2j_{\text{f}} + 1}|\langle j_{\text{f}}||\widehat{Q}_\lambda||j_{\text{i}}\rangle|^2$$

则从基态到粒子-空穴激发态的跃迁强度为

$$B(\lambda; 0 \to (j_{\text{f}}j_{\text{i}}^{-1})\lambda) = (2j_{\text{i}} + 1)B_{\text{sp}}(\lambda; j_{\text{i}} \to j_{\text{f}})$$

对于非闭壳原子核, 我们假定它的基态是中子和质子都分别耦合成了角动量为零的态, 所以有

$$B(\lambda; (j_{\text{i}}^n)_0 \to (j_{\text{f}}j_{\text{i}}^{n-1})\lambda) = nB_{\text{sp}}(\lambda; j_{\text{i}} \to j_{\text{f}})$$
$$B(\lambda; (j_{\text{f}}^n)_0 \to (j_{\text{f}}^{n+1}j_{\text{i}}^{-1})\lambda) = \frac{2j_{\text{i}} + 1}{2j_{\text{f}} + 1}(2j_{\text{f}} + 1 - n)B_{\text{sp}}(\lambda; j_{\text{i}} \to j_{\text{f}})$$
$$B(\lambda; (j^n)_0 \to (j^n)\lambda) = \frac{2n}{2j + 1}(2j + 1 - n)B_{\text{sp}}(\lambda; j \to j)$$

作为例子, 图 9.1 给出了 $A = 106, Z = 46$ 原子核的单粒子偶极激发强度, 其中 (a) 和 (b) 分别给出质子和中子的单粒子偶极跃迁强度, 而 (c) 给出的是电荷交换偶极跃迁强度. 图 9.2 给出该原子核中子的四极跃迁强度.

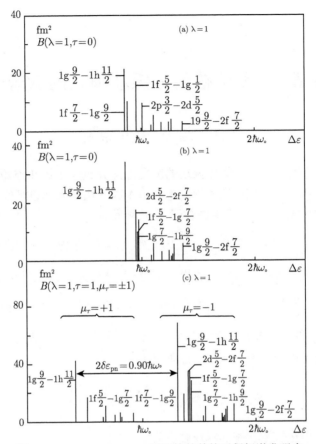

图 9.1　$A = 106, Z = 46$ 原子核的单粒子偶极激发强度

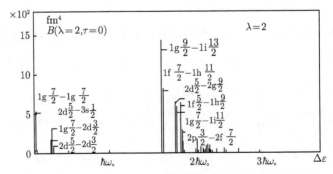

图 9.2　$A = 106, Z = 46$ 原子核中子的四极跃迁强度

历史上最早观测到的原子核集体振动模式是由光吸收激发的巨偶极共振. 几乎对于所有的原子核, 光吸收截面在 $10 \sim 25$ MeV 的能区内都存在很强的峰, 共振

峰的激发能与原子核质量数 A 的关系可以近似为 $79/A^{\frac{1}{3}}$(MeV). 图 9.3 给出原子核 ^{197}Au 的光吸收截面. 将光吸收截面的强共振峰归结为粒子–空穴集体激发模式的实验证据是 $(\gamma \mathrm{p})$ 与 $(\gamma \mathrm{n})$ 过程的比值比统计模型的计算值大许多量级.

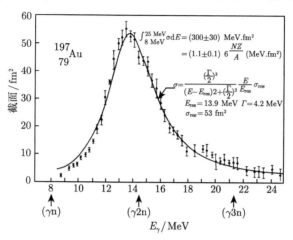

图 9.3 原子核 ^{197}Au 的巨偶极共振态

9.2 TDA 方程

假定原子核的集体激发态为

$$|\nu\rangle = \sum_{n>0,j<0} X_{nj}^{\nu} a_n^+ a_j |\Phi\rangle \tag{9.1}$$

式中, $|\Phi\rangle$ 是 HF 真空, 即费米面以下的轨道都被填满, 费米面以上的轨道都空着. $m, n > 0$ 表示在费米面以上的轨道, $i, j < 0$ 表示在费米面以下的轨道.

在 HF 基下, 体系的哈密顿量为

$$H = T + V = \sum_{\ell_1 \ell_2} t_{\ell_1 \ell_2} a_{\ell_1}^+ a_{\ell_2} + \frac{1}{4} \sum_{\ell_1 \ell_2 \ell_3 \ell_4} \overline{v}_{\ell_1 \ell_2 \ell_3 \ell_4} a_{\ell_1}^+ a_{\ell_2}^+ a_{\ell_4} a_{\ell_3} \tag{9.2}$$

式中, $\overline{v}_{\ell_1 \ell_2 \ell_3 \ell_4} = v_{\ell_1 \ell_2 \ell_3 \ell_4} - v_{\ell_1 \ell_2 \ell_4 \ell_3}$ 是二体相互作用势的反对称化矩阵元, 其中 $v_{\ell_1 \ell_2 \ell_3 \ell_4}$ 称为直接项, $v_{\ell_1 \ell_2 \ell_4 \ell_3}$ 称为交换项.

集体激发态 $|\nu\rangle$ 满足方程 $H|\nu\rangle = E_\nu |\nu\rangle$, 即

$$\sum_{n>0,j<0} X_{nj}^{\nu} H a_n^+ a_j |\Phi\rangle = E_\nu \sum_{n>0,j<0} X_{nj}^{\nu} a_n^+ a_j |\Phi\rangle$$

两边左乘 $\langle\Phi|a_i^+ a_m$, 则有

$$\langle\Phi|a_i^+ a_m H|\nu\rangle = E_\nu\langle\Phi|a_i^+ a_m|\nu\rangle, \text{即}$$

$$\sum_{n>0,j<0} X_{nj}^\nu\langle\Phi|a_i^+ a_m H a_n^+ a_j|\Phi\rangle = E_\nu \sum_{n>0,j<0} X_{nj}^\nu\langle\Phi|a_i^+ a_m a_n^+ a_j|\Phi\rangle$$

因为 $\langle\Phi|a_i^+ a_m a_n^+ a_j|\Phi\rangle = \delta_{mn}\delta_{ij}$ ，我们得到 TDA 方程:

$$\sum_{n>0,j<0}\langle\Phi|a_i^+ a_m[H, a_n^+ a_j]|\Phi\rangle X_{nj}^\nu = (E_\nu - E_0^{\mathrm{HF}})X_{mi}^\nu \tag{9.3}$$

下面将动能项和势能项分别讨论.

$$(1) = \langle\Phi|a_i^+ a_m[T, a_n^+ a_j]|\Phi\rangle = \sum_{\ell_1\ell_2} t_{\ell_1\ell_2}\langle\Phi|a_i^+ a_m[a_{\ell_1}^+ a_{\ell_2}, a_n^+ a_j]|\Phi\rangle$$

利用恒等式

$$[AB, C] = A[B, C] + [A, C]B \ , \ [A, BC] = \{A, B\}C - B\{A, C\}$$

则

$$[a_{\ell_1}^+ a_{\ell_2}, a_n^+ a_j] = a_{\ell_1}^+[a_{\ell_2}, a_n^+ a_j] + [a_{\ell_1}^+, a_n^+ a_j]a_{\ell_2} = a_{\ell_1}^+ a_j\delta_{\ell_2 n} - a_n^+ a_{\ell_2}\delta_{\ell_1 j}$$

得到

$$(1) = \langle\Phi|a_i^+ a_m[T, a_n^+ a_j]|\Phi\rangle = \langle\Phi|a_i^+ a_m\sum_{\ell_1\ell_2} t_{\ell_1\ell_2}(a_{\ell_1}^+ a_j\delta_{\ell_2 n} - a_n^+ a_{\ell_2}\delta_{\ell_1 j})|\Phi\rangle$$

$$= \sum_\ell (t_{\ell n}\langle\Phi|a_i^+ a_m a_\ell^+ a_j|\Phi\rangle - t_{j\ell}\langle\Phi|a_i^+ a_m a_n^+ a_\ell|\Phi\rangle)$$

$$= t_{mn}\delta_{ij} - t_{ij}\delta_{mn}$$

下面计算

$$(2) = \langle\Phi|a_i^+ a_m[V, a_n^+ a_j]|\Phi\rangle$$

由

$$[a_{\ell_1}^+ a_{\ell_2}^+ a_{\ell_4} a_{\ell_3}, a_n^+ a_j] = a_{\ell_1}^+ a_{\ell_2}^+[a_{\ell_4} a_{\ell_3}, a_n^+ a_j] + [a_{\ell_1}^+ a_{\ell_2}^+, a_n^+ a_j]a_{\ell_4} a_{\ell_3}$$

$$= a_{\ell_1}^+ a_{\ell_2}^+[a_{\ell_4} a_{\ell_3}, a_n^+]a_j + a_n^+[a_{\ell_1}^+ a_{\ell_2}^+, a_j]a_{\ell_4} a_{\ell_3}$$

$$= a_{\ell_1}^+ a_{\ell_2}^+(a_{\ell_4}\delta_{\ell_3 n} - a_{\ell_3}\delta_{\ell_4 n})a_j + a_n^+(a_{\ell_1}^+\delta_{\ell_2 j} - a_{\ell_2}^+\delta_{\ell_1 j})a_{\ell_4} a_{\ell_3}$$

有

$$
[V, a_n^+ a_j] = \frac{1}{4} \sum_{\ell_1 \ell_2 \ell_3 \ell_4} \overline{v}_{\ell_1 \ell_2 \ell_3 \ell_4} [a_{\ell_1}^+ a_{\ell_2}^+ a_{\ell_4} a_{\ell_3}, a_n^+ a_j]
$$

$$
= \frac{1}{4} \sum_{\ell_1 \ell_2 \ell} (\overline{v}_{\ell_1 \ell_2 n \ell} - \overline{v}_{\ell_1 \ell_2 \ell n}) a_{\ell_1}^+ a_{\ell_2}^+ a_\ell a_j + \frac{1}{4} \sum_{\ell \ell_3 \ell_4} (\overline{v}_{\ell j \ell_3 \ell_4} - \overline{v}_{j \ell \ell_3 \ell_4}) a_n^+ a_\ell^+ a_{\ell_4} a_{\ell_3}
$$

$$
= \frac{1}{2} \sum_{rst} \overline{v}_{rsnt} a_r^+ a_s^+ a_t a_j - \frac{1}{2} \sum_{rst} \overline{v}_{jrst} a_n^+ a_r^+ a_t a_s
$$

又因为

$$
\langle \Phi | a_i^+ a_m a_r^+ a_s^+ a_t a_j | \Phi \rangle = \langle \Phi | a_i^+ (\delta_{mr} - a_r^+ a_m) a_s^+ a_t a_j | \Phi \rangle
$$

$$
= \langle \Phi | a_i^+ a_s^+ a_t a_j | \Phi \rangle \delta_{mr} - \langle \Phi | a_i^+ a_r^+ a_t a_j | \Phi \rangle \delta_{ms}
$$

$$
+ \langle \Phi | a_i^+ a_r^+ a_s^+ a_m a_t a_j | \Phi \rangle
$$

$$
= \delta_{mr} (\delta_{ij} \delta_{st} - \delta_{it} \delta_{sj}) - \delta_{ms} (\delta_{ij} \delta_{rt} - \delta_{it} \delta_{rj})
$$

所以

$$
\frac{1}{2} \sum_{rst} \overline{v}_{rsnt} \langle \Phi | a_i^+ a_m a_r^+ a_s^+ a_t a_j | \Phi \rangle = \frac{1}{2} \delta_{ij} \sum_{t<0} \overline{v}_{mtnt} - \frac{1}{2} \delta_{ij} \sum_{t<0} \overline{v}_{tmnt}
$$

$$
- \frac{1}{2} \overline{v}_{mjni} + \frac{1}{2} \overline{v}_{jmni}
$$

$$
= \overline{v}_{jmni} + \delta_{ij} \sum_{t=1}^{A} \overline{v}_{mtnt}
$$

$$
- \frac{1}{2} \sum_{rst} \overline{v}_{jrst} \langle \Phi | a_i^+ a_m a_n^+ a_r^+ a_t a_s | \Phi \rangle
$$

$$
= -\frac{1}{2} \delta_{mn} \sum_{rst} \overline{v}_{jrst} \langle \Phi | a_i^+ a_r^+ a_t a_s | \Phi \rangle
$$

$$
+ \frac{1}{2} \sum_{rst} \overline{v}_{jrst} \langle \Phi | a_i^+ a_n^+ a_m a_r^+ a_t a_s | \Phi \rangle
$$

$$
= -\frac{1}{2} \delta_{mn} \sum_{rst} \overline{v}_{jrst} (\delta_{rt} \delta_{is} - \delta_{rs} \delta_{it})
$$

$$
= -\frac{1}{2} \delta_{mn} \sum_{t=1}^{A} \overline{v}_{jtit} + \delta_{mn} \sum_{t=1}^{A} \overline{v}_{jtti}
$$

$$
= -\delta_{mn} \sum_{t=1}^{A} \overline{v}_{jtit}
$$

则可得到

$$\sum_{n>0,j<0} \langle \Phi | a_i^+ a_m [H, a_n^+ a_j] | \Phi \rangle X_{nj}^\nu$$

$$= \sum_{n>0,j<0} \left(t_{mn}\delta_{ij} - t_{ij}\delta_{mn} + \overline{v}_{jmni} + \delta_{ij}\sum_{t=1}^A \overline{v}_{mtnt} - \delta_{mn}\sum_{t=1}^A \overline{v}_{jtit} \right) X_{nj}^\nu$$

$$= \sum_{n>0,j<0} \left[\left(t_{mn} + \sum_{t=1}^A \overline{v}_{mtnt} \right)\delta_{ij} - \left(t_{ij} + \sum_{t=1}^A \overline{v}_{jtit} \right)\delta_{mn} + \overline{v}_{jmni} \right] X_{nj}^\nu$$

$$= \sum_{n>0,j<0} [(\epsilon_m - \epsilon_i)\delta_{mn}\delta_{ij} + \overline{v}_{jmni}] X_{nj}^\nu$$

得到上式时我们利用了单粒子态的 HF 方程:

$$t_{mn} + \sum_{t=1}^A \overline{v}_{mtnt} = \epsilon_m \delta_{mn}$$

$$t_{ij} + \sum_{t=1}^A \overline{v}_{jtit}\delta_{mn} = \epsilon_i \delta_{ij}$$

所以有 TDA 方程:

$$\sum_{n>0,j<0} [(\epsilon_m - \epsilon_i)\delta_{mn}\delta_{ij} + \overline{v}_{jmni}] X_{nj}^\nu = (E_\nu - E_0^{\mathrm{HF}}) X_{mi}^\nu \tag{9.4}$$

在 HF 基下, 我们也可以将哈密顿量表示为

$$H = H_0 + V_{\mathrm{res}} = \sum_\ell \epsilon_\ell a_\ell^+ a_\ell + \frac{1}{4}\sum_{\ell_1\ell_2\ell_3\ell_4} \overline{v}_{\ell_1\ell_2\ell_3\ell_4} : a_{\ell_1}^+ a_{\ell_2}^+ a_{\ell_4} a_{\ell_3} : \tag{9.5}$$

其中, 夹在两竖点之间的算符表示它们的正规乘积. 采用哈密顿量的这种形式, TDA 方程的推导变得更为简明. 容易看出

$$\left\langle (mi^{-1}) \left| \sum_\ell \epsilon_\ell a_\ell^+ a_\ell \right| (nj^{-1}) \right\rangle = \delta_{mn}\delta_{ij}(E_0 + \epsilon_m - \epsilon_i)$$

式中, $E_0 = \sum_{i=1}^A \epsilon_i$, 是原子核基态的能量.

$$\langle (mi^{-1}) | V_{\mathrm{res}} | (nj^{-1}) \rangle = \frac{1}{4}\sum_{\ell_1\ell_2\ell_3\ell_4} \overline{v}_{\ell_1\ell_2\ell_3\ell_4} \langle \Phi | a_i^+ a_m : a_{\ell_1}^+ a_{\ell_2}^+ a_{\ell_4} a_{\ell_3} : a_n^+ a_j | \Phi \rangle$$

$$= \frac{1}{4}(\overline{v}_{mjin} - \overline{v}_{jmin} - \overline{v}_{mjni} + \overline{v}_{jmni}) = \overline{v}_{mjin}$$

所以

$$\langle (mi^{-1}) | H | (nj^{-1}) \rangle = \delta_{mn}\delta_{ij}(E_0 + \epsilon_{mi}) + \overline{v}_{mjin}$$

图 9.4 是反对称化的二体相互作用矩阵元 $\bar{v}_{mjin}$ 的图形表示.

令

$$|\nu\rangle = \sum_{n>0,j<0} X_{nj}^{\nu}|(nj^{-1})\rangle$$

则有

$$\sum_{n>0,j<0} \langle(mi^{-1})|H|(nj^{-1})\rangle X_{nj}^{\nu}|(nj^{-1})\rangle = E_{\nu}X_{mi}^{\nu}$$

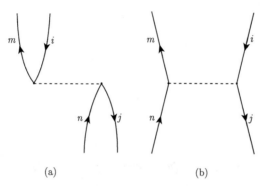

$$(a) \qquad\qquad (b)$$

图 9.4　矩阵元 $\bar{v}_{mjin}$ 的图形表示

由此得到 TDA 方程:

$$\sum_{n>0,j<0} (\delta_{mn}\delta_{ij}\epsilon_{mi} + \bar{v}_{mjin})X_{nj}^{\nu} = \hbar\omega_{\nu}X_{mi}^{\nu}$$

9.2.1　可分离势的 TDA

假定二体剩余相互作用在粒子-空穴道是可分离的:

$$\bar{v}_{mjin} = \kappa F_{mi}F_{nj}^*$$

$\kappa > 0$ 表示排斥相互作用, $\kappa < 0$ 表示吸引相互作用. 其中 m、n 代表在费米面以上的轨道, i、j 代表在费米面以下的轨道.

由 TDA 方程

$$\sum_{n,j}[(\epsilon_m - \epsilon_i)\delta_{mn}\delta_{ij} + \bar{v}_{mjin}]X_{nj}^{\nu} = \omega_{\nu}X_{mi}^{\nu}$$

可以得到

$$(\omega_{\nu} - \epsilon_m + \epsilon_i)X_{mi}^{\nu} = \kappa F_{mi}\sum_{n,j}F_{nj}^*X_{nj}^{\nu}$$

记 $N = \sum_{n,j}F_{nj}^*X_{nj}^{\nu}$, 则波函数可以表示为

$$X_{mi}^{\nu} = \kappa \frac{F_{mi}}{E_{\nu} - \epsilon_m + \epsilon_i}N \tag{9.6}$$

所以 $N = \sum\limits_{mi} F_{mi}^* X_{mi}^\nu = \kappa \sum\limits_{mi} \dfrac{|F_{mi}|^2}{E_\nu - \epsilon_m + \epsilon_i} N$, 从而得到色散关系式

$$\sum_{mi} \frac{|F_{mi}|^2}{\omega_\nu - (\epsilon_m - \epsilon_i)} = \frac{1}{\kappa} \tag{9.7}$$

由此色散关系可以得到集体激发态的能量 ω_ν.

为了得到相应的波函数 (9.6) 还需知道常数 N,它可由波函数的归一化条件 $\sum\limits_{mi} |X_{mi}^\nu|^2 = 1$ 得到, 即 $\kappa^2 \sum\limits_{mi} \dfrac{|F_{mi}|^2}{(\omega_\nu - \epsilon_m + \epsilon_i)^2} N^2 = 1$.

对于双能级模型, $\epsilon_m - \epsilon_i = \epsilon$, 则由色散关系得到

$$\omega = \epsilon + \kappa \sum_{mi} |F_{mi}|^2 \tag{9.8}$$

由此容易看出, 对于吸引相互作用 $(\kappa < 0)$, 集体激发态能量比粒子–空穴激发能低; 对于排斥相互作用 $(\kappa > 0)$, 集体激发态能量比粒子–空穴激发能高. 由此可以得到普遍适用的结论 (见例题 9.1): 同位旋标量模式的集体激发态的激发能低于所有的粒子-空穴激发能; 同位旋矢量模式的集体激发态的激发能高于所有的粒子–空穴激发能.

9.2.2　振动势模型与可分离势

首先介绍振动势模型.

形变势场的等势面可以表示为

$$r(\theta, \phi) = r \left[1 + \sum_{\lambda\mu} \alpha_{\lambda\mu}^*(t) \mathrm{Y}_{\lambda\mu}(\theta, \phi) \right]$$

即

$$V_\alpha(r(\theta, \phi), \theta, \phi) = V_0(r)$$

其中, $V_0(r)$ 是球形势. 所以在球坐标下有

$$V_\alpha(r, \theta, \phi) = V_0 \left(\frac{r}{1 + \sum\limits_{\lambda\mu} \alpha_{\lambda\mu}^*(t) \mathrm{Y}_{\lambda\mu}(\theta, \phi)} \right)$$

$$\approx V_0(r) - r \frac{\mathrm{d}V_0(r)}{\mathrm{d}r} \sum_{\lambda\mu} \alpha_{\lambda\mu}^*(t) \mathrm{Y}_{\lambda\mu}(\theta, \phi)$$

由此得到粒子-振动耦合的标准形式:

$$\delta V = -\kappa_\lambda(r) \sum_\mu Y^*_{\lambda\mu} \alpha_{\lambda\mu}(t) \tag{9.9}$$

其中, $\kappa_\lambda(r) = r\dfrac{\mathrm{d}V_0(r)}{\mathrm{d}r}$; $\alpha_{\lambda\mu}(t)$ 是原子核位势的瞬时形变参数.

在此瞬时形变场中的单粒子哈密顿量为

$$h_\alpha = h_0 - \kappa_\lambda(r) \sum_\mu Y^*_{\lambda\mu} \alpha_{\lambda\mu} = h_0 - \kappa_\lambda(r) \sum_\mu Y_{\lambda\mu} \alpha^*_{\lambda\mu} \tag{9.10}$$

由此单粒子哈密顿量可以得到原子核与时间有关的波函数 $\Phi(t)$ 和原子核的瞬时密度

$$\rho(\vec{r}, t) = |\Phi(t)|^2 = \rho_0(r) - r\frac{\mathrm{d}\rho_0(r)}{\mathrm{d}r} \sum_\mu Y^*_{\lambda\mu} \alpha^\rho_{\lambda\mu}(t)$$

所以

$$\dot{\delta\rho} = -r\frac{\mathrm{d}\rho_0(r)}{\mathrm{d}r} \sum_\mu Y^*_{\lambda\mu} \alpha^\rho_{\lambda\mu}(t) \tag{9.11}$$

其中, $\alpha^\rho_{\lambda\mu}(t)$ 是原子核等密度面的瞬时形变参数.

定义单粒子算符

$$\widehat{F}_{\lambda\mu} = \kappa_0^{-1} \kappa_\lambda(r) Y_{\lambda\mu}(\theta, \phi) \tag{9.12}$$

要求原子核位势的瞬时形变 $\alpha_{\lambda\mu}(t)$ 等于 $\widehat{F}_{\lambda\mu}$ 对原子核瞬时密度的平均值:

$$\langle \Phi(t) | \widehat{F}_{\lambda\mu} | \Phi(t) \rangle = \alpha_{\lambda\mu}(t) \tag{9.13}$$

因为

$$\langle \Phi(t) | \widehat{F}_{\lambda\mu} | \Phi(t) \rangle = \int \widehat{F}_{\lambda\mu} \delta\rho \mathrm{d}\tau = \kappa_0^{-1} \alpha^\rho_{\lambda\mu}(t) \int_0^\infty \kappa_\lambda(r) \frac{\mathrm{d}\rho_0(r)}{\mathrm{d}r} r^2 \mathrm{d}r$$

$$= \kappa_0^{-1} \frac{A}{4\pi} \left\langle \left[\left(3 + r\frac{\mathrm{d}}{\mathrm{d}r} \right) \kappa_\lambda(r) \right] \right\rangle_0 \alpha^\rho_{\lambda\mu}(t)$$

若令

$$\kappa_0 = \frac{A}{4\pi} \left\langle \left[\left(3 + r\frac{\mathrm{d}}{\mathrm{d}r} \right) \kappa_\lambda(r) \right] \right\rangle_0$$

则可得到

$$\alpha^\rho_{\lambda\mu}(t) = \alpha_{\lambda\mu}(t)$$

即原子核密度的瞬时形变与位势的瞬时形变相等.

上面给出了将原子核的单粒子运动和集体运动结合起来可作自洽描述的统一模型的基本概念.

假定原子核的单粒子势为 $V(r)$, 而粒子–空穴道的二体剩余相互作用有分离势的形式:

$$V_{\mathrm{res}}(1,2) = \kappa_\lambda \sum_\mu \widehat{F}_{\lambda\mu}(1)\widehat{F}_{\lambda\mu}^+(2)$$

在平均场近似下, 此相互作用给出单粒子势的改变:

$$\delta V = \kappa_\lambda \sum_\mu \alpha_{\lambda\mu}\widehat{F}_{\lambda\mu}^+(x)$$

取单粒子算符

$$\widehat{F}_{\lambda\mu} = -\kappa_\lambda^{-1} r \frac{\mathrm{d}V(r)}{\mathrm{d}r} \mathrm{Y}_{\lambda\mu}(\theta,\phi)$$

基于前面对统一模型的论述可以得到耦合常数

$$\kappa_\lambda = -\frac{A}{4\pi}\left\langle \left[\left(3 + r\frac{\mathrm{d}}{\mathrm{d}r}\right)\kappa_\lambda(r)\right]\right\rangle_0$$

对于简谐振子势

$$V(r) = \frac{1}{2}M\omega_0^2 r^2$$

取同位旋标量单体算符

$$F_{\lambda\mu} = r^\lambda Y_{\lambda\mu}$$

有

$$\delta V = \kappa_\lambda \sum_\mu \alpha_{\lambda\mu} F_{\lambda\mu}^+ = \kappa_\lambda r^\lambda \sum_\mu \alpha_{\lambda\mu} \mathrm{Y}_{\lambda\mu}^* = \frac{\kappa_\lambda}{M\omega_0^2} r^{\lambda-1} \frac{\mathrm{d}V}{\mathrm{d}r} \sum_\mu \alpha_{\lambda\mu} \mathrm{Y}_{\lambda\mu}^*$$

密度变化与位势变化的自洽性要求

$$\delta\rho = \frac{\kappa_\lambda}{M\omega_0^2} r^{\lambda-1} \frac{\mathrm{d}\rho}{\mathrm{d}r} \sum_\mu \alpha_{\lambda\mu} \mathrm{Y}_{\lambda\mu}^*$$

则由自洽条件

$$\left\langle \sum_i F_{\lambda\mu}(x_i)\right\rangle = \int \delta\rho F_{\lambda\mu}\mathrm{d}^3 r = \alpha_{\lambda\mu}$$

可以给出

$$\frac{\kappa_\lambda}{M\omega_0^2} \int r^{2\lambda+1}\frac{\mathrm{d}\rho}{\mathrm{d}r}\mathrm{d}r = 1$$

利用分部积分

$$\int r^{2\lambda+1}\frac{\mathrm{d}\rho}{\mathrm{d}r}\mathrm{d}r = -(2\lambda+1)\int r^{2\lambda-2}\rho(r)r^2\mathrm{d}r\frac{\mathrm{d}\Omega}{4\pi} = -\frac{2\lambda+1}{4\pi}A\langle r^{2\lambda-2}\rangle$$

可以得到

$$\kappa_\lambda = -\frac{4\pi}{2\lambda+1}\frac{M\omega_0^2}{A\langle r^{2\lambda-2}\rangle}$$

取同位旋矢量单体算符

$$F_{\lambda\mu\tau=1} = \tau_z r^\lambda Y_{\lambda\mu}$$

粒子-振动耦合有以下形式:

$$\delta V = \kappa_\lambda^{\tau=1}\sum_\mu F_{\lambda\mu\tau=1}^+\alpha_{\lambda\mu\tau=1}$$

由原子核中核子的单粒子势

$$V = V_0 + \frac{1}{4}V_1\tau_z\frac{N-Z}{A}$$

有

$$\delta V = \frac{1}{4}V_1\frac{\delta\rho_{\tau=1}}{\rho}$$

$$\delta\rho_{\tau=1} = \frac{4\rho}{V_1}\delta V = \frac{4\rho}{V_1}\kappa_\lambda^{\tau=1}\sum_\mu \tau_z r^\lambda Y_{\lambda\mu}^*\alpha_{\lambda\mu\tau=1}$$

自洽条件给出

$$1 = \frac{4\kappa_\lambda^{\tau=1}}{V_1}\int\rho(r)r^{2\lambda}r^2\mathrm{d}r = \frac{4\kappa_\lambda^{\tau=1}}{V_1}\frac{A}{4\pi}\langle r^{2\lambda}\rangle$$

得到粒子-空穴道同位旋矢量分离势的耦合常数

$$\kappa_\lambda^{\tau=1} = \frac{\pi V_1}{A\langle r^{2\lambda}\rangle}$$

9.3 无规相近似

对于薛定谔方程

$$H|\nu\rangle = E_\nu|\nu\rangle \tag{9.14}$$

假定 $|\nu\rangle = Q_\nu^+|\widetilde{0}\rangle$,其中 $|\widetilde{0}\rangle$ 是严格真空态,它的定义是 $Q_\nu|\widetilde{0}\rangle = 0$. 则有

$$[H, Q_\nu^+]|\widetilde{0}\rangle = (E_\nu - E_0)Q_\nu^+|\widetilde{0}\rangle$$

左乘 $\langle\tilde{0}|\delta Q$, 并借助 $\delta Q_\nu|\tilde{0}\rangle = 0$, 则有

$$\langle\tilde{0}|[\delta Q, [H, Q_\nu^+]]|\tilde{0}\rangle = (E_\nu - E_0)\langle\tilde{0}|[\delta Q, Q_\nu^+]|\tilde{0}\rangle$$

当变分 $\langle\tilde{0}|\delta Q$ 跑遍全部希尔伯特空间时, 此方程严格等价于薛定谔方程.

如果取 $Q_\nu^+ = \sum\limits_{n>0, j<0} C_{nj}^\nu a_n^+ a_j$, 取真空态为 $|\mathrm{HF}\rangle = |\varPhi\rangle$, $\delta Q_\nu = \sum\limits_{mi} a_i^+ a_m \delta C_{mi}$

(1 粒子– 1 空穴), 则得到 9.2 节讨论过的 TDA 方程.

现在取 $Q_\nu^+ = \sum\limits_{mi}(X_{mi}^\nu a_m^+ a_i - Y_{mi}^\nu a_i^+ a_m)$, 取真空态为无规相近似 (RPA) 真空,
即有 $Q_\nu|\mathrm{RPA}\rangle = 0$, δQ_ν 有 X 和 Y 两部分, 则有

$$\langle\mathrm{RPA}|[a_i^+ a_m, [H, Q_\nu^+]]|\mathrm{RPA}\rangle = \hbar\Omega_\nu\langle\mathrm{RPA}|[a_i^+ a_m, Q_\nu^+]|\mathrm{RPA}\rangle \tag{9.15}$$

$$\langle\mathrm{RPA}|[a_m^+ a_i, [H, Q_\nu^+]]|\mathrm{RPA}\rangle = \hbar\Omega_\nu\langle\mathrm{RPA}|[a_m^+ a_i, Q_\nu^+]|\mathrm{RPA}\rangle \tag{9.16}$$

因为由条件 $Q_\nu|\mathrm{RPA}\rangle = 0$ 所定义的真空态 $|\mathrm{RPA}\rangle$ 是未知的, 所以在计算时我们用
准玻色子近似处理, 即

$$\langle\mathrm{RPA}|[a_i^+ a_m, a_n^+ a_j]|\mathrm{RPA}\rangle = \delta_{mn}\delta_{ij} - \delta_{mn}\langle\mathrm{RPA}|a_j a_i^+|\mathrm{RPA}\rangle - \delta_{ij}\langle\mathrm{RPA}|a_n^+ a_m|\mathrm{RPA}\rangle$$
$$\approx \delta_{mn}\delta_{ij} = \langle\varPhi|[a_i^+ a_m, a_n^+ a_j]|\varPhi\rangle$$

式中, $|\varPhi\rangle$ 是 HF 真空. 由此对于方程 (9.15) 的右边, 有

$$\langle\mathrm{RPA}|[a_i^+ a_m, Q_\nu^+]|\mathrm{RPA}\rangle \approx \langle\varPhi|[a_i^+ a_m, Q_\nu^+]|\varPhi\rangle$$
$$= \sum_{nj} X_{nj}^\nu \langle\varPhi|[a_i^+ a_m, a_n^+ a_j]|\varPhi\rangle - \sum_{nj} Y_{nj}^\nu \langle\varPhi|[a_i^+ a_m, a_j^+ a_n]|\varPhi\rangle$$
$$= \sum_{nj} X_{nj}^\nu \delta_{mn}\delta_{ij} = X_{mi}^\nu$$

对于方程 (9.16) 的右边, 有

$$\langle\mathrm{RPA}|[a_m^+ a_i, Q_\nu^+]|\mathrm{RPA}\rangle \approx \langle\varPhi|[a_m^+ a_i, Q_\nu^+]|\varPhi\rangle$$
$$= \sum_{nj} X_{nj}^\nu \langle\varPhi|[a_m^+ a_i, a_n^+ a_j]|\varPhi\rangle - \sum_{nj} Y_{nj}^\nu \langle\varPhi|[a_m^+ a_i, a_j^+ a_n]|\varPhi\rangle$$
$$= -\sum_{nj} Y_{nj}^\nu \langle\varPhi|(a_m^+[a_i, a_j^+ a_n] + [a_m^+, a_j^+ a_n]a_i)|\varPhi\rangle$$
$$= -\sum_{nj} Y_{nj}^\nu \langle\varPhi|(a_m^+ a_n \delta_{ij} - a_j^+ a_i \delta_{mn})|\varPhi\rangle = Y_{mi}^\nu$$

方程 (9.15) 的左边为

$$\langle \mathrm{RPA}|[a_i^+ a_m, [H, Q_\nu^+]]|\mathrm{RPA}\rangle \approx \langle \Phi|[a_i^+ a_m, [H, Q_\nu^+]]|\Phi\rangle$$

$$= \sum_{nj} \langle \Phi|[a_i^+ a_m, [H, a_n^+ a_j]]|\Phi\rangle X_{nj}$$

$$+ \sum_{nj} (-1)\langle \Phi|[a_i^+ a_m, [H, a_j^+ a_n]]|\Phi\rangle Y_{nj}$$

用记号

$$A_{mi,nj} = \langle \Phi|[a_i^+ a_m, [H, a_n^+ a_j]]|\Phi\rangle$$

$$B_{mi,nj} = (-1)\langle \Phi|[a_i^+ a_m, [H, a_j^+ a_n]]|\Phi\rangle$$

容易看出 A 是厄米矩阵, B 是对称矩阵.

方程 (9.15) 可表示为

$$\sum_{nj} A_{mi,nj} X_{nj}^\nu + \sum_{nj} B_{mi,nj} Y_{nj}^\nu = \hbar\Omega_\nu X_{mi}^\nu$$

在推导 TDA 方程时我们已经得到

$$A_{mi,nj} = \langle \Phi|[a_i^+ a_m, [H, a_n^+ a_j]]|\Phi\rangle = (\epsilon_m - \epsilon_i)\delta_{mn}\delta_{ij} + \overline{v}_{jmni}$$

$$= (\epsilon_m - \epsilon_i)\delta_{mn}\delta_{ij} + \overline{v}_{mjin}$$

下面我们证明

$$B_{mi,nj} = (-1)\langle \Phi|[a_i^+ a_m, [H, a_j^+ a_n]]|\Phi\rangle = \overline{v}_{mnij}$$

首先

$$\langle \Phi|[a_i^+ a_m, [T, a_j^+ a_n]]|\Phi\rangle = \sum_{\ell_1 \ell_2} t_{\ell_1 \ell_2} \langle \Phi|[a_i^+ a_m, [a_{\ell_1}^+ a_{\ell_2}, a_j^+ a_n]]|\Phi\rangle$$

$$= \sum_{\ell_1 \ell_2} t_{\ell_1 \ell_2} \langle \Phi|[a_i^+ a_m, (a_{\ell_1}^+ a_n \delta_{\ell_2 j} - a_j^+ a_{\ell_2} \delta_{\ell_1 n})]|\Phi\rangle$$

$$= \sum_{\ell_1 \ell_2} t_{\ell_1 \ell_2} \langle \Phi|\delta_{\ell_2 j}(\delta_{\ell_1 m} a_i^+ a_n$$

$$- \delta_{in} a_{\ell_1}^+ a_m) - \delta_{\ell_1 n}(\delta_{mj} a_i^+ a_{\ell_2} - \delta_{i\ell_2} a_j^+ a_m)|\Phi\rangle = 0$$

因为

$$\frac{1}{4} \sum_{\ell_1 \ell_2 \ell_3 \ell_4} \overline{v}_{\ell_1 \ell_2 \ell_3 \ell_4} [a_{\ell_1}^+ a_{\ell_2}^+ a_{\ell_4} a_{\ell_3}, a_j^+ a_n]$$

$$= \frac{1}{4} \sum_{\ell_1 \ell_2 \ell_3 \ell_4} \overline{v}_{\ell_1 \ell_2 \ell_3 \ell_4} (a_{\ell_1}^+ a_{\ell_2}^+ [a_{\ell_4} a_{\ell_3}, a_j^+ a_n] + [a_{\ell_1}^+ a_{\ell_2}^+, a_j^+ a_n] a_{\ell_4} a_{\ell_3})$$

$$= \frac{1}{4} \sum_{\ell_1 \ell_2 \ell_3 \ell_4} \bar{v}_{\ell_1 \ell_2 \ell_3 \ell_4} [a_{\ell_1}^+ a_{\ell_2}^+ (a_{\ell_4}[a_{\ell_3}, a_j^+ a_n] + [a_{\ell_4}, a_j^+ a_n] a_{\ell_3})$$

$$+ (a_{\ell_1}^+ [a_{\ell_2}^+, a_j^+ a_n] + [a_{\ell_1}^+, a_j^+ a_n] a_{\ell_2}^+) a_{\ell_4} a_{\ell_3}]$$

$$= \frac{1}{4} \sum_{\ell_1 \ell_2 \ell_3 \ell_4} \bar{v}_{\ell_1 \ell_2 \ell_3 \ell_4} [a_{\ell_1}^+ a_{\ell_2}^+ (a_{\ell_4} a_n \delta_{\ell_3 j} + a_n a_{\ell_3} \delta_{\ell_4 j})$$

$$+ (-a_{\ell_1}^+ a_j^+ \delta_{\ell_2 n} - a_j^+ a_{\ell_2}^+ \delta_{\ell_1 n}) a_{\ell_4} a_{\ell_3}]$$

$$= \frac{1}{2} \sum_{rst} \bar{v}_{rsjt} a_r^+ a_s^+ a_t a_n - \frac{1}{2} \sum_{rst} \bar{v}_{nrst} a_j^+ a_r^+ a_t a_s$$

容易看出第一项没有贡献, 对于第二项, 利用

$$\langle \Phi | [a_i^+ a_m, a_j^+ a_r^+ a_t a_s] | \Phi \rangle = \langle \Phi | [a_i^+ a_m, a_j^+ a_r^+] a_t a_s | \Phi \rangle + \langle \Phi | a_j^+ a_r^+ [a_i^+ a_m, a_t a_s] | \Phi \rangle$$

$$= \langle \Phi | [a_i^+ a_m, a_j^+ a_r^+] a_t a_s | \Phi \rangle = \langle \Phi | a_i^+ [a_m, a_j^+ a_r^+] a_t a_s | \Phi \rangle$$

$$= -\langle \Phi | a_i^+ a_j^+ a_t a_s | \Phi \rangle \delta_{mr} = -\delta_{mr} (\delta_{jt} \delta_{is} - \delta_{js} \delta_{it})$$

$$-\frac{1}{2} \sum_{rst} \bar{v}_{nrst} \langle \Phi | a_j^+ a_r^+ a_t a_s | \Phi \rangle = \bar{v}_{nmij}$$

由此可以得到

$$B_{mi,nj} = (-1) \langle \Phi | [a_i^+ a_m, [H, a_j^+ a_n]] | \Phi \rangle = \bar{v}_{mnij}$$

下面讨论方程 (9.16):

$$\langle \text{RPA} | [a_m^+ a_i, [H, Q_\nu^+]] | \text{RPA} \rangle \approx \langle \Phi | [a_m^+ a_i, [H, Q_\nu^+]] | \Phi \rangle$$

$$= \sum_{nj} \langle \Phi | [a_m^+ a_i, [H, a_n^+ a_j]] | \Phi \rangle X_{nj}^\nu$$

$$+ \sum_{nj} (-1) \langle \Phi | [a_m^+ a_i, [H, a_j^+ a_n]] | \Phi \rangle Y_{nj}^\nu$$

利用关系式

$$[A, B]^+ = (AB - BA)^+ = B^+ A^+ - A^+ B^+ = [B^+, A^+]$$

并注意到 A 是厄米矩阵而 B 是对称矩阵, 则有

$$B_{mi,nj}^* = (-1) \langle \Phi | [a_i^+ a_m, [H, a_j^+ a_n]]^+ | \Phi \rangle$$

$$= -\langle \Phi | [[a_n^+ a_j, H], a_m^+ a_i] | \Phi \rangle = -\langle \Phi | [a_m^+ a_i, [H, a_n^+ a_j]] | \Phi \rangle$$

$$A_{mi,nj}^* = \langle \Phi | [a_i^+ a_m, [H, a_n^+ a_j]]^+ | \Phi \rangle = \langle \Phi | [a_m^+ a_i, [H, a_j^+ a_n]] | \Phi \rangle$$

所以方程 (9.16) 可表示为

$$\sum_{nj}(-B_{mi,nj}^* X_{nj}^\nu - A_{mi,nj}^* Y_{nj}^\nu) = \hbar\Omega_\nu Y_{mi}^\nu$$

或者

$$\sum_{nj}(B_{mi,nj}^* X_{nj}^\nu + A_{mi,nj}^* Y_{nj}^\nu) = \hbar\Omega_\nu(-Y_{mi}^\nu)$$

令

$$(X^\nu)_{mi} = X_{mi}^\nu, \quad (Y^\nu)_{mi} = Y_{mi}^\nu$$

则由方程 (9.15) 和方程 (9.16) 得到 RPA 方程:

$$\begin{pmatrix} A & B \\ B^* & A^* \end{pmatrix}\begin{pmatrix} X^\nu \\ Y^\nu \end{pmatrix} = \hbar\Omega^\nu \begin{pmatrix} 1 & 0 \\ 0 & -1 \end{pmatrix}\begin{pmatrix} X^\nu \\ Y^\nu \end{pmatrix} \tag{9.17}$$

应当指出此方程不是求本征值问题.

记 $U = \begin{pmatrix} 1 & 0 \\ 0 & -1 \end{pmatrix}$, 则

$$U^{-1} = U = U^+$$

如果 $S = \begin{pmatrix} A & B \\ B^* & A^* \end{pmatrix}$ 是正定的 (即矩阵 S 的所有的本征值为正), 则可以定义矩阵

$S^{\frac{1}{2}}$, 令 $\begin{pmatrix} \widetilde{X}^\nu \\ \widetilde{Y}^\nu \end{pmatrix} = S^{\frac{1}{2}}\begin{pmatrix} X^\nu \\ Y^\nu \end{pmatrix}$, 则 RPA 方程 (9.17) 成为

$$S^{\frac{1}{2}}US^{\frac{1}{2}}\begin{pmatrix} \widetilde{X}^\nu \\ \widetilde{Y}^\nu \end{pmatrix} = \hbar\Omega^\nu\begin{pmatrix} \widetilde{X}^\nu \\ \widetilde{Y}^\nu \end{pmatrix} \tag{9.18}$$

方程 (9.18) 为标准的实数本征值问题. 由方程 (9.17) 容易看出, 如果 $\hbar\Omega^\nu$ 和与之相应的波函数 $\begin{pmatrix} X^\nu \\ Y^\nu \end{pmatrix}$ 是方程 (9.17) 的解, 则 $-\hbar\Omega^\nu$ 和与之相应的波函数 $\begin{pmatrix} (Y^\nu)^* \\ (X^\nu)^* \end{pmatrix}$ 也是方程 (9.17) 的解.

对应不同本征值的本征波函数之间的正交性给出

$$c\delta_{\nu\nu'} = \sum_{mi}\left((\widetilde{X}_{mi}^\nu)^*, (\widetilde{Y}_{mi}^\nu)^*\right)\begin{pmatrix} \widetilde{X}_{mi}^{\nu'} \\ \widetilde{Y}_{mi}^{\nu'} \end{pmatrix} = \sum_{mi}\left((X_{mi}^\nu)^*, (Y_{mi}^\nu)^*\right)S\begin{pmatrix} X_{mi}^{\nu'} \\ Y_{mi}^{\nu'} \end{pmatrix}$$

$$= \hbar\Omega^\nu\sum_{mi}\left((X_{mi}^\nu)^*, (Y_{mi}^\nu)^*\right)\begin{pmatrix} X_{mi}^{\nu'} \\ -Y_{mi}^{\nu'} \end{pmatrix} = \hbar\Omega^\nu\sum_{mi}\{(X_{mi}^\nu)^* X_{mi}^{\nu'} - (Y_{mi}^\nu)^* Y_{mi}^{\nu'}\}$$

所以对于我们感兴趣的正能量解可以用归一化:

$$\sum_{mi}\{(X_{mi}^\nu)^* X_{mi}^{\nu'} - (Y_{mi}^\nu)^* Y_{mi}^{\nu'}\} = \delta_{\nu\nu'} \tag{9.19}$$

记

$$K = \begin{pmatrix} X & Y^* \\ Y & X^* \end{pmatrix}, \quad U = \begin{pmatrix} 1 & 0 \\ 0 & -1 \end{pmatrix}, \quad \Omega = \begin{pmatrix} \hbar\Omega^\nu & 0 \\ 0 & -\hbar\Omega^\nu \end{pmatrix}$$

则方程 (9.17) 的正负能量解可以表示为矩阵方程

$$SK = UK\Omega \tag{9.20}$$

容易检验

$$SK = UK\Omega$$

所以

$$K^+ S^+ = \Omega K^+ U$$

由于矩阵 A 是厄米的而矩阵 B 是对称的, 所以有

$$[\Omega, K^+ UK] = \Omega K^+ UK - K^+ UK\Omega = K^+(S^+ - S)K = 0$$

即 Ω 和 $K^+ UK$ 可以同时是对角的.

若取 $K^+ UK = U$, 此即正交归一性条件 (9.19). 由 $K^+ UK = U$ 可以得到 $K^+ UKU = I$, 所以 $(K^+)^{-1} = UKU$, 由此我们有 $I = UKUK^+$, 也即

$$KUK^+ = U$$

此即完备性:

$$\sum_\nu \{(X^\nu_{m'i'})^* X^\nu_{mi} - (Y^\nu_{m'i'})^* Y^\nu_{mi}\} = \delta_{mm'}\delta_{ii'} \tag{9.21}$$

9.3.1 可分离势的 RPA

$$\overline{v}_{mjin} = \kappa F_{mi} F^*_{nj}$$
$$\overline{v}_{mnij} = \kappa F_{mi} F_{nj}$$

RPA 方程可以表示为

$$(\epsilon_{mi} - \omega)X_{mi} + \kappa F_{mi} \sum_{n,j}(F^*_{nj}X_{nj} + F_{nj}Y_{nj}) = 0$$

$$(\epsilon_{mi} + \omega)Y_{mi} + \kappa F^*_{mi} \sum_{n,j}(F_{nj}X_{nj} + F_{nj}Y_{nj}) = 0$$

定义常数

$$N = \sum_{n,j}(F^*_{nj}X_{nj} + F_{nj}Y_{nj}) \tag{9.22}$$

则波函数分量可以表示为

$$X_{mi} = -\frac{\kappa F_{mi}}{\epsilon_{mi} - \omega}N$$

$$Y_{mi} = -\frac{\kappa F_{mi}}{\epsilon_{mi} + \omega}N$$

代入常数 N 的表达式 (9.22) 得到色散关系

$$2\sum_{n,j} \frac{|F_{nj}|^2 \epsilon_{nj}}{\epsilon_{nj}^2 - \omega^2} = -\frac{1}{\kappa} \tag{9.23}$$

常数 N 的值由波函数的归一化条件给出:

$$\sum_{n,j}(|X_{nj}|^2 - |Y_{nj}|^2) = 1$$

对于双能级模型可以得到

$$\omega^2 = \epsilon^2 + 2\kappa\epsilon \sum_{n,j} |F_{nj}|^2 \tag{9.24}$$

RPA 的结果与 TDA 的结果一样, 对于吸引相互作用 ($\kappa < 0$), 集体激发态能量比粒子-空穴激发能低; 对于排斥相互作用 ($\kappa > 0$), 集体激发态能量比粒子-空穴激发能高.

由 TDA 的双能级模型有

$$\omega_{\text{TDA}}^2 = \epsilon^2 + 2\kappa\epsilon \sum_{n,j} |F_{nj}|^2 + \kappa^2 [\sum_{n,j} |F_{nj}|^2]^2 \tag{9.25}$$

比较式 (9.24) 和式 (9.25) 可得结论: 由 RPA 得到的集体激发态的激发能总低于由 TDA 得到的集体激发态的激发能.

9.3.2 角动量耦合表象

记 b_{jm}^+ 是空穴态的产生算符. 取时间反演的相位约定

$$a_{\widetilde{jm}} = (-1)^{j_j + m_j} a_{j_j - m_j}$$

有

$$b_{j_h m_h}^+ = a_{\widetilde{j_h m_h}}$$

定义

$$\widehat{A}_{JM}^+(nj^{-1}) = \sum_{m_n m_j} C_{j_n m_n j_j m_j}^{JM} a_n^+ b_j^+ = \sum_{m_n m_j} C_{j_n m_n j_j m_j}^{JM} a_n^+ a_{\widetilde{j}}$$

则有

$$
\begin{aligned}
\widehat{A}^+_{\widetilde{JM}} &= \sum_{m_n m_j} C^{JM}_{j_n m_n j_j m_j} a^+_{\widetilde{n}} a^{\approx}_{\widetilde{j}} = -\sum_{m_n m_j} C^{JM}_{j_n m_n j_j m_j} a^+_{\widetilde{n}} a_j \\
&= -\sum_{m_n m_j} C^{JM}_{j_n -m_n j_j m_j} (-1)^{j_n - m_n} a^+_{j_n m_n} a_{j_j m_j} \\
&= -\sum_{m_n m_j} C^{J-M}_{j_n m_n j_j -m_j} (-1)^{j_n + j_j - J} (-1)^{j_n - m_n} a^+_{j_n m_n} a_{j_j m_j} \\
&= (-1)^{J+M} \widehat{A}^+_{J-M}(nj^{-1})
\end{aligned}
$$

所以

$$
\widehat{A}^+_{\widetilde{JM}}(nj^{-1}) = (-1)^{J+M} \widehat{A}^+_{J-M}(nj^{-1})
$$

$$
|(nj^{-1})JM\rangle = \widehat{A}^+_{JM}(nj^{-1})|\Phi\rangle \tag{9.26}
$$

式中, $|\Phi\rangle$ 是 HF 真空. 显然有

$$
|(nj^{-1})\widetilde{JM}\rangle = (-1)^{J+M}|(nj^{-1})J-M\rangle
$$

定义粒子-粒子耦合算符

$$
\widehat{B}^+_{JM}(j_1 j_2) = \frac{1}{\sqrt{1+\delta_{j_1 j_2}}} \sum_{m_1 m_2} C^{JM}_{j_1 m_1 j_2 m_2} a^+_{j_1 m_1} a^+_{j_2 m_2}
$$

$|(j_1 j_2)JM\rangle = \widehat{B}^+_{JM}(j_1 j_2)|-\rangle$, 其中 $|-\rangle$ 是没有任何粒子的真空态.

定义集体激发态的产生算符

$$
\widehat{Q}^+_\nu(JM) = \sum_{n>0, j<0} [X^\nu_{nj}(J)\widehat{A}^+_{JM}(nj^{-1}) - Y^\nu_{nj}(J)\widehat{A}_{\widetilde{JM}}] \tag{9.27}
$$

$|\nu; JM\rangle = \widehat{Q}^+_\nu(JM)|\widetilde{0}\rangle$, 其中 $|\widetilde{0}\rangle$ 是由 $\widehat{Q}_\nu(JM)|\widetilde{0}\rangle = 0$ 定义的真空态.

取 HF 基, 哈密顿量可表示为

$$
H = H_0 + V_{\text{res}} = \sum_\ell \epsilon_\ell a^+_\ell a_\ell + \frac{1}{4} \sum_{\ell_1 \ell_2 \ell_3 \ell_4} \overline{v}_{\ell_1 \ell_2 \ell_3 \ell_4} : a^+_{\ell_1} a^+_{\ell_2} a_{\ell_4} a_{\ell_3} :
$$

则 RPA 的矩阵 A 可表示为

$$
\begin{aligned}
A^J_{minj} &= [\widehat{A}_{JM}(mi^{-1}), [H, \widehat{A}^+_{JM}(nj^{-1})]] \\
&= (\delta_{mn}\delta_{ij}\epsilon_{mi} + \langle(mi^{-1})J|\overline{v}_{res}|(nj^{-1})J\rangle)
\end{aligned}
$$

如果同位旋 T 也是好量子数, 上式中的 J 可理解为角动量 J 和同位旋 T 两者的标记. 可以得到

$$\langle (mi^{-1})JT|\overline{v}_{\mathrm{res}}|(nj^{-1})JT\rangle = -\sum_{J_1,T_1}\sqrt{(2J_1+1)(2T_1+1)}(-1)^{j_m+j_i+j_n+j_j}$$

$$\times\left\{\begin{array}{ccc} j_m & j_i & J \\ j_n & j_j & J_1 \end{array}\right\}\left\{\begin{array}{ccc} \frac{1}{2} & \frac{1}{2} & T \\ \frac{1}{2} & \frac{1}{2} & T_1 \end{array}\right\}$$

$$\langle (jm)J_1T_1|\overline{v}_{\mathrm{res}}|(in)J_1T_1\rangle$$

矩阵 B 可以表示为

$$B^J_{minj} = -[\widehat{A}_{JM}(mi^{-1}),[H,A_{\widetilde{JM}}(nj^{-1})]] = \langle (mi^{-1})JM,(nj^{-1})\widetilde{JM}|\overline{v}_{\mathrm{res}}|\rangle$$

$$= \sqrt{(1+\delta_{mn})(1+\delta_{ij})}\sum_{J_1,T_1}\sqrt{(2J_1+1)(2T_1+1)}$$

$$\times\left\{\begin{array}{ccc} j_m & j_n & J_1 \\ j_j & j_i & J \end{array}\right\}\left\{\begin{array}{ccc} \frac{1}{2} & \frac{1}{2} & T \\ \frac{1}{2} & \frac{1}{2} & T_1 \end{array}\right\}\langle (nm)J_1T_1|\overline{v}_{\mathrm{res}}|(ji)J_1T_1\rangle$$

粒子-空穴道单体算符为

$$\widehat{F}_{\lambda\mu} = \sum_{\alpha\beta}\langle\alpha|F_{\lambda\mu}|\beta\rangle a^+_\alpha a_\beta$$

$$= \sum_{\alpha>0,\beta<0}\langle\alpha|F_{\lambda\mu}|\widetilde{\beta}\rangle a^+_\alpha a_{\widetilde{\beta}} + \sum_{\alpha<0,\beta>0}\langle\widetilde{\alpha}|F_{\lambda\mu}|\beta\rangle a^+_{\widetilde{\alpha}} a_\beta$$

由约化矩阵元的定义

$$\langle (nj^{-1})JM|\widehat{F}_{\lambda\mu}|0\rangle = \frac{1}{\sqrt{2J+1}}\langle (nj^{-1})J||F_\lambda||0\rangle$$

又因为

$$\langle (nj^{-1})JM|\widehat{F}_{\lambda\mu}|\Phi >$$

$$= \sum_{m_n m_j} C^{JM}_{j_n m_n j_j -m_j}(-1)^{j_j-m_j}\left\langle \Phi|a^+_{j_j m_j}a_{j_n m_n}\sum_{\alpha\beta}\langle\alpha|F_{\lambda\mu}|\beta\rangle a^+_\alpha a_\beta|\Phi\right\rangle$$

$$= \sum_{m_n m_j} C^{JM}_{j_n m_n j_j -m_j}(-1)^{j_j-m_j}\langle j_n m_n|F_{\lambda\mu}|j_j m_j\rangle$$

$$= \sum_{m_n m_j} C^{JM}_{j_n m_n j_j -m_j}(-1)^{j_j-m_j}\frac{1}{\sqrt{2j_n+1}}C^{j_n m_n}_{j_j m_j \lambda\mu}\langle j_n||F_\lambda||j_j\rangle$$

$$= \sum_{m_n m_j} C^{JM}_{j_n m_n j_j -m_j}(-1)^{j_j-m_j}(nj^{-1})J(-1)^{j_j-m_j}C^{\lambda-\mu}_{j_j m_j j_n -m_n}\langle j_n||F_\lambda||j_j\rangle$$

$$= \frac{1}{\sqrt{2\lambda+1}}\langle j_n||F_\lambda||j_j\rangle$$

所以得到

$$\langle (nj^{-1})J||F_\lambda||\Phi\rangle = \langle j_n||F_\lambda||j_j\rangle \tag{9.28}$$

$$|(nj^{-1})\widetilde{JM}\rangle = (-1)^{J+M}|(nj^{-1})J-M\rangle$$

$$\langle\Phi|\widehat{F}_{\lambda\mu}|(nj^{-1})\widetilde{JM}\rangle = (-1)^{J+M}C_{J-M\lambda\mu}^{00}\langle\Phi||F_\lambda||(nj^{-1})J\rangle$$

$$= \frac{1}{\sqrt{2\lambda+1}}\langle\Phi||F_\lambda||(nj^{-1})J\rangle$$

又因为

$$\langle\Phi|\widehat{F}_{\lambda\mu}|(nj^{-1})\widetilde{JM}\rangle$$

$$= \langle\Phi|\sum_{\alpha\beta}\langle\alpha|F_{\lambda\mu}|\beta\rangle a_\alpha^+ a_\beta(-1)^{J+M}\sum_{m_n m_j}C_{j_n m_n j_j m_j}^{J-M}a_n^+ a_{\widetilde{j}}|\Phi\rangle$$

$$= (-1)^{J+M}\sum_{m_n m_j}C_{j_n m_n j_j -m_j}^{J-M}(-1)^{j_j-m_j}\langle j_j m_j|\widehat{F}_{\lambda\mu}|j_n m_n\rangle$$

$$= (-1)^{J+M}\sum_{m_n m_j}C_{j_n m_n j_j -m_j}^{J-M}(-1)^{j_j-m_j}\frac{1}{\sqrt{2j_j+1}}C_{j_n m_n \lambda\mu}^{j_j m_j}\langle j_j||F_\lambda||j_n\rangle$$

$$= (-1)^{J+M}\sum_{m_n m_j}C_{j_n m_n j_j -m_j}^{J-M}(-1)^{j_j-m_j}\frac{1}{\sqrt{2\lambda+1}}(-1)^{j_n-m_n}C_{j_n m_n j_j -m_j}^{J-M}\langle j_j||F_\lambda||j_n\rangle$$

$$= (-1)^{j_n-j_j-J}\langle j_j||F_\lambda||j_n\rangle$$

所以有

$$\langle\Phi||F_\lambda||(nj^{-1})J\rangle = (-1)^{j_n-j_j-J}\langle j_j||F_\lambda||j_n\rangle \tag{9.29}$$

粒子-空穴道的单体算符可以表示为

$$\widehat{F}_{\lambda\mu} = \sum_{nj}\{\langle(nj^{-1})JM|\widehat{F}_{\lambda\mu}|\Phi\rangle\widehat{A}_{JM}^+(nj^{-1}) + \langle\Phi|\widehat{F}_{\lambda\mu}|(nj^{-1})\widetilde{JM}\rangle\widehat{A}_{\widetilde{JM}}(nj^{-1})\}$$

$$= \frac{1}{\sqrt{2\lambda+1}}\sum_{nj}\{\langle j_n||F_\lambda||j_j\rangle\widehat{A}_{JM}^+(nj^{-1}) + (-1)^{j_n-j_j-J}\langle j_j||F_\lambda||j_n\rangle\widehat{A}_{\widetilde{JM}}(nj^{-1})\}$$

借助公式

$$\langle j_j||F_\lambda||j_n\rangle = -c(-1)^{j_n-j_j+\lambda}\langle j_n||F_\lambda||j_j\rangle \tag{9.30}$$

得到粒子-空穴道的单体算符为

$$\widehat{F}_{\lambda\mu} = \frac{1}{\sqrt{2\lambda+1}}\sum_{nj}\langle j_n||F_\lambda||j_j\rangle\{\widehat{A}_{JM}^+(nj^{-1}) - c\widehat{A}_{\widetilde{JM}}(nj^{-1})\} \tag{9.31}$$

若在时间反演变换下 $\widehat{F}_{\lambda\mu} \to -\widehat{F}_{\lambda\mu}$, 则 $c = +1$; 若在时间反演变换下 $\widehat{F}_{\lambda\mu} \to \widehat{F}_{\lambda\mu}$, 则 $c = -1$.

对于集体激发态与基态之间的跃迁, 借助式 (9.27) 和式 (9.31) 可以得到

$$\langle \widehat{Q}_\lambda | \widehat{F}_{\lambda\mu} | \Phi \rangle = \frac{1}{\sqrt{2\lambda+1}} \langle \lambda || F_\lambda || \Phi \rangle$$

$$\langle \lambda || F_\lambda || \Phi \rangle = \sum_{nj} \langle j_n || F_\lambda || j_j \rangle [X_{nj}(\lambda) - cY_{nj}(\lambda)]$$

此公式的成立条件和证明如下.

球张量的时间反演为

$$T F_{\lambda\mu} T^{-1} = (-1)^{\lambda+\mu} F_{\lambda-\mu}$$

可以得到

$$\langle j_2 || F_\lambda || j_1 \rangle^* = \langle j_2 || F_\lambda || j_1 \rangle$$

球张量的厄米共轭为

$$F_{\lambda\mu}^{\mathrm{H}} = (-1)^{\lambda+\mu} (F_{\lambda-\mu})^+$$

例如, 粒子产生算符 a_{jm}^+ 是球张量, 但厄米共轭 a_{jm} 不是球张量, 而 $a_{\widetilde{jm}} = (-1)^{j+m} a_{j-m}$ 是球张量. 所以取 $F_{\lambda\mu}$ 的厄米共轭为 $F_{\lambda\mu}^{\mathrm{H}} = (-1)^{\lambda+\mu}(F_{\lambda-\mu})^+$, 它仍然是球张量. 如果 $F_{\lambda\mu}$ 是自共轭球张量 $F_{\lambda\mu}^{\mathrm{H}} = F_{\lambda\mu}$, 则有

$$\langle j_j || F_\lambda || j_n \rangle = -c(-1)^{j_n - j_j + \lambda} \langle j_n || F_\lambda || j_j \rangle$$

原子核集体激发态的跃迁密度:

原子核的密度算符 $\widehat{\rho}(\overrightarrow{r}) = \sum_i \delta(\overrightarrow{r} - \overrightarrow{r}_i)$ 是单体算符, 则由基态到激发态的跃迁密度为 $\delta\rho(\overrightarrow{r}) = \langle \nu | \widehat{\rho} | 0 \rangle = \sum_{\lambda\mu} \delta\rho_\lambda(r)(-\mathrm{i})^\lambda Y_{\lambda\mu}^*(\theta, \phi)$, 其中 $\delta\rho_\lambda(r)$ 称为 λ 阶径向跃迁密度. 利用 $\delta(\overrightarrow{r} - \overrightarrow{r}_i) = \sum_{\lambda\mu} \frac{\delta(r - r_i)}{rr_i} Y_{\lambda\mu}^*(\widehat{r}) Y_{\lambda\mu}(\widehat{r}_i)$ 及单体算符的公式得到

$$\delta\rho_\lambda(r) = \frac{1}{\sqrt{2\lambda+1}} R_n R_j \sum_{nj} \langle j_n || \mathrm{i}^\lambda Y_\lambda || j_j \rangle [X_{nj}(\lambda) + Y_{nj}(\lambda)]$$

9.4 Thouless 定理

令 $|\Phi\rangle = \prod_{i=1}^A a_i^+ |0\rangle$, 则任意与 $|\Phi\rangle$ 不正交的波函数可以表示为

$$|\Phi_1\rangle = N \exp\left(\sum_{i \leqslant A, m > A} z_{mi} a_m^+ a_i \right) |\Phi\rangle$$

式中,N 是归一化常数.

证明:

A 粒子体系的乘积型态矢的最一般表达式为

$$|\Phi_1\rangle = \prod_{i=1}^{A} d_i^+ |\Phi\rangle, \quad d_i^+ = \sum_{j=1}^{A} A_{ji} a_j^+ + \sum_{m=A+1}^{\infty} A_{mi} a_m^+$$

要求 $d_i^+(i=1,2,\cdots,A)$ 彼此线性无关, 则可得到 $\det(A_{ji}) \neq 0$.

可作线性变换 $c_i^+ = \sum_{j=1}^{A} D_{ji} d_j^+$, 适当选取 D_{ji} 使得

$$c_i^+ = a_i^+ + \sum_{m=A+1}^{\infty} A_{mi} a_m^+$$

则得到

$$\begin{aligned}
|\Phi_1\rangle &= \prod_{i=1}^{A} c_i^+ |\Phi\rangle = \prod_{i=1}^{A} \left(a_i^+ + \sum_{m=A+1}^{\infty} A_{mi} a_m^+ \right) |\Phi\rangle \\
&= \prod_{i=1}^{A} \left(1 + \sum_{m=A+1}^{\infty} A_{mi} a_m^+ a_i \right) a_i^+ |0\rangle = \prod_{i=1}^{A} \exp \left(\sum_{m=A+1}^{\infty} A_{mi} a_m^+ a_i \right) a_i^+ |\Phi\rangle \\
&= \exp \left(\sum_{i=1}^{A} \sum_{m=A+1}^{\infty} A_{mi} a_m^+ a_i \right) |\Phi\rangle
\end{aligned}$$

这里利用了 $A_{mi} a_m^+ a_i$ 和 $A_{mj} a_m^+ a_j$ 可交换, 以及当 $s \geqslant 2$ 时 $(A_{mi} a_m^+ a_i)^s = 0$.

证毕.

RPA 方程可以方便地借助 Thouless 定理导出.

$$|\Phi_1\rangle = N \exp \left(\sum_{i \leqslant A, m > A} z_{mi} a_m^+ a_i \right) |\Phi\rangle$$

取 $|\Phi\rangle$ 为 HF 态,则 $E(\Phi_1) = \dfrac{\langle \Phi_1 | H | \Phi_1 \rangle}{\langle \Phi_1 | \Phi_1 \rangle}$ 是参数 z_{mi}^* 和 z_{mi} 的函数, 将它在 $z = 0$ 展开并保留到参数 z 的二阶可以得到

$$E = E_0 + \frac{1}{2} \begin{pmatrix} z^* & z \end{pmatrix} \begin{pmatrix} A & B \\ B^* & A^* \end{pmatrix} \begin{pmatrix} z \\ z^* \end{pmatrix}$$

$z = 0$ 相应于 HF 态, E_0 是 HF 能. 容易看出 E_0 是极小值的必要条件为矩阵 $\begin{pmatrix} A & B \\ B^* & A^* \end{pmatrix}$ 是正定的. 所以 RPA 描述的是体系在稳定点附近的小振幅简谐振荡.

9.5 线性响应函数理论

假定外场有形式

$$F(t) = F e^{-i\omega t} + F^+ e^{i\omega t}$$

其中

$$F(t) = \sum_{k,\ell} f_{k,\ell} a_k^+ a_\ell$$

定义与时间有关的密度矩阵

$$\rho_{k\ell}(t) = \langle \Phi(t) | a_\ell^+ a_k | \Phi(t) \rangle$$

式中, $|\Phi(t)\rangle$ 是 t 时刻的 Slater 行列式;

$$\Phi(t) = \frac{1}{\sqrt{A!}} \begin{pmatrix} \varphi_1(1) & \varphi_1(2) & \cdots & \varphi_1(A) \\ \varphi_2(1) & \varphi_2(2) & \cdots & \varphi_2(A) \\ \vdots & \vdots & & \vdots \\ \varphi_A(1) & \varphi_A(2) & \cdots & \varphi_A(A) \end{pmatrix}_t$$

其中, φ_i 是 t 时刻的单粒子波函数, 由此可导出与时间有关的 HF 方程:

$$i\hbar \frac{d\rho_{k\ell}(t)}{dt} = [h(\rho) + f(t), \rho] \tag{9.32}$$

令

$$\rho(t) = \rho^{(0)} + \delta\rho(t)$$

式中, $\delta\rho(t) = \rho^{(1)} e^{-i\omega t} + \rho^{(1)*} e^{i\omega t}$ 是一阶小量;

$$\rho_{k\ell}^{(0)} = \delta_{k\ell} \rho_k^{(0)} = \begin{cases} 0 & (\text{粒子}) \\ 1 & (\text{空穴}) \end{cases}$$

$$(h_0)_{k\ell} = (h(\rho^{(0)}))_{k\ell} = \delta_{k\ell} \epsilon_k$$

得到

$$i\hbar \frac{d\delta\rho}{dt} = [h_0, \delta\rho] + \left[\frac{\delta h}{\delta\rho} \delta\rho, \rho^{(0)} \right] + [f, \rho^{(0)}] \tag{9.33}$$

其中

$$\frac{\delta h}{\delta\rho} \delta\rho = \sum_{mi} \left(\frac{\partial h}{\partial \rho_{mi}} \cdot \delta\rho_{mi} + \frac{\partial h}{\partial \rho_{im}} \cdot \delta\rho_{im} \right)$$

方程 (9.33) 可以表示为

$$\left\{ \begin{pmatrix} A & B \\ B^* & A^* \end{pmatrix} - \hbar\omega \begin{pmatrix} 1 & 0 \\ 0 & -1 \end{pmatrix} \right\} \begin{pmatrix} \rho^{(1)\mathrm{ph}} \\ \rho^{(1)\mathrm{hp}} \end{pmatrix} = - \begin{pmatrix} f^{\mathrm{ph}} \\ f^{\mathrm{hp}} \end{pmatrix} \tag{9.34}$$

其中

$$A_{mi,nj} = (\epsilon_m - \epsilon_i)\delta_{mn}\delta_{ij} + \frac{\partial h_{mi}}{\partial \rho_{nj}}$$

$$B_{mi,nj} = \frac{\partial h_{mi}}{\partial \rho_{jn}}$$

$$h_{pq} = \frac{\partial E^{\mathrm{HF}}}{\partial \rho_{qp}}$$

如果令

$$\overline{V}_{psqr} = \frac{\partial h_{pq}}{\partial \rho_{rs}} = \frac{\partial^2 E(\rho)}{\partial \rho_{qp}\partial \rho_{rs}}$$

则这里的矩阵 A、B 严格等于 RPA 方程中的矩阵 A、B.

非齐次方程

$$(S - \hbar\omega U)\rho^{(1)} = f$$

的解可表示为

$$\rho_{k\ell}^{(1)} = \sum_{pq} R_{k\ell pq}(\omega) f_{pq} \tag{9.35}$$

其中, $R_{k\ell pq}(\omega)$ 称为外场 f 的线性响应函数 (下面我们取 $\hbar = 1$).

若已知 RPA 方程的解 Ω^ν, X, Y, 我们有符号

$$K = \begin{pmatrix} X & Y^* \\ Y & X^* \end{pmatrix}, \quad U = \begin{pmatrix} 1 & 0 \\ 0 & -1 \end{pmatrix}, \quad S = \begin{pmatrix} A & B \\ B^* & A^* \end{pmatrix}, \quad \Omega = \begin{pmatrix} \Omega^\nu & 0 \\ 0 & -\Omega^\nu \end{pmatrix}$$

正交性表示为

$$K^+ U K = U$$

完备性表示为

$$K U K^+ = U$$

由此可以得到

$$K^{-1} = U K^+ U$$

由方程

$$S K = U K \Omega$$

有

$$S = UK\Omega UK^+U$$

$$\omega U = UK\omega UK^+U$$

由

$$(S - \omega U)\rho^{(1)} = f$$

得到

$$UK(\Omega - \omega)UK^+U\rho^{(1)} = -f$$

也即

$$UK^+U\rho^{(1)} = (\omega - \Omega)^{-1}UK^+f$$

所以

$$\rho^{(1)} = K(\omega - \Omega)^{-1}UK^+f$$

组态空间中线性响应函数可以表示为

$$R_{pqp'q'} = [K(\omega - \Omega)^{-1}UK^+]_{pqp'q'}$$

$$= \sum_{\nu>0}\left\{\frac{\langle 0|a_q^+a_p|\nu\rangle\langle\nu|a_{p'}^+a_{q'}|\Phi\rangle}{\omega - \Omega_\nu + \mathrm{i}\varepsilon} - \frac{\langle 0|a_{p'}^+a_{q'}|\nu\rangle\langle\nu|a_q^+a_p|\Phi\rangle}{\omega + \Omega_\nu + \mathrm{i}\varepsilon}\right\}$$

定义

$$S_{\mathrm{F}} = \mathrm{tr}\{f^+\rho^{(1)}\} = \sum_{pqp'q'} f_{pq}^* R_{pqp'q'}(\omega)f_{p'q'}$$

利用

$$\frac{1}{\omega + \mathrm{i}\epsilon} = P\left(\frac{1}{\omega}\right) - \mathrm{i}\pi\delta(\omega), \quad R = \mathrm{Re}R + \mathrm{i}\mathrm{Im}R$$

则有

$$\mathrm{Im}R = -\pi\sum_\nu |\langle\nu|F|0\rangle|^2\delta(\omega - \Omega_\nu)$$

引入自由响应函数

$$R_{pqp'q'}^0 = \frac{\rho_q^{(0)} - \rho_p^{(0)}}{\omega - (\epsilon_p - \epsilon_q) + \mathrm{i}\varepsilon}\delta_{pp'}\delta_{qq'} \tag{9.36}$$

则可得线性化的 B-S 方程:

$$R_{pqp'q'} = R_{pqp'q'}^0 + \sum_{p_1q_1p_2q_2} R_{pqp_1q_1}^0 \overline{V}_{p_1q_2q_1p_2} R_{p_2q_2p'q'} \tag{9.37}$$

方程 (9.37) 的解形式上可以表示为

$$R = R_0(1 - R_0V)^{-1} \tag{9.38}$$

9.6　经典谐振子和

假定 F 是与速度无关的单体算符, 如

$$F = \sum_i f_\lambda(r_i) Y_{\lambda\mu}(\hat{r}_i)$$

则能量为权重的和规则为

$$S_{\text{EW}}(F) = \frac{1}{2}\langle\Phi|[F^+, [H, F]]|\Phi\rangle = \sum_n (E_n - E_0)|\langle n|F|\Phi\rangle|^2 \tag{9.39}$$

推导式 (9.39) 时我们利用了关系式

$$\begin{aligned}
\langle\Phi|FF^+|\Phi\rangle &= \sum_n \langle\Phi|F|n\rangle\langle n|F^+|\Phi\rangle \\
&= \sum_n \langle\Phi|F|n\rangle\langle\Phi|F|n\rangle^* = \sum_n |\langle\Phi|F|n\rangle|^2 \\
&= \sum_n |\langle n|F|\Phi\rangle|^2 = \langle\Phi|F^+F|\Phi\rangle
\end{aligned}$$

令体系的哈密顿量为 $H = T + V$, 如果 V 与速度无关, 则 $[V, F] = 0$.

由 $T = -\sum_k \dfrac{\hbar^2}{2M_k}\nabla_k^2$, 则可以得到

$$S_{\text{EW}}(F) = \langle\Phi|\sum_k \frac{\hbar^2}{2M_k}(\vec{\nabla}_k F)^2|\Phi\rangle \tag{9.40}$$

公式推导如下:

对任意函数 Φ 有

$$[\vec{\nabla}, F]\Phi = \vec{\nabla}(F\Phi) - F(\vec{\nabla}\Phi) = (\vec{\nabla}F)\Phi + F(\vec{\nabla}\Phi) - F(\vec{\nabla}\Phi) = (\vec{\nabla}F)\Phi$$

所以有

$$[\vec{\nabla}, F] = (\vec{\nabla}F)$$

由此可以得到

$$[\vec{\nabla}^2, F] = \vec{\nabla}\cdot[\vec{\nabla}, F] + [\vec{\nabla}, F]\cdot\vec{\nabla} = \vec{\nabla}\cdot(\vec{\nabla}F) + (\vec{\nabla}F)\cdot\vec{\nabla}$$

则有

$$\begin{aligned}
[F^+, [\vec{\nabla}^2, F]] &= [F^+, \vec{\nabla}\cdot(\vec{\nabla}F) + (\vec{\nabla}F)\cdot\vec{\nabla}] \\
&= [F^+, \vec{\nabla}]\cdot(\vec{\nabla}F) + \vec{\nabla}\cdot[F^+, (\vec{\nabla}F)] \\
&\quad + [F^+, (\vec{\nabla}F)]\cdot\vec{\nabla} + (\vec{\nabla}F)\cdot[F^+, \vec{\nabla}] \\
&= -2|(\vec{\nabla}F)|^2
\end{aligned}$$

最终得到

$$[F^+, [T, F]] = -2\sum_k \left(-\frac{\hbar^2}{2M_k}\right) |(\vec{\nabla}_k F)|^2$$

所以

$$S_{\mathrm{EW}}(F) = \frac{1}{2}\langle \Phi|[F^+, [H, F]]|\Phi\rangle$$

$$= \langle \Phi|\sum_k \frac{\hbar^2}{2M_k}(\vec{\nabla}_k F) \cdot (\vec{\nabla}_k F)^*|\Phi\rangle$$

借助恒等式

$$\vec{\nabla}(f(r)\mathrm{Y}_{\lambda\mu}) = \left(\frac{\lambda}{2\lambda+1}\right)^{\frac{1}{2}} \left\{(\lambda+1)\frac{f(r)}{r} + \frac{\mathrm{d}f}{\mathrm{d}r}\right\} (\mathrm{Y}_{\lambda-1}\vec{e})_{\lambda\mu}$$

$$+ \left(\frac{\lambda+1}{2\lambda+1}\right)^{\frac{1}{2}} \left\{\lambda\frac{f(r)}{r} - \frac{\mathrm{d}f}{\mathrm{d}r}\right\} (\mathrm{Y}_{\lambda+1}\vec{e})_{\lambda\mu}$$

其中, 矢量球谐函数的定义为

$$(\mathrm{Y}_\ell \vec{e})_{\lambda\mu} = \sum_{m,\nu} C^{\lambda\mu}_{\ell m 1\nu} \mathrm{Y}_{\ell m} \vec{e}_\nu$$

$$\vec{e}_1 = -\frac{1}{\sqrt{2}}(\vec{e}_x + \mathrm{i}\vec{e}_y)$$

$$\vec{e}_0 = \vec{e}_z$$

$$\vec{e}_{-1} = \frac{1}{\sqrt{2}}(\vec{e}_x - \mathrm{i}\vec{e}_y)$$

则有

$$\vec{e}_1^* \cdot \vec{e}_1 = \vec{e}_{-1}^* \cdot \vec{e}_{-1} = 1$$

利用公式

$$\sum_{\mu=-\lambda}^{\lambda} \mathrm{Y}_{\lambda\mu}^* \mathrm{Y}_{\lambda\mu} = \frac{2\lambda+1}{4\pi}$$

$$\sum_{\mu=-\lambda}^{\lambda} (\mathrm{Y}_\ell \vec{e})_{\lambda\mu}^* (\mathrm{Y}_\ell \vec{e})_{\lambda\mu} = \frac{2\lambda+1}{4\pi}$$

可以得到

$$(\vec{\nabla} f(r)\mathrm{Y}_{\lambda\mu}) \cdot (\vec{\nabla} f(r)\mathrm{Y}_{\lambda\mu})^* = \frac{2\lambda+1}{4\pi}\left\{\left(\frac{\mathrm{d}f}{\mathrm{d}r}\right)^2 + \lambda(\lambda+1)\left(\frac{f(r)}{r}\right)^2\right\}$$

所以

$$S_\mathrm{F} = \langle \Phi|\sum_{k=1}^{A} \frac{\hbar^2}{2M_k}\frac{2\lambda+1}{4\pi}\left\{\left(\frac{\mathrm{d}f}{\mathrm{d}r}\right)^2 + \lambda(\lambda+1)\left(\frac{f(r)}{r}\right)^2\right\}_k |\Phi\rangle$$

$$= \frac{\hbar^2}{2M} \frac{2\lambda+1}{4\pi} A \cdot \left\langle \left\{ \left(\frac{\mathrm{d}f}{\mathrm{d}r}\right)^2 + \lambda(\lambda+1)\left(\frac{f(r)}{r}\right)^2 \right\} \right\rangle$$

其中, $\langle \{\} \rangle$ 表示花括号内的物理量对于基态的平均值.

对于 $\lambda \geqslant 2$ 电多极跃迁:

$$F_{\lambda\mu} = \sum_{k=1}^{A} e\left(\left(\frac{1}{2} - t_z\right) r^\lambda Y_{\lambda\mu}\right)_k$$

得到

$$S_{\mathrm{F}}(E\lambda) = \frac{\lambda(2\lambda+1)^2}{4\pi} \frac{\hbar^2}{2M} Ze^2 \langle r^{2\lambda-1}\rangle_{\mathrm{p}}$$

其中, 因子 $\langle\rangle_{\mathrm{p}}$ 表示对于质子密度的平均值, 此表达式通常称为经典谐振子和 $S_{\mathrm{class}}(E\lambda)$.

对于 $\lambda = 1$ 的电偶极跃迁必须考虑质心修正, 跃迁算符为

$$F_{1\mu} = \sum_{k=1}^{A} e\left(\left(\frac{N-Z}{2A} - t_z\right) r Y_{1\mu}\right)_k$$

由此可以得到

$$S_{\mathrm{class}}(E1) = \frac{9}{4\pi} \frac{\hbar^2}{2M} \frac{NZ}{A} e^2 = 14.8 \frac{NZ}{A} e^2 (\mathrm{fm}^2\mathrm{MeV})$$

对于较重的原子核, 实验上观测到的巨偶极共振的能量权重和通常比此经典和大 $10\%\sim20\%$, 如果包含更高的入射光子能量, 实验观测值甚至可以是经典和的两倍, 这表示原子核的相互作用势能包含很强的与速度有关的组分.

对于 $\lambda = 0$ 的电跃迁:

$$F = \sum_{k=1}^{A} e((1 - t_z)r^2)_k$$

直接计算可以得到相应的经典和:

$$S_{\mathrm{class}}(E0) = \sum_n (E_n - E_0)|\langle n|F|\Phi\rangle|^2 = \frac{2\hbar^2}{M} Ze^2 \langle r^2\rangle_{\mathrm{p}}$$

9.7　例　　题

例题 9.1　用分离势的 TDA 方程论证: 同位旋标量模式集体激发态的能量低于所有的粒子-空穴激发能, 同位旋矢量模式集体激发态的能量高于所有的粒子-空穴激发能.

证明 首先讨论中子的粒子-空穴和质子的粒子-空穴的同位旋.

中子-粒子同位旋为 $\left|\dfrac{1}{2},\dfrac{1}{2}\right\rangle$, 中子-空穴同位旋为 $(-1)^{\frac{1}{2}+\frac{1}{2}}\left|\dfrac{1}{2},-\dfrac{1}{2}\right\rangle = -\left|\dfrac{1}{2},-\dfrac{1}{2}\right\rangle$;

质子-粒子同位旋为 $\left|\dfrac{1}{2},-\dfrac{1}{2}\right\rangle$, 质子-空穴同位旋为 $(-1)^{\frac{1}{2}-\frac{1}{2}}\left|\dfrac{1}{2},\dfrac{1}{2}\right\rangle = \left|\dfrac{1}{2},\dfrac{1}{2}\right\rangle$;

粒子-空穴态的同位旋为

$$
\begin{aligned}
|NN^{-1}\rangle &= -\left|\dfrac{1}{2},\dfrac{1}{2}\right\rangle\left|\dfrac{1}{2},-\dfrac{1}{2}\right\rangle = -\sum_{T=0,1} C^{T0}_{\frac{1}{2}\frac{1}{2},\frac{1}{2}-\frac{1}{2}}|T0\rangle \\
&= -\dfrac{1}{\sqrt{2}}(|00\rangle + |10\rangle) \\
|PP^{-1}\rangle &= \left|\dfrac{1}{2},-\dfrac{1}{2}\right\rangle\left|\dfrac{1}{2},\dfrac{1}{2}\right\rangle = \sum_{T=0,1} C^{T0}_{\frac{1}{2}-\frac{1}{2},\frac{1}{2}\frac{1}{2}}|T0\rangle \\
&= -\dfrac{1}{\sqrt{2}}(|00\rangle - |10\rangle)
\end{aligned}
$$

即粒子-空穴激发的同位旋可为 $T=0$ 或 $T=1$:

$$
|00\rangle = -\dfrac{1}{\sqrt{2}}(|NN^{-1}\rangle + |PP^{-1}\rangle)
$$

$$
|10\rangle = -\dfrac{1}{\sqrt{2}}(|NN^{-1}\rangle - |PP^{-1}\rangle)
$$

因为

$$
\langle NN^{-1}|V|NN^{-1}\rangle = \langle PP^{-1}|V|PP^{-1}\rangle = D - E
$$

$$
\langle NN^{-1}|V|PP^{-1}\rangle = D
$$

其中, D 是核子相互作用的直接项, E 是交换项. 由此得到

$$
\langle 00|V|00\rangle = \dfrac{1}{2}\langle NN^{-1} + PP^{-1}|V|NN^{-1} + PP^{-1}\rangle = 2D - E
$$

$$
\langle 10|V|10\rangle = \dfrac{1}{2}\langle NN^{-1} - PP^{-1}|V|NN^{-1} - PP^{-1}\rangle = -E
$$

核力短程性 $D \approx E$, 所以

$$
\langle 00|V|00\rangle = D
$$

$$
\langle 00|V|00\rangle = -D
$$

核子之间相互作用为吸引力, 则有 $D < 0$, 所以对于同位旋标量模式 $\kappa < 0$, 对于同位旋矢量模式 $\kappa > 0$.

例题 9.2　在同位旋空间计算位势 $V = a + b\vec{\tau}_1 \cdot \vec{\tau}_2$ 的粒子–空穴道矩阵元:

$$\left\langle \left(\frac{1}{2}\frac{1}{2}^{-1} \right) T |V| \left(\frac{1}{2}\frac{1}{2}^{-1} \right) T \right\rangle$$

解

$$V = a\tau_{0,\mu}^{+}\tau_{0,\mu} + b\tau_{1,\mu}^{+}\tau_{1,\mu}$$

其中, $\tau_{0,\mu} = 1; \tau_{1,1} = -\dfrac{1}{\sqrt{2}}(\sigma_x + \mathrm{i}\sigma_y)$.

$$\left| \left(\frac{1}{2}\left(\frac{1}{2}\right)^{-1} \right) T\mu \right\rangle$$

$$= \sum_{m_p,m_h} C_{\frac{1}{2}m_p\frac{1}{2}m_h}^{T\mu} (-1)^{\frac{1}{2}+m_h} \chi_{m_p} \chi_{-m_h}^{+} (-1)^{\frac{1}{2}+m_{s_h}} \chi_{\frac{1}{2}-m_{s_h}}^{+} \tau_{T\mu}^{+} \chi_{\frac{1}{2}m_{s_p}}$$

$$= \sqrt{2} C_{\frac{1}{2}m_{s_p}\frac{1}{2}m_{s_h}}^{T\mu} \tag{9.41}$$

式 (9.41) 证明:

$$(-1)^{\frac{1}{2}+m_{s_h}} \chi_{\frac{1}{2}-m_{s_h}}^{+} \tau_{T\mu}^{+} \chi_{\frac{1}{2}m_{s_p}} = (-1)^{\frac{1}{2}+m_{s_h}} \left\langle \frac{1}{2} - m_{s_h} |(-1)^{\mu}\tau_{T-\mu}| \frac{1}{2}m_{s_p} \right\rangle$$

$$= (-1)^{\frac{1}{2}+m_{s_h}+\mu} \frac{1}{\sqrt{2}} C_{\frac{1}{2}m_{s_p}T-\mu}^{\frac{1}{2}-m_{s_h}} \left\langle \frac{1}{2} ||\tau_T|| \frac{1}{2} \right\rangle$$

$$= (-1)^{\frac{1}{2}+m_{s_h}+\mu+\frac{1}{2}-m_{s_p}} \frac{1}{\sqrt{2T+1}} C_{\frac{1}{2}m_{s_p}\frac{1}{2}m_{s_h}}^{T\mu} \left\langle \frac{1}{2} ||\tau_T|| \frac{1}{2} \right\rangle$$

$$= \frac{1}{\sqrt{2T+1}} C_{\frac{1}{2}m_{s_p}\frac{1}{2}m_{s_h}}^{T\mu} \left\langle \frac{1}{2} ||\tau_T|| \frac{1}{2} \right\rangle$$

$$= \frac{1}{\sqrt{2T+1}} C_{\frac{1}{2}m_{s_p}\frac{1}{2}m_{s_h}}^{T\mu} \sqrt{2(2T+1)} = \sqrt{2} C_{\frac{1}{2}m_{s_p}\frac{1}{2}m_{s_h}}^{T\mu}$$

有

$$\left\langle 0|\tau_{T'\mu}| \left(\frac{1}{2}\left(\frac{1}{2}\right)^{-1} \right) T\mu \right\rangle = \sqrt{2} \sum_{m_p,m_h} C_{\frac{1}{2}m_p\frac{1}{2}m_h}^{T\mu} C_{\frac{1}{2}m_{s_p}\frac{1}{2}m_{s_h}}^{T\mu} C_{\frac{1}{2}m_{s_p}\frac{1}{2}m_{s_h}}^{T'\mu} = \sqrt{2}\delta_{TT'}$$

$$\left\langle \left(\frac{1}{2}\left(\frac{1}{2}\right)^{-1} \right) T\mu |\tau_{T'\mu}^{+}| 0 \right\rangle = \sqrt{2}\delta_{TT'}$$

所以

$$\left\langle \left(\frac{1}{2}\frac{1}{2}^{-1} \right) T |a + b\vec{\tau}_1 \cdot \vec{\tau}_2| \left(\frac{1}{2}\frac{1}{2}^{-1} \right) T \right\rangle = 2a\delta_{T,0} + 2b\delta_{T,1}$$

第10章 Skyrme 相互作用的密度泛函理论

密度泛函理论可以对量子体系的基态和激发态作统一自洽描述. 能量密度泛函的形式可以由粒子间给定的相互作用导出, 也可以根据一般原理直接构造出来. 本章讨论基于 Skyrme 相互作用的非相对论密度泛函理论.

10.1 Skyrme 相互作用的 HF 方程

Skyrme 相互作用包含中心势、二体自旋–轨道耦合势和张量势三部分. 中心势取为

$$
\begin{aligned}
V_{\mathrm{sky}}^{\mathrm{c}} = {} & t_0(1+x_0 P_\sigma)\delta(\vec{r}_1 - \vec{r}_2) + \frac{1}{2}t_1(1+x_1 P_\sigma)(\vec{k'}^2\delta + \delta\vec{k}^2) \\
& + t_2(1+x_2 P_\sigma)\vec{k'}\cdot\delta\vec{k} + \frac{1}{6}t_3(1+x_3 P_\sigma)\rho^\alpha\delta(\vec{r}_1 - \vec{r}_2)
\end{aligned}
\tag{10.1}
$$

二体自旋–轨道耦合势取为

$$
V_{\mathrm{sky}}^{\mathrm{ls}} = \mathrm{i}W_0(\vec{\sigma}_1 + \vec{\sigma}_2)\vec{k'}\delta(\vec{r}_1 - \vec{r}_2)\times\vec{k}
\tag{10.2}
$$

张量项有形式

$$
\begin{aligned}
V_{\mathrm{sky}}^{\mathrm{t}} = {} & \frac{T}{2}\{\delta(\vec{r}_1 - \vec{r}_2)[(\vec{\sigma}_1\cdot\vec{k})(\vec{\sigma}_2\cdot\vec{k}) - \frac{1}{3}\vec{\sigma}_1\cdot\vec{\sigma}_2\vec{k}^2] \\
& + [(\vec{\sigma}_1\cdot\vec{k'})(\vec{\sigma}_2\cdot\vec{k'}) - \frac{1}{3}\vec{\sigma}_1\cdot\vec{\sigma}_2\vec{k'}^2]\delta(\vec{r}_1 - \vec{r}_2)\} \\
& \times\frac{U}{2}\{(\vec{\sigma}_1\cdot\vec{k'})\delta(\vec{r}_1 - \vec{r}_2)(\vec{\sigma}_2\cdot\vec{k}) \\
& + (\vec{\sigma}_2\cdot\vec{k'})\delta(\vec{r}_1 - \vec{r}_2)(\vec{\sigma}_1\cdot\vec{k}) \\
& - \frac{2}{3}\vec{\sigma}_1\cdot\vec{\sigma}_2\vec{k'}\cdot\delta(\vec{r}_1 - \vec{r}_2)\vec{k}\}
\end{aligned}
\tag{10.3}
$$

式中

$$
\vec{k} = \frac{1}{2\mathrm{i}}(\vec{\nabla}_1 - \vec{\nabla}_2)
$$

表示向右作用;

$$
\vec{k'} = -\frac{1}{2\mathrm{i}}(\overleftarrow{\nabla}_1 - \overleftarrow{\nabla}_2) = -\frac{1}{2\mathrm{i}}(\vec{\nabla}'_1 - \vec{\nabla}'_2)
$$

表示向左作用;

　　$P_\sigma = \dfrac{1}{2}(1 + \vec{r_1} \cdot \vec{r_2})$ 是自旋交换算符; $P_\tau = \dfrac{1}{2}(1 + \vec{r_1} \cdot \vec{r_2})$ 是同位旋交换算符; P_r 表示空间交换算符.

10.1.1　能量密度泛函

　　假定体系的哈密顿量为

$$H = \sum_{\alpha=1}^{A} T_\alpha + \frac{1}{2} \sum_{\alpha\beta} V_{\alpha\beta}$$

试探波函数取形式

$$\Phi = \frac{1}{\sqrt{A!}} \begin{pmatrix} \phi_1(1) & \phi_1(2) & \cdots & \phi_1(A) \\ \phi_2(1) & \phi_2(2) & \cdots & \phi_2(A) \\ \vdots & \vdots & & \vdots \\ \phi_A(1) & \phi_A(2) & \cdots & \phi_A(A) \end{pmatrix}$$

式中, $\phi_i(\alpha)$ 是单粒子波函数, i 是态标号, α 是粒子的标号. $\alpha \equiv \vec{r}, \sigma, q$ 分别代表粒子的空间坐标, 自旋和同位旋. $\sigma = \pm\dfrac{1}{2}$, $q = \dfrac{1}{2}$ 代表中子, $q = -\dfrac{1}{2}$ 代表质子. 体系的能量为

$$\begin{aligned} E(\Phi) &= \langle \Phi | H | \Phi \rangle \\ &= \left\langle \Phi \left| \sum_\alpha T_\alpha \right| \Phi \right\rangle + \left\langle \Phi \left| \frac{1}{2} \sum_{\alpha,\beta} V(\alpha,\beta) \right| \Phi \right\rangle \\ &= \sum_i \langle \phi_i |T_i| \phi_i \rangle + \frac{1}{2} \sum_{i,j} \langle \phi_i(1)\phi_j(2) |V(1,2)| \phi_i(1)\phi_j(2) - \phi_i(2)\phi_j(1) \rangle \\ &= \sum_i \langle \phi_i |T_i| \phi_i \rangle + \frac{1}{2} \sum_{i,j} \langle \phi_i(1)\phi_j(2) |V(1,2)(1 - P_r P_\sigma P_\tau)| \phi_i(1)\phi_j(2) \rangle \\ &= \int h(\vec{r})\mathrm{d}\vec{r} \end{aligned}$$

容易看出 $E(\Phi)$ 是单粒子波函数的泛函.

　　定义

$$\rho_q = \sum_{i,\sigma} \left| \phi_i(\vec{r},\sigma,q) \right|^2$$

$$\tau_q = \sum_{i,\sigma} \left| \vec{\nabla} \phi_i(\vec{r},\sigma,q) \right|^2$$

$$\rho_s = \sum_{i,q} \phi_i^*(\overrightarrow{r}, \sigma, q)\sigma_z \phi_i(\overrightarrow{r}, \sigma, q)$$

$$\overrightarrow{j}_q = (-\mathrm{i}) \sum_{i,\sigma,\sigma'} \phi_i^*(\overrightarrow{r}, \sigma, q)\overrightarrow{\nabla}\phi_i(\overrightarrow{r}, \sigma', q) \times \langle\sigma|\overrightarrow{\sigma}|\sigma'\rangle$$

单粒子态 $\phi_i(\overrightarrow{r}, \sigma, q)$ 的时间反演态可以表示为

$$\phi_{\tilde{i}}(\overrightarrow{r}, \sigma, q) = -\mathrm{i}\sum_{\sigma'}\langle\sigma|\sigma_y|\sigma'\rangle\phi_i^*(\overrightarrow{r}, \sigma', q)$$

$$= -2\sigma\phi_i^*(\overrightarrow{r}, -\sigma, q)$$

如果一个态和它的时间反演态同时都被占据, 即体系在时间反演变换下不变, 则有

$$\sum_i \phi_i^*(\overrightarrow{r}, \sigma_1, q)\phi_i(\overrightarrow{r}, \sigma_2, q) = \frac{1}{2}\sum_i[\phi_i^*(\overrightarrow{r}, \sigma_1, q)\phi_i(\overrightarrow{r}, \sigma_2, q)$$
$$+4\sigma_1\sigma_2\phi_i(\overrightarrow{r}, -\sigma_1, q)\phi_i^*(\overrightarrow{r}, -\sigma_2, q)]$$

当 $\sigma_1 = -\sigma_2 = \sigma$ 时, 则有

$$\sum_i \phi_i^*(\overrightarrow{r}, \sigma, q)\phi_i(\overrightarrow{r}, -\sigma, q)$$
$$= \frac{1}{2}\sum_i[\phi_i^*(\overrightarrow{r}, \sigma, q)\phi_i(\overrightarrow{r}, -\sigma, q) - 4\sigma^2\phi_i(\overrightarrow{r}, -\sigma, q)\phi_i^*(\overrightarrow{r}, \sigma, q)] = 0$$

当 $\sigma_1 = \sigma_2$ 时, 可以得到

$$\sum_i \phi_i^*(\overrightarrow{r}, \sigma, q)\phi_i(\overrightarrow{r}, \sigma, q) = \frac{1}{2}\rho_q$$

所以

$$\sum_i \phi_i^*(\overrightarrow{r}, \sigma_1, q)\phi_i(\overrightarrow{r}, \sigma_2, q) = \frac{1}{2}\delta_{\sigma_1\sigma_2}\rho_q \tag{10.4}$$

$$\sum_i \phi_i^*(\overrightarrow{r})\overrightarrow{\nabla}\phi_i(\overrightarrow{r}) = \frac{1}{2}\sum_{i,\sigma,q}[\phi_i^*(\overrightarrow{r}, \sigma_1, q)\overrightarrow{\nabla}\phi_i(\overrightarrow{r}, \sigma_2, q)$$
$$+\phi_i(\overrightarrow{r}, -\sigma_1, q)\overrightarrow{\nabla}\phi_i^*(\overrightarrow{r}, -\sigma_2, q)]$$
$$= \frac{1}{2}\overrightarrow{\nabla}\rho \tag{10.5}$$

$$\sum_i \phi_i^*(\overrightarrow{r})\overrightarrow{\nabla}^2\phi_i(\overrightarrow{r}) = \frac{1}{2}\overrightarrow{\nabla}^2\rho - \tau \tag{10.6}$$

因为 Pauli 矩阵的迹为零, 所以有

$$\sum_{i,\sigma_1,\sigma_2} \phi_i^*(\overrightarrow{r}, \sigma_1, q)\langle\sigma_1|\overrightarrow{\sigma}|\sigma_2\rangle\phi_i(\overrightarrow{r}, \sigma_2, q) = 0 \tag{10.7}$$

因为不考虑同位旋混杂, 所以同位旋因子为 $P_\tau = \delta_{q_1 q_2}$.

下面逐项导出 V_{sky}^c 对于能量密度泛函的贡献.

(1) t_0, x_0 项, 这时应取 $P_r = 1$.

$$
\begin{aligned}
t_0(1 + x_0 P_\sigma)(1 - P_r P_\sigma P_\tau) &= t_0(1 - P_\sigma \delta_{q_1 q_2}) + t_0 x_0 (P_\sigma - \delta_{q_1 q_2}) \\
&= t_0 \left(1 + \frac{1}{2} x_0 \right) - t_0 \left(\frac{1}{2} + x_0 \right) \delta_{q_1 q_2} \\
&\quad - \frac{1}{2} t_0 \vec{\sigma}_1 \cdot \vec{\sigma}_2 \delta_{q_1 q_2} + \frac{1}{2} t_0 x_0 \vec{\sigma}_1 \cdot \vec{\sigma}_2
\end{aligned}
$$

因为与 $\vec{\sigma}$ 有关的项无贡献, 所以

$$
\begin{aligned}
&\frac{1}{2} \sum_{i,j} \langle ij | t_0 (1 + x_0 P_\sigma)(1 - P_r P_\sigma P_\tau) | ij \rangle \\
&= \frac{1}{2} t_0 \left(1 + \frac{1}{2} x_0 \right) \rho^2 - \frac{1}{2} t_0 \left(\frac{1}{2} + x_0 \right) (\rho_n^2 + \rho_p^2)
\end{aligned}
$$

(2) t_1, x_1 项, 这时有 $P_r = 1, P_\tau = \delta_{q_1 q_2}$.

$$
\frac{1}{2} \sum_{i,j} \left\langle ij \Big| \frac{1}{2} t_1 (1 + x_1 P_\sigma)(\delta \vec{k}^2 + \vec{k'}^2 \delta)(1 - P_\sigma \delta_{q_1 q_2}) \Big| ij \right\rangle
$$

因为

$$
\begin{aligned}
&\frac{1}{2} \frac{1}{2} t_1 (1 + x_1 P_\sigma)(1 - P_\sigma \delta_{q_1 q_2}) \\
&= \frac{1}{4} t_1 \Big[\left(1 + \frac{1}{2} x_1 \right) - \left(\frac{1}{2} + x_1 \right) \delta_{q_1 q_2} + \frac{1}{2} (x_1 - \delta_{q_1 q_2}) \vec{\sigma}_1 \cdot \vec{\sigma}_2 \Big] \\
&= (a) + (b) + (c)
\end{aligned}
$$

所以

$$
\begin{aligned}
(a) =& \frac{1}{4} t_1 \Big[\left(1 + \frac{1}{2} x_1 \right) \int \mathrm{d}\vec{r}_1 \int \mathrm{d}\vec{r}_2 \int \mathrm{d}\vec{r} \\
&\times \sum_{i,j} \Big\langle ij \Big| \delta(\vec{r} - \vec{r}_1) \delta(\vec{r} - \vec{r}_2) \\
&\times \left(-\frac{\overrightarrow{\nabla}_1^2 - 2\overrightarrow{\nabla}_1 \cdot \overrightarrow{\nabla}_2 + \overrightarrow{\nabla}_2^2}{4} - \frac{\overleftarrow{\nabla}_1^2 + \overleftarrow{\nabla}_2^2 - 2\overleftarrow{\nabla}_1 \cdot \overleftarrow{\nabla}_2}{4} \right) \Big| ij \Big\rangle \\
=& \frac{1}{4} t_1 \Big[\left(1 + \frac{1}{2} x_1 \right) \\
&\times \int \mathrm{d}\vec{r} \Big[-\frac{1}{2} \Big(\sum_i \phi_i^* \overrightarrow{\nabla}^2 \phi_i \Big) \rho \\
&+ \frac{1}{2} \Big(\sum_i \phi_i^* \overrightarrow{\nabla} \phi_i \Big)^2 - \frac{1}{2} \Big(\sum_i \phi_i \overrightarrow{\nabla}^2 \phi_i^* \Big) \rho + \frac{1}{2} \Big(\sum_i \phi_i \overrightarrow{\nabla} \phi_i^* \Big)^2 \Big]
\end{aligned}
$$

借助式 (10.5) 和式 (10.6) 得到

$$(a) = \int d\vec{r}\, \frac{1}{16} t_1 \left(1 + \frac{1}{2} x_1\right)(4\tau\rho - 3\rho\nabla^2\rho)$$

$$(b) = -\int d\vec{r}\, \frac{1}{16} t_1 \left(\frac{1}{2} + x_1\right) \sum_{q=\mathrm{p,n}} (3\rho_q\nabla^2\rho_q - 4\tau_q\rho_q)$$

下面讨论与 $\vec{\sigma}_1 \cdot \vec{\sigma}_2$ 有关的 (c) 项的贡献. 因为

$$\int d\vec{r}_1 \int d\vec{r}_2 \int d\vec{r}$$
$$\times \sum_{i,j} \left\langle ij \left| \delta(\vec{r} - \vec{r}_1)\delta(\vec{r} - \vec{r}_2) \right. \right.$$
$$\left. \left(-\frac{\overrightarrow{\nabla}_1^2 - 2\overrightarrow{\nabla}_1 \cdot \overrightarrow{\nabla}_2 + \overrightarrow{\nabla}_2^2}{4} - \frac{\overleftarrow{\nabla}_1^2 + \overleftarrow{\nabla}_2^2 - 2\overleftarrow{\nabla}_1 \cdot \overleftarrow{\nabla}_2}{4} \right) (\sigma_1 \cdot \sigma_2) \right| ij \right\rangle$$
$$= \int d\vec{r} \sum_{i,j} \langle ij | \delta(\vec{r} - \vec{r}_1)\delta(\vec{r} - \vec{r}_2)[(\overrightarrow{\nabla}_1 \cdot \overrightarrow{\nabla}_2)(\sigma_1 \cdot \sigma_2)] | ij \rangle$$

能够证明, 标量算符 $(\overrightarrow{\nabla}_1 \cdot \overrightarrow{\nabla}_2)(\sigma_1 \cdot \sigma_2)$ 可以表示为球张量耦合的形式 (见例题 10.1)

$$(\overrightarrow{\nabla}_1 \cdot \overrightarrow{\nabla}_2)(\vec{\sigma}_1 \cdot \vec{\sigma}_2) = \frac{1}{3}(\overrightarrow{\nabla}_1 \cdot \vec{\sigma}_1)(\overrightarrow{\nabla}_2 \cdot \vec{\sigma}_2)$$
$$+ \frac{1}{2}(\overrightarrow{\nabla}_1 \times \vec{\sigma}_1) \cdot (\overrightarrow{\nabla}_2 \times \vec{\sigma}_2)$$
$$+ (\overrightarrow{\nabla}_1 \times \vec{\sigma}_1)^{(2)} \cdot (\overrightarrow{\nabla}_2 \times \vec{\sigma}_2)^{(2)} \tag{10.8}$$

或者也可等价地表示为直角坐标系下粒子 1 与粒子 2 的二阶自旋流张量算符 $\widehat{j}_{\alpha\beta} = \nabla_\alpha\sigma_\beta$ 相耦合成的形式:

$$(\overrightarrow{\nabla}_1 \cdot \overrightarrow{\nabla}_2)(\vec{\sigma}_1 \cdot \vec{\sigma}_2) = \sum_{\alpha\beta} \widehat{j}_{\alpha\beta}(1)\widehat{j}_{\alpha\beta}(2) \tag{10.9}$$

式中, $\alpha, \beta = 1, 2, 3$.

因为 $\widehat{j}_{\alpha\beta}$ 是一个二阶张量, 可以将它分解为一个标量、一个反对称张量 (即矢量) 和一个无迹的对称张量:

$$\widehat{j}_{\alpha\beta} = \frac{1}{3}\delta_{\alpha\beta}\widehat{j}^{(0)} + \frac{1}{2}\epsilon_{\alpha\beta\gamma}\widehat{j}_\gamma^{(1)} + \widehat{j}_{\alpha\beta}^{(2)} \tag{10.10}$$

式中

$$\widehat{j}^{(0)} = \sum_\kappa \widehat{j}_{\kappa\kappa}, \quad \widehat{j}_\kappa^{(1)} = \epsilon_{\kappa\alpha\beta}\widehat{j}_{\alpha\beta}, \quad \widehat{j}_{\alpha\beta}^{(2)} = \frac{1}{2}[\widehat{j}_{\alpha\beta} + \widehat{j}_{\beta\alpha}] - \frac{1}{3}\delta_{\alpha\beta}\sum_\kappa \widehat{j}_{\kappa\kappa}$$

在例题 10.2, 我们在假定体系除时间反演不变外还具有轴对称性的情况下, 采用柱坐标系详细计算了张量算符的九个分量, 结果表明标量项 $\widehat{j}^{(0)}$ 仍然为零 (实际上更普遍的条件是只要无奇宇称形变及时间反演不变), 并进而论证了若体系具有球对称性, 则对称张量项 $\widehat{j}^{(2)}_{\alpha\beta}$ 的各个分量都为零, 只剩下矢量项中沿粒子空间坐标方向 $\widehat{e}_r$ 的一个分量. 利用公式

$$\frac{1}{2}\epsilon_{\alpha\beta\gamma}\widehat{j}^{(1)}_\gamma(1)\frac{1}{2}\epsilon_{\alpha\beta\gamma}\widehat{j}^{(1)}_\gamma(2) = \frac{1}{2}(\vec{\nabla}_1 \times \vec{\sigma}_1) \cdot (\vec{\nabla}_2 \times \vec{\sigma}_2)$$

容易得到 (c) 项 $\frac{1}{8}t_1(x_1 - \delta_{q_1 q_2})\vec{\sigma}_1 \cdot \vec{\sigma}_2$ 的贡献为

$$\int \mathrm{d}\vec{r}\,\frac{1}{16}t_1[-x_1\vec{j}^2 + \vec{j}^2_\mathrm{n} + \vec{j}^2_\mathrm{p}]$$

(3)t_2, x_2 项, 这时 $P_r = -1$.

$$\begin{aligned}
t_2(1 + x_2 P_\sigma)(1 - P_r P_\sigma P_\tau) &= t_2(1 + x_2 P_\sigma)(1 + P_\sigma \delta_{q_1 q_2})\\
&= t_2\Big[\Big(1 + \frac{1}{2}x_2\Big) + \Big(\frac{1}{2} + x_2\Big)\delta_{q_1 q_2}\\
&\quad + \frac{1}{2}(x_2 + \delta_{q_1 q_2})\vec{\sigma}_1 \cdot \vec{\sigma}_2\Big] = \text{(a)} + \text{(b)}
\end{aligned}$$

式中, (a) 项与自旋无关; (b) 项与自旋相关. 考虑到此项对于粒子 1 和粒子 2 的对称性, 在计算能量密度泛函时可将

$$\vec{k}'\delta\vec{k} = \frac{1}{4}(\vec{\nabla}'_1 - \vec{\nabla}'_2)\delta(\vec{\nabla}_1 - \vec{\nabla}_2)$$

代替为

$$\frac{1}{2}(\vec{\nabla}'_1)\delta\vec{\nabla}_1 - \vec{\nabla}'_2\delta\vec{\nabla}_1)$$

对第二项实施分部积分 $(\vec{\nabla}'_2 = -(\vec{\nabla}'_1 + \vec{\nabla}_1 + \vec{\nabla}_2))$ 则有

$$\frac{1}{2}[2\vec{\nabla}'_1\delta\vec{\nabla}_1 + \delta(\vec{\nabla}^2_1 + \vec{\nabla}_1 \cdot \vec{\nabla}_2)]$$

$$\text{(a)} = \frac{1}{4}\int \mathrm{d}\vec{r}\sum_{ij}\langle ij\big|[2\vec{\nabla}'_1\delta\vec{\nabla}_1 + \delta(\vec{\nabla}^2_1 + \vec{\nabla}_1 \cdot \vec{\nabla}_2)]$$

$$\times \Big[t_2\Big(1 + \frac{1}{2}x_2\Big) + t_2\Big(\frac{1}{2} + x_2\Big)\delta_{q_1 q_2}\Big]\big|ij\rangle$$

$$= \int \mathrm{d}\vec{r}\,\frac{t_2}{16}\Big[\Big(1 + \frac{1}{2}x_2\Big)(4\rho\tau + \rho\nabla^2\rho)$$

$$+ \Big(\frac{1}{2} + x_2\Big)(4\rho_\mathrm{n}\tau_\mathrm{n} + \rho_\mathrm{n}\nabla^2\rho_\mathrm{n} + 4\rho_\mathrm{p}\tau_\mathrm{p} + \rho_\mathrm{p}\nabla^2\rho_\mathrm{p})\Big]$$

$$
\begin{aligned}
(b) &= \frac{1}{4}\int \mathrm{d}\vec{r}\sum_{ij}\left\langle ij\left|[\vec{\nabla}_1\cdot\vec{\nabla}_2]\left[\frac{t_2}{2}(x_2+\delta_{q_1q_2})\vec{\sigma}_1\cdot\vec{\sigma}_2\right]\right|ij\right\rangle \\
&= \frac{t_2}{8}\int \mathrm{d}\vec{r}\sum_{ij}\langle ij|(\vec{\nabla}_1\cdot\vec{\nabla}_2)(\vec{\sigma}_1\cdot\vec{\sigma}_2)(x_2+\delta_{q_1q_2})|ij\rangle \\
&= \frac{t_2}{16}\sum_{ij}\langle ij|(\vec{\nabla}_1\times\vec{\sigma}_1)\cdot(\vec{\nabla}_2\times\vec{\sigma}_2)(x_2+\delta_{q_1q_2})|ij\rangle \\
&= \int \mathrm{d}\vec{r}\frac{t_2}{16}[-x_2\vec{j}^{\,2}-\vec{j}_{\mathrm{n}}^{\,2}-\vec{j}_{\mathrm{p}}^{\,2}]
\end{aligned}
$$

(4)W_0 项, 这时 $P_r=-1, P_\sigma=1, P_\tau=\delta_{q_1q_2}$.

$$
\begin{aligned}
V^{\mathrm{ls}} &= \mathrm{i}W_0\frac{1}{4}(\vec{\sigma}_1+\vec{\sigma}_2)(\vec{\nabla}_1'-\vec{\nabla}_2')\delta(\vec{r}_1-\vec{r}_2)\times(\vec{\nabla}_1-\vec{\nabla}_2) \\
E_{\mathrm{so}} &= \frac{1}{2}\sum_{ij}\langle ij|V^{\mathrm{ls}}(1-P_rP_\sigma P_\tau)|ij\rangle \\
&= \frac{1}{2}\sum_{ij}\langle ij|V^{\mathrm{ls}}|ij\rangle(1+\delta_{q_iq_j})
\end{aligned}
$$

V^{ls} 共可分成八项, 考虑 E_{so} 的表达式中对两粒子交换的对称性, 可以只计算四项再乘 2.

$$
V^{\mathrm{ls}} = \frac{1}{2}\mathrm{i}W_0[(\vec{\nabla}_1'\times\vec{\nabla}_1)\cdot\vec{\sigma}_2+\vec{\nabla}_1'\cdot(\vec{\nabla}_1\times\vec{\sigma}_1)-(\vec{\nabla}_1'\times\vec{\nabla}_2)\cdot\vec{\sigma}_1-\vec{\nabla}_2'\cdot(\vec{\nabla}_1\times\vec{\sigma}_1)]
$$

第一项没有贡献, 对第三项 $-(\vec{\nabla}_1'\times\vec{\nabla}_2)\cdot\vec{\sigma}_1$ 实施分部积分给出

$$
(\vec{\nabla}_2'\times\vec{\nabla}_2)\cdot\vec{\sigma}_1+(\vec{\nabla}_1\times\vec{\nabla}_2)\cdot\vec{\sigma}_1+(\vec{\nabla}_2\times\vec{\nabla}_2)\cdot\vec{\sigma}_1
$$

容易看出只有第二项给出贡献并且可以表示为 $-\vec{\nabla}_2\cdot(\vec{\nabla}_1\times\vec{\sigma}_1)$.

由体系的时间反演不变性可知 $-\vec{\nabla}_2'\cdot(\vec{\nabla}_1\times\vec{\sigma}_1)$ 与 $-\vec{\nabla}_2\cdot(\vec{\nabla}_1\times\vec{\sigma}_1)$ 的贡献相等. 对 $\vec{\nabla}_1'\cdot(\vec{\nabla}_1\times\vec{\sigma}_1)$ 项实施类似的讨论可得, 此项可用 $-2\vec{\nabla}_2\cdot(\vec{\nabla}_1\times\vec{\sigma}_1)$ 代替. 所以 V^{ls} 最终约化为

$$
\begin{aligned}
V^{\mathrm{ls}} &= -2\mathrm{i}W_0\vec{\nabla}_2\cdot(\vec{\nabla}_1\times\vec{\sigma}_1) \\
E_{\mathrm{so}} &= -\mathrm{i}W_0\sum_{ij}\int \mathrm{d}\vec{r}[\phi_i^*(\vec{\nabla}_1\times\vec{\sigma}_1)\phi_i]\cdot\phi_j^*\vec{\nabla}\phi_j(1+\delta_{q_iq_j}) \\
&= \frac{1}{2}W_0\int \mathrm{d}\vec{r}[\vec{\nabla}\rho\cdot\vec{j}+\vec{\nabla}\rho_{\mathrm{n}}\cdot\vec{j}_{\mathrm{n}}+\vec{\nabla}\rho_{\mathrm{p}}\cdot\vec{j}_{\mathrm{p}}]
\end{aligned}
$$

实施分部积分二体自旋–轨道耦合相互作用给出

$$
E_{\mathrm{so}} = -\frac{1}{2}W_0\int \mathrm{d}\vec{r}[\rho\vec{\nabla}\cdot\vec{j}+\rho_{\mathrm{n}}\vec{\nabla}\cdot\vec{j}_{\mathrm{n}}+\rho_{\mathrm{p}}\vec{\nabla}\cdot\vec{j}_{\mathrm{p}}]
$$

最终得到 $V_{\text{sky}}^{\text{c}} + V_{\text{sky}}^{\text{ls}}$ 给出的能量密度泛函

$$
\begin{aligned}
h^1(\overrightarrow{r}) =\ & \frac{\hbar^2}{2m}\tau + \frac{t_0}{2}\left[\left(1+\frac{x_0}{2}\right)\rho^2 - \left(x_0+\frac{1}{2}\right)(\rho_{\text{n}}^2+\rho_{\text{p}}^2)\right] \\
& + \frac{1}{16}t_1\Big[\left(1+\frac{1}{2}x_1\right)(4\tau\rho - 3\rho\nabla^2\rho) \\
& + \left(\frac{1}{2}+x_1\right)\sum_{q=p,n}(3\rho_q\nabla^2\rho_q - 4\tau_q\rho_q) - x_1\overrightarrow{j}^{\,2} + \overrightarrow{j}_{\text{n}}^{\,2} + \overrightarrow{j}_{\text{p}}^{\,2}\Big] \\
& + \frac{1}{16}t_2\Big[\left(1+\frac{1}{2}x_2\right)(4\rho\tau + \rho\nabla^2\rho) + \left(\frac{1}{2}+x_2\right)\sum_{q=p,n}(4\rho_q\tau_q \\
& + \rho_q\nabla^2\rho_q) - x_2\overrightarrow{j}^{\,2} - \overrightarrow{j}_{\text{n}}^{\,2} - \overrightarrow{j}_{\text{p}}^{\,2}\Big] \\
& + \frac{1}{16}t_3\rho^\alpha\left[\rho^2 - \frac{1}{3}(1+2x_3)\rho_t^2\right] \\
& - \frac{1}{2}W_0(\rho\overrightarrow{\nabla}\cdot\overrightarrow{j} + \rho_{\text{n}}\overrightarrow{\nabla}\cdot\overrightarrow{j}_{\text{n}} + \rho_{\text{p}}\overrightarrow{\nabla}\cdot\overrightarrow{j}_{\text{p}})
\end{aligned}
\tag{10.11}
$$

张量项的贡献推导如下:

$$
P_r = P_\sigma = 1, \quad P_\tau = \delta_{q_1 q_2}
$$
$$
\begin{aligned}
(1) =\ & \frac{T}{4}\delta(\overrightarrow{r}_1 - \overrightarrow{r}_2)[(\overrightarrow{\sigma}_1\cdot\overrightarrow{k})(\overrightarrow{\sigma}_2\cdot\overrightarrow{k}) - \frac{1}{3}\overrightarrow{\sigma}_1\cdot\overrightarrow{\sigma}_2\overrightarrow{k}^2](1 - P_r P_\sigma P_\tau) \\
=\ & -\frac{T}{16}\delta(\overrightarrow{r}_1 - \overrightarrow{r}_2)[2(\overrightarrow{\sigma}_1\cdot\overrightarrow{\nabla}_1)(\overrightarrow{\sigma}_2\cdot\overrightarrow{\nabla}_1) - (\overrightarrow{\sigma}_1\cdot\overrightarrow{\nabla}_1)(\overrightarrow{\sigma}_2\cdot\overrightarrow{\nabla}_2) \\
& - (\overrightarrow{\sigma}_2\cdot\overrightarrow{\nabla}_1)(\overrightarrow{\sigma}_1\cdot\overrightarrow{\nabla}_2) - \frac{2}{3}\overrightarrow{\sigma}_1\cdot\overrightarrow{\sigma}_2(\overrightarrow{\nabla}_1^2 - \overrightarrow{\nabla}_1\cdot\overrightarrow{\nabla}_2)](1 - \delta_{q_1 q_2}) \\
=\ & \frac{T}{16}\delta(\overrightarrow{r}_1 - \overrightarrow{r}_2)[(\overrightarrow{\sigma}_2\cdot\overrightarrow{\nabla}_1)(\overrightarrow{\sigma}_1\cdot\overrightarrow{\nabla}_2) - \frac{2}{3}(\overrightarrow{\sigma}_1\cdot\overrightarrow{\sigma}_2)(\overrightarrow{\nabla}_1\cdot\overrightarrow{\nabla}_2)](1 - \delta_{q_1 q_2})
\end{aligned}
$$

借助恒等式

$$
(\overrightarrow{\sigma}_1\times\overrightarrow{\nabla}_1)\cdot(\overrightarrow{\sigma}_2\times\overrightarrow{\nabla}_2) = (\overrightarrow{\sigma}_1\cdot\overrightarrow{\sigma}_2)(\overrightarrow{\nabla}_1\cdot\overrightarrow{\nabla}_2) - (\overrightarrow{\sigma}_2\cdot\overrightarrow{\nabla}_1)(\overrightarrow{\sigma}_1\cdot\overrightarrow{\nabla}_2) \tag{10.12}
$$

则

$$
(1) = \frac{T}{16}\delta(\overrightarrow{r}_1 - \overrightarrow{r}_2)\left[\frac{1}{3}(\overrightarrow{\sigma}_1\cdot\overrightarrow{\sigma}_2)(\overrightarrow{\nabla}_1\cdot\overrightarrow{\nabla}_2) - (\overrightarrow{\sigma}_1\times\overrightarrow{\nabla}_1)\cdot(\overrightarrow{\sigma}_2\times\overrightarrow{\nabla}_2)\right]
$$

并假定体系有球对称性, 则

$$
(1) = -\frac{5T}{96}(\overrightarrow{\sigma}_1\times\overrightarrow{\nabla}_1)\cdot(\overrightarrow{\sigma}_2\times\overrightarrow{\nabla}_2)(1 - \delta_{q_1 q_2})
$$

它对能量泛函密度的贡献为

$$\frac{5T}{96}(\vec{j}^2 - \vec{j_\mathrm{n}}^2 - \vec{j_\mathrm{p}}^2)$$

T 项的总贡献为

$$\frac{5T}{48}(\vec{j}^2 - \vec{j_\mathrm{n}}^2 - \vec{j_\mathrm{p}}^2) = -\frac{5T}{24}\vec{j_\mathrm{n}} \cdot \vec{j_\mathrm{p}}$$

U 项的贡献,$P_r = -1$:

$$\begin{aligned}
(2) &= \frac{U}{2}\{(\vec{\sigma_1} \cdot \vec{k'})\delta(\vec{r_1} - \vec{r_2})(\vec{\sigma_2} \cdot \vec{k}) - \frac{1}{3}(\vec{\sigma_1} \cdot \vec{\sigma_2})\vec{k'}\delta(\vec{r_1} - \vec{r_2})\vec{k}\}(1 - P_r P_\sigma P_\tau) \\
&= \frac{U}{8}\{(\vec{\sigma_1} \cdot \vec{\nabla_1'})(\vec{\sigma_2} \cdot \vec{\nabla_1}) + (\vec{\sigma_1} \cdot \vec{\nabla_2'})(\vec{\sigma_2} \cdot \vec{\nabla_2}) - (\vec{\sigma_1} \cdot \vec{\nabla_2'})(\vec{\sigma_2} \cdot \vec{\nabla_1}) \\
&\quad -(\vec{\sigma_1} \cdot \vec{\nabla_1'})(\vec{\sigma_2} \cdot \vec{\nabla_2}) - \frac{2}{3}(\vec{\sigma_1} \cdot \vec{\sigma_2})(\vec{\nabla_1'} \cdot \vec{\nabla_1} - \vec{\nabla_1'} \cdot \vec{\nabla_2})\}(1 + \delta_{q_1 q_2}) \\
&= \frac{U}{8}\{-(\vec{\sigma_1} \cdot \vec{\nabla_2'})(\vec{\sigma_2} \cdot \vec{\nabla_1}) + \frac{2}{3}(\vec{\sigma_1} \cdot \vec{\sigma_2})(\vec{\nabla_1'} \cdot \vec{\nabla_2})\}(1 + \delta_{q_1 q_2})
\end{aligned}$$

此式的贡献与下式等价:

$$(2) = \frac{U}{8}\left\{(\vec{\sigma_1} \cdot \vec{\nabla_2})(\vec{\sigma_2} \cdot \vec{\nabla_1}) - \frac{2}{3}(\vec{\sigma_1} \cdot \vec{\sigma_2})(\vec{\nabla_1} \cdot \vec{\nabla_2})\right\}(1 + \delta_{q_1 q_2})$$

借助式 (10.12), 则有

$$(2) = \frac{U}{8}\left\{-(\vec{\sigma_1} \times \vec{\nabla_1}) \cdot (\vec{\sigma_2} \times \vec{\nabla_2}) + \frac{1}{3}(\vec{\sigma_1} \cdot \vec{\sigma_2})(\vec{\nabla_1} \cdot \vec{\nabla_2})\right\}(1 + \delta_{q_1 q_2})$$

假定原子核为球形并借助式 (10.10), 则

$$(2) = -\frac{5U}{48}(\vec{\sigma_1} \times \vec{\nabla_1}) \cdot (\vec{\sigma_2} \times \vec{\nabla_2})(1 + \delta_{q_1 q_2})$$

对能量泛函密度的贡献为

$$\frac{5U}{48}(\vec{j}^2 + \vec{j_\mathrm{n}}^2 + \vec{j_\mathrm{p}}^2) = \frac{5U}{24}(\vec{j_\mathrm{n}}^2 + \vec{j_\mathrm{p}}^2 + \vec{j_\mathrm{n}} \cdot \vec{j_\mathrm{p}})$$

对于球形原子核, 张量力 $V_\mathrm{sky}^\mathrm{t}$ (10.3) 对能量泛函密度的贡献为

$$h^\mathrm{t}(\vec{r}) = \frac{5(T + U)}{48}\vec{j}^2 + \frac{5(-T + U)}{48}(\vec{j_\mathrm{n}}^2 + \vec{j_\mathrm{p}}^2) \tag{10.13}$$

系统的能量密度泛函为

$$E(\Phi) = \int \mathrm{d}\vec{r}[h^1(\vec{r}) + h^\mathrm{t}(\vec{r})] \tag{10.14}$$

对于形变偶–偶原子核, 仍然有时间反演不变性, 但体系不再具有转动不变性. 这时原则上需要讨论张量算符 (10.10) 中的第一和第三项对能量泛函密度的贡献.

10.1.2　HF 方程

为了得到系统的基态, 考虑单粒子波函数的归一化, 需对如下密度泛函作变分:

$$\delta(E(\Phi)) - \sum_i \epsilon_i \int \phi_i^* \phi_i \mathrm{d}\vec{r} = 0$$

利用公式

$$\delta\rho_q = 2\sum_{i,\sigma} \delta\phi_i^*(\vec{r},\sigma,q)\phi_i(\vec{r},\sigma,q)$$

$$\delta\tau_q = 2\sum_{i,\sigma} \vec{\nabla}\delta\phi_i^*(\vec{r},\sigma,q)\cdot\vec{\nabla}\phi_i(\vec{r},\sigma,q)$$

$$\delta\vec{j}_q = -2\mathrm{i}\sum_{i,\sigma_1,\sigma_2} \delta\phi_i^*(\vec{r},\sigma_1,q)\vec{\nabla}\phi_i(\vec{r},\sigma_2,q)\times\langle\sigma_1|\vec{\sigma}|\sigma_2\rangle$$

可以得到单粒子态满足的方程

$$-\vec{\nabla}\cdot\left(\frac{\hbar^2}{2M_q^*}\vec{\nabla}\phi_i\right) + [U_q - \mathrm{i}\vec{W}_q\cdot(\vec{\nabla}\times\vec{\sigma})]\phi_i = \epsilon_i\phi_i \tag{10.15}$$

或者等价的

$$-\vec{\nabla}\cdot\left(\frac{\hbar^2}{2M_q^*}\vec{\nabla}\phi_i\right) + \left[U_q + \frac{1}{r}W_q\vec{\ell}\cdot\vec{\sigma}\right]\phi_i = \epsilon_i\phi_i \tag{10.16}$$

式中, $q = \mathrm{n},\mathrm{p}$ 分别表示中子和质子的方程; M_q^* 称为核子的有效质量.

$$\frac{\hbar^2}{2M_q^*} = \frac{\hbar^2}{2M_q} + \frac{1}{4}\left[t_2\left(\frac{1}{2}+x_2\right) - t_1\left(\frac{1}{2}+x_1\right)\right]\rho_q$$

$$+\frac{1}{4}\left[t_1\left(1+\frac{1}{2}x_1\right) + t_2\left(1+\frac{1}{2}x_2\right)\right]\rho$$

$$U_q = t_0\left(1+\frac{x_0}{2}\right)\rho - t_0\left(\frac{1}{2}+x_0\right)\rho_q$$

$$+\frac{1}{4}\left[t_1\left(1+\frac{x_1}{2}\right) + t_2\left(1+\frac{x_2}{2}\right)\right]\tau + \frac{1}{4}\left[t_2\left(\frac{1}{2}+x_2\right) - t_1\left(\frac{1}{2}+x_1\right)\right]\tau_q$$

$$-\frac{1}{8}\left[3t_1\left(1+\frac{x_1}{2}\right) - t_2\left(1+\frac{x_2}{2}\right)\right]\Delta\rho + \frac{1}{16}[3t_1(1+2x_1) + t_2(1+2x_2)]\Delta\rho_q$$

$$+\frac{1}{24}t_3(2+\alpha)(1-x_3)\rho^{1+\alpha} + \frac{1}{12}t_3(1+2x_3)\rho^{\alpha-1}(\rho^2 - \rho_q^2)$$

$$-\frac{1}{2}W_0[\vec{\nabla}\cdot\vec{j} + \vec{\nabla}\cdot\vec{j}_q]$$

$$\vec{W}_q = \frac{1}{2}W_0[\vec{\nabla}\rho + \vec{\nabla}\rho_q] + \alpha_{\mathrm{ct}}\vec{j}_q + \beta_{\mathrm{ct}}\vec{j}_{q'}$$

其中

$$\alpha_{ct} = \alpha_c + \alpha_t$$

$$\beta_{ct} = \beta_c + \beta_t$$

$$\alpha_c = \frac{1}{8}(t_1 - t_2) - \frac{1}{8}(t_1 x_1 + t_2 x_2)$$

$$\beta_c = -\frac{1}{8}(t_1 x_1 + t_2 x_2)$$

$$\alpha_t = \frac{5}{12}U$$

$$\beta_t = \frac{5}{24}(T + U)$$

10.1.3 闭壳核HF方程的数字解

对于球形原子核, 单粒子态波函数可以表示为

$$\phi_i(\overrightarrow{r}, \sigma) = R_\alpha(r) \sum_{m_\ell m_s} C^{jm}_{\ell m_\ell \frac{1}{2} m_s} Y_{\ell m_\ell}(\hat{r}) \chi_{m_s}(\sigma) = \frac{u_\alpha(r)}{r} \sum_{m_\ell m_s} C^{jm}_{\ell m_\ell \frac{1}{2} m_s} Y_{\ell m_\ell}(\hat{r}) \chi_{m_s}(\sigma)$$

可得密度

$$\begin{aligned}
\rho(r) &= \sum_{i,\sigma} \phi_i^*(\overrightarrow{r}, \sigma) \phi_i(\overrightarrow{r}, \sigma) \\
&= \sum_\alpha \frac{u_\alpha^2(r)}{r^2} \sum_{m, m_\ell, m'_\ell, m_s} C^{jm}_{\ell m_\ell \frac{1}{2} m_s} C^{jm}_{\ell m'_\ell \frac{1}{2} m_s} Y^*_{\ell m_\ell} Y_{\ell m'_\ell} \\
&= \sum_{\alpha, m_\ell, m'_\ell} \frac{u_\alpha^2(r)}{r^2} \sum_{m, m_s} \frac{2j_\alpha + 1}{2\ell_\alpha + 1} C^{\ell m_\ell}_{jm \frac{1}{2} m_s} C^{\ell m'_\ell}_{jm \frac{1}{2} m_s} Y^*_{\ell m_\ell} Y_{\ell m'_\ell} \\
&= \sum_{\alpha, m_\ell, m'_\ell} \frac{u_\alpha^2(r)}{r^2} \frac{2j_\alpha + 1}{2\ell_\alpha + 1} \delta_{m_\ell m'_\ell} Y^*_{\ell m_\ell} Y_{\ell m'_\ell} \\
&= \frac{1}{4\pi r^2} \sum_\alpha (2j_\alpha + 1) u_\alpha^2(r)
\end{aligned}$$

这里我们利用了公式

$$\sum_m Y^*_{\ell m_\ell} Y_{\ell m_\ell} = \frac{2\ell + 1}{4\pi}$$

借助公式

$$\overrightarrow{\nabla} = \hat{e}_r \frac{\partial}{\partial r} - i\frac{1}{r}\hat{e}_r \times \overrightarrow{\ell}$$

$$\overrightarrow{\nabla}\phi_i(\overrightarrow{r}, \sigma) = [\hat{e}_r \frac{\partial R_\alpha}{\partial r} - i\frac{1}{r}(\hat{e}_r \times \overrightarrow{\ell})R_\alpha(r)] \sum_{m_\ell m_s} C^{jm}_{\ell m_\ell \frac{1}{2} m_s} Y_{\ell m_\ell}(\hat{r}) \chi_{m_s}(\sigma)$$

得到动能密度

$$\tau(r) = \sum_{i,\sigma} \left| \vec{\nabla} \phi_i(\vec{r}, \sigma) \right|^2 = \frac{1}{4\pi} \sum_{\alpha} (2j_\alpha + 1) \left[\left(\frac{\mathrm{d}R\alpha}{\mathrm{d}r} \right)^2 + \frac{\ell(\ell+1)}{r^2} R_\alpha^2 \right]$$

自旋流密度

$$\vec{j} = (-\mathrm{i}) \sum_{i,\sigma,\sigma'} \phi_i^*(\vec{r}, \sigma) \vec{\nabla} \phi_i(\vec{r}, \sigma') \times \langle \sigma | \vec{\sigma} | \sigma' \rangle$$

$$= (-\mathrm{i}) \sum_{i,\sigma,\sigma'} \phi_i^*(\vec{r}, \sigma) \left[\hat{e}_r \frac{\partial}{\partial r} - \mathrm{i} \frac{1}{r} \hat{e}_r \times \vec{\ell} \right] \phi_i(\vec{r}, \sigma') \times \langle \sigma | \vec{\sigma} | \sigma' \rangle$$

由式 (1.6) 可知第一项的贡献为零, 因为

$$\sum_{i,\sigma,\sigma'} \phi_i^*(\vec{r}, \sigma) \frac{\partial}{\partial r} \phi_i(\vec{r}, \sigma') \times \langle \sigma | \vec{\sigma} | \sigma' \rangle$$

$$= \frac{1}{2} \frac{\partial}{\partial r} \sum_{i,\sigma,\sigma'} \phi_i^*(\vec{r}, \sigma) \phi_i(\vec{r}, \sigma') \times \langle \sigma | \vec{\sigma} | \sigma' \rangle = 0$$

利用

$$(\hat{e}_r \times \vec{\ell}) \times \vec{\sigma} = \vec{\ell}(\vec{\sigma} \cdot \hat{e}_r) - \hat{e}_r(\vec{\ell} \cdot \vec{\sigma})$$

显然 $\vec{\ell}(\vec{\sigma} \cdot \hat{e}_r)$ 项对于流的贡献为一矢量, 我们在 $\hat{e}_r$ 为 z 轴的坐标系中 (螺旋度表象) 计算此项的贡献. 利用

$$\ell_z \mathrm{Y}_{\ell m} = m \mathrm{Y}_{\ell m}$$

$$\ell_{11} \mathrm{Y}_{\ell m} = -\frac{1}{\sqrt{2}} \sqrt{(\ell - m)(\ell + m + 1)} \mathrm{Y}_{\ell m+1}$$

$$\ell_{1-1} \mathrm{Y}_{\ell m} = \frac{1}{\sqrt{2}} \sqrt{(\ell + m)(\ell - m + 1)} \mathrm{Y}_{\ell m-1}$$

$$\mathrm{Y}_{\ell m}(\theta = 0) = \sqrt{\frac{2\ell + 1}{4\pi}} \delta_{m0}$$

以及 $\vec{\sigma} \cdot \hat{e}_r$ 的本征值为 ± 1, 容易证明此矢量在 $\hat{e}_r$ 为 z 轴的坐标系中为零, 则在任意坐标系中此矢量恒为零.

利用

$$\vec{\ell} \cdot \vec{\sigma} = 2 \vec{\ell} \cdot \vec{s} = j(j+1) - \ell(\ell+1) - \frac{3}{4}$$

容易得到 $-\widehat{e}_r(\vec{\ell}\cdot\vec{\sigma})$ 项对自旋流密度 $\vec{j}$ 的贡献为

$$\vec{j} = \frac{\widehat{e}_r}{4\pi r^3}\sum_\alpha(2j_\alpha+1)[j_\alpha(j_\alpha+1)-\ell_\alpha(\ell_\alpha+1)-\frac{3}{4}]u_\alpha^2$$

$$\vec{W}_q = \widehat{e}_r W_q(r)$$

$$W_q(r) = \frac{1}{2}W_0\frac{\mathrm{d}}{\mathrm{d}r}(\rho+\rho_q)+\alpha\frac{j_q}{r}+\beta\frac{j_{q'}}{r} \tag{10.17}$$

径向波函数 $u_\alpha(r)$ 满足方程

$$\frac{\hbar^2}{2M_q^*}u_\alpha''-\left(\frac{\hbar^2}{2M_q^*}\right)'u_\alpha'+U_q^{\mathrm{eff}}u_\alpha=\epsilon_\alpha u_\alpha \tag{10.18}$$

径向波函数满足的边界条件为 $u_\alpha(0)=u_\alpha(\infty)=0$, 其中

$$U_q^{\mathrm{eff}}(r) = U_q+\frac{1}{r}\left(\frac{\hbar^2}{2M_q^*}\right)'+\frac{\hbar^2}{2M_q^*}\frac{\ell(\ell+1)}{r^2}$$
$$+\frac{W_q}{r}\left[j_\alpha(j_\alpha+1)-\ell_\alpha(\ell_\alpha+1)-\frac{3}{4}\right] \tag{10.19}$$

求解 HF 方程的径向波函数通常有两种办法: 一种是用球对称简谐振子势中的单粒子波函数为基作基展开, 这种办法的优点是可以同时得到费米面以下和费米面以上的单粒子能量和波函数, 可以直接用于集体激发模式的自洽计算, 但对于远离 β 稳定线的原子核, 由于弱束缚轨道的波函数空间分布很广, 这种基展开的方法精确度变得很差; 另一种办法是直接在坐标空间对微分方程用差分求解. 为便于数字计算, Numerov 引入新变数

$$u_\alpha^* = \sqrt{\frac{M}{M^*}}u_\alpha$$

$$(u_\alpha^*)' = \frac{1}{2}\left(\frac{M}{M^*}\right)^{-\frac{1}{2}}\left(\frac{M}{M^*}\right)'u_\alpha+\sqrt{\frac{M}{M^*}}u_\alpha'$$

$$(u_\alpha^*)'' = -\frac{1}{4}\left(\frac{M}{M^*}\right)^{-\frac{3}{2}}\left(\left(\frac{M}{M^*}\right)'\right)^2 u_\alpha$$
$$+\frac{1}{2}\left(\frac{M}{M^*}\right)^{-\frac{1}{2}}\left(\frac{M}{M^*}\right)''u_\alpha+\left(\frac{M}{M^*}\right)^{-\frac{1}{2}}\left(\frac{M}{M^*}\right)'u_\alpha'+\sqrt{\frac{M}{M^*}}u_\alpha''$$

$$\sqrt{\frac{M}{M^*}}(u_\alpha^*)'' = \left[-\frac{1}{4}\left(\left(\frac{M}{M^*}\right)'\right)^2\frac{M^*}{M}+\frac{1}{2}\left(\frac{M}{M^*}\right)''\right]u_\alpha+\left(\frac{M}{M^*}\right)'u_\alpha'+\frac{M}{M^*}u_\alpha''$$

$$\sqrt{\frac{M}{M^*}}(u_\alpha^*)'' + \left\{ \left[\frac{1}{4}\left(\left(\frac{M}{M^*}\right)'\right)^2 \frac{M^*}{M} - \frac{1}{2}\left(\frac{M}{M^*}\right)'' \right] - \frac{2M}{\hbar^2}[U^{\mathrm{eff}} - \epsilon_\alpha] \right\} u_\alpha = 0$$

$$\frac{M}{M^*}(u_\alpha^*)'' + \left\{ \left[\frac{1}{4}\left(\left(\frac{M}{M^*}\right)'\right)^2 \frac{M^*}{M} - \frac{1}{2}\left(\frac{M}{M^*}\right)'' \right] - \frac{2M}{\hbar^2}[U^{\mathrm{eff}} - \epsilon_\alpha] \right\} u_\alpha^* = 0$$

$$(u_\alpha^*)'' + \frac{M^*}{M}\left\{ \left[\frac{1}{4}\left(\left(\frac{M}{M^*}\right)'\right)^2 \frac{M^*}{M} - \frac{1}{2}\left(\frac{M}{M^*}\right)'' \right] - \frac{2M}{\hbar^2}[U^{\mathrm{eff}} - \epsilon_\alpha] \right\} u_\alpha^* = 0$$

$$\frac{\hbar^2}{2M}(u_\alpha^*)'' + \frac{M^*}{M}\left\{ \left[\frac{1}{4}\left(\left(\frac{\hbar^2}{2M^*}\right)'\right)^2 \frac{2M^*}{\hbar^2} - \frac{1}{2}\left(\frac{\hbar^2}{2M^*}\right)'' \right] - [U^{\mathrm{eff}} - \epsilon_\alpha] \right\} u_\alpha^* = 0$$

$$-\frac{\hbar^2}{2M}(u_\alpha^*)'' + V_s u_\alpha^* = \epsilon_\alpha u_\alpha^* \tag{10.20}$$

$$V_s = \frac{M^*}{M}\left\{ U^{\mathrm{eff}} - \frac{1}{4}\left(\left(\frac{\hbar^2}{2M^*}\right)'\right)^2 \frac{2M^*}{\hbar^2} + \frac{1}{2}\left(\frac{\hbar^2}{2M^*}\right)'' \right\} + \left(1 - \frac{M^*}{M}\right)\epsilon_\alpha \tag{10.21}$$

将方程 (10.20) 写为方便形式

$$y'' + v(r)y = 0 \tag{10.22}$$

令 h 是差分的步长, 则

$$y_{n+1} = y_n + y_n' h + \frac{1}{2!}y_n'' h^2 + \frac{1}{3!}y_n''' h^3 + \frac{1}{4!}y_n'''' h^4 + \cdots$$

$$y_{n-1} = y_n - y_n' h + \frac{1}{2!}y_n'' h^2 - \frac{1}{3!}y_n''' h^3 + \frac{1}{4!}y_n'''' h^4 + \cdots$$

$$\frac{y_{n+1} - 2y_n + y_{n-1}}{h^2} = y_n'' + \frac{h^2}{12}y_n''''$$

$$y_n'''' = -\left(\frac{d^2}{dr^2}vy\right)_n = \frac{v_{n+1}y_{n+1} - 2v_n y_n - v_{n-1}y_{n-1}}{h^2}$$

$$\frac{y_{n+1} - 2y_n + y_{n-1}}{h^2} = -v_n y_n - \frac{1}{12}(v_{n+1}y_{n+1} - 2v_n y_n - v_{n-1}y_{n-1})$$

得到递推关系

$$\left(1 + \frac{h^2}{12}v_{n+1}\right)y_{n+1} - \left(2 - \frac{5}{6}\hbar^2 v_n\right)y_n + \left(1 + \frac{h^2}{12}v_{n-1}\right)y_{n-1} = 0 \tag{10.23}$$

由式 (10.17) 可以看出, 在 HF 近似下张量力与 $V_{\mathrm{sky}}^{\mathrm{c}}$ 中的 t_1、t_2 项一起通过 j_{p}、j_{n} 影响单粒子态的自旋-轨道劈裂. 由图 10.1 可以看到, 在 HF+BCS 近似下, 通过适当调整张量力的强度能够大大改善与实验数据的符合程度.

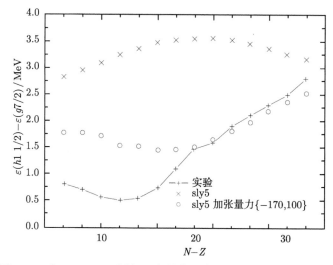

图 10.1 在 HF+BCS 近似下张量力对自旋–轨道耦合劈裂的影响

10.2 原子核集体激发态的自洽描述

10.2.1 Skyrme 势导出的粒子–空穴相互作用

为了用同样的相互作用对系统的基态和激发态作统一自洽描述, 我们需对能量密度泛函在基态附近实施二阶变分给出粒子–空穴相互作用:

$$V_{\mathrm{ph}}(\overrightarrow{r}_1, \overrightarrow{r}_2) = \delta(\overrightarrow{r}_1 - \overrightarrow{r}_2) \sum_{ss'tt'} \frac{1 + (-1)^{s-s'} \overrightarrow{\sigma}_1 \cdot \overrightarrow{\sigma}_2}{4} \frac{1 + (-1)^{t-t'} \overrightarrow{\tau}_1 \cdot \overrightarrow{\tau}_2}{4} \frac{\delta^2 E(\Phi)}{\delta \rho_{st} \delta \rho_{s't'}}$$

式中 s, s' 和 t, t' 分别是核子自旋和同位旋的第三分量.

需要指出, 能量泛函 (10.14) 是在假定同位旋标量自旋密度和同位旋矢量自旋密度的平均值等于零的情况下导出的. 为了得到自旋有关的粒子–空穴相互作用, 这里 $E(\Phi)$ 需要显含自旋密度而不能取其平均值. 能够证明对于与密度无关的相互作用, 将二体相互作用直接反对称化 $V_{\mathrm{ph}} = V(1 - P_r P_\sigma P_\tau)$ 与对能量泛函在基态附近进行二阶变分得到的结果相同. 例如, 对于 t_0 项, 将势直接反对称化给出

$$\begin{aligned} V_{\mathrm{ph}} &= t_0(1 + x_0 P_\sigma)(1 - P_r P_\sigma P_\tau) \\ &= \frac{3}{4} t_0 - \frac{1}{4} t_0(1 + 2x_0) \overrightarrow{\tau}_1 \overrightarrow{\tau}_2 - \frac{1}{4} t_0(1 - 2x_0) \overrightarrow{\sigma}_1 \overrightarrow{\sigma}_2 - \frac{1}{4} t_0 \overrightarrow{\tau}_1 \overrightarrow{\tau}_2 \overrightarrow{\sigma}_1 \overrightarrow{\sigma}_2 \end{aligned}$$

t_0 项对显含同位旋标量和同位旋矢量自旋密度的能量密度泛函的贡献为

$$E(\Phi) = \int \mathrm{d}\overrightarrow{r} \left\{ \frac{3}{4} t_0 \rho^2 - \frac{1}{4} t_0(1 + 2x_0) \rho_t^2 - \frac{1}{4} t_0(1 - 2x_0) \rho_s^2 - \frac{1}{4} t_0 \rho_{st}^2 \right\}$$

由此可以得到

$$\frac{\delta^2 E(\varPhi)}{\delta \rho_{\mathrm{IS}}^2} = \frac{3}{4} t_0, \quad \frac{\delta^2 E(\varPhi)}{\delta \rho_{\mathrm{IV}}^2} = -\frac{1}{4} t_0 (1 + 2x_0),$$

$$\frac{\delta^2 E(\varPhi)}{\delta \rho_s^2} = -\frac{1}{4} t_0 (1 - 2x_0), \quad \frac{\delta^2 E(\varPhi)}{\delta \rho_{st}^2} = -\frac{1}{4} t_0$$

即与直接将势反对称化得到的结果相同.

对于与密度有关的项 $\frac{1}{6} t_3 (1 + x_3 P_\sigma) \rho^\alpha \delta(\vec{r}_1 - \vec{r}_2)$, 我们必须用对显含同位旋标量和同位旋矢量自旋密度的能量密度泛函在基态附近作二阶变分得到粒子–空穴相互作用 V_{ph}.

$$E(\varPhi) = \int \mathrm{d}\vec{r} \left\{ \frac{3}{48} t_3 \rho^{\alpha+2} - \frac{1}{48} t_3 (1 + 2x_3) \rho^\alpha \rho_t^2 - \frac{1}{48} t_3 (1 - 2x_3) \rho^\alpha \rho_s^2 - \frac{1}{48} t_3 \rho_{st}^2 \right\}$$

因为对于体系的基态我们有 $\rho_s = 0, \rho_{st} = 0$, 但 $\rho_{\mathrm{IS}} \neq 0, \rho_{\mathrm{IV}} \neq 0$, 所以

$$\frac{\delta^2 H}{\delta \rho^2}\Big|_{\rho_s = \rho_{st} = 0} = \frac{3}{48} t_3 (\alpha+2)(\alpha+1) \rho^\alpha - \frac{1}{48} t_3 (1 + 2x_3) \alpha(\alpha-1) \rho^\alpha \frac{\rho_t^2}{\rho^2}$$

$$\frac{\delta^2 H}{\delta \rho_t^2}\Big|_{\rho_s = \rho_{st} = 0} = -\frac{1}{48} t_3 (1 + 2x_3) \rho^\alpha$$

$$\frac{\delta^2 H}{\delta \rho_s^2} = -\frac{1}{48} t_3 (1 - 2x_3) \rho^\alpha$$

$$\frac{\delta^2 H}{\delta \rho_{st}^2} = -\frac{1}{48} t_3 \rho^\alpha$$

对于与密度有关的 t_3 项, 得到

$$\begin{aligned}
V_{\mathrm{ph}} = {} & \delta(\vec{r}_1 \vec{r}_2) \left\{ \frac{3}{48} t_3 (\alpha+2)(\alpha+1) \rho^\alpha - \frac{1}{48} t_3 (1 + 2x_3) \alpha(\alpha-1) \rho^\alpha \frac{\rho_t^2}{\rho^2} \right. \\
& - \frac{1}{48} t_3 (1 + 2x_3) \rho^\alpha \vec{\tau}_1 \cdot \vec{\tau}_2 - \frac{1}{48} t_3 (1 - 2x_3) \rho^\alpha \vec{\sigma}_1 \cdot \vec{\sigma}_2 \\
& \left. - \frac{1}{48} t_3 \rho^\alpha \vec{\tau}_1 \cdot \vec{\tau}_2 \vec{\sigma}_1 \cdot \vec{\sigma}_2 \right\}
\end{aligned}$$

下面我们用直接将位势反对称化的办法给出与动量相关的 t_1 和 t_2 项对 V_{ph} 的贡献.

对于 t_1 项 $(P_r = 1)$, 利用恒等式

$$\begin{aligned}
\vec{k}^2 + \vec{k'}^2 = {} & -\frac{1}{4} [\vec{\nabla}_1^2 + \vec{\nabla}_2^2 + \vec{\nabla'}_1^2 + \vec{\nabla'}_2^2 - (\vec{\nabla}_1 - \vec{\nabla'}_1)(\vec{\nabla}_2 - \vec{\nabla'}_2) \\
& - (\vec{\nabla}_1 + \vec{\nabla'}_1)(\vec{\nabla}_2 + \vec{\nabla'}_2)]
\end{aligned}$$

得到

$$\frac{1}{2}t_1(1+x_1P_\sigma)[\delta\vec{k}^2+\vec{k}'^2\delta](1-P_\sigma P_\tau)$$

$$=-\frac{1}{8}t_1[\vec{\nabla}_1^2+\vec{\nabla}_2^2+\vec{\nabla}_1'^2+\vec{\nabla}_2'^2]$$

$$\times\left[\frac{3}{4}-\frac{1}{4}(1+2x_1)\vec{\tau}_1\cdot\vec{\tau}_2-\frac{1}{4}(1-2x_1)\vec{\sigma}_1\cdot\vec{\sigma}_2-\frac{1}{4}\vec{\tau}_1\cdot\vec{\tau}_2\vec{\sigma}_1\cdot\vec{\sigma}_2\right]$$

$$+\frac{1}{8}t_1[(\vec{\nabla}_1-\vec{\nabla}'_1)(\vec{\nabla}_2-\vec{\nabla}'_2)+(\vec{\nabla}_1+\vec{\nabla}'_1)(\vec{\nabla}_2+\vec{\nabla}'_2)]$$

$$\times\left[\frac{3}{4}-\frac{1}{4}(1+2x_1)\vec{\tau}_1\cdot\vec{\tau}_2-\frac{1}{4}(1-2x_1)\vec{\sigma}_1\cdot\vec{\sigma}_2-\frac{1}{4}\vec{\tau}_1\cdot\vec{\tau}_2\vec{\sigma}_1\cdot\vec{\sigma}_2\right]$$

对于 t_2 项 $(P_r=-1)$:

$$\vec{k}\cdot\vec{k}'=\frac{1}{4}(\vec{\nabla}'_1-\vec{\nabla}'_2)\cdot(\vec{\nabla}_1-\vec{\nabla}_2)=\frac{1}{4}(\vec{\nabla}'_1\cdot\vec{\nabla}_1+\vec{\nabla}'_2\cdot\vec{\nabla}_2-\vec{\nabla}'_1\cdot\vec{\nabla}_2-\vec{\nabla}'_2\cdot\vec{\nabla}_1)$$

因为二粒子相互作用保持动量守恒, 所以在质心系有

$$\vec{\nabla}_1+\vec{\nabla}_2+\vec{\nabla}'_1+\vec{\nabla}'_2=0$$

则

$$\vec{\nabla}'_1\cdot\vec{\nabla}_1=-(\vec{\nabla}_1^2+\vec{\nabla}_1\cdot\vec{\nabla}_2+\vec{\nabla}_1\cdot\vec{\nabla}'_2)=-(\vec{\nabla}_1'^2+\vec{\nabla}'_1\cdot\vec{\nabla}_2+\vec{\nabla}'_1\cdot\vec{\nabla}'_2)$$

$$\vec{\nabla}'_2\cdot\vec{\nabla}_2=-(\vec{\nabla}_2^2+\vec{\nabla}_1\cdot\vec{\nabla}_2+\vec{\nabla}'_1\cdot\vec{\nabla}_2)=-(\vec{\nabla}_2'^2+\vec{\nabla}_1\cdot\vec{\nabla}'_2+\vec{\nabla}'_1\cdot\vec{\nabla}'_2)$$

$$\vec{\nabla}'_1\cdot\vec{\nabla}_1+\vec{\nabla}'_2\cdot\vec{\nabla}_2=-\frac{1}{2}[\vec{\nabla}_1^2+\vec{\nabla}_2^2+\vec{\nabla}_1'^2+\vec{\nabla}_2'^2+2\vec{\nabla}_1\cdot\vec{\nabla}_2$$

$$+2\vec{\nabla}'_1\cdot\vec{\nabla}'_2+2\vec{\nabla}'_1\cdot\vec{\nabla}_2+2\vec{\nabla}_1\cdot\vec{\nabla}'_2]$$

由此可以得到

$$\vec{k}\cdot\vec{k}'=-\frac{1}{8}[\vec{\nabla}_1^2+\vec{\nabla}_2^2+\vec{\nabla}_1'^2+\vec{\nabla}_2'^2+2\vec{\nabla}_1\cdot\vec{\nabla}_2$$

$$+2\vec{\nabla}'_1\cdot\vec{\nabla}'_2+4\vec{\nabla}'_1\cdot\vec{\nabla}_2+4\vec{\nabla}_1\cdot\vec{\nabla}'_2]$$

$$=-\frac{1}{8}[\vec{\nabla}_1^2+\vec{\nabla}_2^2+\vec{\nabla}_1'^2$$

$$+\vec{\nabla}_2'^2-(\vec{\nabla}_1-\vec{\nabla}'_1)(\vec{\nabla}_2-\vec{\nabla}'_2)+3(\vec{\nabla}_1+\vec{\nabla}'_1)(\vec{\nabla}_2+\vec{\nabla}'_2)$$

$$V_{\text{ph}}=t_2(1+x_2P_\sigma)\vec{k}'\cdot\vec{k}(1+P_\sigma P_\tau)$$

$$=-\frac{1}{32}t_2[\vec{\nabla}_1^2+\vec{\nabla}_2^2+\vec{\nabla}_1'^2+\vec{\nabla}_2'^2-(\vec{\nabla}_1-\vec{\nabla}'_1)(\vec{\nabla}_2-\vec{\nabla}'_2)$$

$$+3(\vec{\nabla}_1+\vec{\nabla}'_1)(\vec{\nabla}_2+\vec{\nabla}'_2)]$$

$$\times[(5+4x_2)+(1+2x_2)\vec{\tau}_1\cdot\vec{\tau}_2+(1+2x_2)\vec{\sigma}_1\cdot\vec{\sigma}_2+\frac{1}{4}\vec{\tau}_1\cdot\vec{\tau}_2\vec{\sigma}_1\cdot\vec{\sigma}_2]$$

Skyrme 中心势 $V_{\text{sky}}^{\text{c}}$ 给出的粒子-空穴相互作用可以表示为

$$V_{\text{ph}}^{\text{c}} = \delta(\vec{r_1} - \vec{r_2})[A_{\text{c}} + B_{\text{c}}(\vec{\nabla}_1^2 + \vec{\nabla}_2^2 + \vec{\nabla'}_1^2 + \vec{\nabla'}_2^2)$$
$$-B_{\text{c}}(\vec{\nabla}_1 - \vec{\nabla'}_1) \cdot (\vec{\nabla}_2 - \vec{\nabla'}_2) + C_{\text{c}}(\vec{\nabla}_1 + \vec{\nabla'}_1) \cdot (\vec{\nabla}_2 + \vec{\nabla'}_2)] \quad (10.24)$$

式中

$$A_{\text{c}} = \frac{3}{4}t_0 + \frac{3}{48}t_3(\alpha + 2)(\alpha + 1)\rho^\alpha - \frac{1}{48}t_3(1 + 2x_3)\alpha(\alpha - 1)\rho^\alpha \frac{\rho_t^2}{\rho^2}$$
$$- \left[\frac{1}{4}t_0(1 + 2x_0) + \frac{1}{24}t_3(1 + 2x_3)\rho^\alpha\right]\vec{\tau_1} \cdot \vec{\tau_2}$$
$$- \left[\frac{1}{4}t_0(1 - 2x_0) + \frac{1}{24}t_3(1 - 2x_3)\rho^\alpha\right]\vec{\sigma_1} \cdot \vec{\sigma_2}$$
$$- \left(\frac{1}{4}t_0 + \frac{1}{24}t_3\rho^\alpha\right)\vec{\tau_1} \cdot \vec{\tau_2}\vec{\sigma_1} \cdot \vec{\sigma_2} \quad (10.25)$$

$$B_{\text{c}} = -\frac{1}{32}\{3t_1 + t_2(5 + 4x_2) + [t_2(1 + 2x_2) - t_1(1 + 2x_1)]\vec{\tau_1} \cdot \vec{\tau_2}]$$
$$+ [t_2(1 + 2x_2) - t_1(1 - 2x_1)]\vec{\sigma_1} \cdot \vec{\sigma_2} + (t_2 - t_1)\vec{\tau_1} \cdot \vec{\tau_2}\vec{\sigma_1} \cdot \vec{\sigma_2}\} \quad (10.26)$$

$$C_{\text{c}} = \frac{1}{32}\{3t_1 - t_2(15 + 12x_2) - [3t_2(1 + 2x_2) + t_1(1 + 2x_1)]\vec{\tau_1} \cdot \vec{\tau_2}$$
$$- [3t_2(1 + 2x_2) + t_1(1 - 2x_1)]\vec{\sigma_1} \cdot \vec{\sigma_2}$$
$$- (3t_2 + t_1)\vec{\tau_1} \cdot \vec{\tau_2}\vec{\sigma_1} \cdot \vec{\sigma_2}\} \quad (10.27)$$

张量力给出的粒子-空穴相互作用可以由直接将势反对称化的方法得到, 因为张量力只作用在自旋三态, 所以 $P_\sigma = 1$, 由此有

$$V_{\text{ph}}^{\text{t}} = \frac{T}{2}\{\delta(\vec{r_1} - \vec{r_2})\left[(\vec{\sigma_1} \cdot \vec{k})(\vec{\sigma_2} \cdot \vec{k}) - \frac{1}{3}\vec{\sigma_1} \cdot \vec{\sigma_2}\vec{k}^2\right]$$
$$+ \left[(\vec{\sigma_1}\vec{k'}) \cdot (\vec{\sigma_2}\vec{k'}) - \frac{1}{3}\vec{\sigma_1} \cdot \vec{\sigma_2}\vec{k}^2\right]\delta(\vec{r_1} - \vec{r_2})\}\frac{1}{2}(1 - \vec{\tau_1} \cdot \vec{\tau_2})$$
$$\times \frac{U}{2}\{(\vec{\sigma_1} \cdot \vec{k'})\delta(\vec{r_1} - \vec{r_2})(\vec{\sigma_2} \cdot \vec{k}) + (\vec{\sigma_2} \cdot \vec{k'})\delta(\vec{r_1} - \vec{r_2})(\vec{\sigma_1} \cdot \vec{k})$$
$$- \frac{2}{3}\vec{\sigma_1} \cdot \vec{\sigma_2}\vec{k'}\delta(\vec{r_1} - \vec{r_2})\vec{k}\}\frac{1}{2}(3 + \vec{\tau_1} \cdot \vec{\tau_2}) \quad (10.28)$$

二体自旋-轨道耦合势给出的粒子-空穴相互作用也可以由直接将势反对称化的方法得到 $(P_\sigma = 1)$:

$$V_{\text{ph}}^{\text{ls}} = i W_0\{(\vec{\sigma_1} + \vec{\sigma_2})\vec{k'}\delta(\vec{r_1} - \vec{r_2}) \times \vec{k}\}\frac{1}{2}(3 + \vec{\tau_1} \cdot \vec{\tau_2})$$

10.2.2 HF+组态空间的 RPA

基于 Skyrme 势的 HF 解可以给出占据态和非占据束缚态的单粒子能量和波函数, 但粒子–空穴激发可以由占据态跃迁到正能量态. 对于组态空间的 RPA, 我们需要将连续的正能量态分离化. 一种办法是将原子核的单粒子势置入一半径很大的球形无限深方势阱中, 在势阱边界上要求径向波函数为零的边界条件给出分离化的正能量单粒子能级和波函数, 但结果依赖于球形无限深势阱的半径. 另一种办法是用球形简谐振子势中的本征解为基将完成 HF 计算得到的单粒子哈密顿量再对角化, 基矢的截断要使得这样得到的束缚态单粒子能级与 HF 计算得到的结果相同.

10.2.3 粒子–空穴矩阵元的计算

粒子–空穴道矩阵元的计算有多种方法, 例如, 第 9 章给出的将计算粒子–空穴道的矩阵元归结为计算粒子–粒子道的矩阵元. 因为 Skyrme 势是坐标空间的 δ 势, 将会看到直接计算粒子–空穴矩阵元是方便的. 这里我们对 $V_{\mathrm{ph}}^{\mathrm{c}}$ 的粒子–空穴矩阵元给出较详细的推导.

由 Skyrme 势给出的 $V_{\mathrm{ph}}^{\mathrm{c}}$ 可以展开为分离形式:

$$
\begin{aligned}
V_{\mathrm{ph}}^{\mathrm{c}} = {}& \frac{\delta(r_1 - r_2)}{r_1 r_2} \\
& \times \sum_{\alpha LMS\mu T\nu} V_\alpha \left(\frac{r_1 + r_2}{2} \right) \widehat{N}_\alpha^+(1) \sigma_{S\mu}(1) \tau_{T\nu}(1) \mathrm{Y}_{LM}(\widehat{r}_1) \\
& \times \mathrm{Y}_{LM}^*(\widehat{r}_2) \widehat{M}_\alpha(2) \sigma_{S\mu}^+(2) \tau_{T\nu}^+(2)
\end{aligned}
\tag{10.29}
$$

首先讨论如何处理粒子–空穴道的同位旋:

$$
V_{\mathrm{ph}} = a + b\vec{\tau}_1 \cdot \vec{\tau}_2 = \sum_{T=0,1;\mu} \tau_{T\mu} \tau_{T\mu}^+ = \sum_{T=0,1;\mu} \tau_{T\mu} \tau_{T-\mu} (-1)^\mu
$$

粒子态的同位旋波函数 $\chi_{\frac{1}{2} m_{s_{\mathrm{p}}}}$, $m_{s_{\mathrm{p}}} = \frac{1}{2}$ 为中子; $m_{s_{\mathrm{p}}} = -\frac{1}{2}$ 为质子. 空穴态的同位旋波函数 $(-1)^{\frac{1}{2} + m_{s_{\mathrm{h}}}} \chi_{\frac{1}{2} - m_{s_{\mathrm{h}}}}^+$, $m_{s_{\mathrm{h}}} = -\frac{1}{2}$ 为中子; $m_{s_{\mathrm{h}}} = \frac{1}{2}$ 为质子.

$$
\tau_{T\mu}^+ = (-1)^\mu \tau_{T-\mu}
$$

则有

$$
(-1)^{\frac{1}{2} + m_{s_{\mathrm{h}}}} \chi_{\frac{1}{2} - m_{s_{\mathrm{h}}}}^+ \tau_{T\mu}^+ \chi_{\frac{1}{2} m_{s_{\mathrm{p}}}} = \sqrt{2} C_{\frac{1}{2} m_{s_{\mathrm{p}}} \frac{1}{2} m_{s_{\mathrm{h}}}}^{T\mu}
\tag{10.30}
$$

公式证明:

$$(-1)^{\frac{1}{2}+m_{s_h}} \chi^+_{\frac{1}{2}-m_{s_h}} \tau^+_{T\mu} \chi_{\frac{1}{2}m_{s_p}} = (-1)^{\frac{1}{2}+m_{s_h}} \left\langle \frac{1}{2} - m_{s_h} \left| (-1)^\mu \tau_{T-\mu} \right| \frac{1}{2} m_{s_p} \right\rangle$$

$$= (-1)^{\frac{1}{2}+m_{s_h}+\mu} \frac{1}{\sqrt{2}} C^{\frac{1}{2}-m_{s_h}}_{\frac{1}{2}m_{s_p}T-\mu} \left\langle \frac{1}{2} \|\tau_T\| \frac{1}{2} \right\rangle$$

$$= (-1)^{\frac{1}{2}+m_{s_h}+\mu+\frac{1}{2}-m_{s_p}} \frac{1}{\sqrt{2T+1}} C^{T\mu}_{\frac{1}{2}m_{s_p}\frac{1}{2}m_{s_h}}$$

$$\left\langle \frac{1}{2} \|\tau_T\| \frac{1}{2} \right\rangle$$

$$= \frac{1}{\sqrt{2T+1}} C^{T\mu}_{\frac{1}{2}m_{s_p}\frac{1}{2}m_{s_h}} \left\langle \frac{1}{2} \|\tau_T\| \frac{1}{2} \right\rangle$$

$$= \frac{1}{\sqrt{2T+1}} C^{T\mu}_{\frac{1}{2}m_{s_p}\frac{1}{2}m_{s_h}} \sqrt{2(2T+1)}$$

公式得证.

令 $\eta = \sqrt{2} C^{T\mu}_{\frac{1}{2}m_{s_p}\frac{1}{2}m_{s_h}}$, 对于中子的粒子-空穴激发或质子的粒子-空穴激发, m_{s_p} 与 m_{s_h} 符号相反, 则有

$$|\eta| = \left| \sqrt{2} C^{T0}_{\frac{1}{2}\frac{1}{2}\frac{1}{2}-\frac{1}{2}} \right| = 1 \quad \left(C^{10}_{\frac{1}{2}\frac{1}{2}\frac{1}{2}-\frac{1}{2}} = C^{00}_{\frac{1}{2}\frac{1}{2}\frac{1}{2}-\frac{1}{2}} = \frac{1}{\sqrt{2}} \right)$$

对于中子粒子-质子空穴激发或质子粒子-中子空穴激发 (电荷交换反应), m_{s_p} 与 m_{s_h} 符号相同, 则 $T = 1, C^{11}_{\frac{1}{2}\frac{1}{2}\frac{1}{2}\frac{1}{2}} = 1$, 所以 $|\eta| = \sqrt{2}$.

略去同位旋, 有

$$V^c_{ph} = \frac{\delta(r_1 - r_2)}{r_1 r_2}$$

$$\times \sum_{\alpha LMS\mu} V_\alpha \left(\frac{r_1 + r_2}{2} \right) \widehat{N}^+_\alpha(1) \sigma_{S\mu}(1) Y_{LM}(\widehat{r}_1) Y^*_{LM}(\widehat{r}_2) \widehat{M}_\alpha(2) \sigma^+_{S\mu}(2)$$

$$(10.31)$$

令 $|0\rangle$ 表示原子核的 HF 基态, 则

粒子态:

$$a^+_{j_p m_p} |0\rangle = \phi_{j_p m_p} = R_p(r) \sum_{m_{\ell_p},m_{s_p}} C^{j_p m_p}_{\ell_p m_{\ell_p}\frac{1}{2}m_{s_p}} Y_{\ell_p m_{\ell_p}} \chi_{\frac{1}{2}m_{s_p}}$$

空穴态:

$$b^+_{j_h m_h}|0\rangle = a_{\widetilde{j_h m_h}}|0\rangle = (-1)^{j_h+m_h} a_{j_h,-m_h}|0\rangle = (-1)^{j_h+m_h} \phi^*_{j_h-m_h}$$

$$= (-1)^{j_h+m_h} R_h(r) \sum_{m_{\ell_h},m_{s_h}} C^{j_h-m_h}_{\ell_h m_{\ell_h}\frac{1}{2}m_{s_h}} Y^*_{\ell_h m_{\ell_h}} \chi^+_{\frac{1}{2}m_{s_h}}$$

$$= (-1)^{\ell_h} R_h(r) \sum_{m_{\ell_h},m_{s_h}} C^{j_h m_h}_{\ell_h m_{\ell_h}\frac{1}{2}m_{s_h}} Y_{\ell_h m_{\ell_h}} (-1)^{\frac{1}{2}+m_{s_h}} \chi^+_{\frac{1}{2}-m_{s_h}}$$

粒子-空穴耦合:

$$|(\mathrm{ph}^{-1})JM\rangle = \sum_{m_\mathrm{p}m_\mathrm{h}} C_{j_\mathrm{p}m_\mathrm{p}j_\mathrm{h}m_\mathrm{h}}^{JM} a_{j_\mathrm{p}m_\mathrm{p}}^+ b_{j_\mathrm{h}m_\mathrm{h}}^+ |0\rangle$$

$$= \sum_{m_\mathrm{p}m_\mathrm{h}} C_{j_\mathrm{p}m_\mathrm{p}j_\mathrm{h}m_\mathrm{h}}^{JM} (-1)^{j_\mathrm{h}+m_\mathrm{h}} \phi_{j_\mathrm{p}m_\mathrm{p}} \phi_{j_\mathrm{h}-m_\mathrm{h}}^* \qquad (10.32)$$

在自旋空间可以得到

$$(-1)^{\frac{1}{2}+m_{s_\mathrm{h}}} \chi_{\frac{1}{2}-m_{s_\mathrm{h}}}^+ \sigma_{S\mu}^+ \chi_{\frac{1}{2}m_{s_\mathrm{p}}} = \sqrt{2} C_{\frac{1}{2}m_{s_\mathrm{p}}\frac{1}{2}m_{s_\mathrm{h}}}^{S\mu}$$

式 $\langle\langle 0|\widehat{M}_\alpha(2)\sigma_{S\mu}^+(2)|(\mathrm{ph}^{-1})JM\rangle\rangle$ 表示对于顶点 2 只完成自旋空间的运算, 可以得到

$$\langle\langle 0|\widehat{M}_\alpha(2)\sigma_{S\mu}^+(2)|(\mathrm{ph}^{-1})JM\rangle\rangle$$

$$= (-1)^{\ell_\mathrm{h}+1} \sum \sqrt{2} C_{\ell_\mathrm{p}m_{\ell_\mathrm{p}}\frac{1}{2}m_{s_\mathrm{p}}}^{j_\mathrm{p}m_\mathrm{p}} C_{\ell_\mathrm{h}m_{\ell_\mathrm{h}}\frac{1}{2}m_{s_\mathrm{h}}}^{j_\mathrm{h}m_\mathrm{h}} C_{j_\mathrm{p}m_\mathrm{p}j_\mathrm{h}m_\mathrm{h}}^{JM} C_{\frac{1}{2}m_{s_\mathrm{p}}\frac{1}{2}m_{s_\mathrm{h}}}^{S\mu}$$

$$\times [R_\mathrm{h}(r)\mathrm{Y}_{\ell_\mathrm{h}m_{\ell_\mathrm{h}}}\widehat{M}_\alpha R_\mathrm{p}(r)\mathrm{Y}_{\ell_\mathrm{p}m_{\ell_\mathrm{p}}}]$$

$$= (-1)^{\ell_\mathrm{h}+1} \sum_{m_{\ell_\mathrm{p}}m_{\ell_\mathrm{h}}m_{s_\mathrm{p}}m_{s_\mathrm{h}}} \sum_{\ell'} \sqrt{2(2j_\mathrm{p}+1)(2j_\mathrm{h}+1)(2\ell'+1)(2S+1)}$$

$$\times C_{\ell_\mathrm{p}m_{\ell_\mathrm{p}}\ell_\mathrm{h}m_{\ell_\mathrm{h}}}^{\ell'm_{\ell'}} C_{\ell'm_{\ell'}S\mu}^{JM} \left\{\begin{array}{ccc} \ell_\mathrm{p} & \frac{1}{2} & j_\mathrm{p} \\ \ell_\mathrm{h} & \frac{1}{2} & j_\mathrm{h} \\ \ell' & S & J \end{array}\right\} [R_\mathrm{h}(r)\mathrm{Y}_{\ell_\mathrm{h}m_{\ell_\mathrm{h}}}\widehat{M}_\alpha R_\mathrm{p}(r)\mathrm{Y}_{\ell_\mathrm{p}m_{\ell_\mathrm{p}}}]$$

得到计算粒子-空穴矩阵元的基本公式:

$$C_{S\mu\ell m_\ell m,\widehat{M}_\alpha}^{\mathrm{ph}JM}(r) = r^2 \int \mathrm{d}\Omega \langle\langle 0|\widehat{M}_\alpha(2)\sigma_{S\mu}^+(2)|(\mathrm{ph}^{-1})JM\rangle\rangle \mathrm{Y}_{\ell m_\ell}^*(\widehat{r})$$

$$= (-1)^{\ell_\mathrm{h}+1} \sum_{\ell'm_{\ell_\mathrm{p}}m_{\ell_\mathrm{h}}} \sum_{\ell'} \sqrt{2(2j_\mathrm{p}+1)(2j_\mathrm{h}+1)(2\ell'+1)(2S+1)}$$

$$\times C_{\ell_\mathrm{p}m_{\ell_\mathrm{p}}\ell_\mathrm{h}m_{\ell_\mathrm{h}}}^{\ell'm_{\ell'}} C_{\ell'm_{\ell'}S\mu}^{JM} \left\{\begin{array}{ccc} \ell_\mathrm{p} & \frac{1}{2} & j_\mathrm{p} \\ \ell_\mathrm{h} & \frac{1}{2} & j_\mathrm{h} \\ \ell' & S & J \end{array}\right\} r^2$$

$$\times \int \mathrm{d}\Omega [R_\mathrm{h}(r)\mathrm{Y}_{\ell_\mathrm{h}m_{\ell_\mathrm{h}}}(\widehat{r})\widehat{M}_\alpha R_\mathrm{p}(r)\mathrm{Y}_{\ell_\mathrm{p}m_{\ell_\mathrm{p}}}(\widehat{r})]\mathrm{Y}_{\ell m_\ell}^*(\widehat{r}) \qquad (10.33)$$

在式 (10.33) 中, 令 $\widehat{M}_\alpha = 1$,

$$
\int \mathrm{d}\Omega[R_\mathrm{h}(r)\mathrm{Y}_{\ell_\mathrm{h}m_{\ell_\mathrm{h}}}(\widehat{r})R_\mathrm{p}(r)\mathrm{Y}_{\ell_\mathrm{p}m_{\ell_\mathrm{p}}}(\widehat{r})]\mathrm{Y}^*_{\ell m_\ell}(\widehat{r})
$$

$$
= R_\mathrm{h}(r)R_\mathrm{p}(r)\sqrt{\frac{(2\ell_\mathrm{p}+1)(2\ell_\mathrm{h}+1)}{4\pi(2\ell+1)}}C^{\ell 0}_{\ell_\mathrm{p}0\ell_\mathrm{h}0}C^{\ell m_\ell}_{\ell_\mathrm{p}m_{\ell_\mathrm{p}}\ell_\mathrm{h}m_{\ell_\mathrm{h}}}
$$

$$
\times C^{\mathrm{ph}J}_{S\ell'\ell,1}(r) = (-1)^{\ell_\mathrm{h}+1}\delta_{\ell\ell'}\sqrt{\frac{(2j_\mathrm{p}+1)(2j_\mathrm{h}+1)(2\ell+1)(2S+1)}{2\pi}}
$$

$$
\times C^{\ell 0}_{\ell_\mathrm{p}0\ell_\mathrm{h}0}
\begin{Bmatrix}
\ell_\mathrm{p} & \dfrac{1}{2} & j_\mathrm{p} \\[2mm]
\ell_\mathrm{h} & \dfrac{1}{2} & j_\mathrm{h} \\[2mm]
\ell' & S & J
\end{Bmatrix}
u_\mathrm{h}(r)u_\mathrm{p}(r) \tag{10.34}
$$

式中, $u_\mathrm{p}(r) = \dfrac{R_\mathrm{p}(r)}{r}$; $u_\mathrm{h}(r) = \dfrac{R_\mathrm{h}(r)}{r}$.

在式 (10.33) 中, 令 $\widehat{M}_\alpha = \nabla^2 + \nabla'^2$, 借助公式

$$
\nabla^2\left(\frac{u}{r}\mathrm{Y}_{\ell m}\right) = \left[\frac{1}{u}\frac{\mathrm{d}^2u}{\mathrm{d}r^2} - \frac{\ell(\ell+1)}{r^2}\right]\left(\frac{u}{r}\mathrm{Y}_{\ell m}\right)
$$

容易得到

$$
C^{\mathrm{ph}J}_{S\ell'\ell,\nabla^2+\nabla'^2}(r) = \left[\frac{1}{u_\mathrm{p}}\frac{\mathrm{d}^2u_\mathrm{p}}{\mathrm{d}r^2} + \frac{1}{u_\mathrm{h}}\frac{\mathrm{d}^2u_\mathrm{h}}{\mathrm{d}r^2} - \frac{\ell_\mathrm{p}(\ell_\mathrm{p}+1)+\ell_\mathrm{h}(\ell_\mathrm{h}+1)}{r^2}\right]C^{\mathrm{ph}JM}_{S\ell'\ell,1}(r)
$$

$$
\tag{10.35}
$$

当 $\widehat{M}_\alpha = \nabla_\mu$ 时, 利用公式

$$
\nabla_\mu\left(\frac{u(r)}{r}\mathrm{Y}_{\ell m}\right) = -\sqrt{\frac{\ell}{2\ell-1}}C^{\ell-1m+\mu}_{\ell m1\mu}\mathrm{Y}_{\ell-1m+\mu}\left(\frac{1}{r}\frac{\mathrm{d}u}{\mathrm{d}r} + \frac{\ell}{r^2}u\right)
$$

$$
+ \sqrt{\frac{\ell+1}{2\ell+3}}C^{\ell+1m+\mu}_{\ell m1\mu}\mathrm{Y}_{\ell+1m+\mu}\left(\frac{1}{r}\frac{\mathrm{d}u}{\mathrm{d}r} - \frac{\ell+1}{r^2}u\right)
$$

能够得到

$$
C^{\mathrm{ph}J}_{S\ell'\ell,\nabla\pm\nabla'}(r) = (-1)^{\ell_\mathrm{h}}\sqrt{\frac{(2j_\mathrm{p}+1)(2j_\mathrm{h}+1)(2\ell+1)(2S+1)}{2\pi}}
\begin{Bmatrix}
\ell_\mathrm{p} & \dfrac{1}{2} & j_\mathrm{p} \\[2mm]
\ell_\mathrm{h} & \dfrac{1}{2} & j_\mathrm{h} \\[2mm]
\ell & S & J
\end{Bmatrix}
$$

$$
\times[g(\ell,\ell',\ell_\mathrm{p},\ell_\mathrm{h}) \pm (-1)^{\ell_\mathrm{p}+\ell_\mathrm{h}-\ell}g(\ell,\ell',\ell_\mathrm{h},\ell_\mathrm{p})]
$$

$$
\tag{10.36}
$$

式中

$$g(\ell, \ell', \ell_{\rm p}, \ell_{\rm h})$$

$$= \sqrt{(\ell_{\rm p}+1)(2\ell_{\rm p}+3)(2\ell_{\rm h}+1)} C_{\ell_{\rm p}+10\ell_{\rm h}0}^{\ell'0} \left\{ \begin{array}{ccc} \ell' & 1 & \ell \\ \ell_{\rm p} & \ell_{\rm h} & \ell_{\rm p}+1 \end{array} \right\} \left(\frac{1}{u_{\rm p}} \frac{{\rm d}u_{\rm p}}{{\rm d}r} - \frac{\ell_{\rm p}+1}{r} \right)$$

$$- \sqrt{\ell_{\rm p}(2\ell_{\rm p}-1)(2\ell_{\rm h}+1)} C_{\ell_{\rm p}-10\ell_{\rm h}0}^{\ell'0} \left\{ \begin{array}{ccc} \ell' & 1 & \ell \\ \ell_{\rm p} & \ell_{\rm h} & \ell_{\rm p}-1 \end{array} \right\} \left(\frac{1}{u_{\rm p}} \frac{{\rm d}u_{\rm p}}{{\rm d}r} + \frac{\ell_{\rm p}}{r} \right)$$

$$C_{S\ell'\ell,1}^{{\rm hp}J}(r) = (-1)^{\ell_{\rm p}+\ell_{\rm h}+S}(-1)^{j_{\rm p}+j_{\rm h}+J+1} C_{S\ell'\ell,1}^{{\rm ph}J}(r) \tag{10.37}$$

$$C_{S\ell'\ell,\nabla^2+\nabla'^2}^{{\rm hp}J}(r) = (-1)^{\ell_{\rm p}+\ell_{\rm h}+S}(-1)^{j_{\rm p}+j_{\rm h}+J+1} C_{S\ell'\ell,\nabla^2+\nabla'^2}^{{\rm ph}J}(r) \tag{10.38}$$

$$C_{S\ell'\ell,\nabla\pm\nabla'}^{{\rm hp}J}(r) = \pm(-1)^{\ell_{\rm p}+\ell_{\rm h}+S}(-1)^{j_{\rm p}+j_{\rm h}+J+1} C_{S\ell'\ell,\nabla\pm\nabla'}^{{\rm ph}J}(r) \tag{10.39}$$

10.2.4 HF+CRPA

组态空间的 RPA 的长处是能够包含 Skyrme 相互作用的全部 $V_{\rm ph}$, 即与 HF 一起实施完全的自洽计算. 其缺点是对于连续态的分离化有较大的不确定性, 特别是对于不稳定原子核, 由于弱束缚态轨道的波函数空间分布很广, 采用基展开的办法求解的精确度很差. 为了讨论近滴线原子核的集体激发模式的特征, 采用坐标空间求解的 HF+CRPA 是有必要的. 这种连续 RPA 严格考虑了单粒子连续态的衰变宽度.

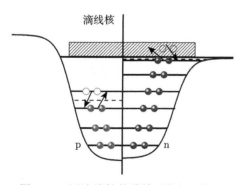

图 10.2 近滴线核的单粒子能级示意图

由于 Skyrme 相互作用是 δ 力, 所以单粒子势是定域的, 则在坐标表象中无相互作用时的响应函数 (9.36) 可以表示为

$$R_0(\vec{r_1}, \vec{r_2}, \omega) = -\sum_{\rm h,p} \phi_{\rm h}(\vec{r_1})\phi_{\rm p}(\vec{r_1})$$

$$\times \left(\frac{1}{\epsilon_{\rm p}-\epsilon_{\rm h}-\omega} + \frac{1}{\epsilon_{\rm p}-\epsilon_{\rm h}+\omega} \right) \phi_{\rm p}(\vec{r_2})\phi_{\rm h}(\vec{r_2}) \tag{10.40}$$

式中, 对于 p 的求和是跑遍所有的未占据态.

此响应函数也可以表示为

$$R_0(\vec{r_1}, \vec{r_2}, \omega) = -\sum_{\rm h} \phi_{\rm h}(\vec{r_1}) \left(\frac{1}{h_0 - \epsilon_{\rm h} - \omega} + \frac{1}{h_0 - \epsilon_{\rm h} + \omega} \right)_{\vec{r_1}\vec{r_2}} \phi_{\rm h}(\vec{r_2}) \quad (10.41)$$

式中, h_0 是单粒子的 HF 哈密顿量. 对于零力程二体相互作用, 它的位能项是定域的, 单粒子格林函数为

$$\left(\frac{1}{h_0 - E} \right)_{\vec{r}_1 \vec{r}_2} = \sum_{\rm p} \phi_{\rm p}(\vec{r}_1) \frac{1}{\epsilon_{\rm p} - E} \phi_{\rm p}(\vec{r}_2) \quad (10.42)$$

式中, 对于 p 的求和要求跑遍所有的 h_0 的单粒子态 (包括费米面以上和费米面以下的全部单粒子态才构成完备基), 但是当 p 跑遍费米面以下的单粒子态时, 方程 (10.41) 右边的两项彼此相消.

为了讨论电多极激发, 忽略 $V_{\rm ph}^{\rm c}$ 中与自旋有关的项, 即

$$V_{\rm ph}^{\rm c} = \frac{\delta(r_1 - r_2)}{r_1 r_2} \sum_{\alpha LM} V_\alpha \left(\frac{r_1 + r_2}{2} \right) \widehat{N}_\alpha^+(1) {\rm Y}_{LM}(\widehat{r_1}) {\rm Y}_{LM}^*(\widehat{r_2}) \widehat{M}_\alpha(2) \quad (10.43)$$

式中, M_α 取 6 个道为

$$1, \nabla(2)^2 + \nabla'(2)^2, (\nabla(2) \pm \nabla'(2))_{10}, (\nabla(2) \pm \nabla'(2))_{11}$$

则 N_α^+ 的 6 个道为

$$1, \nabla(1)^2 + \nabla'(1)^2, (\nabla(1) \pm \nabla'(1))_{10}, (\nabla(1) \pm \nabla'(1))_{1-1} (因为 (\nabla \pm \nabla')_{1-1} = -(\nabla \pm \nabla')_{11}^+)$$

对中子的粒子–空穴激发和质子的粒子–空穴激发分别都有这 6 个道.

将自由粒子–空穴格林函数 $R_0(\vec{r}_1, \vec{r}_2, \omega)$ 和粒子–空穴格林函数 $R(\vec{r}_1, \vec{r}_2, \omega)$ 作多极展开:

$$R_0(\vec{r}_1, \vec{r}_2, \omega) = \sum_{\alpha\beta JM} G_{\alpha\beta J}^0(r_1, r_2, \omega) {\rm Y}_{JM}(\widehat{r_1}) {\rm Y}_{JM}^*(\widehat{r_2})$$

$$R(\vec{r}_1, \vec{r}_2, \omega) = \sum_{\alpha\beta JM} G_{\alpha\beta J}(r_1, r_2, \omega) {\rm Y}_{JM}(\widehat{r_1}) {\rm Y}_{JM}^*(\widehat{r_2})$$

则容易得到

$$G_{\alpha\beta J}^0(r_1, r_2, \omega) = \frac{C_{N_\alpha}^{{\rm ph}J}(r_1) C_{M_\beta}^{{\rm ph}J}(r_2)}{\epsilon_{\rm p} - \epsilon_{\rm h} - \omega} + \frac{C_{N_\alpha}^{{\rm hp}J}(r_1) C_{M_\beta}^{{\rm hp}J}(r_2)}{\epsilon_{\rm p} - \epsilon_{\rm h} + \omega}$$

在坐标空间 (r_1, r_2), 假定每一个道在一个方向上的点数为 N, 则对质子和中子分别取 $6N$ 点, 所以 $G_J^0(r_1, r_2, \omega)$ 是一个 $12N \times 12N$ 的矩阵.

由 B-S 方程可得径向粒子–空穴格林函数的解为

$$G_J(r_1, r_2, \omega) = \{1 + G_J^0(r_1, r, \omega) V_J(r_1, r_2)\}^{-1}$$

实现连续 RPA 计算的关键一步是单粒子格林函数的径向部分可以表示为

$$g_{\ell j}(r_1, r_2, E) = -\frac{2m}{\hbar^2} u_{\ell j}(r_<) v_{\ell j}(r_>) / W \qquad (10.44)$$

式中, $u_{\ell j}(r)$ 和 $v_{\ell j}(r)$ 分别是单粒子薛定谔方程 (ℓj) 分波的正规解和非正规解, $W = u\dfrac{\mathrm{d}v}{\mathrm{d}r} - v\dfrac{\mathrm{d}u}{\mathrm{d}r}$ 是朗斯基行列式, $r_>$ 和 $r_<$ 分别表示 r_1 和 r_2 中的较大和较小者. 正规解 u 在原点有限.

非正规解 v 由 $r \to \infty$ 时的边界条件确定:
若 $E < 0$, 则 $v \propto \mathrm{e}^{-(\frac{2mE}{\hbar^2})^{\frac{1}{2}} r}$; 若 $E > 0$, 则

$$v \propto \mathrm{e}^{\mathrm{i}(\frac{2mE}{\hbar^2})^{\frac{1}{2}} r}$$

在 $C_{N_\alpha}^{\mathrm{ph}J}(r_1), C_{M_\beta}^{\mathrm{ph}J}(r_2)$ 的表达式中, 粒子态径向波函数 $u_{\mathrm{p}}(r_1), u_{\mathrm{p}}(r_2)$ ($u(r) = \dfrac{R(r)}{r}$) 取正规解或者非正规解依赖于 r_1, r_2 的相对大小.

激发能在阈能以上的强度函数可以表示为

$$S_{\mathrm{F}} = \frac{1}{\pi} \mathrm{Im} \int \mathrm{d}\vec{r}\,\mathrm{d}\vec{r}\,' F(\vec{r}) R(\vec{r}, \vec{r}\,', \omega) F(\vec{r}\,')$$

$$F(\vec{r}) = F_\lambda(r) Y_{\lambda\mu}$$

得到

$$S_{\mathrm{F}} = \frac{1}{\pi} \mathrm{Im} \int \mathrm{d}r_1 \mathrm{d}r_2 F_\lambda(r_1) G_\lambda(r_1, r_2, \omega) F_\lambda(r_2)$$

如果集体态的激发能在阈能以下, 则响应函数没有虚部. 下面我们给出一个方法可以由响应函数的实部定出此集体态的跃迁强度. 令

$$\chi = \mathrm{Re} \int \mathrm{d}r \mathrm{d}r' F_\lambda(r) G_\lambda(r, r', \omega) F_\lambda(r')$$

在 ω_0 附近取三点 $\omega_1, \omega_2, \omega_3$ 满足

$$\Delta\omega = \omega_1 - \omega_2 = \omega_2 - \omega_3$$

假定 $\chi_i = \dfrac{B(\omega_0)}{\omega_0 - \omega_i} \dfrac{1}{\pi} + C$, 使得 $\chi_i (i = 1, 2, 3)$ 不同的符号, 如 χ_1、χ_2 同号, 与 χ_3 反号, 则跃迁强度

$$B(\omega_0) = 2\pi(\Delta\omega) \frac{(\chi_1 - \chi_2)(\chi_2 - \chi_3)(\chi_3 - \chi_1)}{[(\chi_2 - \chi_3) - (\chi_1 - \chi_2)]^2}$$

$$B(E\lambda \Uparrow) = \frac{Z^2}{A^2}(2\lambda + 1)B(\omega_0) \quad (\mathrm{IS})$$

$$B(E\lambda \Uparrow) = \frac{ZN}{A^2}(2\lambda + 1)B(\omega_0) \quad (\mathrm{IV})$$

10.2.5　Skyrme 势的求和规则

Skyrme 势是与动量有关的, 这些与动量相关的项对于电多极跃迁经典和的影响需要进行讨论.

1. 同位旋标量电多极跃迁

$$F_{\lambda\mu} = \sum_k f_{\lambda\mu}(k) = \sum_k r_k^\lambda Y_{\lambda\mu}(\hat{r}_k)$$

$$S_{EW}(F_{\lambda\mu}) = \frac{1}{2}[F_{\lambda\mu}^+, [V_{sky}^c + V_{sky}^{ls}, F_{\lambda\mu}]]$$

因为 t_0 和 t_3 项与动量无关, 我们只需讨论与动量有关的 t_1, t_2 和 W_0 项.

t_1 项:

$$\vec{k}^2 = -\frac{1}{4}(\vec{\nabla}_i - \vec{\nabla}_j)^2 = -\frac{1}{4}(\vec{\nabla}_i^2 + \vec{\nabla}_j^2 - 2\vec{\nabla}_i \cdot \vec{\nabla}_j)$$

$$[\vec{\nabla}_i, F_{\lambda\mu}] = (\vec{\nabla}_i f_{\lambda\mu}(i))$$

$$[\vec{\nabla}_i^2, F_{\lambda\mu}] = (\vec{\nabla}_i^2 f_{\lambda\mu}(i)) + (\vec{\nabla}_i f_{\lambda\mu}(i)) \cdot \vec{\nabla}_i$$

$$[\vec{\nabla}_j^2, F_{\lambda\mu}] = (\vec{\nabla}_j^2 f_{\lambda\mu}(j)) + (\vec{\nabla}_j f_{\lambda\mu}(j)) \cdot \vec{\nabla}_j$$

$$[-2\vec{\nabla}_i \cdot \vec{\nabla}_j), F_{\lambda\mu}] = -2(\vec{\nabla}_i f_{\lambda\mu}(i)) \cdot \vec{\nabla}_j = -2(\vec{\nabla}_j f_{\lambda\mu}(j)) \cdot \vec{\nabla}_i$$

容易看出

$$\delta(\vec{r_i} - \vec{r_j})[F_{\lambda\mu}^+, [\vec{\nabla}_i^2 + \vec{\nabla}_j^2 - 2\vec{\nabla}_i \cdot \vec{\nabla}_j, F_{\lambda\mu}]]$$

$$= \delta(\vec{r_i} - \vec{r_j})[F_{\lambda\mu}^+, (\vec{\nabla}_i f_{\lambda\mu}(i)) - (\vec{\nabla}_j f_{\lambda\mu}(j)) \cdot (\vec{\nabla}_i - \vec{\nabla}_j)]$$

$$= \delta(\vec{r_i} - \vec{r_j})(\vec{\nabla}_i f_{\lambda\mu}(i)) - (\vec{\nabla}_j f_{\lambda\mu}(j)) \cdot (\vec{\nabla}_i f_{\lambda\mu}(i)) - (\vec{\nabla}_j f_{\lambda\mu}(j))^* = 0$$

利用 $[\vec{\nabla'}_i, F_{\lambda\mu}] = [\overleftarrow{\nabla}_i, F_{\lambda\mu}] = -(\vec{\nabla}_i f_{\lambda\mu}(i))$, 容易证明

$$[F_{\lambda\mu}^+, [\vec{k'}^2, F_{\lambda\mu}]] = 0$$

所以 t_1 项无贡献.

t_2 项:

$$[(\overleftarrow{\nabla}_i - \overleftarrow{\nabla}_j)\delta \cdot (\vec{\nabla}_i - \vec{\nabla}_j), F_{\lambda\mu}]$$

$$= (\overleftarrow{\nabla}_i - \overleftarrow{\nabla}_j) \cdot \{(\vec{\nabla}_i f_{\lambda\mu}(i)) - (\vec{\nabla}_j f_{\lambda\mu}(j))\}$$

$$\quad - \{(\vec{\nabla}_i f_{\lambda\mu}(i)) - (\vec{\nabla}_j f_{\lambda\mu}(j))\} \cdot (\vec{\nabla}_i - \vec{\nabla}_j)$$

$$[F_{\lambda\mu}^+, [(\overleftarrow{\nabla}_i - \overleftarrow{\nabla}_j)\delta \cdot (\vec{\nabla}_i - \vec{\nabla}_j), F_{\lambda\mu}]]$$

$$= \{(\vec{\nabla}_i f_{\lambda\mu}(i)) - (\vec{\nabla}_j f_{\lambda\mu}(j))\}^* \cdot \{(\vec{\nabla}_i f_{\lambda\mu}(i)) - (\vec{\nabla}_j f_{\lambda\mu}(j))\}$$

$$\quad + \{(\vec{\nabla}_i f_{\lambda\mu}(i)) - (\vec{\nabla}_j f_{\lambda\mu}(j))\} \cdot \{(\vec{\nabla}_i f_{\lambda\mu}(i)) - (\vec{\nabla}_j f_{\lambda\mu}(j))\}^*$$

由于 $\delta(\vec{r_i} - \vec{r_j})t_2$ 项的贡献为零.

自旋轨道耦合项与 t_2 项推导类似:

$$[F_{\lambda\mu}^+, [(\overleftarrow{\nabla}_i - \overleftarrow{\nabla}_j)\delta \times (\vec{\nabla}_i - \vec{\nabla}_j), F_{\lambda\mu}]]$$
$$= \{(\vec{\nabla}_i f_{\lambda\mu}(i)) - (\vec{\nabla}_j f_{\lambda\mu}(j))\}^* \times \{(\vec{\nabla}_i f_{\lambda\mu}(i)) - (\vec{\nabla}_j f_{\lambda\mu}(j))\}$$
$$+ \{(\vec{\nabla}_i f_{\lambda\mu}(i)) - (\vec{\nabla}_j f_{\lambda\mu}(j))\} \times \{(\vec{\nabla}_i f_{\lambda\mu}(i)) - (\vec{\nabla}_j f_{\lambda\mu}(j))\}^* = 0$$

还可证明张量力 $V_{\text{sky}}^{\text{t}}$ 对同位旋标量电多极跃迁的能量和规则没有贡献. 所以 Skyrme 势同位旋标量电多极跃迁满足经典和规则, 它可以作为检验 RPA 计算正确性和精度的标准.

2. 同位旋矢量电多极跃迁

$$F_{\lambda\mu} = \sum_k \tau_z(k) f_{\lambda\mu}(k) = \sum_k \tau_z(k) r_k^\lambda Y_{\lambda\mu}(\hat{r}_k)$$

t_1 项:

$$[F_{\lambda\mu}^+, [(\vec{\nabla}_i - \vec{\nabla}_j)^2, F_{\lambda\mu}]]$$
$$= [F_{\lambda\mu}^+, (\tau_z(i)\vec{\nabla}_i(k)f_{\lambda\mu}(i)) - (\tau_z(j)\vec{\nabla}_j f_{\lambda\mu}(j)) \cdot (\vec{\nabla}_i - \vec{\nabla}_j)]$$
$$= -2(\tau_z(i)\vec{\nabla}_i f_{\lambda\mu}(i)) - (\tau_z(j)\vec{\nabla}_j f_{\lambda\mu}(j)) \cdot (\tau_z(i)\vec{\nabla}_i f_{\lambda\mu}(i)) - (\tau_z(j)\vec{\nabla}_j f_{\lambda\mu}(j))^*$$

$$V_{\text{sky},t_1} = \frac{1}{4}t_1 \sum_{ij}(1 + x_1 P_\sigma(ij))(\vec{k}'^2\delta + \delta\vec{k}^2)$$

$$S_{\text{EW},t_1} = \frac{1}{2}\langle 0|[F_{\lambda\mu}^+, [V_{\text{sky},t_1}, F_{\lambda\mu}]]|0\rangle$$
$$= -\frac{t_1}{16}\left\langle 0\Big| \sum_{ij}(1 + x_1 P_\sigma(ij))[F_{\lambda\mu}^+, [(\vec{\nabla}_i - \vec{\nabla}_j)^2, F_{\lambda\mu}]]\Big|0\right\rangle$$
$$= \frac{t_1}{8}\left\langle 0\Big| \sum_{ij}(1 + x_1 P_\sigma(ij))\delta\{(\tau_z(i)\vec{\nabla}_i f_{\lambda\mu}(i)) - (\tau_z(j)\vec{\nabla}_j f_{\lambda\mu}(j))\}\right.$$
$$\left. \times \{(\tau_z(i)\vec{\nabla}_i f_{\lambda\mu}(i)) - (\tau_z(j)\vec{\nabla}_j f_{\lambda\mu}(j))\}^*\Big|0\right\rangle$$
$$= \frac{t_1}{4}\left\langle 0\Big| \sum_{ij}(1 + x_1 P_\sigma(ij))\delta(\vec{r_i} - \vec{r_j})(\vec{\nabla}_i r_i^\lambda Y_{\lambda\mu}^*) \cdot (\vec{\nabla}_i r_i^\lambda Y_{\lambda\mu})(1 - \tau_z(i)\tau_z(j))\Big|0\right\rangle$$
$$= \frac{t_1}{4}\left\langle 0\Big| \sum_{ij}(1 + x_1 P_\sigma(ij))\delta(\vec{r_i} - \vec{r_j})\frac{\lambda(2\lambda + 1)^2}{4\pi}r_i^{2\lambda-2}(1 - \tau_z(i)\tau_z(j))\Big|0\right\rangle$$
$$= \frac{t_1}{4}\frac{\lambda(2\lambda + 1)^2}{4\pi}\sum_{ij}\langle ij|(1 + x_1 P_\sigma(ij))\delta(\vec{r_i} - \vec{r_j})$$

$$\times r_i^{2\lambda-2}(1-\tau_z(i)\tau_z(j)(1-P_{ij})|ij\rangle$$

$$=\frac{t_1}{4}\left(1+\frac{1}{2}x_1\right)\frac{\lambda(2\lambda+1)^2}{4\pi}\sum_{ij}\langle ij|\delta r_i^{2\lambda-2}(1-\tau_z(i)\tau_z(j)|ij\rangle$$

t_2 项:

$$[F_{\lambda\mu}^+,[(\overleftarrow{\nabla_1}-\overleftarrow{\nabla_2})\delta\cdot(\overrightarrow{\nabla_i}-\overrightarrow{\nabla_j}),F_{\lambda\mu}]]$$

$$=2(\tau_z(i)\overrightarrow{\nabla_i}f_{\lambda\mu}(i))-(\tau_z(j)\overrightarrow{\nabla_j}f_{\lambda\mu}(j))\cdot(\tau_z(i)\overrightarrow{\nabla_i}f_{\lambda\mu}(i))-(\tau_z(j)\overrightarrow{\nabla_j}f_{\lambda\mu}(j))^*$$

$$V_{\mathrm{sky},t_2}=\frac{1}{2}\sum_{ij}t_2(1+x_2P_\sigma(ij)\overrightarrow{k}'\delta\cdot\overrightarrow{k}$$

$$S_{\mathrm{EW},t_2}=\frac{1}{2}\langle 0|[F_{\lambda\mu}^+,[V_{\mathrm{sky},t_2},F_{\lambda\mu}]]|0\rangle$$

$$=\frac{t_2}{8}\Big\langle 0\Big|\sum_{ij}(1+x_2P_\sigma(ij))\delta\{(\tau_z(i)\overrightarrow{\nabla_i}f_{\lambda\mu}(i))-(\tau_z(j)\overrightarrow{\nabla_j}f_{\lambda\mu}(j))\}$$

$$\times\{(\tau_z(i)\overrightarrow{\nabla_i}f_{\lambda\mu}(i))-(\tau_z(j)\overrightarrow{\nabla_j}f_{\lambda\mu}(j))\}^*\Big|0\Big\rangle$$

$$=\frac{t_2}{4}\Big\langle 0\Big|\sum_{ij}(1+x_2P_\sigma(ij))\delta(\overrightarrow{r_i}-\overrightarrow{r_j})(\overrightarrow{\nabla_i}r_i^\lambda Y_{\lambda\mu}^*)$$

$$\times(\overrightarrow{\nabla_i}r_i^\lambda Y_{\lambda\mu})(1-\tau_z(i)\tau_z(j)\Big|0\Big\rangle$$

$$=\frac{t_2}{4}\left(1+\frac{1}{2}x_2\right)\frac{\lambda(2\lambda+1)^2}{4\pi}\sum_{ij}\langle ij|\delta r_i^{2\lambda-2}(1-\tau_z(i)\tau_z(j)|ij\rangle$$

可以证明, 二体自旋-轨道耦合相互作用项和张量相互作用项没有贡献. 动能项的贡献在第 9 章讨论经典和规则时已经给出:

$$S_T=\frac{1}{2}\left\langle 0\left|\left[F_{\lambda\mu}^+,\left[-\frac{\hbar^2}{2M}\nabla^2,F_{\lambda\mu}\right]\right]\right|0\right\rangle$$

$$=\frac{\hbar^2}{2M}\frac{\lambda(2\lambda+1)^2}{4\pi}A\langle r^{2\lambda-2}\rangle$$

所以对于 Skyrme 势, 同位旋矢量电多极跃迁的能量和规则为

$$S_{\mathrm{EW}}=\frac{\hbar^2}{2M}\frac{\lambda(2\lambda+1)^2}{4\pi}A\langle r^{2\lambda-2}\rangle(1+\kappa_\lambda)$$

式中

$$\kappa_\lambda = \frac{\frac{1}{2}\left[\left(t_1 + \frac{1}{2}x_1\right) + \left(t_2 + \frac{1}{2}x_2\right)\right] D_\lambda}{\frac{\hbar^2}{2M} A \langle r^{2\lambda-2}\rangle}$$

$$D_\lambda = \frac{1}{2}\sum_{ij}\langle ij|\delta(\vec{r_i} - \vec{r_j})(1 - \tau_z(i)\tau_z(j))r_i^{2\lambda-2}|ij\rangle$$

$$= 2\int \mathrm{d}\vec{r}\, \rho_\mathrm{n}\rho_\mathrm{p}r^{2\lambda-2}$$

我们知道, 对于同位旋矢量电偶极跃迁, 能量权重和规则大于经典和规则, 它来源于位势与动量有关. 通常 κ_1 的实验值用作确定 Skyrme 参数的条件之一.

10.3 张量力 V_{sky}^t 对于原子核集体激发的影响

我们看到, 在平均场近似下张量力 V_{sky}^t 和中心势 V_{sky}^c 中的 t_1, t_2 项都是通过 $j_\mathrm{n}, j_\mathrm{p}$ 影响单粒子态的自旋 - 轨道劈裂, 本质上没有差别. 但 V_{sky}^c 是各向同性的中心势, 而张量力是非各向同性的且具有长程力的特征. 我们期望区别于中心势的张量力的特征应当在原子核的集体激发态中显现出来.

10.3.1 组态空间的 RPA 计算中加入张量力

张量力给出的粒子–空穴相互作用 (10.28) 可以表示为

$$V_{ph}^t = \sum_i (a_i^{IS} + a_i^{IV}\vec{\tau_1}\cdot\vec{\tau_2})\theta_i$$

其中, a_i^{IS}, a_i^{IV} 和 θ_i 的表达式在表 10.1 中给出.

可以用推导 V_{ph}^c 矩阵元的同样方法推导出张量力的矩阵元. 容易看出, 表 10.1 中 $\theta_1 \sim \theta_5$ 的矩阵元与 V_{ph}^c 的矩阵元结果相同. $\theta_6 \sim \theta_{17}$ 的矩阵元可以分为三组: $\theta_6 \sim \theta_9$; $\theta_{10} \sim \theta_{13}$; $\theta_{14} \sim \theta_{17}$. 每一组中的矩阵元彼此类似.

下面我们以 G-T 跃迁 ($F = \sigma t_\pm$) 和电荷交换自旋偶极激发 ($F_{\lambda\mu} = (Y_1\sigma_1)_{\lambda\mu}$) 为例讨论张量力的影响. 图 10.3 给出张量力对于 ^{208}Pb 的 G-T 跃迁的影响. 张量力可以影响 HF 单粒子能级, 因而影响粒子–空穴激发能, 另一种机制是通过 RPA 关联影响原子核的集体激发. 为了更清楚地看出这两种不同的机制, 图中用 (00) 表示在 HF 和 RPA 计算中都没有加入张量力, 用 (10) 表示在 HF 计算中包含了张量力而在 RPA 计算中都没有加入张量力, 用 (11) 表示在 HF 和 RPA 计算中都加入了张量力. 比较 (11) 与 (00) 和 (10) 的差别, 我们看到张量力通过 RPA 关联的重要效应是将低能区 ($10 \sim 20\,\mathrm{MeV}$) 的 G-T 跃迁强度的约 10% 移动到了 $40 \sim 60\,\mathrm{MeV}$

的高能区. 因为这是通过 RPA 关联引起的跃迁强度移动, 因而具有 1p – 1h 的特征. 这种结果容易借助算符 $(Y_0\sigma_1)_1\tau_\pm$ 及 $(r^2Y_2\sigma_1)_1\tau_\pm$ 的激发模式之间的耦合来解释, 这两种算符都激发 1^+ 态, 但自旋四极 (spin quadrupole) 激发模式要比自旋单极 (G-T) 激发模式高 $2\hbar\omega$ 的激发能量, 这两种激发模式的耦合使得一部分 G-T 跃迁强度移到了自旋四极激发模式的能区. 图 10.4 给出 ^{208}Pb 和 ^{90}Zr 的 G-T 激发强度及自旋四极激发强度. 从图中明显看出, 移到高能区的 G-T 强度的位置正好对应于自旋四极激发强度的峰的位置. 这种耦合机制容易借助如下分离势来理解.

表 10.1　$\theta_i, a_i^{IS}, a_i^{IV}$ 的表达式

i	θ_i	a_i^{IS}	a_i^{IV}
1	$(\nabla_1^2 + \nabla_2^2 + \nabla_1'^2 + \nabla_2'^2)(\sigma_1 \cdot \sigma_2)$	$\frac{1}{48}(T + 3U)$	$-\frac{1}{48}(T - U)$
2	$(\nabla_1 \cdot \nabla_2)(\sigma_1 \cdot \sigma_2)$	$-\frac{1}{24}(T + 6U)$	$-\frac{1}{24}(T + U)$
3	$(\nabla_1' \cdot \nabla_2')(\sigma_1 \cdot \sigma_2)$	$-\frac{1}{24}(T + 6U)$	$-\frac{1}{24}(T + U)$
4	$(\nabla_1 \cdot \nabla_2')(\sigma_1 \cdot \sigma_2)$	$-\frac{1}{8}U$	$\frac{1}{12}U$
5	$(\nabla_1' \cdot \nabla_2)(\sigma_1 \cdot \sigma_2)$	$-\frac{1}{8}U$	$\frac{1}{12}U$
6	$(\nabla_1 \cdot \sigma_1)(\nabla_2 \cdot \sigma_2)$	$\frac{1}{32}(7T - 3U)$	$-\frac{1}{32}(7T + U)$
7	$(\nabla_1' \cdot \sigma_1)(\nabla_2' \cdot \sigma_2)$	$\frac{1}{32}(7T - 3U)$	$-\frac{1}{32}(7T + U)$
8	$(\nabla_1' \cdot \sigma_1)(\nabla_2 \cdot \sigma_2)$	$\frac{1}{32}(5T - 9U)$	$-\frac{1}{32}(5T + 3U)$
9	$(\nabla_1 \cdot \sigma_1)(\nabla_2' \cdot \sigma_2)$	$\frac{1}{32}(5T - 9U)$	$-\frac{1}{32}(5T + 3U)$
10	$(\nabla_1 \cdot \sigma_2)(\nabla_2 \cdot \sigma_1)$	$\frac{1}{32}(T + 3U)$	$-\frac{1}{32}(T - U)$
11	$(\nabla_1' \cdot \sigma_2)(\nabla_2' \cdot \sigma_1)$	$\frac{1}{32}(T + 3U)$	$-\frac{1}{32}(T - U)$
12	$(\nabla_1 \cdot \sigma_2)(\nabla_2' \cdot \sigma_1)$	$-\frac{1}{32}(T + 3U)$	$\frac{1}{32}(T - U)$
13	$(\nabla_1' \cdot \sigma_2)(\nabla_2 \cdot \sigma_1)$	$-\frac{1}{32}(T + 3U)$	$\frac{1}{32}(T - U)$
14	$(\nabla_1 \cdot \sigma_1)(\nabla_1' \cdot \sigma_2)$	$\frac{1}{16}(T + 3U)$	$-\frac{1}{16}(T - U)$
15	$(\nabla_1' \cdot \sigma_1)(\nabla_1 \cdot \sigma_2)$	$\frac{1}{16}(T + 3U)$	$-\frac{1}{16}(T - U)$
16	$(\nabla_2 \cdot \sigma_1)(\nabla_2' \cdot \sigma_2)$	$\frac{1}{16}(T + 3U)$	$-\frac{1}{16}(T - U)$
17	$(\nabla_2' \cdot \sigma_1)(\nabla_2 \cdot \sigma_2)$	$\frac{1}{16}(T + 3U)$	$-\frac{1}{16}(T - U)$

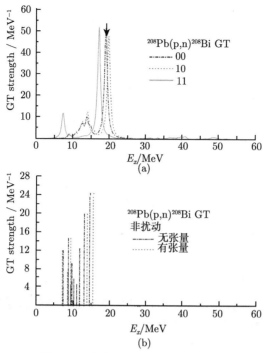

图 10.3 张量力对 G-T 跃迁的影响

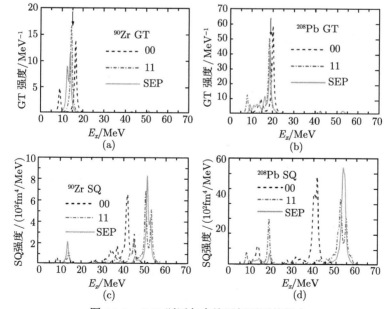

图 10.4 G-T 跃迁与自旋四极跃迁的耦合

$$V_{\text{sep}} = \lambda_0 \sum_\mu (Y_0(1)\sigma_1(1))_{1\mu}(Y_0(2)\sigma_1(2))_{1\mu}^+$$

$$+\lambda_2 \sum_\mu (r_1^2 Y_2(1)\sigma_1(1))_{1\mu}(r_2^2 Y_2(2)\sigma_1(2))_{1\mu}^+$$

$$+\lambda_1 \sum_\mu \{(Y_0(1)\sigma_1(1))_{1\mu}(r_2^2 Y_2(2)\sigma_1(2))_{1\mu}^+ + (r_1^2 Y_2(1)\sigma_1(1))_{1\mu}(Y_0(2)\sigma_1(2))_{1\mu}^+\}$$

适当调整耦合常数这种简单的分离势能够再现考虑张量力的 Skyrme 势自洽计算结果的主要特征.

对于电荷交换自旋偶极激发模式 $(F_{\lambda\mu} = (Y_1\sigma_1)_{\lambda\mu}, \lambda = 0^-, 1^-, 2^-)$, 张量力影响的主要结果是使 0^-、2^- 态的强度向能量高的方向移动, 而 1^- 态的强度向能量低的方向移动, 即张量力对于 0^-、2^- 道表现为排斥相互作用, 而对于 1^- 道表现为吸引相互作用.

10.3.2　张量力的特征

张量力通过 RPA 关联对 GT 跃迁及电荷交换自旋偶极激发模式产生影响的特征可以借助分析张量力的结构来理解.

在坐标空间, 张量力可以表示为

$$V^t = f(r)S_{12}\vec{\tau_1} \cdot \vec{\tau_2}$$
$$S_{12} = 3(\vec{\sigma_1} \cdot \hat{r})(\vec{\sigma_2} \cdot \hat{r}) - \vec{\sigma_1} \cdot \vec{\sigma_2}$$

对 $f(r) = f(|\vec{r_1} - \vec{r_2}|)$ 作多极展开:

$$f(r) = \sum_{\ell m} f(\ell, r_1, r_2)Y_{\ell m}^*(\hat{r_1})Y_{\ell m}(\hat{r_2})$$

只保留 $\ell = 0$ 的项, 可以得到

$$f(0, r_1, r_2)\frac{1}{4\pi}S_{12}\vec{\tau_1} \cdot \vec{\tau_2} = \sqrt{6}f(0, r_1, r_2) \times [((Y_0(1)\sigma_1(1))_1(Y_2(2)\sigma_1(2))_1)_0$$
$$+((Y_2(1)\sigma_1(1))_1(Y_0(2)\sigma_1(2))_1)_0]\vec{\tau_1} \cdot \vec{\tau_2}$$
$$-\frac{\sqrt{5}}{3}f(0, r_1, r_2)\begin{Bmatrix} 2\sqrt{3} & \lambda = 0 \\ -\sqrt{5} & \lambda = 1 \\ \frac{1}{\sqrt{5}} & \lambda = 2 \end{Bmatrix}$$
$$\times \sum_\mu (Y_1(\hat{r_1})\sigma_1(1))_{\lambda\mu}^+(Y_1(\hat{r_2})\sigma_1(2))_{\lambda\mu}\vec{\tau_1} \cdot \vec{\tau_2}$$

$$\tag{10.45}$$

假定 $f(0, r_1, r_2) < 0$, 则式(10.45)中的第一项给出 GT 跃迁与电荷交换自旋四极激发模式之间的耦合并将部分GT跃迁强度激发到高能区. 由式(10.45)中的第二项可以清楚地看出, 对于 1^- 道相互作用为吸引势, 对于 0^-、2^- 道相互作用为排斥势.

对于我们采用的 Skyrme 相互作用, 张量项 (10.3) 可以表示为

$$V_{\text{sky}}^{\text{t}} = \frac{T}{2} \Big\{ \sum_\mu (-1)^\mu [\vec{\sigma_1} \otimes \vec{\sigma_2}]_\mu^{(2)} [\vec{k'} \otimes \vec{k'}]_{-\mu}^{(2)} \delta(\vec{r_1} - \vec{r_2}) \Big\}$$

$$+ \sum_\mu (-1)^\mu \delta(\vec{r_1} - \vec{r_2} [\vec{\sigma_1} \otimes \vec{\sigma_2}]_\mu^{(2)} [\vec{k} \otimes \vec{k}]_{-\mu}^{(2)}$$

$$+ U \Big\{ \sum_\mu (-1)^\mu [\vec{\sigma_1} \otimes \vec{\sigma_2}]_\mu^{(2)} [\vec{k'} \otimes \vec{k}]_{-\mu}^{(2)} \delta(\vec{r_1} - \vec{r_2}) \Big\}$$

我们假定梯度算符作用在同一波函数上两次的项可以忽略, 则张量力 $V_{\text{sky}}^{\text{t}}$ 中的三态–偶项对角矩阵元能够近似地表示为分离势的形式:

$$V_\lambda^{\text{TE}} = \frac{5T}{4} \sum_{\ell, k, k'} \frac{(-1)^{k+k'+\lambda+\ell+1} \hat{k} \hat{k'}}{2\lambda + 1}$$

$$\times \begin{Bmatrix} k & k' & 2 \\ 1 & 1 & \ell \end{Bmatrix} \begin{Bmatrix} 1 & 1' & 2 \\ k' & k & \lambda \end{Bmatrix} \langle p || Q_{k', \lambda} || h \rangle \langle p || Q_{k, \lambda} || h \rangle^* \quad (10.46)$$

式中, 单体算符 $Q_{k, \lambda} = \sum_i [\sigma_i \otimes (\nabla_i \otimes Y_\ell(i))^{(k)}]^{(\lambda)}$. 容易看出, 式 (10.46) 中取 $\lambda = 1, k = 0(2), k' = 2(0)$, 给出 GT 跃迁和自旋四极激发模式之间的耦合项.

对于自旋偶极激发 $\ell = 0, k = k' = 1$:

$$V_\lambda^{\text{TE}} = -\frac{5T}{12} \begin{Bmatrix} 1 & \lambda = 0 \\ -\dfrac{1}{6} & \lambda = 1 \\ \dfrac{1}{50} & \lambda = 2 \end{Bmatrix} |\langle p || Q_{1, \lambda} || h \rangle|^2$$

$$V_\lambda^{\text{TO}} = \frac{5T}{12} \begin{Bmatrix} 1 & \lambda = 0 \\ -\dfrac{1}{6} & \lambda = 1 \\ \dfrac{1}{50} & \lambda = 2 \end{Bmatrix} |\langle p || Q_{1, \lambda} || h \rangle|^2$$

$$V_\lambda^{\text{T}} = V_\lambda^{\text{TE}} = V_\lambda^{\text{TO}} = a_\lambda T + b_\lambda U$$

反对称化给出

$$V_\lambda^{\text{T,ant}} = \left[-\frac{1}{2} a_\lambda T + \frac{1}{2} b_\lambda U \right] \langle \tau_1 \tau_2 \rangle$$

对于我们所用的 Skyrme 参数, $\lambda = 1$ 为吸引势, 而 $\lambda = 0, 2$ 为排斥势, 与我们的自洽计算结果相符合.

10.4　例　　题

例题 10.1　试证明式 (10.8).
证明

$$A \cdot B = \sum_{\mu} (-1)^{\mu} A_{1\mu} B_{1-\mu}$$

$$(A_1 B_1)_0 = \sum_{\mu} C_{1\mu 1-\mu}^{00} A_{1\mu} B_{1-\mu} = \sum_{\mu} (-1)^{1-\mu} \frac{1}{\sqrt{3}} A_{1\mu} B_{1-\mu} = -\frac{1}{\sqrt{3}} A \cdot B$$

$$(\vec{A} \times \vec{B})_{1\mu} = -\mathrm{i}\sqrt{2}(A_1 B_1)_{1\mu}$$

$$(\vec{\nabla}_1 \cdot \vec{\nabla}_2)(\vec{\sigma}_1 \cdot \vec{\sigma}_2)$$

$$|\nabla_1(1)\nabla_1(2))0, (\sigma_1(1)\sigma_1(2))0; 0\rangle$$

$$\sum_{J} \langle (11)J, (11)J; 0|(11)0, (11)0 : 0\rangle |(\nabla_1(1)\sigma_1(1))J, (\nabla_1(2)\sigma_1(2))J; 0\rangle$$

$$\langle (11)J, (11)J; 0|(11)0, (11)0 : 0\rangle = (2J+1)\begin{Bmatrix} 1 & 1 & J \\ 1 & 1 & J \\ 0 & 0 & 0 \end{Bmatrix}$$

$$= (2J+1)(-1)^J \frac{1}{\sqrt{2J+1}}\begin{Bmatrix} 1 & 1 & J \\ 1 & 1 & 0 \end{Bmatrix} = (-1)^J \sqrt{2J+1}\begin{Bmatrix} 1 & 1 & J \\ 1 & 1 & 0 \end{Bmatrix} = \frac{\sqrt{2J+1}}{3}$$

$$|(\nabla_1(1)\nabla_1(2))0, (\sigma_1(1)\sigma_1(2))0; 0\rangle$$
$$= \frac{1}{3}\sum_{J}\sqrt{2J+1}\Big|(\nabla_1(1)\sigma_1(1))J, (\nabla_1(2)\sigma_1(2))J; 0\rangle$$
$$= \frac{1}{3}\Big|(\nabla_1(1)\sigma_1(1))0, (\nabla_1(2)\sigma_1(2))0; 0\rangle$$
$$\quad + \frac{1}{\sqrt{3}}\Big|(\nabla_1(1)\sigma_1(1))1, (\nabla_1(2)\sigma_1(2))1; 0\rangle$$
$$\quad + \frac{\sqrt{5}}{3}\Big|(\nabla_1(1)\sigma_1(1))2, (\nabla_1(2)\sigma_1(2))2; 0\rangle$$

所以

$$(\vec{\nabla_1} \cdot \vec{\nabla_2})(\vec{\sigma_1} \cdot \vec{\sigma_2})$$
$$= \sum_{J}\sqrt{2J+1}\Big|(\nabla_1(1)\sigma_1(1))J, (\nabla_1(2)\sigma_1(2))J; 0\Big\rangle$$
$$= \frac{1}{3}(\vec{\nabla_1} \cdot \vec{\sigma_1})(\vec{\nabla_2} \cdot \vec{\sigma_2}) + \frac{1}{2}(\vec{\nabla_1} \times \vec{\sigma_1}) \cdot (\vec{\nabla_2} \times \vec{\sigma_2}) + (\vec{\nabla_1} \times \vec{\sigma_1})^{(2)} \cdot (\vec{\nabla_2} \times \vec{\sigma_2})^{(2)}$$

例题 10.2 如果原子核除时间反演不变外还具有轴对称性, 计算二阶张量 $\nabla_i \sigma_j$ 的九个分量.

解 取柱坐标 (r, ϕ, z).

$$x = r \cos \phi$$

$$y = r \sin \phi$$

$$\widehat{e}_r = \cos \phi \widehat{e}_x + \sin \phi \widehat{e}_y$$

$$\widehat{e}_\phi = -\sin \phi \widehat{e}_x + \cos \phi \widehat{e}_y$$

$$\overrightarrow{\nabla} = \widehat{e}_r \frac{\partial}{\partial r} + \widehat{e}_\phi \frac{1}{r} \frac{\partial}{\partial \phi} + \widehat{e}_z \frac{\partial}{\partial z}$$

泡利矩阵

$$\sigma_x = \begin{pmatrix} 0 & 1 \\ 1 & 0 \end{pmatrix}, \quad \sigma_y = \begin{pmatrix} 0 & -i \\ i & 0 \end{pmatrix}, \quad \sigma_z = \begin{pmatrix} 1 & 0 \\ 0 & -1 \end{pmatrix}$$

$$\sigma_r = \overrightarrow{\sigma} \cdot \widehat{e}_r = \begin{pmatrix} 0 & e^{-i\phi} \\ e^{i\phi} & 0 \end{pmatrix}$$

$$\sigma_\phi = \overrightarrow{\sigma} \cdot \widehat{e}_\phi = \begin{pmatrix} 0 & -ie^{-i\phi} \\ ie^{i\phi} & 0 \end{pmatrix}$$

由此可以得到在 σ_z 为对角的自旋表象中:

$$(1) = \widehat{j}_{rr} = \frac{\partial}{\partial r} \sigma_r = \begin{pmatrix} 0 & e^{-i\phi} \dfrac{\partial}{\partial r} \\ e^{i\phi} \dfrac{\partial}{\partial r} & 0 \end{pmatrix}$$

$$(2) = \widehat{j}_{\phi\phi} = \frac{1}{r} \frac{\partial}{\partial \phi} \sigma_\phi = \begin{pmatrix} 0 & -i \dfrac{1}{r} \dfrac{\partial}{\partial \phi} e^{-i\phi} \\ i \dfrac{1}{r} \dfrac{\partial}{\partial \phi} e^{i\phi} & 0 \end{pmatrix}$$

$$(3) = \widehat{j}_{zz} = \frac{\partial}{\partial z} \sigma_z = \begin{pmatrix} \dfrac{\partial}{\partial z} & 0 \\ 0 & -\dfrac{\partial}{\partial z} \end{pmatrix}$$

$$(4) = \widehat{j}_{rz} = \frac{\partial}{\partial r} \sigma_z = \begin{pmatrix} \dfrac{\partial}{\partial r} & 0 \\ 0 & -\dfrac{\partial}{\partial r} \end{pmatrix}$$

$$(5) = \widehat{j}_{zr} = \frac{\partial}{\partial z} \sigma_r = \begin{pmatrix} 0 & e^{-i\phi} \dfrac{\partial}{\partial z} \\ e^{i\phi} \dfrac{\partial}{\partial z} & 0 \end{pmatrix}$$

$$(6) = \widehat{j}_{\phi z} = \frac{1}{r}\frac{\partial}{\partial \phi}\sigma_z = \begin{pmatrix} \dfrac{1}{r}\dfrac{\partial}{\partial \phi} & 0 \\ 0 & -\dfrac{1}{r}\dfrac{\partial}{\partial \phi} \end{pmatrix}$$

$$(7) = \widehat{j}_{z\phi} = \frac{\partial}{\partial z}\sigma_\phi = \begin{pmatrix} 0 & -\mathrm{i}\mathrm{e}^{-\mathrm{i}\phi}\dfrac{\partial}{\partial z} \\ \mathrm{i}\mathrm{e}^{\mathrm{i}\phi}\dfrac{\partial}{\partial z} & 0 \end{pmatrix}$$

$$(8) = \widehat{j}_{r\phi} = \frac{\partial}{\partial r}\sigma_\phi = \begin{pmatrix} 0 & -\mathrm{i}\mathrm{e}^{-\mathrm{i}\phi}\dfrac{\partial}{\partial r} \\ \mathrm{i}\mathrm{e}^{\mathrm{i}\phi}\dfrac{\partial}{\partial r} & 0 \end{pmatrix}$$

$$(9) = \widehat{j}_{\phi r} = \frac{1}{r}\frac{\partial}{\partial \phi}\sigma_r = \begin{pmatrix} 0 & \dfrac{1}{r}\dfrac{\partial}{\partial \phi}\mathrm{e}^{-\mathrm{i}\phi} \\ \dfrac{1}{r}\dfrac{\partial}{\partial \phi}\mathrm{e}^{\mathrm{i}\phi} & 0 \end{pmatrix}$$

对于轴对称的偶偶原子核, 单粒子波函数有以下形式:

$$\Phi_i(\overrightarrow{r},\sigma) = \Phi_i^+(r,z)\mathrm{e}^{\mathrm{i}\Lambda^-\varphi}\chi_{\frac{1}{2}}(\sigma) + \Phi_i^-(r,z)\mathrm{e}^{\mathrm{i}\Lambda^+\varphi}\chi_{-\frac{1}{2}}(\sigma)$$

式中, $\Lambda_i^\pm = \Omega_i \pm \dfrac{1}{2}, \Omega_i$ 是好量子数.

在 σ_z 是对角矩阵的自旋空间:

$$\Phi_i(\overrightarrow{r}) = \begin{pmatrix} \Phi_i^+(r,z)\mathrm{e}^{\mathrm{i}(\Omega-\frac{1}{2})\phi} \\ \Phi_i^-(r,z)\mathrm{e}^{\mathrm{i}(\Omega+\frac{1}{2})\phi} \end{pmatrix}$$

它的时间反演态

$$\Phi_{\widetilde{i}}(\overrightarrow{r}) = -\mathrm{i}\sigma_y\Phi_i^*(\overrightarrow{r})$$

$$= \begin{pmatrix} 0 & -1 \\ 1 & 0 \end{pmatrix}\begin{pmatrix} \Phi_i^+(r,z)\mathrm{e}^{\mathrm{i}(\Omega-\frac{1}{2})\phi} \\ \Phi_i^-(r,z)\mathrm{e}^{\mathrm{i}(\Omega+\frac{1}{2})\phi} \end{pmatrix}^*$$

$$= \begin{pmatrix} -\Phi_i^-(r,z)\mathrm{e}^{\mathrm{i}(-\Omega_i-\frac{1}{2})\phi} \\ \Phi_i^+(r,z)\mathrm{e}^{\mathrm{i}(-\Omega_i+\frac{1}{2})\phi} \end{pmatrix}$$

下面计算

$$j_{\alpha\beta} = \Phi_i^+\widehat{j}_{\alpha\beta}\Phi_i + \Phi_{\widetilde{i}}^+\widehat{j}_{\alpha\beta}\Phi_{\widetilde{i}}$$

由

$$\left(\Phi_i^+(r,z)\mathrm{e}^{-\mathrm{i}(\Omega-\frac{1}{2})\phi}, \Phi_i^-(r,z)\mathrm{e}^{-\mathrm{i}(\Omega+\frac{1}{2})\phi} \right)$$

$$\times \begin{pmatrix} 0 & \mathrm{e}^{-\mathrm{i}\phi}\dfrac{\partial}{\partial r} \\ \mathrm{e}^{\mathrm{i}\phi}\dfrac{\partial}{\partial r} & 0 \end{pmatrix} \begin{pmatrix} \Phi_i^+(r,z)\mathrm{e}^{\mathrm{i}(\Omega-\frac{1}{2})\phi} \\ \Phi_i^-(r,z)\mathrm{e}^{\mathrm{i}(\Omega+\frac{1}{2})\phi} \end{pmatrix}$$

$$= \Phi_i^+(r,z)\frac{\partial\Phi_i^-(r,z)}{\partial r} + \Phi_i^-(r,z)\frac{\partial\Phi_i^+(r,z)}{\partial r};$$

$$\left(-\Phi_i^-(r,z)\mathrm{e}^{\mathrm{i}(\Omega+\frac{1}{2})\phi}, \Phi_i^+(r,z)\mathrm{e}^{\mathrm{i}(\Omega-\frac{1}{2})\phi} \right)$$

$$\times \begin{pmatrix} 0 & \mathrm{e}^{-\mathrm{i}\phi}\dfrac{\partial}{\partial r} \\ \mathrm{e}^{\mathrm{i}\phi}\dfrac{\partial}{\partial r} & 0 \end{pmatrix} \begin{pmatrix} -\Phi_i^-(r,z)\mathrm{e}^{\mathrm{i}(-\Omega-\frac{1}{2})\phi} \\ \Phi_i^+(r,z)\mathrm{e}^{\mathrm{i}(-\Omega+\frac{1}{2})\phi} \end{pmatrix}$$

$$= -\Phi_i^+(r,z)\frac{\partial\Phi_i^-(r,z)}{\partial r} - \Phi_i^-(r,z)\frac{\partial\Phi_i^+(r,z)}{\partial r}$$

得到

$$(1) = j_{rr} = 0$$

由

$$\left(\Phi_i^+(r,z)\mathrm{e}^{-\mathrm{i}(\Omega-\frac{1}{2})\phi}, \Phi_i^-(r,z)\mathrm{e}^{-\mathrm{i}(\Omega+\frac{1}{2})\phi} \right)$$

$$\times \begin{pmatrix} 0 & -\mathrm{i}\dfrac{1}{r}\dfrac{\partial}{\partial\phi}\mathrm{e}^{-\mathrm{i}\phi} \\ \mathrm{i}\dfrac{1}{r}\dfrac{\partial}{\partial\phi}\mathrm{e}^{\mathrm{i}\phi} & 0 \end{pmatrix} \begin{pmatrix} \Phi_i^+(r,z)\mathrm{e}^{\mathrm{i}(\Omega-\frac{1}{2})\phi} \\ \Phi_i^-(r,z)\mathrm{e}^{\mathrm{i}(\Omega+\frac{1}{2})\phi} \end{pmatrix}$$

$$= -\frac{1}{r}\Phi_i^+(r,z)\Phi_i^-(r,z);$$

$$\left(-\Phi_i^-(r,z)\mathrm{e}^{\mathrm{i}(\Omega+\frac{1}{2})\phi}, \Phi_i^+(r,z)\mathrm{e}^{\mathrm{i}(\Omega-\frac{1}{2})\phi} \right)$$

$$\times \begin{pmatrix} 0 & -\mathrm{i}\dfrac{1}{r}\dfrac{\partial}{\partial\phi}\mathrm{e}^{-\mathrm{i}\phi} \\ \mathrm{i}\dfrac{1}{r}\dfrac{\partial}{\partial\phi}\mathrm{e}^{\mathrm{i}\phi} & 0 \end{pmatrix} \begin{pmatrix} -\Phi_i^-(r,z)\mathrm{e}^{\mathrm{i}(-\Omega-\frac{1}{2})\phi} \\ \Phi_i^+(r,z)\mathrm{e}^{\mathrm{i}(-\Omega+\frac{1}{2})\phi} \end{pmatrix}$$

$$= \frac{1}{r}\Phi_i^+(r,z)\Phi_i^-(r,z)$$

得到

$$(2) = j_{\phi\phi} = 0$$

由

$$
\left(\Phi_i^+(r,z)\mathrm{e}^{-\mathrm{i}(\Omega-\frac{1}{2})\phi}, \Phi_i^-(r,z)\mathrm{e}^{-\mathrm{i}(\Omega+\frac{1}{2})\phi} \right)
\begin{pmatrix} \dfrac{\partial}{\partial z} & 0 \\ 0 & -\dfrac{\partial}{\partial z} \end{pmatrix}
\begin{pmatrix} \Phi_i^+(r,z)\mathrm{e}^{\mathrm{i}(\Omega-\frac{1}{2})\phi} \\ \Phi_i^-(r,z)\mathrm{e}^{\mathrm{i}(\Omega+\frac{1}{2})\phi} \end{pmatrix}
$$

$$
= \Phi_i^+(r,z)\frac{\partial \Phi_i^+(r,z)}{\partial z} - \Phi_i^-(r,z)\frac{\partial \Phi_i^-(r,z)}{\partial z};
$$

$$
\left(-\Phi_i^-(r,z)\mathrm{e}^{\mathrm{i}(\Omega+\frac{1}{2})\phi}, \Phi_i^+(r,z)\mathrm{e}^{\mathrm{i}(\Omega-\frac{1}{2})\phi} \right)
\begin{pmatrix} \dfrac{\partial}{\partial z} & 0 \\ 0 & -\dfrac{\partial}{\partial z} \end{pmatrix}
\begin{pmatrix} -\Phi_i^-(r,z)\mathrm{e}^{\mathrm{i}(-\Omega-\frac{1}{2})\phi} \\ \Phi_i^+(r,z)\mathrm{e}^{\mathrm{i}(-\Omega+\frac{1}{2})\phi} \end{pmatrix}
$$

$$
= -\Phi_i^+(r,z)\frac{\partial \Phi_i^+(r,z)}{\partial z} + \Phi_i^-(r,z)\frac{\partial \Phi_i^-(r,z)}{\partial z}
$$

得到

$$
(3) = j_{zz} = 0
$$

由

$$
\left(\Phi_i^+(r,z)\mathrm{e}^{-\mathrm{i}(\Omega-\frac{1}{2})\phi}, \Phi_i^-(r,z)\mathrm{e}^{-\mathrm{i}(\Omega+\frac{1}{2})\phi} \right)
\begin{pmatrix} \dfrac{\partial}{\partial r} & 0 \\ 0 & -\dfrac{\partial}{\partial r} \end{pmatrix}
\begin{pmatrix} \Phi_i^+(r,z)\mathrm{e}^{\mathrm{i}(\Omega-\frac{1}{2})\phi} \\ \Phi_i^-(r,z)\mathrm{e}^{\mathrm{i}(\Omega+\frac{1}{2})\phi} \end{pmatrix}
$$

$$
= \Phi_i^+(r,z)\frac{\partial \Phi_i^+(r,z)}{\partial r} - \Phi_i^-(r,z)\frac{\partial \Phi_i^-(r,z)}{\partial r};
$$

$$
\left(-\Phi_i^-(r,z)\mathrm{e}^{\mathrm{i}(\Omega+\frac{1}{2})\phi}, \Phi_i^+(r,z)\mathrm{e}^{\mathrm{i}(\Omega-\frac{1}{2})\phi} \right)
\begin{pmatrix} \dfrac{\partial}{\partial r} & 0 \\ 0 & -\dfrac{\partial}{\partial r} \end{pmatrix}
\begin{pmatrix} -\Phi_i^-(r,z)\mathrm{e}^{\mathrm{i}(-\Omega-\frac{1}{2})\phi} \\ \Phi_i^+(r,z)\mathrm{e}^{\mathrm{i}(-\Omega+\frac{1}{2})\phi} \end{pmatrix}
$$

$$
= -\Phi_i^+(r,z)\frac{\partial \Phi_i^+(r,z)}{\partial r} + \Phi_i^-(r,z)\frac{\partial \Phi_i^-(r,z)}{\partial r}
$$

得到

$$
(4) = j_{rz} = 0
$$

由

$$
\left(\Phi_i^+(r,z)\mathrm{e}^{-\mathrm{i}(\Omega-\frac{1}{2})\phi}, \Phi_i^-(r,z)\mathrm{e}^{-\mathrm{i}(\Omega+\frac{1}{2})\phi} \right)
\begin{pmatrix} 0 & \mathrm{e}^{-\mathrm{i}\phi}\dfrac{\partial}{\partial z} \\ \mathrm{e}^{\mathrm{i}\phi}\dfrac{\partial}{\partial z} & 0 \end{pmatrix}
\begin{pmatrix} \Phi_i^+(r,z)\mathrm{e}^{\mathrm{i}(\Omega-\frac{1}{2})\phi} \\ \Phi_i^-(r,z)\mathrm{e}^{\mathrm{i}(\Omega+\frac{1}{2})\phi} \end{pmatrix}
$$

$$= \Phi_i^+(r,z) \frac{\partial \Phi_i^-(r,z)}{\partial z} + \Phi_i^-(r,z) \frac{\partial \Phi_i^+(r,z)}{\partial z};$$

$$(-\Phi_i^-(r,z) e^{i(\Omega+\frac{1}{2})\phi}, \Phi_i^+(r,z) e^{i(\Omega-\frac{1}{2})\phi})$$

$$\times \begin{pmatrix} 0 & e^{-i\phi} \dfrac{\partial}{\partial z} \\ e^{i\phi} \dfrac{\partial}{\partial z} & 0 \end{pmatrix} \begin{pmatrix} -\Phi_i^-(r,z) e^{i(-\Omega-\frac{1}{2})\phi} \\ \Phi_i^+(r,z) e^{i(-\Omega+\frac{1}{2})\phi} \end{pmatrix}$$

$$= -\Phi_i^+(r,z) \frac{\partial \Phi_i^-(r,z)}{\partial z} - \Phi_i^-(r,z) \frac{\partial \Phi_i^+(r,z)}{\partial z}$$

得到

$$(5) = j_{zr} = 0$$

由

$$(\Phi_i^+(r,z) e^{-i(\Omega-\frac{1}{2})\phi}, \Phi_i^-(r,z) e^{-i(\Omega+\frac{1}{2})\phi}) \begin{pmatrix} \dfrac{1}{r} \dfrac{\partial}{\partial \phi} & 0 \\ 0 & -\dfrac{1}{r} \dfrac{\partial}{\partial \phi} \end{pmatrix} \begin{pmatrix} \Phi_i^+(r,z) e^{i(\Omega-\frac{1}{2})\phi} \\ \Phi_i^-(r,z) e^{i(\Omega+\frac{1}{2})\phi} \end{pmatrix}$$

$$= -\frac{i \left(\Omega + \dfrac{1}{2} \right)}{r} \Phi_i^-(r,z) \Phi_i^-(r,z) + \frac{i \left(\Omega - \dfrac{1}{2} \right)}{r} \Phi_i^+(r,z) \Phi_i^+(r,z);$$

$$(-\Phi_i^-(r,z) e^{i(\Omega+\frac{1}{2})\phi}, \Phi_i^+(r,z) e^{i(\Omega-\frac{1}{2})\phi}) \begin{pmatrix} \dfrac{1}{r} \dfrac{\partial}{\partial \phi} & 0 \\ 0 & -\dfrac{1}{r} \dfrac{\partial}{\partial \phi} \end{pmatrix} \begin{pmatrix} -\Phi_i^-(r,z) e^{i(-\Omega-\frac{1}{2})\phi} \\ \Phi_i^+(r,z) e^{i(-\Omega+\frac{1}{2})\phi} \end{pmatrix}$$

$$= -\frac{i \left(\Omega + \dfrac{1}{2} \right)}{r} \Phi_i^-(r,z) \Phi_i^-(r,z) + \frac{i \left(\Omega - \dfrac{1}{2} \right)}{r} \Phi_i^+(r,z) \Phi_i^+(r,z)$$

得到

$$(6) = j_{\phi z} = -\frac{2i \left(\Omega_i + \dfrac{1}{2} \right)}{r} \Phi_i^-(r,z) \Phi_i^-(r,z) + \frac{2i \left(\Omega_i - \dfrac{1}{2} \right)}{r} \Phi_i^+(r,z) \Phi_i^+(r,z)$$

考虑算符前的因子 $\dfrac{1}{2i}$，有

$$(6) = j_{\phi z} = \frac{\Lambda_i^-}{r} \Phi_i^+(r,z) \Phi_i^+(r,z) - \frac{\Lambda_i^+}{r} \Phi_i^-(r,z) \Phi_i^-(r,z)$$

由

$$(\Phi_i^+(r,z)\mathrm{e}^{-\mathrm{i}(\Omega-\frac{1}{2})\phi}, \Phi_i^-(r,z)\mathrm{e}^{-\mathrm{i}(\Omega+\frac{1}{2})\phi}) \begin{pmatrix} 0 & -\mathrm{i}\mathrm{e}^{-\mathrm{i}\phi}\dfrac{\partial}{\partial z} \\ \mathrm{i}\mathrm{e}^{\mathrm{i}\phi}\dfrac{\partial}{\partial z} & 0 \end{pmatrix}$$

$$\times \begin{pmatrix} \Phi_i^+(r,z)\mathrm{e}^{\mathrm{i}(\Omega-\frac{1}{2})\phi} \\ \Phi_i^-(r,z)\mathrm{e}^{\mathrm{i}(\Omega+\frac{1}{2})\phi} \end{pmatrix}$$

$$= -\mathrm{i}\Phi_i^+(r,z)\frac{\partial \Phi_i^-(r,z)}{\partial z} + \mathrm{i}\Phi_i^-(r,z)\frac{\partial \Phi_i^+(r,z)}{\partial z};$$

$$(-\Phi_i^-(r,z)\mathrm{e}^{\mathrm{i}(\Omega+\frac{1}{2})\phi}, \Phi_i^+(r,z)\mathrm{e}^{\mathrm{i}(\Omega-\frac{1}{2})\phi}) \begin{pmatrix} 0 & -\mathrm{i}\mathrm{e}^{-\mathrm{i}\phi}\dfrac{\partial}{\partial z} \\ \mathrm{i}\mathrm{e}^{\mathrm{i}\phi}\dfrac{\partial}{\partial z} & 0 \end{pmatrix}$$

$$\times \begin{pmatrix} -\Phi_i^-(r,z)\mathrm{e}^{\mathrm{i}(-\Omega-\frac{1}{2})\phi} \\ \Phi_i^+(r,z)\mathrm{e}^{\mathrm{i}(-\Omega+\frac{1}{2})\phi} \end{pmatrix}$$

$$= -\mathrm{i}\Phi_i^+(r,z)\frac{\partial \Phi_i^-(r,z)}{\partial z} + \mathrm{i}\Phi_i^-(r,z)\frac{\partial \Phi_i^+(r,z)}{\partial z}$$

得到

$$(7) = j_{z\phi} = -2\mathrm{i}\Phi_i^+(r,z)\frac{\partial \Phi_i^-(r,z)}{\partial z} + 2\mathrm{i}\Phi_i^-(r,z)\frac{\partial \Phi_i^+(r,z)}{\partial z}$$

考虑算符前的因子 $\dfrac{1}{2\mathrm{i}}$, 有

$$(7) = j_{z\phi} = \Phi_i^-(r,z)\frac{\partial \Phi_i^+(r,z)}{\partial z} - \Phi_i^+(r,z)\frac{\partial \Phi_i^-(r,z)}{\partial z}$$

由

$$(\Phi_i^+(r,z)\mathrm{e}^{-\mathrm{i}(\Omega-\frac{1}{2})\phi}, \Phi_i^-(r,z)\mathrm{e}^{-\mathrm{i}(\Omega+\frac{1}{2})\phi})$$

$$\times \begin{pmatrix} 0 & -\mathrm{i}\mathrm{e}^{-\mathrm{i}\phi}\dfrac{\partial}{\partial r} \\ \mathrm{i}\mathrm{e}^{\mathrm{i}\phi}\dfrac{\partial}{\partial r} & 0 \end{pmatrix} \begin{pmatrix} \Phi_i^+(r,z)\mathrm{e}^{\mathrm{i}(\Omega-\frac{1}{2})\phi} \\ \Phi_i^-(r,z)\mathrm{e}^{\mathrm{i}(\Omega+\frac{1}{2})\phi} \end{pmatrix}$$

$$= -\mathrm{i}\Phi_i^+(r,z)\frac{\partial \Phi_i^-(r,z)}{\partial r} + \mathrm{i}\Phi_i^-(r,z)\frac{\partial \Phi_i^+(r,z)}{\partial r};$$

$$(-\Phi_i^-(r,z)\mathrm{e}^{\mathrm{i}(\Omega+\frac{1}{2})\phi}, \Phi_i^+(r,z)\mathrm{e}^{\mathrm{i}(\Omega-\frac{1}{2})\phi})$$

$$\times \begin{pmatrix} 0 & -\mathrm{i}\mathrm{e}^{-\mathrm{i}\phi}\dfrac{\partial}{\partial r} \\ \mathrm{i}\mathrm{e}^{\mathrm{i}\phi}\dfrac{\partial}{\partial r} & 0 \end{pmatrix} \begin{pmatrix} -\Phi_i^-(r,z)\mathrm{e}^{\mathrm{i}(-\Omega-\frac{1}{2})\phi} \\ \Phi_i^+(r,z)\mathrm{e}^{\mathrm{i}(-\Omega+\frac{1}{2})\phi} \end{pmatrix}$$

$$= -\mathrm{i}\Phi_i^+(r,z)\frac{\partial \Phi_i^-(r,z)}{\partial r} + \mathrm{i}\Phi_i^-(r,z)\frac{\partial \Phi_i^+(r,z)}{\partial r}$$

得到

$$(8) = j_{r\phi} = -2\mathrm{i}\Phi_i^+(r,z)\frac{\partial \Phi_i^-(r,z)}{\partial r} + 2\mathrm{i}\Phi_i^-(r,z)\frac{\partial \Phi_i^+(r,z)}{\partial r}$$

考虑算符前的因子 $\dfrac{1}{2\mathrm{i}}$, 有

$$(8) = j_{r\phi} = \Phi_i^-(r,z)\frac{\partial \Phi_i^+(r,z)}{\partial r} - \Phi_i^+(r,z)\frac{\partial \Phi_i^-(r,z)}{\partial r}$$

由

$$\left(\Phi_i^+(r,z)\mathrm{e}^{-\mathrm{i}(\Omega-\frac{1}{2})\phi}, \Phi_i^-(r,z)\mathrm{e}^{-\mathrm{i}(\Omega+\frac{1}{2})\phi}\right)$$

$$\times\begin{pmatrix} 0 & \dfrac{1}{r}\dfrac{\partial}{\partial \phi}\mathrm{e}^{-\mathrm{i}\phi} \\ \dfrac{1}{r}\dfrac{\partial}{\partial \phi}\mathrm{e}^{\mathrm{i}\phi} & 0 \end{pmatrix}\begin{pmatrix} \Phi_i^+(r,z)\mathrm{e}^{\mathrm{i}(\Omega-\frac{1}{2})\phi} \\ \Phi_i^-(r,z)\mathrm{e}^{\mathrm{i}(\Omega+\frac{1}{2})\phi} \end{pmatrix}$$

$$=\frac{\mathrm{i}\left(\Omega+\dfrac{1}{2}\right)}{r}\Phi_i^+(r,z)\Phi_i^-(r,z) + \frac{\mathrm{i}\left(\Omega-\dfrac{1}{2}\right)}{r}\Phi_i^+(r,z)\Phi_i^-(r,z);$$

$$\left(-\Phi_i^-(r,z)\mathrm{e}^{\mathrm{i}(\Omega+\frac{1}{2})\phi}, \Phi_i^+(r,z)\mathrm{e}^{\mathrm{i}(\Omega-\frac{1}{2})\phi}\right)$$

$$\times\begin{pmatrix} 0 & \dfrac{1}{r}\dfrac{\partial}{\partial \phi}\mathrm{e}^{-\mathrm{i}\phi} \\ \dfrac{1}{r}\dfrac{\partial}{\partial \phi}\mathrm{e}^{\mathrm{i}\phi} & 0 \end{pmatrix}\begin{pmatrix} -\Phi_i^-(r,z)\mathrm{e}^{\mathrm{i}(-\Omega-\frac{1}{2})\phi} \\ \Phi_i^+(r,z)\mathrm{e}^{\mathrm{i}(-\Omega+\frac{1}{2})\phi} \end{pmatrix}$$

$$=-\frac{\mathrm{i}\left(-\Omega-\dfrac{1}{2}\right)}{r}\Phi_i^+(r,z)\Phi_i^-(r,z) - \frac{\mathrm{i}\left(-\Omega+\dfrac{1}{2}\right)}{r}\Phi_i^+(r,z)\Phi_i^-(r,z)$$

考虑算符前的因子 $\dfrac{1}{2\mathrm{i}}$, 有

$$(9) = j_{\phi r} = \frac{\Lambda_i^+}{r}\Phi_i^+(r,z)\Phi_i^-(r,z) + \frac{\Lambda_i^-}{r}\Phi_i^+(r,z)\Phi_i^-(r,z)$$

所以对于轴对称的偶偶核的情况, 标量 $j^{(0)} = 0$ 仍然成立. 矢量 $j_\kappa^{(1)}$ 中只有两个分量 $j_r^{(1)}$ 和 $j_z^{(1)}$ 不为零, 而

$$j_\phi^{(1)} = \sum_{\alpha\beta}\epsilon_{\alpha\beta\phi}j_{\alpha\beta} = 0$$

对称张量 $j_{\alpha\beta}^{(2)}$ 的五个分量中只有两个分量 $j_{z\phi}^{(2)}$ 和 $j_{r\phi}^{(2)}$ 不为零.

球对称是轴对称的特殊情况, 这时 $\hat{e}_z$ 轴可取空间任意方向 (相应于球坐标的 $\hat{e}_\theta$ 轴), 关系式

$$j^{(0)} = j_{rr} + j_{\theta\theta} + j_{\phi\phi} = 0$$

仍然成立.

矢量 $j_\kappa^{(1)}$ 中只有 $j_r^{(1)} \neq 0$, $j_\theta^{(1)} = j_\phi^{(1)} = 0$, 这意味着二阶张量 $j_{\alpha\beta}$ 的九个分量中只有两个分量 $j_{\theta\phi}$ 和 $j_{\phi\phi}$ 不为零, 且有 $j_{\theta\phi} = -j_{\phi\theta}$, 所以对称张量 $j_{\alpha\beta}^{(2)}$ 的五个分量全部为零.

例题 10.3　在 $\hat{e}_r$ 为 z 轴的参照系中的算符试证明下列公式:

$$\nabla_{10} f(r) Y_{\ell m}(\theta\phi)|_{\hat{z}} = \sqrt{\frac{2\ell+1}{4\pi}} \frac{\mathrm{d}f}{\mathrm{d}r} \delta_{m,0}$$

$$\nabla_{1\pm1} f(r) Y_{\ell m}|_{\hat{z}} = -\sqrt{\frac{\ell(\ell+1)(2\ell+1)}{8\pi}} \frac{f(r)}{r} \delta_{m,\mp1}$$

证明　此公式的意义是算符 ∇ 对函数 $f(r) Y_{\ell m}(\theta\phi)$ 作用以后所得的表达式中再取 $\hat{e}_r$ 沿 z 轴.

在任意参照系中由角动量算符的定义

$$\vec{\ell} = -\mathrm{i}r\hat{e}_r \times \vec{\nabla}$$

则有

$$\hat{e}_r \times \vec{\ell} = -\mathrm{i}r\hat{e}_r \times (\hat{e}_r \times \vec{\nabla}) = -\mathrm{i}r[\hat{e}_r \nabla_r - \vec{\nabla}]$$

由此可得

$$\vec{\nabla} = \hat{e}_r \frac{\partial}{\partial r} - \mathrm{i}\frac{1}{r}\hat{e}_r \times \vec{\ell}$$

因为

$$\vec{\nabla} = \hat{e}_{10}\nabla_{10} - \hat{e}_{1-1}\nabla_{11} - \hat{e}_{11}\nabla_{1-1}$$

$$\vec{\ell} = \hat{e}_{10}\ell_{10} - \hat{e}_{1-1}\ell_{11} - \hat{e}_{11}\ell_{1-1}$$

式中

$$\hat{e}_{10} = \hat{e}_z, \quad \hat{e}_{11} = -\frac{1}{\sqrt{2}}(\hat{e}_x + \mathrm{i}\hat{e}_y), \quad \hat{e}_{1-1} = \frac{1}{\sqrt{2}}(\hat{e}_x - \mathrm{i}\hat{e}_y)$$

由此得到

$$\nabla_{10} = \widehat{e}_{10} \cdot \overrightarrow{\nabla}$$

$$= \widehat{e}_{10} \cdot \widehat{e}_r \frac{\partial}{\partial r} - \mathrm{i}\frac{1}{r}\widehat{e}_{10} \cdot (\widehat{e}_r \times \overrightarrow{\ell})$$

$$= \widehat{e}_{10} \cdot \widehat{e}_r \frac{\partial}{\partial r} - \mathrm{i}\frac{1}{r}(\widehat{e}_{10} \times \widehat{e}_r) \cdot \overrightarrow{\ell}$$

$$= \widehat{e}_{10} \cdot \widehat{e}_r \frac{\partial}{\partial r} + \mathrm{i}\frac{1}{r}(\widehat{e}_{10} \times \widehat{e}_r) \cdot \widehat{e}_{1-1}\ell_{11} + \mathrm{i}\frac{1}{r}(\widehat{e}_{10} \times \widehat{e}_r) \cdot \widehat{e}_{11}\ell_{1-1}$$

$$\nabla_{11} = \widehat{e}_{11} \cdot \overrightarrow{\nabla} = \widehat{e}_{11} \cdot \widehat{e}_r \frac{\partial}{\partial r} - \mathrm{i}\frac{1}{r}\widehat{e}_{11} \cdot (\widehat{e}_r \times \overrightarrow{\ell})$$

$$= \widehat{e}_{11} \cdot \widehat{e}_r \frac{\partial}{\partial r} - \mathrm{i}\frac{1}{r}(\widehat{e}_{11} \times \widehat{e}_r) \cdot \overrightarrow{\ell}$$

$$= \widehat{e}_{11} \cdot \widehat{e}_r \frac{\partial}{\partial r} - \mathrm{i}\frac{1}{r}(\widehat{e}_{11} \times \widehat{e}_r) \cdot \widehat{e}_{10}\ell_{10} + \mathrm{i}\frac{1}{r}(\widehat{e}_{11} \times \widehat{e}_r) \cdot \widehat{e}_{1-1}\ell_{11}$$

$$\nabla_{1-1} = \widehat{e}_{1-1} \cdot \overrightarrow{\nabla} = \widehat{e}_{1-1} \cdot \widehat{e}_r \frac{\partial}{\partial r} - \mathrm{i}\frac{1}{r}\widehat{e}_{1-1} \cdot (\widehat{e}_r \times \overrightarrow{\ell})$$

$$= \widehat{e}_{1-1} \cdot \widehat{e}_r \frac{\partial}{\partial r} - \mathrm{i}\frac{1}{r}(\widehat{e}_{1-1} \times \widehat{e}_r) \cdot \overrightarrow{\ell}$$

$$= \widehat{e}_{1-1} \cdot \widehat{e}_r \frac{\partial}{\partial r} - \mathrm{i}\frac{1}{r}(\widehat{e}_{1-1} \times \widehat{e}_r) \cdot \widehat{e}_{10}\ell_{10} + \mathrm{i}\frac{1}{r}(\widehat{e}_{1-1} \times \widehat{e}_r) \cdot \widehat{e}_{11}\ell_{1-1}$$

利用公式

$$\ell_z \mathrm{Y}_{\ell m} = m\mathrm{Y}_{\ell m}$$

$$\ell_{11}\mathrm{Y}_{\ell m} = -\frac{1}{\sqrt{2}}\sqrt{(\ell - m)(\ell + m + 1)}\mathrm{Y}_{\ell m+1}$$

$$\ell_{1-1}\mathrm{Y}_{\ell m} = \frac{1}{\sqrt{2}}\sqrt{(\ell + m)(\ell - m + 1)}\mathrm{Y}_{\ell m-1}$$

$$\nabla_{10}f(r)\mathrm{Y}_{\ell m}(\theta\phi) = \widehat{e}_{10} \cdot \widehat{e}_r \frac{\mathrm{d}f(r)}{\mathrm{d}r}\mathrm{Y}_{\ell m} + \mathrm{i}\frac{f(r)}{r}(\widehat{e}_{10} \times \widehat{e}_r) \cdot \widehat{e}_{1-1}\ell_{11}\mathrm{Y}_{\ell m}$$

$$+ \mathrm{i}\frac{f(r)}{r}(\widehat{e}_{10} \times \widehat{e}_r) \cdot \widehat{e}_{11}\ell_{1-1}\mathrm{Y}_{\ell m}$$

取 $\widehat{e}_r$ 为 z 轴的参照系, 因 $\widehat{e}_{10} \times \widehat{e}_r = 0$, 所以有

$$[\nabla_{10}f(r)\mathrm{Y}_{\ell m}(\theta\phi)]_z = \frac{\mathrm{d}f(r)}{\mathrm{d}r}\mathrm{Y}_{\ell m}(\theta = 0) = \sqrt{\frac{2\ell + 1}{4\pi}}\frac{\mathrm{d}f}{\mathrm{d}r}\delta_{m_\ell, 0}$$

$$\nabla_{11}f(r)\mathrm{Y}_{\ell m}(\theta\phi) = \widehat{e}_{11} \cdot \widehat{e}_r \frac{\mathrm{d}f(r)}{\mathrm{d}r}\mathrm{Y}_{\ell m} - \mathrm{i}\frac{f(r)}{r}(\widehat{e}_{11} \times \widehat{e}_r) \cdot \widehat{e}_{10}\ell_{10}\mathrm{Y}_{\ell m}$$

$$+ \mathrm{i}\frac{f(r)}{r}(\widehat{e}_{11} \times \widehat{e}_r) \cdot \widehat{e}_{1-1}\ell_{11}\mathrm{Y}_{\ell m}$$

取 $\widehat{e}_r$ 为 z 轴的参照系, 因为

$$\widehat{e}_{11} \cdot \widehat{e}_r = 0, \quad (\widehat{e}_{11} \times \widehat{e}_r) \cdot \widehat{e}_{10} = 0, \quad \mathrm{i}(\widehat{e}_{11} \times \widehat{e}_r) \cdot \widehat{e}_{1-1} = 1$$

所以有

$$[\nabla_{11} f(r) Y_{\ell m}(\theta\phi)]_z = \left[\frac{f(r)}{r}\ell_{11}Y_{\ell m}(\theta\phi)\right]_z = -\sqrt{\frac{\ell(\ell+1)(2\ell+1)}{8\pi}}\frac{f(r)}{r}\delta_{m,-1}$$

$$\nabla_{1-1} f(r) Y_{\ell m}(\theta\phi) = \hat{e}_{1-1}\cdot\hat{e}_r\frac{\mathrm{d}f(r)}{\mathrm{d}r}Y_{\ell m} - \mathrm{i}\frac{f(r)}{r}(\hat{e}_{1-1}\times\hat{e}_r)\cdot\hat{e}_{10}\ell_{10}Y_{\ell m}$$

$$+ \mathrm{i}\frac{f(r)}{r}(\hat{e}_{1-1}\times\hat{e}_r)\cdot\hat{e}_{11}\ell_{1-1}Y_{\ell m}$$

取 $\hat{e}_r$ 为 z 轴的参照系, 因为

$$\hat{e}_{1-1}\cdot\hat{e}_r = 0, \quad (\hat{e}_{1-1}\times\hat{e}_r)\cdot\hat{e}_{10} = 0, \quad \mathrm{i}(\hat{e}_{1-1}\times\hat{e}_r)\cdot\hat{e}_{11} = -1$$

所以有

$$[\nabla_{1-1} f(r) Y_{\ell m}(\theta\phi)]_z = \left[-\frac{f(r)}{r}\ell_{1-1}Y_{\ell m}(\theta\phi)\right]_z = -\sqrt{\frac{\ell(\ell+1)(2\ell+1)}{8\pi}}\frac{f(r)}{r}\delta_{m,1}$$

例题 10.4　计算张量相互作用 $V_{\mathrm{sky}}^{\mathrm{t}}$ 对 G-T 跃迁的能量和规则的贡献.

解　$\vec{\sigma}$ 是泡利矩阵:

$$\sigma_1 = \begin{pmatrix} 0 & 1 \\ 1 & 0 \end{pmatrix}, \quad \sigma_2 = \begin{pmatrix} 0 & -\mathrm{i} \\ \mathrm{i} & 0 \end{pmatrix}, \quad \sigma_3 = \begin{pmatrix} 1 & 0 \\ 0 & -1 \end{pmatrix}$$

它们满足关系式

$$\sigma_\alpha\sigma_\beta = \delta_{\alpha\beta} + \mathrm{i}\epsilon_{\alpha\beta\gamma}\sigma_\gamma, \quad \{\sigma_\alpha, \sigma_\beta\} = 2\delta_{\alpha\beta}, \quad [\sigma_\alpha, \sigma_\beta] = 2\mathrm{i}\epsilon_{\alpha\beta\gamma}\sigma_\gamma$$

$$[\sigma_\alpha(i), \sigma_\beta(j)] = 2\mathrm{i}\delta_{ij}\epsilon_{\alpha\beta\gamma}\sigma_\gamma$$

三阶完全反对称单位张量有以下性质:

$$\epsilon_{\alpha\beta\gamma}A_\alpha B_\beta = (\vec{A}\times\vec{B})_\gamma, \quad \epsilon_{\alpha\beta\gamma}\epsilon_{\alpha\beta\gamma'} = 2\delta_{\gamma\gamma'}$$

容易证明下列关系式成立:

$$\left[\vec{\sigma}(i)\cdot\vec{A}, \vec{\sigma}(j)\right] = [\sigma_\alpha(i)A_\alpha, \sigma_\beta(j)\hat{e}_\beta] = 2\mathrm{i}\delta_{ij}\epsilon_{\alpha\beta\gamma}\sigma_\gamma(i)A_\alpha\hat{e}_\beta$$

$$= 2\mathrm{i}\delta_{ij}(\vec{\sigma}(i)\times\vec{A})_\beta\hat{e}_\beta = 2\mathrm{i}\delta_{ij}(\vec{\sigma}(i)\times\vec{A})$$

$$(\vec{\sigma}\cdot\vec{A})(\vec{\sigma}\cdot\vec{B}) = \frac{1}{2}\{\sigma_\alpha, \sigma_\beta\}A_\alpha B_\beta + \frac{1}{2}[\sigma_\alpha, \sigma_\beta]A_\alpha B_\beta$$

$$= \delta_{\alpha\beta}A_\alpha B_\beta + \mathrm{i}\epsilon_{\alpha\beta\gamma}\sigma_\gamma A_\alpha B_\beta = \vec{A}\cdot\vec{B} + \mathrm{i}(\vec{A}\times\vec{B})\cdot\vec{\sigma}$$

$$T_\alpha(ijj') = [\vec{\sigma}(i) \cdot \vec{\sigma}(j), \sigma_\alpha(j')] = [\sigma_\beta(i)\sigma_\beta(j), \sigma_\alpha(j')]$$

$$= \sigma_\beta(i)[\sigma_\beta(j), \sigma_\alpha(j')] + [\sigma_\beta(i), \sigma_\alpha(j')]\sigma_\beta(j)$$

$$= 2i\delta_{jj'}\epsilon_{\beta\alpha\gamma}\sigma_\beta(i)\sigma_\gamma(j) + 2i\delta_{ij'}\epsilon_{\beta\alpha\gamma}\sigma_\gamma(i)\sigma_\beta(j)$$

$$= 2i\epsilon_{\beta\alpha\gamma}[\delta_{jj'}\sigma_\beta(i)\sigma_\gamma(j) + \delta_{ij'}\sigma_\gamma(i)\sigma_\beta(j)]$$

在同位旋空间定义

$$\tau_\pm = \frac{1}{2}(\tau_x \pm i\tau_y), \quad \tau_+ = \begin{pmatrix} 0 & 1 \\ 0 & 0 \end{pmatrix}, \quad \tau_- = \begin{pmatrix} 0 & 0 \\ 1 & 0 \end{pmatrix}$$

$$\tau_+(i)\tau_-(i) = \begin{pmatrix} 1 & 0 \\ 0 & 0 \end{pmatrix} = \frac{1}{2}[1 + \tau_z(i)]$$

$$\tau_+(i)\tau_-(j) + \tau_-(i)\tau_+(j) = \frac{1}{4}\{[\tau_x(i) + i\tau_y(i)][\tau_x(j) - i\tau_y(j)]$$

$$+ [\tau_x(i) - i\tau_y(i)][\tau_x(j) + i\tau_y(j)]\}$$

$$= \frac{1}{2}[\tau_x(i)\tau_x(j) + \tau_y(i)\tau_y(j)] = \frac{1}{2}\vec{\tau}(i) \cdot \vec{\tau}(j) - \frac{1}{2}\tau_z(i)\tau_z(j)$$

$$= P_\tau - \frac{1}{2}[1 + \tau_z(i)\tau_z(j)]$$

得到

$$\tau_+(i)\tau_-(j) + \tau_-(i)\tau_+(j) = P_\tau - \frac{1}{2}[1 + \tau_z(i)\tau_z(j)] \tag{10.47}$$

容易看出有

$$\tau_-|N\rangle = |P\rangle, \quad \tau_+|P\rangle = |N\rangle$$

定义 G-T 跃迁算符为

$$F_\alpha = \sum_i \tau_-(i)\sigma_\alpha(i)$$

则有

$$S_{\text{NEW}}(F) = \langle 0|[F_\alpha^+, F_\alpha]|0\rangle = 3(N - Z)$$

能量权重和规则为

$$S_{\text{EW}}(F) = \langle 0|[F^+, [H, F]]|0\rangle$$

$$= \sum_n (E_n - E_0)|\langle n|F|0\rangle|^2 + \sum_n (E_n - E_0)|\langle n|F^+|0\rangle|^2 \tag{10.48}$$

张量项对于能量权重和的贡献为

$$S_{\text{EW}}^{\text{t}}(F) = \langle 0|[F^+, [V_{\text{sky}}^{\text{t}}, F]]|0\rangle$$

令

$$S_1 = \left[\sum_{i'} \tau_+(i')\sigma_\alpha(i'), \left[\vec{\sigma}(i) \cdot \vec{\sigma}(j), \sum_{j'} \tau_-(j')\sigma_\alpha(j') \right] \right]$$

$$= \sum_{i',j'} [\tau_+(i')\sigma_\alpha(i'), \tau_-(j')[\vec{\sigma}(i) \cdot \vec{\sigma}(j), \sigma_\alpha(j')]]$$

$$= \sum_{i',j'} [\tau_+(i')\sigma_\alpha(i'), \tau_-(j')T_\alpha(ijj')]$$

$$= \sum_{i',j'} \tau_+(i')\tau_-(j')[\sigma_\alpha(i'), T_\alpha(ijj')] + \sum_{i',j'} [\tau_+(i'), \tau_-(j')]T_\alpha(ijj')\sigma_\alpha(i') = g_1 + g_2$$

$$[\tau_+(i'), \tau_-(j')] = \delta_{i'j'}\tau_z(i')$$

$$g_2 = \sum_{i',j'} [\tau_+(i'), \tau_-(j')]T_\alpha(ijj')\sigma_\alpha(i') = \sum_{i',j'} \delta_{i'j'}\tau_z(i')T_\alpha(ijj')\sigma_\alpha(i')$$

$$= \sum_{i',j'} \delta_{i'j'}\tau_z(i')2i\epsilon_{\beta\alpha\gamma}(\delta_{jj'}\sigma_\beta(i)\sigma_\gamma(j) + \delta_{ij'}\sigma_\gamma(i)\sigma_\beta(j))\sigma_\alpha(i')$$

$$= 2i\epsilon_{\beta\alpha\gamma}(\tau_z(j)\sigma_\beta(i)\sigma_\gamma(j)\sigma_\alpha(j) + \tau_z(i)\sigma_\gamma(i)\sigma_\beta(j)\sigma_\alpha(i))$$

$$= 2i\epsilon_{\beta\alpha\gamma}\tau_z(j)\sigma_\beta(i)i\epsilon_{\gamma\alpha\beta'}\sigma_{\beta'}(j) + 2i\epsilon_{\beta\alpha\gamma}\tau_z(i)\sigma_\beta(j)i\epsilon_{\gamma\alpha\beta'}\sigma_{\beta'}(i)$$

$$= -4i^2\delta_{\beta\beta'}\tau_z(j)\sigma_\beta(i)\sigma_{\beta'}(j) - 4i^2\delta_{\beta\beta'}\tau_z(i)\sigma_\beta(j)\sigma_{\beta'}(i)$$

$$= 4(\tau_z(i) + \tau_z(j))\vec{\sigma}(i) \cdot \vec{\sigma}(j)$$

$$g_1 = \sum_{i',j'} \tau_+(i')\tau_-(j')[\sigma_\alpha(i'), T_\alpha(ijj')]$$

$$[\sigma_\alpha(i'), T_\alpha(ijj')] = [\sigma_\alpha(i'), 2i\epsilon_{\beta\alpha\gamma}(\delta_{jj'}\sigma_\beta(i)\sigma_\gamma(j) + \delta_{ij'}\sigma_\gamma(i)\sigma_\beta(j))]$$

$$= 2i\epsilon_{\beta\alpha\gamma}\delta_{jj'}[\sigma_\alpha(i'), \sigma_\beta(i)\sigma_\gamma(j)] + 2i\epsilon_{\beta\alpha\gamma}\delta_{ij'}[\sigma_\alpha(i'), \sigma_\gamma(i)\sigma_\beta(j)]$$

$$= 2i\epsilon_{\beta\alpha\gamma}\delta_{jj'}\{2i\delta_{ii'}\epsilon_{\alpha\beta\gamma'}\sigma_{\gamma'}(i)\sigma_\gamma(j) + 2i\delta_{i'j}\epsilon_{\alpha\gamma\beta'}\sigma_\beta(i)\sigma_{\beta'}(j)\}$$

$$+ 2i\epsilon_{\beta\alpha\gamma}\delta_{ij'}\{2i\delta_{ii'}\epsilon_{\alpha\gamma\beta'}\sigma_{\beta'}(i)\sigma_\beta(j) + 2i\delta_{i'j}\epsilon_{\alpha\beta\gamma'}\sigma_\gamma(i)\sigma_{\gamma'}(j)\}$$

$$= 8\vec{\sigma}(i) \cdot \vec{\sigma}(j)(\delta_{ii'}\delta_{jj'} - \delta_{i'j}\delta_{j'j} - \delta_{ii'}\delta_{ij'} + \delta_{ij'}\delta_{i'j})$$

$$g_1 = \sum_{i',j'} \tau_+(i')\tau_-(j')[\delta_{ii'}\delta_{jj'} - \delta_{i'j}\delta_{j'j} - \delta_{ii'}\delta_{ij'} + \delta_{ij'}\delta_{i'j}]8\vec{\sigma}(i) \cdot \vec{\sigma}(j)$$

$$= 8\vec{\sigma}(i) \cdot \vec{\sigma}(j)[\tau_+(i)\tau_-(j) - \tau_+(j)\tau_-(j) - \tau_+(i)\tau_-(i) + \tau_+(j)\tau_-(i)]$$

$$= 4\vec{\sigma}(i) \cdot \vec{\sigma}(j)[-2 - \tau_z(i) - \tau_z(j) + 2(\tau_+(i)\tau_-(j) + \tau_-(i)\tau_+(j))]$$

$$S_1 = g_1 + g_2 = 8\vec{\sigma}(i) \cdot \vec{\sigma}(j)(-1 + \tau_+(i)\tau_-(j) + \tau_-(i)\tau_+(j))$$

得到恒等式

$$\left[\sum_{i'}\tau_+(i')\sigma_\alpha(i'), \left[\overrightarrow{\sigma}(i)\cdot\overrightarrow{\sigma}(j), \sum_{j'}\tau_-(j')\sigma_\alpha(j')\right]\right]$$

$$= 8\overrightarrow{\sigma}(i)\cdot\overrightarrow{\sigma}(j)(-1+\tau_+(i)\tau_-(j)+\tau_-(i)\tau_+(j)) \tag{10.49}$$

$$S_2 = \sum_{i'j'}[\tau_+(i')\sigma_\alpha(i'), [(\overrightarrow{\sigma}(i)\cdot\overrightarrow{A})(\overrightarrow{\sigma}(j)\cdot\overrightarrow{B}), \tau_-(j')\sigma_\alpha(j')]]$$

$$= \sum_{i'j'}\tau_+(i')\tau_+(j')[\sigma_\alpha(i'), [(\overrightarrow{\sigma}(i)\cdot\overrightarrow{A})(\overrightarrow{\sigma}(j)\cdot\overrightarrow{B}), \sigma_\alpha(j')]]$$

$$+ \sum_{i'j'}[\tau_+(i'), \tau_+(j')][(\overrightarrow{\sigma}(i)\cdot\overrightarrow{A})(\overrightarrow{\sigma}(j)\cdot\overrightarrow{B}), \sigma_\alpha(j')]\sigma_\alpha(i') = g_3+g_4$$

$$g_4 = \sum_{i'j'}\delta_{i'j'}\tau_z(i')A_\beta B_\gamma[\sigma_\beta(i)\sigma_\gamma(j), \sigma_\alpha(j')]\sigma_\alpha(i')$$

$$= \sum_{i'}\tau_z(i')A_\beta B_\gamma[\sigma_\beta(i)\sigma_\gamma(j), \sigma_\alpha(i')]\sigma_\alpha(i')$$

$$= \sum_{i'}\tau_z(i')A_\beta B_\gamma[\sigma_\beta(i)2\mathrm{i}\delta_{i'j}\epsilon_{\gamma\alpha\delta}\sigma_\delta(j)+2\mathrm{i}\delta_{ii'}\epsilon_{\beta\alpha\delta}\sigma_\delta(i)\sigma_\gamma(j)]\sigma_\alpha(i')$$

$$= \tau_z(j)A_\beta B_\gamma 2\mathrm{i}\epsilon_{\gamma\alpha\delta}\sigma_\beta(i)\sigma_\delta(j)\sigma_\alpha(j)+\tau_z(i)A_\beta B_\gamma 2\mathrm{i}\epsilon_{\beta\alpha\delta}\sigma_\delta(i)\sigma_\gamma(j)\sigma_\alpha(i)$$

$$= \tau_z(j)A_\beta B_\gamma 2\mathrm{i}\epsilon_{\gamma\alpha\delta}\sigma_\beta(i)\mathrm{i}\epsilon_{\delta\alpha\eta}\sigma_\eta(j)+\tau_z(i)A_\beta B_\gamma 2\mathrm{i}\epsilon_{\beta\alpha\delta}\sigma_\gamma(j)\mathrm{i}\epsilon_{\delta\alpha\eta}\sigma_\eta(i)$$

$$= 4(\tau_z(i)+\tau_z(j))(\overrightarrow{\sigma}(i)\cdot\overrightarrow{A})(\overrightarrow{\sigma}(j)\cdot\overrightarrow{B})$$

$$g_3 = \sum_{i'j'}\tau_+(i')\tau_+(j')[\sigma_\alpha(i'), [(\overrightarrow{\sigma}(i)\cdot\overrightarrow{A})(\overrightarrow{\sigma}(j)\cdot\overrightarrow{B}), \sigma_\alpha(j')]]$$

首先

$$[\sigma_\alpha(i'), [(\overrightarrow{\sigma}(i)\cdot\overrightarrow{A})(\overrightarrow{\sigma}(j)\cdot\overrightarrow{B}), \sigma_\alpha(j')]]$$

$$[\sigma_\alpha(i'), A_\beta B_\gamma\{2\mathrm{i}\delta_{jj'}\epsilon_{\gamma\alpha\delta}\sigma_\beta(i)\sigma_\delta(j)+2\mathrm{i}\delta_{ij'}\epsilon_{\beta\alpha\delta}\sigma_\delta(i)\sigma_\gamma(j)\}]$$

$$= A_\beta B_\gamma\{2\mathrm{i}\delta_{jj'}\epsilon_{\gamma\alpha\delta}[\sigma_\alpha(i'), \sigma_\beta(i)\sigma_\delta(j)]+2\mathrm{i}\delta_{ij'}\epsilon_{\beta\alpha\delta}[\sigma_\alpha(i'), \sigma_\delta(i)\sigma_\gamma(j)]\}$$

$$= A_\beta B_\gamma\{2\mathrm{i}\delta_{jj'}\epsilon_{\gamma\alpha\delta}[2\mathrm{i}\delta_{ii'}\epsilon_{\alpha\beta\eta}\sigma_\eta(i)\sigma_\delta(j)+2\mathrm{i}\delta_{i'j}\epsilon_{\alpha\delta\eta}\sigma_\beta(i)\sigma_\eta(j)]$$

$$+2\mathrm{i}\delta_{ij'}\epsilon_{\beta\alpha\delta}[2\mathrm{i}\delta_{ii'}\epsilon_{\alpha\delta\eta}\sigma_\eta(i)\sigma_\gamma(j)+2\mathrm{i}\delta_{i'j}\epsilon_{\alpha\gamma\eta}\sigma_\delta(i)\sigma_\eta(j)]\}$$

$$g_3 = \sum_{i'j'}\tau_+(i')\tau_+(j')(-4A_\beta B_\gamma)\{\delta_{jj'}\delta_{ii'}\epsilon_{\gamma\alpha\delta}\epsilon_{\alpha\beta\eta}\sigma_\eta(i)\sigma_\delta(j)$$

$$+\delta_{jj'}\delta_{i'j}\epsilon_{\gamma\alpha\delta}\epsilon_{\alpha\delta\eta}\sigma_\beta(i)\sigma_\eta(j)$$

$$+\delta_{ij'}\delta_{ii'}\epsilon_{\beta\alpha\delta}\epsilon_{\alpha\delta\eta}\sigma_\eta(i)\sigma_\gamma(j)+\delta_{ij'}\delta_{i'j}\epsilon_{\beta\alpha\delta}\epsilon_{\alpha\gamma\eta}\sigma_\delta(i)\sigma_\eta(j)\}$$

$$g_3 + g_4 = 8(\tau_+(i)\tau_-(j) + \tau_-(i)\tau_+(j))(\vec{\sigma}(i) \times \vec{A}) \cdot (\vec{\sigma}(j) \times \vec{B})$$
$$-4(2 + \tau_z(i) + \tau_z(j))(\vec{\sigma}(i) \cdot \vec{A})(\vec{\sigma}(j) \cdot \vec{B})$$
$$+4(\tau_z(i) + \tau_z(j))(\vec{\sigma}(i) \cdot \vec{A})(\vec{\sigma}(j) \cdot \vec{B})$$

得到恒等式

$$\sum_{i'j'}[\tau_+(i')\sigma_\alpha(i'), [(\vec{\sigma}(i) \cdot \vec{A})(\vec{\sigma}(j) \cdot \vec{B}), \tau_-(j')\sigma_\alpha(j')]]$$

$$= 4(\tau_+(i)\tau_-(j) + \tau_-(i)\tau_+(j))(\vec{\sigma}(i) \times \vec{A}) \cdot (\vec{\sigma}(j) \times \vec{B}) - 8(\vec{\sigma}(i) \cdot \vec{A})(\vec{\sigma}(j) \cdot \vec{B})$$

$$\text{(10.50)}$$

张量相互作用对 S_{EW} 的贡献:

$$V_1^t = \frac{1}{2}\sum_{ij}\frac{T}{2}\delta(\vec{\sigma}_i \cdot \vec{k})(\vec{\sigma}_j \cdot \vec{k})$$

$$S_1^t = \sum_{i'j'}\langle 0|[\tau_+(i')\sigma_\alpha(i'), [V_1^t, \tau_-(j')\sigma_\alpha(j')]]|0\rangle$$

$$= \frac{T}{4}\sum_{ij}\langle 0|[4(\tau_+(i)\tau_-(j) + \tau_-(i)\tau_+(j))(\vec{\sigma}(i) \times \vec{k}) \cdot (\vec{\sigma}(j) \times \vec{k})$$

$$-8(\vec{\sigma}(i) \cdot \vec{k})(\vec{\sigma}(j) \cdot \vec{k})]|0\rangle$$

$$= T\sum_{ij}\langle ij|\{(P_\tau - \frac{1}{2}(1 + \tau_z(i)\tau_z(j))(\vec{\sigma}(i) \times \vec{k}) \cdot (\vec{\sigma}(j) \times \vec{k})$$

$$-2(\vec{\sigma}(i) \cdot \vec{k})(\vec{\sigma}(j) \cdot \vec{k})\}(1 - P_\tau)|ij\rangle$$

$$= -T\sum_{ij}\langle ij|\{(\vec{\sigma}(i) \times \vec{k}) \cdot (\vec{\sigma}(j) \times \vec{k}) + 2(\vec{\sigma}(i) \cdot \vec{k})(\vec{\sigma}(j) \cdot \vec{k})\}(1 - P_\tau)|ij\rangle$$

$$= -T\sum_{ij}\langle ij|\{(\vec{\sigma}(i) \cdot \vec{\sigma}(j))\vec{k}^2 + (\vec{\sigma}(i) \cdot \vec{k})(\vec{\sigma}(j) \cdot \vec{k})\}(1 - P_\tau)|ij\rangle$$

$$= -T\sum_{ij}\langle ij|\{\frac{1}{2}(\vec{\sigma}(i) \cdot \vec{\sigma}(j))(\vec{\nabla}_i \cdot \vec{\nabla}_j) + \frac{1}{4}(\vec{\sigma}(i) \cdot \vec{\nabla}_j)(\vec{\sigma}(j) \cdot \vec{\nabla}_i)\}(1 - P_\tau)|ij\rangle$$

$$= -\frac{T}{8}\sum_{ij}\langle ij|(\vec{\sigma}(i) \times \vec{\nabla}_i) \cdot (\vec{\sigma}(j) \times \vec{\nabla}_j)(1 - P_\tau)|ij\rangle$$

$$= \frac{T}{4}\int \mathrm{d}\vec{r}\, \vec{j}_{\text{n}} \cdot \vec{j}_{\text{p}}$$

$$V_2^t = \frac{T}{4}\sum_{ij}(\vec{\sigma}_i \cdot \vec{k'})(\vec{\sigma}_j \cdot \vec{k'})\delta$$

$$S_2^t = \frac{T}{4}\int \mathrm{d}\vec{r}\, \vec{j}_{\text{n}} \cdot \vec{j}_{\text{p}}$$

$$V_3^{\rm t} = -\frac{T}{12}\sum_{ij}\vec{\sigma}_i\cdot\vec{\sigma}_j\delta\vec{k}^2$$

$$S_3^{\rm t} = \sum_{i'j'}\langle 0|[\tau_+(i')\sigma_\alpha(i'),[V_3^{\rm t},\tau_-(j')\sigma_\alpha(j')]]|0\rangle$$

$$= -\frac{T}{12}\sum_{ij}\langle 0|8(\vec{\sigma}(i)\cdot\vec{\sigma}(j))\vec{k}^2(-1+\tau_+(i)\tau_-(j)+\tau_-(i)\tau_+(j))(1-P_\tau)|0\rangle$$

$$= -\frac{2T}{3}\sum_{ij}\langle ij|(\vec{\sigma}(i)\cdot\vec{\sigma}(j))\vec{k}^2(-(1-P_\tau)-\frac{1}{2}(1+\tau_z(i)\tau_z(j)))(1-P_\tau)|ij\rangle$$

$$= \frac{4T}{3}\sum_{ij}\langle ij|(\vec{\sigma}(i)\cdot\vec{\sigma}(j))\vec{k}^2(1-P_\tau)|ij\rangle$$

$$= \frac{2T}{3}\sum_{ij}\langle ij|(\vec{\sigma}(i)\cdot\vec{\sigma}(j))(\vec{\nabla}_i\cdot\vec{\nabla}_j)(1-P_\tau)|ij\rangle$$

$$= -\frac{2T}{3}\int{\rm d}\vec{r}\,\vec{j}_{\rm n}\cdot\vec{j}_{\rm p}$$

$$V_4^{\rm t} = -\frac{T}{12}\sum_{ij}\vec{\sigma}_i\cdot\vec{\sigma}_j\vec{k'}^2\delta$$

$$S_4^{\rm t} = -\frac{2T}{3}\int{\rm d}\vec{r}\,\vec{j}_{\rm n}\cdot\vec{j}_{\rm p}$$

$$V_5^{\rm t} = -\frac{U}{6}\sum_{ij}\vec{\sigma}_i\cdot\vec{\sigma}_j\vec{k'}\cdot\delta(\vec{r}_1-\vec{r}_2)\vec{k}$$

$$S_5^{\rm t} = \sum_{i'j'}\langle 0|[\tau_+(i')\sigma_\alpha(i'),[V_5^t,\tau_-(j')\sigma_\alpha(j')]]|0\rangle$$

$$= -\frac{U}{6}\sum_{ij}\langle 0|8(\vec{\sigma}(i)\cdot\vec{\sigma}(j))\vec{k'}\delta\cdot\vec{k}(-1+\tau_+(i)\tau_-(j)+\tau_-(i)\tau_+(j))|0\rangle$$

$$= -\frac{8U}{6}\sum_{ij}\langle ij|(\vec{\sigma}(i)\cdot\vec{\sigma}(j))\vec{k'}\delta\cdot\vec{k}(-1+\tau_+(i)\tau_-(j)+\tau_-(i)\tau_+(j))(1+P_\tau)|ij\rangle$$

$$= -\frac{4U}{3}\sum_{ij}\langle ij|(\vec{\sigma}(i)\cdot\vec{\sigma}(j))\vec{k'}\delta\cdot\vec{k}(-\frac{1}{2}(1+\tau_z(i)\tau_z(j)))(1+P_\tau)|ij\rangle$$

$$= \frac{4U}{3}\sum_{ij}\langle ij|(\vec{\sigma}(i)\cdot\vec{\sigma}(j))\vec{k'}\delta\cdot\vec{k}(1+\tau_z(i)\tau_z(j))|ij\rangle$$

$$= \frac{2U}{3}\sum_{ij}\langle ij|(\vec{\sigma}(i)\cdot\vec{\sigma}(j))\vec{\nabla}_1\cdot\vec{\nabla}_2(1+\tau_z(i)\tau_z(j))|ij\rangle$$

$$= -\frac{2U}{3}\int{\rm d}\vec{r}(\vec{j}_{\rm n}^2+\vec{j}_{\rm p}^2)$$

$$V_6^t = \frac{U}{4} \sum_{ij} (\vec{\sigma}_i \cdot \vec{k'}) \delta(\vec{\sigma}_j \cdot \vec{k})$$

$$S_6^t = \sum_{i'j'} \langle 0|[\tau_+(i')\sigma_\alpha(i'), [V_6^t, \tau_-(j')\sigma_\alpha(j')]]|0\rangle$$

$$= \frac{U}{4} \sum_{ij} \{ \langle 0|4(\tau_+(i)\tau_-(j) + \tau_-(i)\tau_+(j))(\vec{\sigma}(i) \times \vec{k'}) \cdot (\vec{\sigma}(j) \times \vec{k})|0\rangle$$

$$- \langle 0|8(\vec{\sigma}(i) \cdot \vec{k'})(\vec{\sigma}(j) \cdot \vec{k})]|0\rangle \}$$

$$= U\{ \sum_{ij} \langle ij|(\vec{\sigma}(i) \times \vec{k'}) \cdot (\vec{\sigma}(j) \times \vec{k})(\tau_+(i)\tau_-(j) + \tau_-(i)\tau_+(j))(1 + P_\tau)|ij\rangle$$

$$- \sum_{ij} \langle ij|2(\vec{\sigma}(i) \cdot \vec{k'})(\vec{\sigma}(j) \cdot \vec{k})(1 + P_\tau)|ij\rangle \}$$

$$= U\{ \sum_{ij} \langle ij|(\vec{\sigma}(i) \times \vec{k'}) \cdot (\vec{\sigma}(j) \times \vec{k})(1 - P_\tau)|ij\rangle$$

$$- \sum_{ij} \langle ij|2(\vec{\sigma}(i) \cdot \vec{k'})(\vec{\sigma}(j) \cdot \vec{k})(1 + P_\tau)|ij\rangle \}$$

$$= \frac{3U}{8} \sum_{ij} \langle ij|(\vec{\sigma}(i) \times \vec{\nabla}_i)(\vec{\sigma}(j) \times \vec{\nabla}_j)(1 - P_\tau)|ij\rangle$$

$$+ \frac{U}{4} \sum_{ij} \langle ij|(\vec{\sigma}(i) \times \vec{\nabla}_i)(\vec{\sigma}(j) \times \vec{\nabla}_j)(1 + P_\tau)|ij\rangle$$

$$= -\frac{3U}{4} \int d\vec{r} \, \vec{j}_n \cdot \vec{j}_p - \frac{U}{2} \int d\vec{r}(\vec{j}_n^2 + \vec{j}_p^2 + \vec{j}_n \cdot \vec{j}_p)$$

$$= -\frac{U}{2} \int d\vec{r}(\vec{j}_n^2 + \vec{j}_p^2 + \frac{5}{2}\vec{j}_n \cdot \vec{j}_p)$$

$$V_7^t = \frac{U}{4} \sum_{ij} (\vec{\sigma}_j \cdot \vec{k'}) \delta(\vec{\sigma}_i \cdot \vec{k})$$

$$S_7^t = -\frac{U}{2} \int d\vec{r}(\vec{j}_n^2 + \vec{j}_p^2 + \frac{5}{2}\vec{j}_n \cdot \vec{j}_p)$$

最终得到张量力 V_{sky}^t 对 G-T 跃迁能量权重和规则的贡献为

$$S_{\text{EW}}^t = -\int d\vec{r} \left\{ \frac{5U}{3}(\vec{j}_n^2 + \vec{j}_p^2) + \left(\frac{5U}{2} + \frac{5T}{6} \right) \vec{j}_n \cdot \vec{j}_p \right\}$$

参 考 文 献

胡济民. 1996. 原子核理论 (第二卷). 北京: 原子能出版社.

胡济民, 杨伯君, 郑春开. 1993. 原子核理论 (第一卷). 北京: 原子能出版社.

Bohr A, Mottelson B R. 1975. Nuclear Strurture, vol.I. New York: W.A.Benjamin Inc..

Bohr A, Mottelson B R. 1975. Nuclear Strurture, vol.II. New York: W. A. Benjamin Inc..

Nilsson S G, Rangnasson I. 1995. Shapes and Shells in Nuclear Structute. Cambridge: Cambridge University Press.

Ring P, Schuck P. 2000. The Nuclear Many Body Problem. Berlin: Springer.

Rowe D J. 1970. Nuclear Collective Motion. London: Methuen and Co. Ltd.

索 引

《现代物理基础丛书》已出版书目

(按出版时间排序)